Die Welt der Pilze

Heinrich Dörfelt · Erika Ruske · Arndt Kästner

Die Welt der Pilze

3. Auflage

 Springer

Heinrich Dörfelt
Seegebiet Mansfelder Land, Deutschland

Erika Ruske
Jena, Deutschland

Arndt Kästner
Halle, Deutschland

ISBN 978-3-662-65436-1   ISBN 978-3-662-65437-8   (eBook)
https://doi.org/10.1007/978-3-662-65437-8

Die Deutsche Nationalbibliothek verzeichnet diese Publikation in der Deutschen Nationalbibliografie; detaillierte
bibliografische Daten sind im Internet über http://dnb.d-nb.de abrufbar.

Einbandabbildung: Olivgelber Holzritterling (Tricholomopsis decora), ein Fruchtkörperbüschel des Weißfäule
erregenden Nadelholzbewohners auf morschem Fichtenholz. Der dekorative Pilz kommt von der mediterran-montanen
bis in die boreale Klimazone der Holarktis in bodensauren Wäldern vor; er ist nicht giftig, aber ungenießbar bitter
(© E. Ruske)

Planung/Lektorat: Sarah Koch

Springer ist ein Imprint der eingetragenen Gesellschaft Springer-Verlag GmbH, DE und ist ein Teil von Springer
Nature.
Die Anschrift der Gesellschaft ist: Heidelberger Platz 3, 14197 Berlin, Germany

Aus dem Vorwort zur 1. Auflage

Pilze – das sind nicht nur Champignons, Steinpilze oder giftige Wulstlinge; das sind auch Krankheitserreger und nutzbringende Hefen, holzzerstörende Hausschwämme und Produzenten hochwertiger Stoffe. Das sind ebenso zerstörende Schimmelrasen wie begehrte Symbionten von Kulturpflanzen. Wir wollen dem Leser in einer möglichst verständlichen Einführung die komplizierte Materie der Mykologie (Pilzkunde) vor Augen führen, ihn mit der Vielfalt pilzlicher Strukturen und pilzlichen Lebens bekannt machen und dabei zeigen, in welch engem Zusammenhang Nutzen und Schaden der Pilze stehen. Eine solche Einführung kann die „Welt der Pilze" natürlich nicht umfassend darstellen, denn Pilze sind keine so bedeutungslose Gruppe von Organismen, dass man sie auf einigen Hundert Druckseiten erschöpfend abhandeln könnte. Es ist uns daran gelegen, sie in ihrer Einnischung, in ihrer Bedeutung und Wirksamkeit sachlich zu erörtern und dem Leser auch nahezubringen, was von diesen Organismen nicht allgemein bekannt ist und was man auf den ersten Blick auch nicht erkennen kann. Die Welt der Pilze ist keine Welt für sich. Die Pilze sind ein Teil unserer Umwelt, wir kommen mit ihnen täglich irgendwie in Berührung. Viele Menschen wissen z. B. gar nicht, dass allergische Erkrankungen, wie etwa das Asthma bronchiale, ihre Ursache in einer krankhaften Überempfindlichkeit gegen Pilzsporen haben können, die wir täglich einatmen. In unserer Zeit des technischen Fortschritts, des wachsenden Wohlstands mit immer mehr Freizeit verstärkt sich bei vielen Menschen der Wunsch nach mehr Kenntnissen über die Organismenwelt unserer Erde, nach einem Hobby, das sie – zumindest in einem kleinen Bereich – mit der Natur verbindet. Auch für diese Menschen ist unser Buch gedacht; denn trotz des allgemeinen Interesses an den Pilzen ist das Wissen um diese Organismen doch bei den meisten recht lückenhaft. Und wer sich lediglich mit Waldpilzen befasst, vielleicht nur Maronen, Steinpilze, Champignons und Pfifferlinge sammelt, aber doch das Bedürfnis hat, mehr über diese Lebewesen zu erfahren, dem wird es nicht unwillkommen sein, ein wenig tiefer in diese Materie eindringen zu können und auf diese Weise zu erkennen, dass Steinpilzen auf einer idyllischen Waldwiese und lästigen Fußpilzen auf den Nägeln und zwischen den Zehen nicht grundlos die gemeinsame Bezeichnung „Pilz" zukommt.

Halle (S.)/Leipzig

Januar 1989

Heinrich Dörfelt

Herbert Görner

Aus dem Vorwort zur 2. Auflage

Der Co-Autor der ersten Auflage, HERBERT GÖRNER, der den größten Teil der Bildvorlagen für die Farbdrucke der ersten Auflage angefertigt hatte, verstarb im Jahr 2001. Konzeption und Texte, sowie alle Entwürfe für die Zeichnungen der ersten Auflage wurden von H. DÖRFELT angefertigt. Die Endfassung des Textes wurde schließlich von H. DÖRFELT gemeinsam mit dem Sprachwissenschaftler HERBERT GÖRNER bearbeitet. Wir widmen ihm in Gedenken und in Anerkennung seiner Verdienste um die Mykologie die neue Auflage der „Welt der Pilze".

Seit dem Erscheinen der ersten Auflage im Jahr 1989 hat sich die Pilzkunde rasant weiterentwickelt, sodass die meisten Darstellungen geändert oder ergänzt werden mussten. Alle Tabellen wurden erneuert, die Zeichnungen neu gestaltet und ergänzt, die Fotos durch neue, teilweise digitale Aufnahmen ersetzt. Die Texte wurden nach den ursprünglichen Entwürfen von H. DÖRFELT für die erste Auflage neu bearbeitet, mitunter ergänzt oder vollkommen ersetzt. Vom Verlag der ersten Auflage, dem Urania-Verlag, wurden mit dessen Liquidierung alle Rechte der ersten Auflage an die Autoren zurückgegeben, sodass es notwendig wurde, für die Neuauflage einen Verleger zu finden. Mit dem Verlagsleiter des Weissdorn-Verlages, GERALD HIRSCH, fanden wir einen kooperativen Partner, der selbst über fundierte mykologische Kenntnisse verfügt und unserem Anliegen, die Pilzkunde in verständlicher Form darzustellen, großes Verständnis entgegenbrachte.

Das Anliegen unseres Buches ist es, die Mykologie in all ihren Bereichen, die unser tägliches Leben berühren, einem breiten Leserkreis nahezubringen. Die komplizierten Zusammenhänge der Systematik, der Ökologie, der Genetik oder der Physiologie der Pilze, die komplexen Beziehungen zwischen wissenschaftlichen Erkenntnissen und deren Anwendung in der Praxis können selbstverständlich nicht umfassend behandelt werden. Unser Buch kann nicht die reichlich vorhandene Spezialliteratur, die riesige Spezialbibliotheken füllen könnte, ersetzen. Es soll jedoch ein Überblick für Interessenten gegeben werden, die etwas mehr über die Pilze erfahren möchten als die Tatsache, dass Champignongerichte eine Köstlichkeit sind. Wir orientieren uns an den Fragen, die beim Unterricht, bei Pilzexkursionen, bei Vorträgen gestellt werden und verstehen das Buch als eine allgemeinverständliche Lektüre, die auch zum Nachschlagen und als Lehrbuch benutzt werden kann. Die Tabellen sind als Übersichtsmaterial für einige spezielle Zusammenhänge zu verstehen, die dem vergleichenden Nachschlagen dienen sollen.

Jena
April 2008

Heinrich Dörfelt
Erika Ruske

Aus dem Vorwort zur 2. Auflage

Vorwort zur 3. Auflage

Obwohl von der ersten Auflage der „Welt der Pilze" beim Urania-Verlag eine hohe Anzahl von Exemplaren in Umlauf gebracht wurde und auch gegenwärtig mitunter das Buch noch antiquarisch erworben werden kann, ist die zweite Auflage völlig vergriffen. Wir sind daher sehr dankbar, dass der Springer-Verlag bereit war, eine neue, stark erweiterte, veränderte und inhaltlich aktualisierte Auflage zu editieren, die auch bezüglich der Drucktechnik den Fortschritten unserer Zeit Rechnung trägt. Die hohe Mannigfaltigkeit pilzlicher Fruchtkörpertypen oder mikroskopischer Details wird in dieser Auflage zielgerichtet in farbigen Fotos und in Zeichnungen direkt dem zugehörigen Text beigefügt, wodurch das Erscheinen von Farbtafel-Blöcken wie in den ersten beiden Auflagen aufgegeben werden konnte. Dadurch wird es für den Benutzer einfacher, die fachlichen Zusammenhänge ganzheitlich mit Bildern und Beschreibungen in einem Schritt zu erschließen.

Die Textentwürfe der dritten Auflage stammen im Wesentlichen von Heinrich Dörfelt, sie wurden in Abstimmung mit Erika Ruske redigiert. Die Texte der Abschnitte „Leuchtende Pilze", „Holz als Lebensspender", „Vom Nährwert der Pilze" und „Einblicke ins Gefüge der Erbträger" wurden von E. Ruske entworfen, Letzterer unter Zuarbeit von Nicole Schindler und Katrin Krause. Die Fotos stammen von E. Ruske oder H. Dörfelt, deren digitale Bearbeitung übernahm E. Ruske. Fotoautoren sind nur bei den Aufnahmen, die nicht von den Autoren dieses Buches angefertigt wurden, direkt im Bildtext genannt. Einige aus den vorangegangenen Auflagen übernommene Zeichnungen wurden unverändert, andere nach Absprache mit H. Dörfelt von A. Kästner neu angefertigt, alle neu hinzugefügten Zeichnungen wurden von H. Dörfelt entworfen und von A. Kästner ausgeführt. Die computergestützte Aufbereitung und Beschriftung aller Zeichnungen wurde von E. Ruske übernommen. Es geht hierbei besonders um informative Übersichten, die auch im Hochschulunterricht und bei der Pilzaufklärung eingesetzt werden können und die oft komplexen Beschreibungen sinnvoll unterstützen sollen. In manchen mehrgliedrigen Zeichnungen ist mitunter durch die verbindenden Pfeile zwischen den Figuren angedeutet, ob es sich um eine Vergrößerung (Erweiterung des Pfeilschaftes) oder um eine Verkleinerung (Verengung des Pfeilschaftes) handelt.

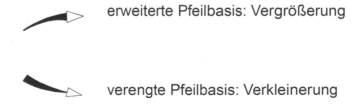

erweiterte Pfeilbasis: Vergrößerung

verengte Pfeilbasis: Verkleinerung

Seit dem Erscheinen der zweiten Auflage der „Welt der Pilze" hat sich die wissenschaftliche und auch die populäre Mykologie in weiten Bereichen erneut weiterentwickelt. In der Forschung gewinnen mykologische Aspekte besonders in der Mikrobiologie, der Ökologie und der Medizin an Bedeutung. Die grundlegende Rolle der Pilze in vielen Bereichen unseres Lebens rückt immer stärker ins Bewusstsein vieler Menschen. Die „Feldmykologie" wird mit zunehmender Qualität, Sachkenntnis und qualitativ verbesserten Geräten nicht selten von hoch motivierten Amateuren betrieben. Hochwertige Digitalfotografie ersetzt Analogkameras mit deren Risiko schlecht belichteten Filmmaterials bei der Geländearbeit.

Für die erste Auflage war es noch notwendig, ausschließlich großformatige Fotos von wenigstens 6 × 6 cm Diapositiven für den Druck anzufertigen. Bei Studienreisen füllten die Filme mit der Kapazität von je zwölf Bildern einen wesentlichen Teil des Raumes vom Reisegepäck aus, während gegenwärtig die größeren Sorgen darin bestehen, dass eine Speicherkarte von wenigen Zentimetern Größe, aber mit mehreren Tausend Bildern, verloren gehen könnte, und man eine Stromquelle zum Aufladen des Akkus finden muss. Qualitativ hochwertige Farbdrucke, gestapelte Mikrofotos, faszinierende Makroaufnahmen sind keine Besonderheit mehr und gehören ganz allgemein zum Standard der Illustration mykologischer Publikationen. Sie entstehen nicht zwangsläufig nur in wissenschaftlichen Einrichtungen, sondern werden – was die Feldmykologie betrifft – auch von Hobbymykologen angefertigt, von Lehrern, Ärzten, Verwaltungsbeamten oder Schlossern, die von Pilzen fasziniert sind. Nicht selten haben sich Autodidakten auch als Buchautoren oder durch Beiträge in rein wissenschaftlichen Journalen große Verdienste erworben.

Das Anliegen unserer Darstellung der „Welt der Pilze" hat sich jedoch trotz der wissenschaftlichen, gerätetechnischen und methodischen Weiterentwicklungen des Umfelds, in dem wir leben, kaum geändert. Es soll ein Überblick vermittelt werden über die Pilze im Allgemeinen, ihre Anatomie, Morphologie, Physiologie, über ihre Lebensstrategien und ihre Bedeutung für die Menschen in der Land- und Forstwirtschaft, der Nahrungsmittelindustrie und dergleichen.

Vieles, aber nicht alles Neue ist dem grundsätzlichen Zweck unseres Buches dienlich, einer verständlichen Vermittlung der reellen Fakten über die Pilze. Bei der Zusammenstellung der ersten Auflage hat es Mühe gekostet, im Urania-Verlag den Titel „Welt der Pilze" gegenüber den Vorstellungen des Lektorats „Wunderwelt der Pilze" durchzusetzen. Wir möchten weder Wunder noch Sensationen vorstellen, nicht eine Art zum „König der Heilpilze" oder die Pilze mit ihren Leistungen als „Retter der Welt" küren, sondern auf die wirklichen Zusammenhänge einer Organismengruppe in ihrer strukturellen und funktionellen Vielfalt, ihrer Vernetzung im Organismengefüge unserer Erde aufmerksam machen, deren Bedeutung noch immer nicht allgemein korrekt eingeschätzt werden kann.

Es ist ohne gründliche Studien der seriösen Fachliteratur gegenwärtig mitunter gar nicht einfach zu unterscheiden, was auch in der Pilzliteratur an *„fake news"*, an mittelalterlichem Aberglauben, unbewiesenen Hypothesen bis hin zu lebensgefährlichen Therapien durch Pilze glaubhaft dargestellt wird. Polemische Ausbrüche in manchen Pilzforen im Internet, aber auch in Druckerzeugnissen sind keine Seltenheit. Weit verbreitet sind hierbei Vorstellungen über Pilze als Heil- oder Potenzmittel, die ohne seriöse Studien der Wirkung in Umlauf gebracht werden. Die Naturstoffforschung hat zwar viele wertvolle Stoffe in Pilzen ermittelt und nutzbar gemacht, man denke nur an die Antibiotika oder die Fungistatika für Pilzerkrankungen im Fußbereich, aber das darf kein Freibrief sein für Rosshaarschwindlinge gegen Knochenbrüche oder Kernkeulen als Potenzmittel. Die Speisepilzberater haben jahrzehntelang gegen den Mythos der blau anlaufenden Zwiebeln als Zeichen für Giftpilze gekämpft – aber was da gegenwärtig klarzustellen ist, übertrifft so manches aus früheren Zeiten.

Die Problematik der Schreibweise der Fachwörter hat sich seit Erscheinen der ersten Auflage unseres Buches kaum geändert. Im Wesentlichen richten wir uns nach den Vorgaben von H. Görner in der ersten Auflage der „Welt der Pilze", bevorzugen aber in noch stärkerem Maße die C-Schreibweise, gegenüber der K/Z-Schreibweise. In der Fachsprache setzen sich – wie in der Allgemeinsprache – immer mehr Schreibweisen aus dem englischen Sprachraum durch. Wir verwenden aber dennoch bei Wörtern, die in der deutschen Allgemeinsprache so weit verankert sind, dass die C-Schreibweise befremden würde, die K/Z-Variante, vor allem, wenn sie auch in den aktuellen Duden-Ausgaben festgeschrieben ist, z. B. die Schreibweise Myzel (statt Mycel), Mykologie (statt Mycologie); aber andererseits Ascomyceten (nicht Askomyzeten) und Apothecien (nicht Apothezien). Dieser Kompromiss ist notwendig, da eine konsequente „Eindeutschung" aller Fachwörter ebenso irritierend wirkte wie eine konsequente „Ausdeutschung" der allgemeinsprachlich verankerten Fachbegriffe.

Die durch neue Erkenntnisse systematische Kategorisierung führt zu beträchtlichen Änderungen in der Zuordnung vieler Pilze und zu deren Einordnung in systematische Kategorien. Wir verwenden Begriffe wie Ascomyceten, Basidiomyceten, Zygomyceten daher im Text nicht zwangsläufig im Sinne der derzeitig akzeptierten systematischen Rangstufe von Abteilungen, Unterabteilungen, Klassen, Ordnungen usw., sondern im Verständnis der allgemeinen Fachsprache. Wenn die Sippen im systematischen Sinne verwendet werden, sind die Namen mit den latinisierten Endungen versehen und kursiv gesetzt, z. B. *Agaricomycetes* als Klasse, *Ascomycota* als Abteilung.

Wir möchten noch für „Küchenmykologen" den Hinweis anschließen, dass unser Buch nicht nur für Speisepilzsammler geschrieben wurde. Dennoch sind im Text – je nach Inhalt – oder in manchen Bildtexten Angaben zum Speisewert von Fruchtkörpern eingefügt. Wir haben diese Angaben nach bestem Wissen und den neuesten Erkenntnissen gegeben, uns aber auf die Bewertungen „Speisepilz", das sind die wertvollsten Arten, „essbar" und „minderwertig" beschränkt, wobei auch minderwertige Arten durchaus oft zu Speisezwecken genutzt werden. Andererseits haben wir Pilze als giftig bzw. als gefährliche Giftpilze eingestuft, wenn in diesen Fruchtkörpern entsprechende Giftstoffe nachgewiesen worden sind. Die nicht bezeichneten Arten sind entweder ungenießbar oder es gibt zum Speisewert keine seriösen Informationen bzw. ist im gegebenen Zusammenhang der Speisewert nicht von Bedeutung. Das kategorische Begriffspaar „Speisepilz" und „kein Speisepilz", das sich in manchen Zeitschriften oder Pilzbüchern eingebürgert hat, verwenden wir nicht, weil ein wohlschmeckender Speisepilz nicht weniger wertvoll ist, wenn er wegen Schutzwürdigkeit zum kategorischen „Nichtspeisepilz" degradiert werden musste. Einige Pilze – auch unter den Speisepilzen – sind roh giftig, andere dürfen nur nach besonderer Zubereitung, d. h. nach bestimmter, abnormaler Behandlung, zu Speisezwecken genutzt werden. Solche Hinweise haben wir nicht gegeben, sie sind in der speziellen Rezeptliteratur zur Genüge vertreten. Wir möchten in diesem Zusammenhang ausdrücklich darauf hinweisen, dass es nicht möglich ist, Pilze allein nach Bildern und Beschreibungen „sicher" zu bestimmen, wie das mitunter in populären Pilzbüchern postuliert wird. Die Variabilität der Fruchtkörpermerkmale ist in den meisten Fällen sehr groß, exakte Bestimmungen erfordern nicht selten Spezialliteratur und mikroskopische Arbeit. Für den gefahrlosen Genuss von Speisepilzen sind sichere Artenkenntnisse unerlässlich. Pilzberatungsstellen, Pilzausstellungen, Pilzbestimmungskurse oder Pilzwanderungen unter sachkundiger Leitung sind neben der Arbeit mit einschlägiger Pilzliteratur geeignet, solche Kenntnisse zu erwerben.

Wir hoffen, dass die Neuauflage der „Welt der Pilze" auf ebensolches Interesse stößt, wie es den ersten beiden Auflagen entgegengebracht wurde. Es ist uns klar, dass die Darstellung manchen Lesern zu kompliziert, anderen zu populär erscheinen wird. Es war unser Bemühen, verständlich zu bleiben, ohne das Prinzip der wissenschaftlichen Seriosität aufzugeben.

Jena   Heinrich Dörfelt
Februar 2022   Erika Ruske
                                                                                                        Arndt Kästner

Dem Co-Autor der ersten Auflage zum Gedenken

Herbert Görner

Der Philologe Herbert Görner wurde am 15.1.1930 in Warnsdorf (Böhmen) geboren. Er lebte nach 1945 zunächst in Stadtlengsfeld (Rhön). Ab 1950 studierte er in Leipzig und schloss 1954 sein Studium als Diplom-Philologe ab. Von 1955 bis 1990 war er am Bibliographischen Institut in Leipzig angestellt, davon sieben Jahre lang als Leiter der Dudenredaktion und zehn Jahre als leitender Redakteur der Zeitschrift „Sprachpflege". Er ist Autor bzw. Koautor oder Mitarbeiter mehrerer philologischer Bücher („Redensarten", „Synonymwörterbuch" „Wörter und Wendungen"). Von 1990 bis zu seinem Tod lebte er im Ruhestand in Leipzig.

H. Görner widmete sich intensiv seinem Hobby, der Fotografie, und spezialisierte sich viele Jahre lang auf die Pilzfotografie. Es entstanden zahlreiche großformatige Diapositive mitteleuropäischer Großpilze. Diese Tätigkeit führte zur Zusammenarbeit mit Mykologen. Fotos von H. Görner erschienen z. B. auf den Titelseiten der Zeitschrift „Boletus", im „Lexikon der Mykologie" des Bibliographischen Instituts und vor allem in der Erstauflage der „Welt der Pilze".

Herbert Görner starb am 18.12.2001 nach schwerem Leiden in Leipzig.

Inhaltsverzeichnis

Pilze heute und früher

1.1 Was sind Pilze? – Versuch einer Definition

Die Mannigfaltigkeit der Naturerscheinungen erregt bei einfühlsamen Naturfreunden immer wieder Bewunderung und Interesse. Wenn auch in unserer Zeit bloße Ehrfurcht und Verehrung einem besseren Wissen um Zusammenhänge gewichen sind, so braucht dies kein Grund zu sein, Naturerlebnisse weniger tief zu empfinden. Analytische Naturbetrachtung, so hört man mitunter, sei dem gefühlsbetonten Erleben abträglich. Aber müssen wir den faszinierenden Anblick eines Hochgebirges, die Erquickung an der Quelle eines klaren Gebirgsbaches nur deshalb nüchterner empfinden, weil wir heute um Gebirgsbildungen und Wasserhaushalt mehr wissen als die Menschen früherer Zeiten? Warum sollte der Anblick eines klaren Sternenhimmels unser Gefühl weniger ansprechen, weil uns grundlegende astronomische Vorgänge bewusst sind? Die Vielfalt der Natur, die Vollkommenheit der Anpassung mancher Organismen an ihren Lebensraum, z. B. die Feinheiten von Blütenstrukturen und den bestäubenden Insekten oder Vögeln – Jahrhunderte hindurch nur als göttliche Schöpfung erklärbar –, bleiben dem Naturfreund bewunderungswürdig, vielleicht sogar in stärkerem Maße, seit wir die grundlegenden Gesetze der biologischen Evolution kennen. In der Naturanschauung und der Beschäftigung mit den Zusammenhängen finden nicht wenige Menschen einen beträchtlichen Teil ihres Lebensinhalts. Einen kleinen Ausschnitt der Mannigfaltigkeit der belebten Natur wollen wir den Lesern nahebringen: die Pilze. Bedenkt man, dass unsere Erde mehrere Millionen Tierarten und über 300.000 Arten von Blütenpflanzen beherbergt, so sind die Pilze mit mehr als 100.000 beschriebener Arten keine so bedeutungslose Gruppe, wie man häufig annimmt. Zudem dürfte die Zahl der unbekannten Arten weitaus höher liegen, als wir das von Blütenpflanzen und terrestrischen Tieren annehmen können. Freilich, viele von ihnen treten nicht so dominant in Erscheinung wie Blütenpflanzen, Insekten oder Wirbeltiere. Dennoch sind die Pilze den meisten Menschen bekannt, die farben- und formenreichen Hut-, Keulen-, Korallen- oder Bauchpilze sind einprägsame Bewohner von Wäldern und Wiesen; Landwirte beklagen ertragsmindernde Krankheitserreger von Kulturpflanzen oder Nutzvieh; Mediziner kämpfen gegen Hautpilze oder Erreger gefährlicher Endomykosen. Manchen kommen Schimmelpilze in den Sinn, die Nahrungsmittel und Futtervorräte verderben. Wieder andere rühmen spezifische Hefen, die für die Herstellung auserlesener Weine genutzt werden. Auch im Haushalt, in der Bäckerei, in der Brauerei oder in der Käseindustrie nutzt man die Leistung der Hefen und anderer Pilze zur Herstellung von Nahrungs- und Genussmitteln. Darüber hinaus sind einige Pilze Produzenten von therapeutisch noch immer unentbehrlichen Antibiotika. Ja, sie begegnen uns sogar in alten Gebäuden, wenn diese vom gefürchteten Hausschwamm befallen wurden, oder sie wachsen in feuchten Wohnungen an Wänden und Tapeten und können Gesundheitsschäden der Bewohner verursachen. Überall im täglichen Leben stoßen wir auf Pilze, und es drängt sich die Frage auf, was diesen so verschieden erscheinenden Organismen gemeinsam ist, dass man sie mit einem einzigen Begriff „Pilz" zusammenfassen kann. Sind sie eine Gruppe von Pflanzen? Können sie als eigenes Organismenreich neben Pflanzen und Tiere gestellt werden? Oder sind sie doch aus überflüssiger Feuchtigkeit von Fäulnisprozessen entstanden, wie wir das in alten Kräuterbüchern nachlesen können?

Die Frage, was wir unter Pilzen verstehen, ist nicht mit wenigen Worten zu klären. Zunächst wollen wir den Begriff „Pilz" etwas einengen. Einige Gruppen von Organismen, die in der Vergangenheit mit den Pilzen in Verbindung gebracht wurden, rechnet man gegenwärtig nicht mehr zu ihnen. Noch bis ins 20. Jahrhundert hinein hat man Bakterien als Spaltpilze oder *Schizomycetes* bezeichnet und in ihnen einfach organisierte Pilze gesehen, von denen die höher organisierten Formen abgeleitet sind. Diese Anschauung fußte auf den Gemeinsamkeiten der Lebensweise vieler Bakterien und Pilze. Zahlreiche Bakterien und Pilze leben mitunter gemeinsam in Substraten wie in Fruchtsäften, an Humusteilen im Boden oder sie konkurrieren gegeneinander als Parasiten an anderen Organismen, leben von organischen

H. Dörfelt et al., *Die Welt der Pilze*, https://doi.org/10.1007/978-3-662-65437-8_1

Substanzen. Um die wesentlichen Unterschiede zwischen Bakterien und Pilzen festzustellen, sind nicht nur lichtmikroskopische, sondern auch ultramikroskopische Betrachtungen notwendig. Der Bau der Zellen dieser Organismengruppen ist so grundlegend verschieden, dass wir sagen können: Pilze, Tiere und Pflanzen sind miteinander näher verwandt als die Bakterien mit irgendeiner dieser Gruppen. Die Bakterien – einschließlich der algenähnlichen Cyanobakterien (Blaualgen) – besitzen im Gegensatz zu Tieren, Pflanzen und Pilzen keine Zellkerne, also keine membranumschlossenen, mikroskopisch kleinen Körper, die in jeder vollkommenen Zelle einzeln, manchmal auch zu mehreren vorkommen und die wesentlichen erbtragenden Substanzen, die Kernsäuren (Nucleinsäuren), enthalten. Bei Pilzen, Tieren und Pflanzen liegen diese Kernsäuren als fädige, unter Umständen lichtmikroskopisch nachweisbare Strukturen vor: die Chromosomen, die von einer perforierten Membran umschlossen sind. Alle Lebewesen, die solche Zellkerne besitzen, werden als Eukaryota, d. h. als Lebewesen mit echten Zellkernen, zusammengefasst und von den Prokaryota, den Lebewesen mit Kernäquivalenten, unterschieden, deren Erbmasse als ringförmiges, nicht membranumschlossenes Kernsäuremolekül vorliegt. Pilze, Tiere und Pflanzen sind eukaryotische Lebewesen. Echte Bakterien (Bacteria), einschließlich der „Blaualgen" (Cyanobacteria) und der noch ursprünglicheren methanbildenden Urbakterien (Archaebacteria oder Archaea) sind dagegen prokaryotisch organisiert.

Hinsichtlich der Ernährungsweise haben die Pilze nicht nur mit den meisten Bakterien, sondern auch mit allen Tieren eine wesentliche Gemeinsamkeit – sie leben heterotroph. Die Lebensgrundlage heterotropher Organismen, d. h. ihre Energiequelle, sind organische Stoffe. Die meisten Bakterien, alle Pilze und Tiere können im Gegensatz zu den grünen Pflanzen nicht mithilfe von Lichtenergie und anorganischen Stoffen ihre körpereigenen organischen Substanzen synthetisieren. Bekanntlich ist der entscheidende Vorgang des primären Aufbaus organischer Stoffe, die Fotosynthese der Pflanzen, an die grünen Farbstoffe, die Chlorophylle oder Blattgrün-Farbstoffe, gebunden. Alle Organismen, die zur Fotosynthese befähigt sind, also keine organischen Stoffe anderer Lebewesen benötigen, werden wegen dieser ernährungsphysiologischen Eigenständigkeit als fotoautotroph bezeichnet. Ökologisch sind demnach die grünen Pflanzen und die ebenfalls fotoautotrophen prokaryotischen Blaualgen Cyanobakterien die Primärproduzenten organischer Stoffe auf unserer Erde. Sie bilden die Lebensgrundlage der heterotrophen Organismen, die entweder direkt, z. B. als Pflanzenparasiten und Pflanzenfresser, oder indirekt, z. B. als Bewohner von Pflanzenresten

oder als Glieder von Nahrungsketten von den Leistungen der fotoautotrophen Primärproduzenten leben.

Aber keine Regel ohne Ausnahme. Neben der Fotoautotrophie gibt es auf unserer Erde noch einen weiteren Modus der Autotrophie von Lebewesen, wobei organische Stoffe mithilfe von chemischer Energie synthetisiert werden können. Chemoautotrophe Bakterien können als Symbionten in Tieren leben, sodass auf diese Weise auch höher entwickelte chemoautotrophe Organismen entstanden sind, die völlig ohne Lichtenergie leben. Besonders im marinen Bereich kommt es noch immer alljährlich zu faszinierenden Entdeckungen über chemoautotrophes Leben, das z. B. in der Tiefsee auf „Methaninseln" oder auf thermoenergetischer Basis völlig andere Lebensformen und Lebensgemeinschaften hervorgebracht hat als im lichtenergetisch geprägten Bereich der Biosphäre.

Die heterotrophe Lebensweise der eukaryotischen Pilze und Tiere lässt sich auch strukturell nachweisen. Es fehlen diesen Organismen im Gegensatz zu den Pflanzen gewisse membranumschlossene innere Zellorganellen, die sogenannten Plastiden, die über eigene Erbträger verfügen und zu denen auch die Träger des Chlorophylls, des Blattgrüns, gehören. Man bezeichnet sie als Chloroplasten. Für die primäre Produktion organischer Stoffe durch Fotosynthese sind diese Chloroplasten essenziell erforderlich. Es handelt sich um ellipsoide, kugelige oder polymorphe membranumschlossene Strukturen des lebenden Protoplasmas, in denen die fotosynthetisch aktiven Chlorophylle lokalisiert sind. Bei den wenigen nicht ergrünenden heterotrophen Pflanzen, die keine Chloroplasten enthalten, können dennoch stets Plastiden nachgewiesen werden. Die heterotrophe Lebensweise solcher Pflanzen, zu denen z. B. Fichtenspargel, Sommerwurz, Vogelnestwurz und Schuppenwurz gehören, erweist sich daher als sekundär. Sie sind durch Chloroplastenverlust heterotroph geworden. Tiere und echte Pilze sind jedoch stets vollkommen plastidenfrei. Sie haben sich stammesgeschichtlich ohne diese Organellen entwickelt, sind also primär heterotroph.

Dennoch weisen die Pilze äußerlich Gemeinsamkeiten mit den Pflanzen auf. Dies ist der Grund dafür, dass sie bis in die Gegenwart mitunter als Pflanzen betrachtet und in den Lehrbüchern der Botanik (Pflanzenkunde) behandelt werden. Sowohl Pilze als auch Pflanzen nehmen die Nährstoffe osmotroph oder resorptiv auf: Sie werden in gelöster Form direkt aus der Umwelt durch Osmose, d. h. durch Diffusion über Biomembranen, aufgenommen, während die Tiere die Nährstoffe im Allgemeinen zunächst durch Umschließen oder Einverleiben von Nahrungspartikeln aufnehmen. Dieser Modus der Nahrungsaufnahme machte bei den Pilzen und den Pflanzen keine Nahrungssuche durch freie Ortsbewegung notwendig, vielmehr werden die nährstoffhaltigen Substanzen durchwachsen. Das großflächige Durchdringen des nährstoffführenden Substrats durch Hyphen, Rhizoide oder Wurzeln führte zur Sesshaftigkeit. Die Pilze treten uns daher in der Regel als pflanzlich erscheinende, mit ihrem Substrat fest verbundene Organismen entgegen.

Echte Zellkerne, das Fehlen von Plastiden, die heterotrophe Ernährung und das pflanzenähnliche Erscheinungsbild infolge osmotropher Nahrungsaufnahme aus dem ernährenden Substrat, die zur Einschränkung oder dem völligen Fehlen der für die meisten Tiere charakteristischen freien Ortsbewegung führte, sind die wesentlichen Eigenschaften der Pilze. Wir können sie kurz und bündig mit einem Satz definieren:

Pilze sind eukaryotische, primär plastidenfreie, heterotrophe Organismen, die ihre Nahrung osmotroph direkt aus ihrem nährstoffhaltigen Substrat aufnehmen.

Diese Definition bezieht sich auf alle Organismen, die landläufig als Pilze bezeichnet werden. Sie fußt auf äußerlichen cytologischen und ernährungsphysiologischen Merkmalen und nicht primär auf der stammesgeschichtlichen Verwandtschaft. Probleme bei dieser Charakterisierung der Pilze bilden einige Organismengruppen, die als Schleimpilze bezeichnet werden. Die meisten von ihnen nehmen wie die Amöben ihre Nahrung durch Einschließen von Partikeln oder Organismen, z. B. von Bakterien, auf. Nur während einer Phase der Sporenbildung und -freisetzung sind die Schleimpilze manchen Echten Pilzen ähnlich strukturiert. Verwandtschaftlich gehören sie zu den Urtierchen (*Protozoa*), speziell zu den Amöben. Sie werden lediglich aus Tradition wegen der sporenführenden pilzähnlichen Fruktifikationen in den Lehrbüchern der Botanik und der Mykologie behandelt. Wenn man die Schleimpilze in eine umfassende Pilzdefinition einbeziehen will, dann kann man Pilze nicht als generell osmotroph bezeichnen, und die pflanzliche Erscheinungsweise muss auf bestimmte Abschnitte der Entwicklung beschränkt werden.

Alle Versuche einer Definition zeigen, dass der Pilzbegriff sowohl in der Wissenschaft als auch in der Praxis nicht einen einheitlichen Verwandtschaftskreis umfasst. Denn in vielen Merkmalen, die nach neuen Erkenntnissen die Verwandtschaftsbeziehungen widerspiegeln, erweisen sich die Pilze im Allgemeinen als heterogen. Das betrifft z. B. die Merkmale des Vorkommens, die Struktur der Geißeln und den Typ der Begeißelung von Schwärmstadien, die Art des Auftretens von Polkörpern bei der Kernteilung, die biochemische Zusammensetzung der Reservestoffe sowie der Bestandteile der Zellwand und vieles andere mehr. Pilze in der gebräuchlichen Umgrenzung entstanden auf verschiedenen

stammesgeschichtlichen Wegen, sind also polyphyletisch. Die wirklichen Abstammungsgemeinschaften werden in den aktuellen Pilzsystemen als verschiedene monophyletische Abteilungen behandelt, die größte von ihnen sind die Echten Pilze, die je nach dem benutzten Lehrbuch als *Mycota*, *Eumycota* oder Fungi bezeichnet werden. Zu ihnen gehören die meisten Pilzarten, unter anderem alle Pilze, die Fruchtkörper ausbilden. Mit anderen Pilzgruppen, z. B. mit den Schleimpilzen (*Myxomycota*), den Flimmergeißel-Flagellatenpilzen (*Hyphochytridiomycota*), den Netzschleimpilzen (*Labyrinthulomycota*) den Algen- oder Eipilzen (*Oomycota*), sind die Echten Pilze nicht näher verwandt als mit manchen anderen Gruppen eukaryotischer Organismen. Eine höhere systematische Rangstufe, die alle Pilze umfasst, hat daher aus stammesgeschichtlicher Sicht keine Berechtigung. Ebenso fraglich ist aber auch das Bemühen, den Pilzbegriff auf die Echten Pilze zu beschränken. Wie sollte man z. B. einem Praktiker erklären, dass die Echten Mehltaupilze zu den Pilzen gehören und die Falschen Mehltaupilze farblose Algen und keine Pilze sind? Pilze im Sinne unserer Definition werden dann als „Pilze und pilzähnliche Organismen" zusammengefasst.

Wenn man die phylogenetische Herkunft der Pilze unter dem Gesichtspunkt der Begeißelung an frei beweglichen Entwicklungsstadien betrachtet, so ergibt sich eine grundsätzliche Zweiteilung. Nahezu alle Echten Pilze sind unbegeißelt und dürften von hefeartigen Einzellern abstammen, und die anderen Gruppen, die Tiere und Pflanzen (mit Ausnahme der Rotalgen), besitzen wenigstens in einigen Entwicklungsstadien Geißeln. Als Basis der Echten Pilze stehen aber auch die Flagellatenpilze (*Chytridiomycota*) mit eingeißeligen Schwärmstadien zur Diskussion (vgl. Abschn. 6.2.2).

Die Hypothese, dass die Geißeln ursprünglich selbstständige Organismen waren, ist wenig begründet. Sicher ist jedoch, dass die membranumschlossenen Organellen, vor allem die Mitochondrien, die „Atemzentren" der eukaryotischen Organismen, und die Plastiden der Pflanzen ursprünglich selbstständige prokaryotische Organismen waren, die durch endosymbiotische Lebensweise und Gentransfer zwischen dem Zellkern der eukaryotischen Zelle und dem Kernäquivalent des endosymbiotischen Prokaryoten zu Zellorganellen der Eukaryota wurden. Ein wichtiges Argument für diese Erkenntnis sind die noch gegenwärtig vorkommenden ringförmigen Kernsäuremoleküle in diesen Organellen.

Die hypothetischen, cytologischen Entwicklungslinien, die zu den heute existierenden Organismengruppen führten, zeigen auch in sehr vereinfachter Übersicht die grundlegenden Unterschiede zwischen den Echten Pilzen und übrigen Gruppen pilzlicher Organismen (Abb. 1.1).

Eukaryotische Zellen

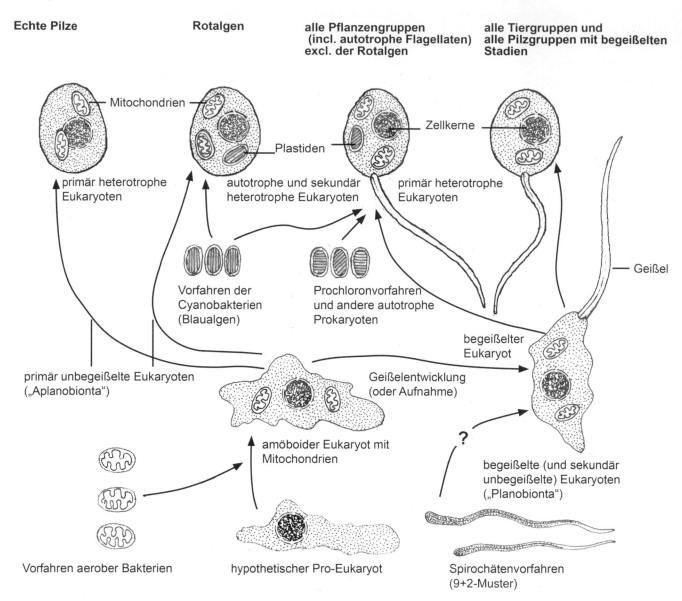

Echte Pilze | **Rotalgen** | **alle Pflanzengruppen (incl. autotrophe Flagellaten) excl. der Rotalgen** | **alle Tiergruppen und alle Pilzgruppen mit begeißelten Stadien**

Abb. 1.1 Schematische, stark vereinfachte Darstellung der Entwicklung eukaryotischer Zellen unter Berücksichtigung der Endosymbiontentheorie

1.2   Ursprung und Entwicklung der Pilzkunde

Bevor wir uns den Strukturen, dem Leben und der praktischen Bedeutung der Pilze zuwenden, wollen wir das Anwachsen des Wissens über Pilze in groben Zügen nachzeichnen. Wie betrachtete man diese eigentümlichen Gewächse in früheren Zeiten, was wusste man von ihrer Rolle im Haushalt der Natur und wie setzte man sie zu anderen Organismen in Beziehung? Als ein Wissenschaftszweig der Biologie, der Lehre vom Leben, wurzelt die Mykologie, die Lehre von den Pilzen, in der Medizin, der Naturkunde

und Philosophie früher Kulturen. Spuren pilzkundlichen Wissens können bis in Zeiten zurückverfolgt werden, in denen es noch keinerlei Wissenschaft gab. Empirische, vorwissenschaftliche Kenntnisse über Pilze sind aus verschiedenen Kulturkreisen bekannt. Frühe Zeugnisse von Pilzwissen beziehen sich verständlicherweise auf ansehnliche Großpilze und fußen auf Erfahrungen der Menschen bei der Verwendung von Pilzen als Nahrungsmittel, als Heilmittel, Rauschmittel oder auf Vergiftungsfällen. Die halluzinogene Wirkung mancher Pilze, vor allem psilocybinhaltiger Träuschlinge (*Stropharia* spp.) oder Kahlköpfe (*Psilocybe* spp.) war bereits den Azteken in Mexiko be-

Abb. 1.2 Steinikone in Pilzform – ca. 30 cm hoch – aus dem Hochland von Guatemala; gefertigt von den Mayas um 1000 u. Z.

Kenntnisse und Vorstellungen über Pilze neben der wissenschaftlichen Mykologie im Volkswissen verankert.

Die Einbeziehung der Pilze in das wissenschaftliche Denken der Menschen ist so alt wie die Wissenschaft selbst. Die Biologie hat sich, obwohl der Begriff erst Ende des 18. Jahrhunderts geprägt wurde, als ein Teil der antiken Naturwissenschaft in der hellenistischen Zeit des griechisch-römischen Altertums entwickelt. Nachweislich konnten die Denker der peripatetischen Schule in Athen bereits auf frühere Kenntnisse über Pilze zurückgreifen. Wir wissen dies z. B. aus den Schriften griechischer Dichter. Einen der ersten schriftlichen Nachweise über Pilzkenntnisse finden wir bei dem griechischen Gelehrten und Dichter EURIPIDES (um 483 bis um 406 v. u. Z.). Er berichtet von einer Pilzvergiftung, der eine Frau mit ihren zwei Söhnen und einer Tochter zum Opfer fielen. Auch aus den Schriften anderer Dichter des Altertums, so der römischen Schriftsteller HORAZ (65–8 v. u. Z.), OVID (43 v. u. Z. bis 18 u. Z.), JUVENAL (um 60 bis um 127 u. Z.) und MARTIAL (um 40 bis um 102 u. Z.), geht hervor, dass man bereits in sehr frühen Zeiten Erfahrungen mit Pilzen als Nahrungsmittel hatte.

In der Medizin der Antike spielten Pilze ebenfalls eine Rolle. Schon HIPPOKRATES (um 450–377 v. u. Z.) erwähnte sie als Heilmittel und empfahl Brechmittel bei Pilzvergiftungen. Das Einteilungsprinzip nach Speisewert und Giftigkeit wird in dieser Zeit in die frühe naturkundlich-philosophische Wissenschaft eingeführt. Rettich, Essig und Hühnermist empfehlen z. B. NIKANDER (um 200–135 v. u. Z.) und später CELSUS (um 30 u. Z.) als Mittel gegen Pilzvergiftungen. DIOSKURIDES (um 70 u. Z.) fasste die Kenntnisse über Pilze aus medizinischer Sicht zusammen. Da seine Lehre im gesamten Mittelalter als unumstößliches medizinisches Grundwissen galt, wurden seine Ansichten bis in die Neuzeit beibehalten. Wir begegnen dem grundlegenden Einteilungsprinzip der Pilze in essbare und giftige Sippen z. B. noch im 17. Jahrhundert bei CAROLUS CLUSIUS (1526–1609) und FRANS VAN STERBEECK (1630–1693); in der populären Pilzkunde blieb es bis in die Gegenwart erhalten.

Während die Pilze in der Dichtung und in der Medizin der Antike nur eine untergeordnete Rolle spielen, behandelte sie der griechische Gelehrte THEOPHRAST (372–288 v. u. Z.) als Teil seiner botanischen Lehren aus rein wissenschaftlicher Sicht. Er fußt dabei auf den biologischen Vorstellungen von ARISTOTELES (384–322 v. u. Z.). Beide waren Schüler des Philosophen PLATON (427–347 v. u. Z.) und erreichten mit ihren Schriften einen Höhepunkt der antiken Naturwissenschaft. THEOPHRAST behandelt die Pilze als Pflanzen, denen wichtige Teile anderer Pflanzen – Blätter, Stängel, Wurzeln, Blüten, Früchte – fehlen. In den Trüffeln sieht er unterirdische ganze Pflanzen; Pilze wachsen aus Wurzeln von Bäumen oder neben ihnen; sie nehmen nicht den Geruch des Substrats an, auf dem sie wachsen; so können z. B. solche, die auf Mist wachsen, geruchlos sein. Diese und einige

kannt. Religiöse Zeremonien hatten hier eine uralte Tradition und sind in Relikten bis heute erhalten geblieben. Durch ihre berauschende Wirkung glaubte man, den Göttern oder Ahnen nahezukommen, mit ihnen in Zwiesprache treten zu können. Die bekannten Pilzsteine der Mayas (Abb. 1.2) aus Guatemala wurden im ersten Jahrtausend unserer Zeitrechnung gefertigt und ähnlich den Marienbildern im Christentum verehrt.

Dass Pilze als Nahrungsmittel verwendet wurden, können wir aus frühen Berichten über Pilzvergiftungen aus der Antike schließen. Die Kultur von Speisepilzen, vor allem des holzbewohnenden Shiitake (*Lentinula edodes*), dürfte in China und Japan seit Jahrtausenden betrieben worden sein und ist auf Erfahrungen mit Pilzen aus frühen Zeiten zurückzuführen. Auch in der Gegenwart sind empirische

weitere Einsichten von THEOPHRAST sind die wichtigsten erhalten gebliebenen Kenntnisse über Pilze in der Antike. Wesentlich dabei ist, dass er in den Pilzen lebende Organismen erkennt, während spätere Autoren bis weit in die Neuzeit hinein die Pilze als Ausscheidungen von faulendem Holz, Schaumgebilde oder andere Fäulnisprodukte und dergleichen definierten.

Einen relativ breiten Raum nehmen die Pilze auch im Werk des römischen Feldherren, Gelehrten und Enzyklopädisten PLINIUS SECUNDUS (23–79 u. Z.) ein. Er sammelte das vorhandene zeitgenössische naturkundliche Wissen und stellte es zu einem geschlossenen universellen Weltbild zusammen. Dieses Werk enthält neben wissenschaftlichen Erkenntnissen auch volkstümliche Vorstellungen, Mystik und Paradoxografie in bunter Mischung; es vermittelt daher ein gutes Bild von den verschiedenartigen Anschauungen zur Zeit der römischen Antike. Vergleicht man die Pilzkenntnisse im Werk von PLINIUS mit denen von THEOPHRAST, gewinnt man einen Eindruck vom allgemeinen Zustand der Naturwissenschaft der Antike. Die abstrakten Erkenntnisse sind bei den Römern praktischen Belangen untergeordnet. Wissenschaftliche Klarheit ist nicht mehr Maßstab für den Inhalt der Schriften. Nach PLINIUS entstehen Pilze aus Schlamm, aus säuernder, feuchter Erde oder aus Wurzeln. Holzpilze bilden sich aus dem Schleim der Bäume; die Trüffeln sind Geschwülste der Erde, ihre Entstehung wird mit Regen und vor allem mit dem Donner bei Gewittern in Zusammenhang gebracht. Viele seiner Angaben beziehen sich auf Vergiftungen mit Pilzen oder auf deren Speisewert. PLINIUS berichtet, wie auch die Historiker TACITUS (um 55 bis um 120 u. Z:) und SUETON (um 70 bis um 140 u. Z.), von der berühmten Vergiftungsgeschichte um den Kaiser CLAUDIUS, der von seiner vierten Frau, der herrschsüchtigen AGRIPPINA, mit einem Pilzgericht vergiftet wurde, um den Thron für NERO, AGRIPPINAS Sohn, frei zu machen. Es handelte sich um eine Vergiftung, bei der einem Pilzgericht aus Kaiserlingen (Amanita caesarea) Gift zugesetzt worden war. Interessant sind bei PLINIUS die Angaben zu den „Erkennungszeichen" von Giftpilzen. Sie spiegeln damalige Vorstellungen wider, die sich teilweise bis in die Gegenwart als „Volkswissen" erhalten haben. Beispielsweise werden verwaschene rote Farben, Streifenzeichnung, blasser Saum und bleigraue Farbe im Innern als Zeichen der Giftigkeit bewertet. Pilze, die in der Nähe von Schlangenhöhlen wachsen, seien giftig, da sie vom Gift der Schlangen angehaucht wurden. Auch Rost, faulende Lappen und Ähnliches am Standort der Pilze bewirken, dass diese giftig werden. Da man die speziellen Verhältnisse des Standortes nicht erkennt, wenn Pilze zum Verkauf angeboten werden, ist bei feilgebotenen Speisepilzen besondere Vorsicht erforderlich. Viele Mitteilungen von PLINIUS über Pilze galten in ihrer Mischung aus Wissen und unbegründeten Vorstellungen im Mittelalter vielfach als unumstößliche Tatsachen. Einige Ansichten aus der Enzyklopädie des PLINIUS wurden sogar bis ins 18. Jahrhundert hinein vertreten (Tab. 1.1).

Noch zu Beginn des 18. Jahrhunderts erschienen PLINIUS-Ausgaben, die nicht nur als historische Werke, sondern noch immer auch als Lehrbücher gedacht waren. Man muss sich vor Augen führen, dass noch 1500 Jahre nach dem Erscheinen des Werkes von PLINIUS in den Kräuterbüchern der Renaissance – beispielsweise bei HIERONYMUS BOCK (1498–1554) und bei TABERNAEMONTANUS (um 1525–1590), ja sogar in den wichtigen systematischen Werken dieser Zeit, etwa bei CASPAR BAUHIN (1580–1624), grundlegende Thesen von PLINIUS als allgemeingültiges Wissen wiedergegeben werden, z. B., dass die Pilze aus dem überflüssigen Schleim faulender Substanzen entstünden. Daraus wird ersichtlich,

Tab. 1.1 Pilznamen aus der Antike und ihre Bedeutung

Name (Sprache)	Bedeutung in der antiken Literatur	abgeleitete Begriffe
fungus (lateinisch)	Hutpilz, Schwamm	fungology, Gattung: Reich: Fungi
boletus (lateinisch)	delikater Speisepilz	(boletis, boliz, biliz, Bilz) Pilz; Gattung: Boletus; Boletales etc.
mycena (griechisch) von altgr. Mykene?	Hutpilz, Helmpilz	mycology, Mykologie, Mycetologie; Gattung: Mycena; Endung: -mycetes ((bitte nicht kursiv)) etc.
agaricum (agaricon) (lateinisch)	holzbewohnender Pilz	Gattung: Agaricus; Agaricales etc.
tuber, tubera (lateinisch)	Trüffel, Geschwulst, Beule, Tumor	Gattung: Tuber; Tuberothecium etc.
hydnon (griechisch)	Trüffel	Gattungen: Hydnum, Hydnangium u.a.
pezis (griechisch)	stiellose Pilze	ungestielte Gasteromyceten und Becherlinge; Gattungen: Lycopoerdon, Bovista, Peziza etc.

dass in der Zeit des scholastischen Mittelalters keine wesentlichen neuen Erkenntnisse gewonnen werden konnten und dass sogar das wissenschaftliche Niveau der hellenistischen Zeit nicht wieder erreicht wurde und die Renaissance, die Wiedergeburt der Antike, in der Biologie eigentlich keine Renaissance war. Biologisches und damit auch mykologisches Wissen musste in der Neuzeit aus der Medizin und Naturkunde heraus erneut entwickelt werden und sich gegen religiöse und fantastische Vorstellungen des Mittelalters behaupten.

Sehr bald wurden in der Neuzeit viele neue Pilzarten beobachtet und unabhängig von den Beschreibungen der Antike in die Literatur eingeführt, z. B. durch CAROLUS CLUSIUS und FRANS VAN STERBEECK. Bei CAESALPINUS (1524–1603), CASPAR BAUHIN und JOHN RAY (1628–1705) lassen sich deutliche Ansätze einer Systematik nach wissenschaftlichen Gesichtspunkten erkennen. JOSEPH PITTON TOURNEFORT (1656–1708) stellte in seinen systematischen Werken erstmals klar definierte Pilzgattungen im aktuellen Sinne vor. Zu jeder Gattung (Genus) gehören bei ihm mehrere Arten (Species).

TOURNEFORT unterschied die Gattungen *Fungus, Fungoides, Boletus, Agaricus, Lycoperdon, Coralloides und Tubera.*

TOURNEFORTS Pflanzen-System, in dem die Pilze integriert sind, ist eine wichtige Grundlage der systematischen Werke des 18. Jahrhunderts, z. B. für die Arbeiten von PIETRO ANTONIO MICHELI (1679–1739), JOHANN JAKOB DILLENIUS (1684–1747) und CAROLUS LINNAEUS (CARL VON LINNÉ) (1707–1778). Diese Entwicklung der Pilzsystematik führte zu einer genaueren Betrachtung vieler Strukturen der pilzlichen Organismen, und es setzte eine Flut neuer Erkenntnisse auf allen Gebieten der Pilzkunde ein, jedoch blieb das Primat der wissenschaftlichen Arbeit mit Pilzen vorrangig bei der Systematik. Morphologische oder physiologische Erkenntnisse wurden erst dann gebührend beachtet, wenn sie in irgendeiner Beziehung für die Systematik von Bedeutung waren.

In diesem Zusammenhang kommt den Auffassungen über die Fortpflanzung der Pilze besondere Bedeutung zu.

Als Erster hatte GIAMBATTISTA DELLA PORTA (1539–1615), zu dessen Lebzeiten das Mikroskop erfunden wurde, Pilzsporen gesehen, beschrieben und korrekt als Fortpflanzungseinheiten (Samen) gedeutet. DELLA PORTA gehörte der „Accademia dei Lincei" (Akademie der Luchsäugigen) an, beschrieb Linsenkombinationen und konstruierte optische Geräte. Er vertrat die in der Medizin und damit auch in der damaligen Biologie verbreitete Signaturenlehre. Diese Lehre beruht auf der Ansicht, dass von bestimmten äußerlichen Merkmalen der Organismen Hinweise auf deren medizinische Wirkung ableitbar sind. Die spätere generelle Ablehnung dieser fantastischen Lehre, die DELLA PORTA in extremer Weise vertreten hat, brachte es mit sich, dass sein gesamtes Werk abgelehnt wurde und auch seine wertvollen Erkenntnisse unbeachtet blieben. Erst nach der Entdeckung der Sexualität der Pflanzen Ende des 17. Jahrhunderts durch RUDOLPH JAKOB CAMERARIUS (1665–1721) setzte eine verstärkte Suche nach Blütenstaub („männlichem Samenstaub") und anderen Hinweisen auf die Sexualität der Pilze ein.

PIETRO ANTONIO MICHELI (1718–1790) kommt das Verdienst zu, die Sporen der Pilze erneut erkannt und auch als Vermehrungseinheiten („Samen") beschrieben zu haben; er wird als der Entdecker der Pilzsporen angesehen (Abb. 1.3 und 1.4). Das Werk MICHELIS enthält auch Angaben zu den „Blüten" der Pilze. Seitdem die Rolle der Blüten an Pflanzen bekannt war, gibt es bis ins späte 18. Jahrhundert hinein Bemühungen, den Blüten der Pflanzen homologe männliche und weibliche Strukturen an Pilzen zu finden. MICHELI hielt endständige keulige Hyphen, z. B. die Cheilocystiden mancher Blätterpilze oder Röhrlinge, für die Staubgefäße reduzierter Blüten. Der weitverbreiteten Präformationslehre verpflichtet, glaubte MICHELI zudem, dass jede Spore wieder einen Pilz, d. h. einen einzigen Fruchtkörper, hervorbringt.

Vorstellungen vom Zusammenhang zwischen Myzel und Fruchtkörpern lassen sich bei ihm nur insoweit nachweisen, als er die Hyphen oder Hyphenstränge mitunter als Wurzeln eines einzigen Fruchtkörpers darstellt. MICHELI beschrieb, seiner Zeit in der Mykologie weit voraus, zahlreiche neue Gattungen von Pilzen und gliederte sie nach

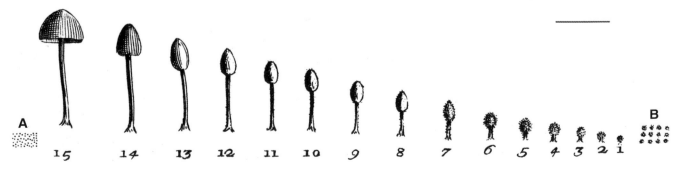

Abb. 1.3 Darstellung der Entwicklung eines Fruchtkörpers aus einer Spore bei MICHELI (1729); **A**: Sporen, **B**: Sporen vergrößert; 1–15: Entwicklungsreihe eines Fruchtkörpers; Balken in Abb. 1.3 bis 1.5 je 1 cm der Originalzeichnung bei MICHELI

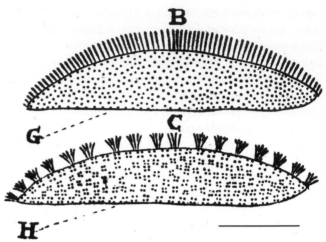

Abb. 1.5 Darstellung von Blätterpilz-Lamellen bei MICHELI mit Sporen („Samen") auf der Lamellenfläche und „reduzierten männlichen Staubgefäßen" an deren Schneide (B, C Zystiden der Lamellenschneide G,H Sporen der Lamellenfläche, vom Autor als Samen bezeichnet; in H Sporen zu je vier dargestellt, ein erster Hinweis auf die Anordnung der Sporen auf den Basidien)

Abb. 1.4 Ausgereifter, sporulierender Fruchtkörper und junge Fruchtkörper auf Streu bei MICHELI (1729), die sich nach seinen Vorstellungen aus herabgefallenen Sporen gebildet haben

überzeugenden Gesichtspunkten, vor allem nach der Lage der sporenbildenden Strukturen. Seine Ansichten wurden von den Zeitgenossen jedoch wenig beachtet. Erst später, in der zweiten Hälfte des 18. Jahrhunderts wurden wesentliche Inhalte seines Werkes z. B. von ALBRECHT VON HALLER (1708–1777), JACOB CHRISTIAN SCHÄFFER (1718–1790), JOHANN GOTTLIEB GLEDITSCH (1714–1786) und am Ende des 18. Jahrhunderts auch von CHRISTIAN HENDRIK PERSOON (1761–1836) berücksichtigt.

Bei seiner Suche nach den „Blüten" und „Samen" der Pilze fand er die Sporen u. a. bei der Aufsicht auf die Lamellenfläche von Blätterpilzen und entdeckte dabei auf manchen die oft gut erkennbare Anordnung in Tetraden (Abb. 1.5), die auf der Stellung der Sporen auf vier Sterigmata einer Basidie beruht. MICHELI gibt damit als erster Autor Hinweise auf Basidien, die erst ca. 100 Jahre später entdeckt wurden. Er geht damit dicht an einer fundamentalen Erkenntnis der Mykologie vorbei.

Die Suche nach männlichen und weiblichen Strukturen ist ein deduktiver Forschungsansatz, der besonders von J. C. SCHAEFFER kritisiert wird, der sich ganz allgemein gegen den Trend seiner Zeit wendet, die „Entstehung der Pflanzen aus Fäulnis abzuschaffen". Er schließt damit die aristoteli-

schen Gedanken der Urzeugung nicht aus, die erst im 19. Jahrhundert endgültig – besonders durch die Arbeiten von LOUIS PASTEUR (1822–1895) – widerlegt werden konnten.

Mitte des 18. Jahrhunderts schuf CAROLUS LINNAEUS (ab 1761 CARL VON LINNÉ) durch die konsequente Anwendung der binären Nomenklatur, d. h. der wissenschaftlichen Benennung der Organismen durch zweigliedrige Namen, in der Systematik wichtige methodische Voraussetzungen für neue Fortschritte. Die Möglichkeit, die Namen der Organismen nicht als umfassende Erkennungszeichen, sondern allein als allgemeingültige sprachliche Verständigungsmittel zu benutzen, also Namen und Beschreibungen bzw. Diagnosen zu trennen, hat sich fortan als sehr wirkungsvolle Möglichkeit erwiesen, die Systematik weiterzuentwickeln und dabei Missverständnisse zu mindern. Die großen Verdienste von LINNÉ in der Systematik der Pflanzen und Tiere sind allgemein bekannt; was jedoch die niederen Pflanzen, speziell die Pilze, betrifft, so erzielte er keine wesentlichen Fortschritte. Im Gegenteil – er blieb weit hinter dem zurück, was MICHELI eingeführt hatte.

Die zweite Hälfte des 18. Jahrhunderts brachte u. a. eine Fülle wertvoller Tafelwerke hervor, in denen zahlreiche Pilze auf kolorierten Abbildungen vorgestellt wurden. In erster Linie sind neben JACOB CHRISTIAN SCHÄFFER auch GEORGE CHRISTIAN OEDER (1728–1791), CASIMIR CHRISTOPH SCHMIDEL (1718–1792) und JEAN BAPTISTE FRANÇOIS BULLIARD (1752–1793) als Autoren zu nennen. Durch ihre Werke wurde die enorme Mannigfaltigkeit der Pilze offenkundig, und die Notwendigkeit neuer Wege der Systematik drängte sich auf.

Am Ende des 18. Jahrhunderts leiteten die Arbeiten von CHRISTIAN HENDRIK PERSOON (1761–1836) eine neue Epoche der Mykologie ein. PERSOON prägte den Begriff Mykologie, da er die relative Eigenständigkeit der Pilzkunde erkannte. Im Jahr 1801 erschien seine „Synopsis methodica fungorum" mit der er den Gipfel seines Schaffens und eine völlig neue Qualität der Pilzsystematik erreichte. Dieses Werk, in dem bereits nahezu 100 Pilzgattungen beschrieben sind, zeichnet sich durch klare, die wesentlichen Merkmale erfassende Beschreibungen und durch neue Gliederungsprinzipien aus. PERSOON benutzte morphologische Merkmale, z. B. die Lage der sporenbildenden Zellen an den Pilzfruchtkörpern, zur Gliederung der Pilze und schuf bereits einige natürliche Gruppierungen, die bis in die Gegenwart beibehalten werden konnten. Er wird als der Begründer der modernen Pilzsystematik angesehen.

Das 19. Jahrhundert brachte, aufbauend auf PERSOON, mit dem „Systema mycologicum" von ELIAS MAGNUS FRIES (1794–1878), das zwischen 1821 und 1829 erschien, eine umfassende Übersicht der damals bekannten Pilze. Obgleich dem Werk auch schon zur Zeit seiner Entstehung beträchtliche Schwächen durch das Fehlen mikroskopischer Befunde anhafteten, war es aufgrund seiner Vollständigkeit und Übersichtlichkeit eine Voraussetzung für weitere Fortschritte in der Mykologie. Bis in unsere Zeit hinein kommen der „Synopsis methodica fungorum" von PERSOON und dem „Systema mycologicum" von FRIES große Bedeutung für die Nomenklatur der Pilze zu. Im internationalen Regelwerk, dem „International Code of the Botanical Nomenclature", wurden die Werke von PERSOON und FRIES bis 1981 als Startpunktwerke der Nomenklatur für die meisten Pilzgruppen behandelt; gegenwärtig gelten für die gleichen Gruppen die von PERSOON und FRIES geprägten oder anerkannten Namen gegenüber anderen Synonymen noch immer als „geschützte Namen".

Im 19. Jahrhundert erhielt die Mykologie wesentlichen Auftrieb durch mikroskopische Studien. Die Systematik entwickelte sich dadurch rasch weiter. AUGUST KARL JOSEPH CORDA (1809–1849) und JOSEPH HENRI LÉVEILLÉ (1796–1870) erwarben sich Verdienste durch die Entdeckung der Basidien. Der grundlegende Unterschied zwischen Ascomyceten und Basidiomyceten wurde in dieser Zeit entdeckt. Andere morphologische Merkmale, z. B. die Sporenbildung im Inneren geschlossener Fruchtkörper, die bei Asco- und Basidiomyceten vorkommt, konnten in Beziehung zu diesem grundsätzlichen Merkmal als konvergente Bildungen erkannt werden.

Nach den fundamentalen Erkenntnissen von CHARLES DARWIN (1809–1882) zur stammesgeschichtlichen (phylogenetischen) Entwicklung der Organismen Mitte des 19. Jahrhunderts rückten auch in der Mykologie zunehmend entwicklungsgeschichtliche Fragen in den Vordergrund des Interesses der Wissenschaftler. Die Ergebnisse der Forschungen von LOUIS RENÉ TULASNE (1815–1865), NATHANAEL PRINGSHEIM (1824–1894), ANTON DE BARY (1831–1888),

OSCAR BREFELD (1839–1925), MICHAEL WORONIN (1838–1903) und vielen anderen wurden zu Meilensteinen der Mykologie im Hinblick auf die Cytologie, Anatomie und Entwicklungsgeschichte der Pilze. Viele dieser neuen Erkenntnisse waren auch für die Praxis, z. B. für die Landwirtschaft und Medizin, von fundamentaler Bedeutung. THEODOR SCHWANN (1810–1882) und LOUIS PASTEUR (1822–1895) schufen durch grundlegende Experimente die Voraussetzungen für die moderne Mikrobiologie, in der von Anfang an die Pilze, besonders die Hefen, als Untersuchungsobjekte eine wichtige Rolle spielten. Viele Pilze werden seit jener Zeit erfolgreich für biotechnologische Prozesse genutzt.

Im 20. Jahrhundert lässt sich in der Mykologie einerseits die Aufspaltung in Spezialdisziplinen und andererseits die Verschmelzung peripherer Bereiche mit anderen Fachgebieten verfolgen. Die Entdeckung und Nutzung der Antibiotika aus Pilzen und Bakterien eröffneten in der Medizin neue therapeutische Möglichkeiten und im Gefolge dieser grundlegenden Erkenntnisse entstanden neue Zweige der pharmazeutischen Industrie. Aber nicht nur bei der Gewinnung von Antibiotika, auch bei der Alkoholproduktion und der Herstellung zahlreicher anderer mikrobieller Produkte sind Pilze für die Industrie von Bedeutung. Mitunter wird allgemein von der technischen Mykologie gesprochen.

Die Cytologie (Zellenlehre) der Pilze erfuhr durch die stärkere Einbeziehung elektronenmikroskopischer Studien einen enormen Aufschwung. Erst in der zweiten Hälfte unseres Jahrhunderts wurden so wichtige Strukturen wie die Feinstruktur der Septenpori (vgl. Abschn. 2.6.1) der Pilze erkannt und führten zu völlig neuen Einblicken in phylogenetische Zusammenhänge. In immer stärkerem Maße erwiesen sich auch Inhaltsstoffe von Pilzen als bedeutsam. Es wurden nicht nur die Antibiotika und die Giftstoffe der Großpilze analysiert, sondern verstärkt auch die zahlreichen von imperfekten Pilzen gebildeten Mykotoxine, die zum Teil von wirtschaftlicher Bedeutung sind, z. B. bei der Lagerung von Nahrungs- oder Futtermitteln.

Ein weites Feld in der mykologischen Forschung des 20. Jahrhunderts nahmen darüber hinaus die pilzlichen Krankheitserreger ein. Die Phytopathologie (Lehre von den Pflanzenkrankheiten) beschäftigt sich unter anderem mit der Verhinderung von Ernteschäden durch pilzliche Schaderreger; z. B. erreichte ERNST GÄUMANN (1893–1963) durch experimentelle Arbeiten bahnbrechende Einblicke in die Beziehungen zwischen Phytoparasiten und Wirtspflanzen.

Die Bekämpfung der Mykosen (Pilzkrankheiten) des Menschen und des Nutzviehs bereitet den Medizinern oft große Schwierigkeiten. Weitverbreitet sind z. B. Hautpilze oder Hefen, die Krankheiten wie den Soor der Säuglinge oder teils unheilbare Mykosen des Menschen erregen.

Obgleich die praxisrelevanten Arbeitsrichtungen der Mykologie im 20. Jahrhundert die Front der Forschungsarbeiten bestimmten, waren systematische Fragestellungen noch immer von Bedeutung. Führende Forscher wie ROLF SINGER (1906–1994), MARINUS ANTON DONK (1908–1972), JOSEF ADOLF VON ARX (1922–1988) und einige andere schufen grundlegende Übersichten nach neuen Gesichtspunkten. Am Ende des 20. und zu Beginn des 21. Jahrhunderts wurde in zunehmendem Maße versucht, systematische Zusammenhänge mit molekularbiologischen Methoden zu klären. Durch diese Arbeitsrichtung konnten bisher in Verbindung mit strukturanalytischen Untersuchungen z. B. bei niederen Basidiomyceten fundamentale Einblicke gewonnen werden. In zunehmendem Maße wurden die Pilze im 20. Jahrhundert auch aus ökologischer Sicht untersucht. Die Kenntnisse über ihre Bedeutung in den Ökosystemen sind noch immer Gegenstand physiologischer und zunehmend molekularbiologischer Untersuchungen.

Die Aufzählung aktueller Arbeitsgebiete, die mit Pilzen im Zusammenhang stehen, ließe sich fortsetzen. Aber schon unsere wenigen Beispiele zeigen, dass die Mykologie der Gegenwart große Aufgaben zu bewältigen hat und dass jede neue Erkenntnis neue Probleme mit sich bringt, wenngleich sich die Schwerpunkte der Forschungen beträchtlich verschoben haben. Während von der Antike bis weit in die Neuzeit hinein das Bemühen, die Vielfalt der Erscheinungsformen zu systematisieren, im Vordergrund des Interesses stand, sind gegenwärtig biochemische, molekularbiologische, genetische und ultrastrukturelle Grundlagen und die Bekämpfung von Schaderregern oder die wirtschaftliche Nutzung der Pilze die wichtigsten Inhalte mykologischer Forschung.

In den folgenden Kapiteln können wir natürlich nicht die gesamte Breite und Vielfalt der Mykologie berücksichtigen. Spezialgebiete wie die technische und die medizinische Mykologie, die Biochemie und die Genetik der Pilze müssen vernachlässigt werden. Im Vordergrund stehen die Pilze in ihrer Lebensfunktion, ihrer Rolle im Haushalt der Natur, wobei auf die strukturelle Basis nicht verzichtet werden kann. Besondere Beachtung erfahren die viel bewunderten Großpilze, die den Naturfreunden während ihrer Wanderungen und Exkursionen begegnen. Die Rolle der Pilze als Schädlinge oder nutzbringende Produzenten für den Menschen, die größer ist, als gewöhnlich angenommen, soll jedoch nicht unerwähnt bleiben (Tab. 1.1).

1.3   Zeugen der Urzeit – fossile Pilze

In der Biologie wird gegenwärtig viel über die Evolution der Organismen gearbeitet. Enormen Auftrieb erhalten die Kenntnisse über die stammesgeschichtliche Entwicklung durch die Molekularbiologie. Es werden Abschnitte des Genoms, so bezeichnet man die Gesamtheit der Erbträger eines Organismus, bis auf die molekulare Zusammensetzung der Kernsäuren, den eigentlichen Trägern der Erbanlagen, analysiert und miteinander verglichen. Man erhält durch diese Methoden Hinweise auf die Anzahl der Mutationsschritte, die verwandte Organismen voneinander unterscheiden. Solche Analysen sind vor allem bei Lebewesen mit relativ wenigen morphologischen Merkmalen, wie bei zahlreichen Mikroorganismen, auch bei vielen Pilzgruppen, z. B. bei den Hefen, das wichtigste Handwerkszeug zur Erforschung stammesgeschichtlicher Zusammenhänge.

Auch bevor derartige komplizierte Untersuchungen möglich waren, konnte man bereits durch den Vergleich der biochemischen, anatomischen und morphologischen Merkmale verschiedener Organismen auf die phylogenetische Entwicklung schließen. Zudem hatte man von zahlreichen höher entwickelten Pflanzen und Tieren Fossilien als versteinerte oder in Harz gegossene Zeugen der Vergangenheit, mit deren Hilfe sich nicht nur einige Vorfahren rezenter Lebewesen rekonstruieren lassen, sondern es wurden auch ausgestorbene Gruppen wie die Saurier oder die Urfarne gefunden, die Einblicke in frühere Lebensformen und deren Entwicklung auf der Erde offenbaren.

Die Paläontologie, so nennt man das Wissenschaftsgebiet, das sich mit den Fossilien beschäftigt, ist durch die Molekularbiologie bei Weitem nicht überflüssig geworden. Fossilen sind nach wie vor die wichtigsten Zeugen der stammesgeschichtlichen Entwicklung in den verschiedenen Epochen der Erdgeschichte. Während die fossilen Reste von Tieren und Pflanzen zu fundamentalen Erkenntnissen über die Evolution geführt haben, sind die paläontologischen Forschungsergebnisse bei Pilzen weniger spektakulär. Da viele wesentliche Strukturmerkmale bei Pilzen im mikroskopischen und sogar im ultramikroskopischen Bereich liegen, war dies nicht anders zu erwarten. Pilze mit großen ansehnlichen Strukturen sind zudem meist weiche Gebilde, die weniger für die Fossilisierung geeignet sind als z. B. Knochen oder Holz. Dennoch ist die Arbeit mit Pilzfossilien, die man auch als Paläomykologie bezeichnet, ein wichtiger Zweig der Paläontologie, der in jüngster Zeit durch neue Untersuchungsmethoden einen enormen Auftrieb erfahren hat.

Durch Pilzfossilien aus Baltischem Bernstein (Ostseebernstein), der vor 50–35 Millionen Jahren unter temperaten bis subtropischen Klimabedingungen entstanden ist, wissen wir z. B., dass die großen systematischen Pilzgruppen zu jener Zeit bereits vorhanden waren und in den meisten Fällen nur auf der Ebene von Variationen oder Arten Veränderungen vonstattengingen. Wenn man die raschen Schritte der Evolution im Tierreich bedenkt – das Aussterben der Dinosaurier, die rasante Entwicklung der Säugetiere einschließlich der Entstehung der Menschen in weniger als vier Millionen Jahren –, so wird uns gewahr, dass die meisten Pilze im Prinzip relativ stabile Organismen sind. Der Baltische Bernstein gibt uns Gelegenheit, faszinierende „Spaziergänge" und „Exkursionen" in Wäldern zu unternehmen, die Jahrmillionen vor der Menschheitsgeschichte Mitteleuropa besiedelten.

Beispielgebend seien einige Pilzfossilien aus Baltischem Bernstein vorgestellt. In den baltischen Bernsteinwäldern wuchsen mehrere harzspendende Nadelgehölze, denen wir den Ostseebernstein samt seiner reichen fossilen Einschlüsse verdanken.

An Inklusen von Insekten wurden mehrere sporulierende Pilze gefunden. *Mucor entomocolus* (ad int. Abb. 1.6), ein Köpfchenschimmel, besiedelte ein abgestorbenes Insekt der Dipteren (Zweiflügler). *Aspergillus colembolorum* (Abb. 1.7), ein Gießkannenschimmel lebte auf einem Springschwanz der Subordnung *Entomobryomorpha*. Die gut erhaltenen Conidienköpfchen mit den Sporenketten entwickelten sich wahrscheinlich im noch flüssigen Harz, wodurch der gute Erhaltungszustand der empfindlichen Strukturen zu erklären ist.

Abb. 1.7 *Aspergillus colembolorum*, ein Gießkannenschimmel; zahlreiche Conidiophoren auf der Oberfläche des Thorax (Brustkorb) und des Abdomens (Hinterleib) eines Springschwanzes

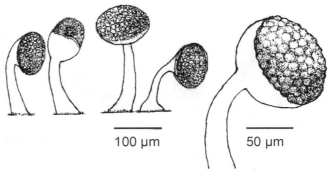

Abb. 1.8 *Protophysarum balticum*; mehrere charakteristisch gestielte Sporocarpien von einer Zapfenschuppe eines Nadelgehölzes; rechts eine aufgerissene Sporotheca mit Sporen von ca. 20 µm Durchmesser

In beiden Fällen sind die Sporenträger des Pilzes, bei *Aspergillus colembolorum* sogar die leicht zerfallenden Sporenketten, nahezu unbeschädigt erhalten. In solchen Fällen, in denen zarte pilzliche Strukturen erhalten blieben, ist anzunehmen, dass die conidiogenen Zellen bzw. die Sporocyten noch während der Fossilisierung in das noch flüssige Harz eingewachsen sind.

Weitere Beispiele gut erhaltener Fossilien in Baltischem Bernstein finden wir unter den Schleimpilzen. Von nahezu allen großen Gruppen der Myxogasteromyceten (vgl. Abschn. 6.2.1) sind Fossilien aus den baltischen Bernsteinwäldern bekannt. Als Beispiele seien aus der Ordnung *Physarales* das sehr kleine *Protophysarum balticum* (Abb. 1.8), aus der Ordnung *Stemonitales* das Fadenstäubchen *Stemonitis succini* (Abb. 1.9) und aus der Ordnung *Trichiales* ein sehr gut erhaltenes Sporocarpium von *Arcyria striata* genannt. All diese Sippen unterscheiden sich nur geringfügig von den verwandten rezenten Arten.

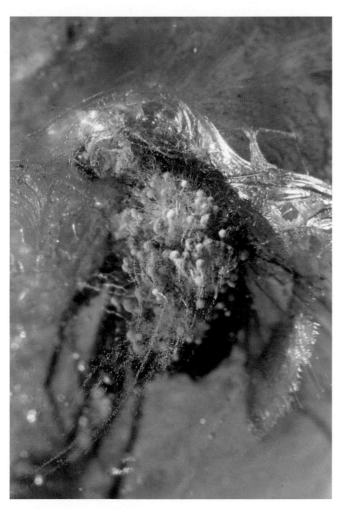

Abb. 1.6 *Mucor entomocolus* (ad. int.), ein noch unbearbeiteter Köpfchenschimmel; Myzel mit vielen sporenbildenen Zellen (Sporocyten) auf einem Insekt der *Diptera* (Zweiflügler); Durchmesser der Sporenköpfchen ca. 75 µm. (Geschichtete Aufnahme der Arbeitsgruppe A. R. Schmidt, Univ. Göttingen)

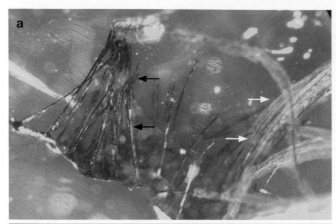

Abb. 1.9 *Stemonitis succini* (ad int.); **a**) Sporocarpien mit Stielen und Columellae mit zerstörten Capillitien (schwarze Pfeile) neben Sporocarpien mit Stielen, Columellae und Capillitien (weiße Pfeile); **b**) mikroskopische Details aus dem oberen Teil eines Sporocarpiums mit der unten dicken, nach oben verjüngten und ins Capillitium übergehenden Columella; Durchmesser der Stielchen im mittleren Bereich um 30 µm

Abb. 1.10 *Archaeomarasmius legettii* in Bernstein der Kreidezeit; Durchmesser des Hutes um 6 mm; geschichtete Aufnahme der Arbeitsgruppe A. R. Schmidt (Univ. Göttingen)

Makromyceten (Großpilze) mit ansehnlichen Fruchtkörpern, z. B. holzbewohnende Porlinge wie der Zunderschwamm, sind aus der Braunkohlezeit reichlich bekannt. Das Fehlen solcher Formen, die man als Fossilien aufgrund ihrer Konsistenz und ihrer Habitate an Holz erwarten könnte, lässt ebenfalls Rückschlüsse zu. Trotz zahlreicher fossiler Holzreste aus der Steinkohlezeit, dem Karbon, wurden – im Gegensatz zur viel jüngeren Braunkohlezeit – keine Fruchtkörperreste von Porlingen gefunden, deren Fossilisierung aufgrund ihrer derben Strukturen zu erwarten wäre.

Verständlicherweise sind weichfleischige Fruchtkörper von Pilzen sehr selten fossil erhalten, aber auch von ihnen gibt es Zeugnisse bereits seit der Kreidezeit. Einer der ältesten fossilen Nachweise eines weichfleischigen Blätterpilzes ist der als *Archaeomarasmius legettii* (Abb. 1.10) beschriebene Pilz in Bernstein der Kreidezeit aus East Brunswick (New Jersey, USA), der vor ca. 90 Millionen Jahren lebte. Von diesem Fossil konnten auch die Basidiosporen mit Hilarappendix und einer hymenodermalen Oberflächenstruktur nachgewiesen werden.

Erst in jüngster Zeit erreichte die Paläomykologie riesige Fortschritte durch Möglichkeiten der dreidimensionalen Fotografie und der molekularbiologischen Uhren, die aufgrund von Stammbäumen genauere Rückschlüsse auf das Alter großer Gruppen ermöglichen. Seit der frühesten Besiedlung der Erde mit Landpflanzen spielen symbiotische Pilze eine ausschlaggebende Rolle für die Entwicklung der terrestrischen Biosphäre (vgl. Abschn. 4.2.6).

Fossilien von Pilzen zeigen ganz allgemein weit weniger spektakuläre Veränderungen unserer Biosphäre an, als wir das z. B. in der Zoologie von den Sauriern kennen, mit deren Aussterben sich völlig andere Gruppen entfalten konnten und deren archaische Vertreter schon manches Vorschulkind aus der Spielzeugkiste kennt. Aber wir finden, wenngleich viel bescheidener, auch unter den fossilen Pilzen archaische Gruppen oder wenigstens Merkmale, die von Veränderungen zeugen. Das sollte betont werden, weil gerade bei den unscheinbaren Dingen leicht geglaubt wird, dass Fossilien fehlinterpretiert wurden, weil es bestimmte fossile Strukturen rezent nicht mehr gibt. An drei Beispielen (Tab. 1.2) sei gezeigt, auf welcher Ebene der Pilzwelt solche Kontroversen ausgetragen werden. Dabei soll nicht verschwiegen werden, dass es natürlich in der Literatur nicht an fehlinterpretierten Pilzfossilien mangelt.

Tab. 1.2 Beispiele archaischer Strukturen an fossilen Pilzen

Pilz	Formation	Archaische Struktur, die rezent nicht vorkommt
Palaeodicaryomyces baueri	Kreidezeit	coenocytische Hyphen mit irregulären Schleifen, vermitteln zum Schnallenmyzel
Palaeoanellus dimorphus	Kreidezeit	Dimorphismus (Myzel + Hefestadium), kombiniert mit Fangschlingen zum Nematodenfang
Eomelanomyces cenococcoides	Eozän	schwarze, ektotrophe Ascomyceten-Mykorrhiza; Bildung von Mikrosclerotien

Pilzstrukturen und ihre Funktion

2.1 Der Pilz am Pilz – Myzel und Fruchtkörper

Pilze – darunter verstehen die meisten Menschen jene rätselhaft anmutenden Gebilde der Wälder, Wiesen, Felder und Gärten, die plötzlich erscheinen und rasch vergehen. Sie scheinen schnell zu wachsen, ganz anders als Pflanzen. Man entdeckt sie oft an Orten, wo tags zuvor noch nichts zu sehen war. Von ihrer Formen- und Farbenvielfalt wissen viele Menschen Beispiele zu nennen, und manche Erinnerung an Märchengestalten taucht auf, wenn ein großer „Hexenring" entdeckt oder im Garten ein „Wunderpilz" gefunden wird. Zwar ist vielen bekannt, dass es auch unscheinbare mikroskopische Pilze gibt – Schimmelpilze, Schleimpilze, Krankheitserreger an Pflanzen und Tieren –, doch zunächst verbindet sich mit dem Wort Pilz die Gestalt aus Stiel und Hut – wie man sie in den herbstlichen Wäldern zuhauf antreffen kann, die giftig sein oder uns als willkommene Speise dienen kann. Ein solcher Pilz ist gewissermaßen der Typus des Pilzbegriffs.

Tatsächlich lassen sich auch die meisten allgemeinen Bezeichnungen für Pilze oder Begriffe wie Pilzkunde und Mykologie auf Namen für Hutpilze zurückführen. Unser deutsches Wort „Pilz" geht auf das lateinische *boletus* zurück, womit im Verlaufe verschiedener Epochen verschiedene Hutpilze, z. B. in der Antike die Kaiserlinge, bei TOURNEFORT die Morcheln, bezeichnet wurden (vgl. Abschn. 1.2). In der Gegenwart verwenden wir diesen Namen für eine Gattung von Röhrenpilzen. Das Wort Mykologie (Pilzkunde) ist vom griechischen *mykes* (Helm) abgeleitet und geht ebenfalls auf Hutpilze zurück. Das lateinische Wort *fungi* wurde zunächst für festgewachsene Tiere (Schwämme) und gleichzeitig für Pilze, mitunter auch für einige Algengruppen benutzt, die man als ähnliche Organismen zusammenfasste. Erst in der Neuzeit hat man es auf Pilze beschränkt und im Allgemeinen für augenscheinliche Pilzfruchtkörper verwendet; später ist es auch als Gattungsname für die Blätterpilze gebraucht worden.

Lange Zeit glaubte man, Hutpilze und vergleichbare Gebilde, wie die Trüffeln, Korallenpilze, Keulen- und Konsolenpilze, seien den Pflanzen vergleichbare Organismen. Noch MICHELI stellte in der ersten Hälfte des 18. Jahrhunderts die Entwicklung eines Hutpilzes aus einer einzigen Spore so dar, wie sich eine Pflanze aus einem Samen entwickelt (s. Abb. 1.3). MICHELI glaubte, dass der Hutpilz in der Spore bereits vorgebildet sei. Wir finden in seinen Bildern und Texten keinen Hinweis auf Wissen über die Funktion des Pilzgeflechts. Die feinen Pilzfäden an der Basis des Hutpilzes wurden allenfalls als ernährende „Wurzeln" betrachtet.

In Wirklichkeit aber ist solch ein Gebilde, das wir zu Speisezwecken sammeln oder dessen Schönheit wir im Walde bewundern, nur ein Teil eines Organismus, analog der Blüte einer Pflanze. Zum gesamten Organismus gehört mehr, er besteht aus einem im Boden lebenden ausgedehnten Pilzgeflecht, dem Myzel, das aus feinen, meist reich verzweigten und miteinander vernetzten Pilzfäden oder Hyphen aufgebaut ist (Abb. 2.1).

Zu bestimmten Zeiten, wenn günstige äußere Bedingungen und der physiologische Zustand des Myzels es erlauben, werden jene Strukturen aufgebaut, die wir auf dem Waldboden finden und gemeinhin als Pilze bezeichnen. Es sind dies jene Teile des gesamten Organismus, an denen sich die Sporen bilden, die als Quelle neuer Myzelien „im Dienste" der Ausbreitung und der Fortpflanzung stehen, oftmals auch der Überdauerung ungünstiger Lebensbedingungen. In Beziehung zum gesamten Organismus bezeichnen wir sie als die Fruchtkörper des Pilzes. Dieser Begriff nimmt auf die Früchte der Pflanzen Bezug, die ebenfalls der Fortpflanzung, speziell der Samenverbreitung, dienen. Dass samenbildende Pflanzen und sporenbildende Fruchtkörper der Pilze keine homologen, d. h. aus den gleichen Urformen hervorgegangene Strukturen, sind, sondern einander nur hinsichtlich der Verbreitung von Fortpflanzungseinheiten (Diasporen) entsprechen, wird nicht nur aus den unterschiedlichen Diasporen – Samen, Sporen –, sondern auch aus dem verschiedenartigen Bau der pflanz-

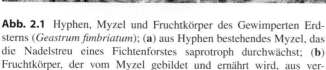

Abb. 2.1 Hyphen, Myzel und Fruchtkörper des Gewimperten Erd-sterns (*Geastrum fimbriatum*); (**a**) aus Hyphen bestehendes Myzel, das die Nadelstreu eines Fichtenforstes saprotroph durchwächst; (**b**) Fruchtkörper, der vom Myzel gebildet und ernährt wird, aus ver-flochtenen (plectenchymatischen) bis miteinander verwachsenen (pseu-doparenchymatischen) Hyphen besteht und der Bildung und Aus-breitung der Sporen dient

lichen Früchte und der pilzlichen Fruchtkörper klar. Früchte bestehen aus Pflanzengewebe mit primär miteinander ver-wachsenen Zellen, die Fruchtkörper der Pilze hingegen aus miteinander verflochtenen und allenfalls sekundär ver-wachsenen Pilzfäden (Hyphen).

Die Beziehung zwischen den Fruchtkörpern und dem Gesamtorganismus kann die Ursache für sprachliche Miss-verständnisse sein. Während man allgemeinsprachlich die Fruchtkörper „Pilze" nennt, wird vom Fachmann der Gesamtorganismus als Pilz bezeichnet. Ein Fruchtkörper ist also ein Pilz am Pilz wie die Rose (Rosenblüte) an der Rose oder der Apfel am Apfel (Apfelbaum). Um die sprachliche Zweideutigkeit zu vermeiden, wollen wir fortan – wie in der Fachsprache üblich – das Wort Pilz, wie die Wörter Pflanze oder Tier, nur für den gesamten Organismus verwenden, die sporenführenden Teile dagegen als Fruchtkörper (Carposo-mata) bezeichnen.

Die Beziehung zwischen Fruchtkörper und Myzel wird uns besonders klar, wenn wir Pilze in Reinkultur züch-ten. Zunächst überzieht nur das Myzel den Nährboden des Kulturgefäßes. Später entsteht eine knäuelartige Frucht-körperanlage, aus der sich dann der Fruchtkörper entwickelt, der nur mittelbar mit dem Nährboden in Verbindung steht und stets direkt mit dem Myzel verbunden ist, aus dem er sich entwickelt hat und von dem er ernährt wird.

Abgesehen von einigen ursprünglich oder sekundär ein-zelligen bis wenigzelligen Formen, wie den Hefen, den Schleimpilzen oder den endophytischen Pilzen, besteht ein Pilz in der Regel aus einem Myzel, das bei den hoch ent-wickelten Pilzen einen oder mehrere Fruchtkörper hervor-bringen kann. In den gemäßigten und arktischen Zonen der Erde mit Frostperioden oder in Trockengebieten mit Regenzeiten werden meist im Jahresrhythmus neue Frucht-körper gebildet, die wir z. B. als Milchlinge oder Pfifferlinge sammeln. In anderen Regionen, z. B. in tropischen Regen-wäldern, kann die Fruchtkörperbildung auch kontinuierlich vonstattengehen oder allenfalls einer endogenen Rhythmik folgen.

Dass die Fruchtkörper der Pilze wie auch das Myzel aus hauchdünnen Pilzfäden (Hyphen) von oft nur wenigen Mikrometern Durchmesser bestehen, ist bei äußerlicher Be-trachtung mitunter schwer nachvollziehbar. Während diese Fäden im Myzel meist ein lockeres, den Waldboden durch-ziehendes Geflecht bilden, sind sie im Fruchtkörper dicht miteinander verflochten, vernetzt, durch Querverbindungen (Anastomosen) verwachsen und bisweilen auch miteinander verklebt. Ihre Fadenstruktur ist deshalb nur mikroskopisch sicher nachweisbar und kann an manchen Teilen reifer Fruchtkörper gar nicht mehr deutlich gemacht werden. Wir sprechen von Flechtgeweben (Plectenchymen), wenn man die Hyphen noch als solche erkennt, und von Scheingeweben (Pseudoparenchymen), wenn eine zelluläre Struktur ähnlich einem Pflanzengewebe vorgetäuscht wird. Es gibt bei Pilzen keine den Pflanzengeweben entsprechenden echten Gewebe, keine Bildungsgewebe (Meristeme), die aneinander haften bleibende Zellen bilden. Die Plectenchyme und Pseudo-parenchyme lassen sich entwicklungsgeschichtlich stets auf das Wachstum fädiger Hyphen zurückführen.

An vielen Strukturen der Pilzfruchtkörper ist zu erkennen, dass die Hyphen besonders reich differenziert sind. Die Merkmale der Fruchtkörper, beispielsweise Milchsaft, Pig-mentierung, Haare, Konsistenz, Verfärbung bei Luftzutritt, aber auch die Gestalt der Fruchtkörper selbst, beruhen auf morphologischen, physiologischen Eigenheiten der von Hy-phen gebildeten Plectenchyme oder Pseudoparenchyme, die im Genom (der „Erbmasse") verankert sind.

Wenn wir den Fruchtkörper als sporenführenden, aus Flecht- und Scheingeweben bestehenden Teil des Pilzes be-zeichnet haben, so ist hierbei noch etwas zu ergänzen. Spo-ren werden von vielen Pilzen in unterschiedlicher Weise an mannigfaltigen Strukturen gebildet. Wenn uns im Sommer binnen weniger Tage oder sogar Stunden auf geeigneten Substraten raschwüchsige Schimmelrasen Probleme bereiten oder wenn Pilzsporen Allergien wie das Asthma bronchiale erregen, so wird klar, dass Sporen von Pilzen in unserer Umgebung allgegenwärtig sind. Solche Sporen, z. B. die der Pinselschimmel- oder der Gießkannenschimmel-Arten, entstehen sehr rasch und nicht zwangsläufig auf plectenchymatischen Körpern. Aber auch bei solchen Sporenbildungen gibt es mitunter komplexe, aus Hyphen bestehende Gebilde, wenngleich diese meist mikroskopisch klein sind. Um zweifelsfrei von Fruchtkörpern sprechen zu können, müssen wir die Art der Sporenbildung mit in Betracht ziehen. In jeder sporenbildenden Zelle der Fruchtkörper werden die Sporen nach einer Reduktionsteilung (Meiose) eines kurzzeitig diploiden Kernes gebildet. Es handelt sich bei diesen Sporen, die z. B. bei unseren Waldpilzen oft unter dem Hut des Fruchtkörpers als feiner Staub wahrnehmbar sind, um meiotische Sporen oder Meiosporen. Die Kerne dieser Meiosporen sind stets haploid, besitzen also nur einen einzigen Chromosomensatz und keimen mit haploiden Hyphen, manchmal auch mit Sekundärsporen aus. Pilzsporen, deren Zellkerne aus einer normalen Kernteilung ohne Reduktion des Chromosomensatzes entstanden sind, also aus einer normalen Mitose, einer normalen Teilung vegetativer Zellen, wie dies bei den meisten Sporen der Schimmelpilze der Fall ist, nennt man mitotische Sporen oder Mitosporen.

Die Bezeichnung „Fruchtkörper" wollen wir auf solche Strukturen von Pilzen beschränken, an denen Meiosporen entstehen. Die Fruchtkörperdefinition in diesem Sinne wird in der Fachliteratur leider nicht ganz einheitlich benutzt. Manche Autoren beziehen plectenchymatische Gebilde, an denen Mitosporen entstehen, in die Definition ein. In einigen Ausnahmefällen werden in frühen Entwicklungsstadien von Fruchtkörpern manchmal zusätzlich auch Mitosporen gebildet, z. B. an der Stielbasis von Fruchtkörpern des Austernseitlings.

Die außerordentliche Vielfalt der Fruchtkörper unserer Pilze ist schwer zu überschauen. Viele Naturfreunde kennen die unglaubliche Mannigfaltigkeit wenigstens teilweise aus eigener Erfahrung und finden dennoch fast alljährlich Formen, die sie vorher noch nie gesehen haben. Wenn wir den großen Reichtum an Pilzen in der Natur und in unserer Kulturlandschaft systematisieren wollen, finden wir in den Fruchtkörpern wichtige, wenngleich nicht die einzigen Anhaltspunkte, die uns verwandtschaftliche Beziehungen offenbaren. Die Zellen, die Meiosporen hervorbringen, liefern grundsätzliche Hinweise zur Gliederung der fruchtkörperbildenden Pilze. Schon in der Mitte des 19. Jahrhunderts stellte sich heraus, dass äußerlich ähnliche Pilze zu sehr verschiedenen Verwandtschaftskreisen gehören können, was durch ihre sporenbildenden Zellen mit einem Blick bewiesen werden kann.

2.2 Sporenschlauch und Sporenständer – Fundamente der Großpilz-Systematik

Hält man im Frühjahr eine frisch geerntete Morchel in der Hand, kann man manchmal sehen, dass dieser Fruchtkörper plötzlich eine zarte Wolke feinen Staubes abstößt. Auch bei Becherlingen werden solche Wolken oft beobachtet. Legt man einen ausgereiften, vom Stiel getrennten Pilzhut eines Blätterpilzes, z. B. eines Champignons, auf eine Glasscheibe oder auf Papier, so findet man mitunter schon nach weniger als einer Stunde, dass die Unterlage unter dem Hut fein überstäubt ist und einem Abdruck der Lamellen gleicht, wofür die Bezeichnung „Sporenprint" – durch Sporen verursachter Abdruck der Lamellen – geprägt wurde (Abb. 2.2).

Staubwolken von Morcheln und Becherlingen sowie „Sporenprints" unter Pilzhüten sind riesige Ansammlungen der mikroskopisch kleinen Meiosporen, die von den Fruchtkörpern gebildet wurden. Noch einfacher ist der Sporenstaub bei Bovisten oder Stäublingen (Abb. 2.3) zu beobachten. Diese Fruchtkörper geben das Sporenpulver bei mechanischem Druck in Form deutlich sichtbarer Wolken ab. Die Namen Bovist (Furz einer Füchsin, später fehlgedeutet als Bubenfurz) oder *Lycoperdon* (Wolfsfurz) nehmen symbolisch auf die wolkenartige Verbreitung der ausgestoßenen Substanz Bezug, nicht auf deren Masse.

Bei manchen Pflanzen, beispielsweise den Farnen und Moosen, die ebenfalls Sporen ausbilden, findet man schon mit bloßem Auge, auf jeden Fall aber mit der Lupe Behälter, in denen sich Sporen entwickelt haben, die Sporenkapseln oder Sporangien. Bei den Pilzen ist jedoch bei Lupenvergrößerung nichts Vergleichbares festzustellen. Allenfalls entdeckt man mehlig-staubige Oberflächen. Lupen reichen nicht aus, um zu ergründen, welche Strukturen der Pilze die Sporen hervorbringen.

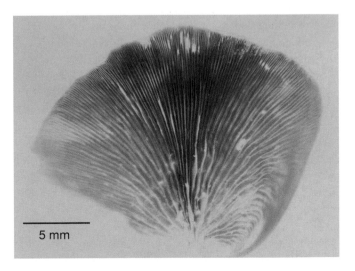

5 mm

Abb. 2.2 Sporenprint von einem Fruchtkörper des braunsporigen, seitlich inserierten Gallertfleischigen Stummelfüßchens (*Crepidotus mollis*)

Abb. 2.3 Sporenwolken vom Birnenförmiger Stäubling (*Lycoperdon pyriforme*), die durch mechanischen Druck auf einen ausgereiften Fruchtkörper ausgestoßen wurden und durch Sonneneinstrahlung als „Sporencorona" in effektvollem Farbspiel sichtbar werden; Pfeil: Wuchsort der zertretenen Fruchtkörper

Zerschneidet man einen jungen, unreifen Bovist, so findet man noch keine Spur von Sporenstaub. Erst mit einsetzender Reife färbt sich die innere Substanz des Fruchtkörpers, geht in Autolyse über, wird breiartig und besteht bei Vollreife lediglich aus feinen haarigen Gebilden und dem Sporenstaub. Diese Entwicklung erweckt den Eindruck, als zerfalle die gesamte innere Substanz des Fruchtkörpers in Fasern und Sporen. Im Prinzip ist diese Annahme auch richtig, aber es interessiert natürlich besonders, auf welche Weise die Sporenbildung vonstattengeht, welche Strukturen die Sporen unmittelbar ausbilden.

Schon mit wenig mikroskopischem Aufwand kann man feststellen, dass sich bei Morcheln und Becherlingen die Sporen im Inneren von meist gestreckten Zellen entwickeln. Diese sporenbildenden Zellen sind palisadenförmig nebeneinander gestellt, zwischen ihnen stehen dünnere, meist haarförmige Hyphenenden. Die gestreckten, schlauchförmigen sporenbildenden Zellen werden als Sporenschläuche oder Asci (Singular Ascus) bezeichnet, die zwischen ihnen angeordneten dünnen Hyphenenden als Safthaare oder Paraphysen. Beide zusammen bilden das Fruchthäutchen oder Hymenium. Wir finden solche Hymenien meist an der Oberfläche reifer Fruchtkörper. Bei den Morcheln in den Gruben des Hutes, bei den Becherlingen im Inneren schüsselförmiger Fruchtkörper, bei Lorcheln auf der Oberfläche der hirnartig gewundenen Hüte. Bei anderen Pilzen, die derartige Asci ausbilden, können diese sporenbildenden Zellen auch im Inneren geschlossener Fruchtkörper liegen, selten stehen sie sogar frei auf dem Myzel und sind nicht zu Hymenien vereint.

Die Sporenschläuche, man bezeichnete sie früher als Kapseln oder Thecae, waren bereits im 18. Jahrhundert von Mikroskopikern an Becherlingen entdeckt worden. Damals glaubte man zunächst, dass diese Art der Sporenbildung für fruchtkörperbildende Pilze allgemein gelte. Erst in den 1930er-Jahren, als die Methoden der mikroskopischen

Untersuchungen verfeinert waren, gelang die Entdeckung ganz anderer, meist kleinerer sporenbildender Zellen bei vielen fruchtkörperbildenden Pilzen. Man erkannte, dass z. B. bei Blätterpilzen und Röhrlingen, aber auch bei Keulen- und Korallenpilzen die Sporen nicht im Inneren von Sporenschläuchen gebildet werden, sondern an der Oberfläche meist keulenförmiger Zellen heranwachsen. Meist entwickelt eine solche sporenbildende Zelle vier stiftförmige Auswüchse oder Sterigmen (Singular Sterigma), an denen die Sporen apikal (an der Spitze) entstehen, sich rasch vergrößern und schließlich reifen. Man hat diese Zellen zunächst im Vergleich mit den Sporenschläuchen als „Stützschläuche" bezeichnet, gegenwärtig nennt man sie Sporenständer oder Basidien. Damit waren zwei grundsätzlich verschiedene Typen der Meiosporenbildung bekannt, die innere (endogene) Sporenbildung in den Asci und die äußere (exogene) Sporenbildung an den Basidien (Abb. 2.4 und 2.5).

Wie die Asci bei Morcheln und Becherlingen, so stehen auch die Basidien der Blätterpilze, Röhrlinge, Porlinge, Keulenpilze usw. palisadenartig nebeneinander und bilden Hymenien. Diese überkleiden die Lamellen oder die innere Oberfläche der Röhren bei Röhrlingen und Porlingen bzw. die Oberfläche von Keulen- oder Korallenpilzen.

Nach diesem grundlegenden Merkmal der sporenbildenden Zellen werden die fruchtkörperbildenden Pilze zwei großen systematischen Gruppen zugeordnet, nämlich den Schlauchpilzen oder Ascomyceten mit Sporenschläuchen und den Ständerpilzen oder Basidiomyceten mit Sporenständern. Der fundamentale Unterschied zwischen den Pilzen dieser beiden Gruppen wird bei den fruchtkörperbildenden Arten durch keine Zwischenformen überbrückt, sodass es bereits Zweifel an dem gemeinsamen Ursprung von Asci und Basidien gegeben hat. Jedoch sind bei fruchtkörperlosen, ursprünglichen Vertretern beider Gruppen verbindende Formen zu finden, sodass kein Zweifel über die Homologie von Asci und Basidien besteht. Namen wie Hemiascomyceten (Halbschlauchpilze) und Hemibasidiomyceten (Halbständerpilze), die man für Gruppen fruchtkörperloser, ursprünglicher Sippen benutzt hat und teilweise auch jetzt noch verwendet, sind ein Zeugnis für den Überschneidungsbereich des dominierenden Merkmals der sporenbildenden Zellen von Asco- und Basidiomyceten.

Mit einiger Erfahrung lassen sich die wichtigsten Gruppen fruchtkörperbildender Ascomyceten und Basidiomyceten bereits ohne mikroskopische Betrachtung unterscheiden, weil bei den Fruchtkörpern beider Gruppen recht verschiedene „Baupläne" realisiert wurden, was mit der unterschiedlichen stammesgeschichtlichen Entwicklung der beiden Gruppen zusammenhängt. Hutpilze mit Lamellen oder Röhren an der Hutunterseite (Blätterpilze, Röhrlinge, Porlinge) gehören z. B. zu den Basidiomyceten. Becherlinge, Morcheln und Lorcheln hingegen zu den Ascomyceten. Es gibt jedoch auch zahlreiche Fälle, bei denen die Fruchtkörper beider Gruppen äußerlich sehr ähnlich aussehen und allein die Untersuchung

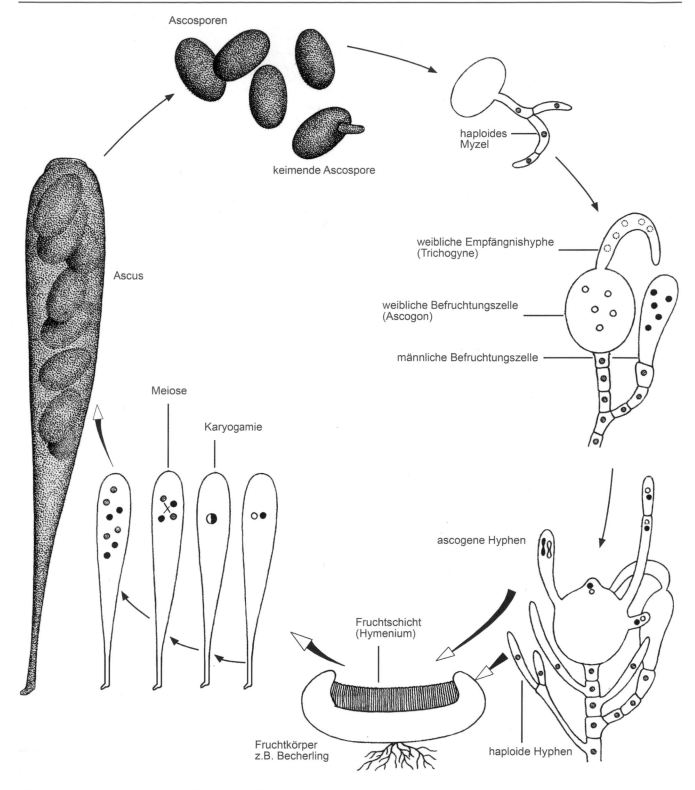

Abb. 2.4 Endogene Entstehung der Meiosporen in einem Ascus im Entwicklungszyklus eines fruchtkörperbildenden Ascomyceten

der sporenbildenden Zellen Sicherheit bringt, ob es sich um einen Asco- oder einen Basidiomyceten handelt. Sehr kleine becherförmige Fruchtkörper holzbewohnender Pilze sind beispielsweise meist Fruchtkörper von Ascomyceten, aber es gibt auch stark reduzierte Basidiomyceten-Fruchtkörper auf

Holz, die sich stammesgeschichtlich aus Blätterpilzen entwickelt haben und becherförmig gebaut sind. Unterirdische knollenförmige Fruchtkörper können zu den Ascomyceten gehören, wie die Sommertrüffeln und die meisten anderen begehrten Echten Trüffeln (*Tuber*-Arten), doch es kommen

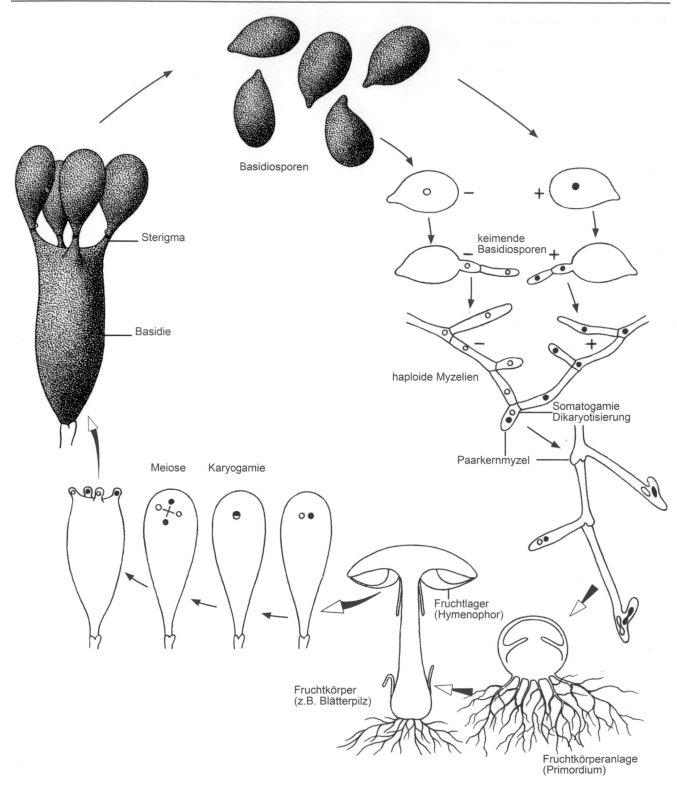

Abb. 2.5 Exogene Entstehung der Meiosporen an einer Basidie im Entwicklungszyklus eines fruchtkörperbildenden Basidiomyceten

auch hypogäische (unterirdische) Basidiomyceten-Frucht-körper vor, wie die Wurzeltrüffeln, Schleimtrüffeln oder die Schwanztrüffeln. In diesen Fällen ist es ohne mikroskopische Studien nur bei detaillierter Artenkenntnis möglich zu entscheiden, ob eine Ascomyceten-Trüffel oder eine Basidiomyceten-Trüffel vorliegt.

Die sporenbildenden Zellen der Asco- und Basidiomyceten, die Asci und Basidien, sind nicht nur für die Unterscheidung der beiden größten Gruppen der Echten Pilze von Bedeutung, sondern auch für deren Gliederung. Bei den Basidien gibt es zwei grundlegend verschiedene Typen. Das Prinzip liegt darin, ob nach der Reduktionsteilung des nur kurzzeitig diploiden Kernes Zellwände zwischen den Tochterkernen entstehen oder nicht. Werden solche gebildet, sind also die Basidien bei Reife zellulär gegliedert, nennt man sie Phragmobasidien (fragmentierte bzw. geteilte Basidien). Entwickeln sich nach der Meiose keine Querwände, spricht man von Holobasidien (ganzheitliche oder ungeteilte Basidien). Phragmobasidien werden z. B. von den Gallertpilzen, Ohrlappenpilzen und den Rostpilzen gebildet. Bei ihnen spielt die Art und Weise der Septierung eine wichtige Rolle für die weitere Untergliederung. Es kommen längs und quer zur Achse der Basidien orientierte Wände vor.

Holobasidien werden aufgrund der Struktur der Sterigmata, der Anzahl der gebildeten Sporen und des Keimungsmodus der Sporen weiter untergliedert. Der häufigste Typ der Holobasidien besteht aus einer bauchigen Zelle ohne

Quer- oder Längswände mit vier Sterigmen, an denen je eine Basidiospore gebildet wird, die mit einer komplexen Nabelstruktur, dem Hilarapparat, angeheftet ist, der für den aktiven Abstoß der Sporen von Bedeutung ist. Solche Holobasidien besitzen z. B. die meisten Blätterpilze, Röhrlinge und Porlinge (vgl. Abschn. 6.2.3.3). Trotz häufiger Abwandlungen werden sie aufgrund der grundsätzlichen Übereinstimmung in diesen Merkmalen als Homobasidien bezeichnet und der Gesamtheit aller anderen Basidienformen – wie den Phragmobasidien oder den Holobasidien ohne Sterigmen oder ohne Hilarapparat – gegenübergestellt. Man kann unter Einbeziehung submikroskopischer Merkmale (vgl. Abschn. 2.6) mit diesen Kriterien zwei Gruppen von Basidiomyceten unterscheiden:

1. *Homobasidiomyceten:* Primär mit ungeteilten, keulenförmigen Basidien, mit Sterigmen, viersporig und Hilarapparat, Sporenkeimung stets mit Hyphen, Entwicklungszyklen stets ohne Hefestadien, submikroskopisch mit tonnenförmigem Septenporus (vgl. Abschn. 2.6); Septenporus primär mit Schnallen (vgl. Abschn. 2.4). Auch die offensichtlich davon abgeleiteten Typen, z. B. mit rückgebildeten Schnallen oder zweisporige Formen, gehören zu dieser Gruppe (Abb. 2.6).

2. *Heterobasidiomyceten:* ohne diese Merkmalskombination, z. B. teils mit geteilten oder gabelförmigen Basidien, Sporenkeimung teils mit Sekundärsporen oder Sprosszellen, Ent-

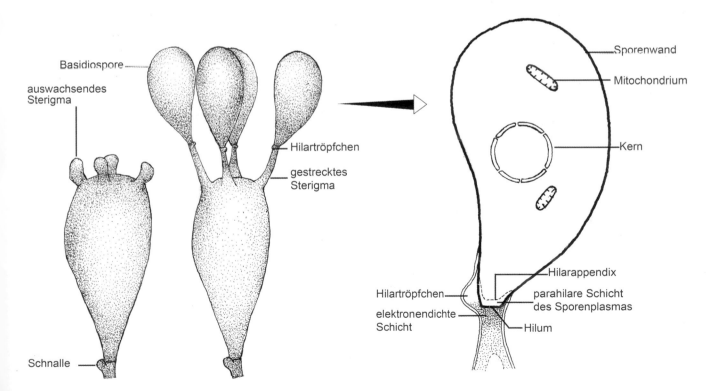

Abb. 2.6 Typische Homobasidien mit den basalen Schnallen; rechts die submikroskopischen Details des für die aktive Sporenabschleuderung verantwortlichen Hilarapparats (Nabelapparats

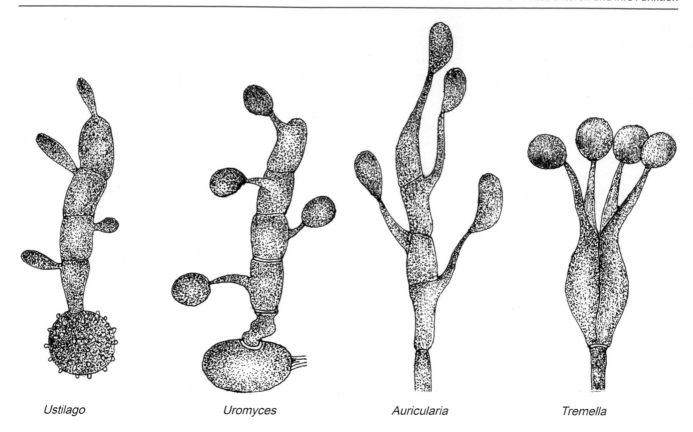

Ustilago   *Uromyces*   *Auricularia*   *Tremella*

Abb. 2.7 Phragmobasidien verschiedener Verwandtschaftskreise der Heterobasidiomyceten

wicklungszyklus teils mit Hefestadien, submikroskopisch
mit verschiedenartigen Septenpori (vgl. Abschn. 2.6 und
Abb. 2.7).

Homo- und Heterobasidiomyceten wurden lange Zeit
hindurch als systematische Gruppen behandelt; meist als
Unterklassen (*Heterobasidiomycetidae* und *Homobasidiomycetidae*) der Klasse *Basidiomycetes*. Diese obsolete
systematische Gliederung hält jedoch – besonders durch
molekulargenetische Befunde zur Phylogenie der Basidiomyceten – den Anforderungen an eine Darstellung der natürlichen Verwandtschaftsverhältnisse weder aus systematischer
noch nomenklatorischer Sicht stand (vgl. 6.2.3.3). Dennoch
sind die Bezeichnungen für die Gruppierung im morphologisch definierten Sinne durchaus für die Verständigung
legitim, auch wenn sie keine systematischen Kategorien im
Sinne der phylogenetischen Entwicklung bezeichnen.

Bei den Asci geben vor allem die Wandstrukturen und
der Öffnungsmechanismus wichtige Hinweise auf Verwandtschaftsbeziehungen (Abb. 2.8). Prototunicate Asci
bestehen submikroskopisch (elektronenmikroskopisch) nur
aus einer einzigen Wandschicht. Diese verwittert meist bei
Sporenreife oder löst sich auf. Weitaus häufiger als prototunicate Asci kommen verschiedene Typen von eutuni-

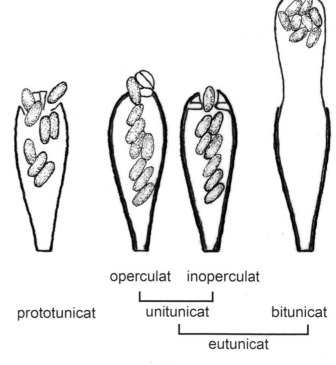

operculat   inoperculat

prototunicat   unitunicat   bitunicat

eutunicat

Abb. 2.8 Wandstrukturen und Öffnungsmechanismen der Sporenschläuche

caten Asci mit zweischichtigen Wänden vor. Die beiden Schichten nennt man Endo-(Innen-) bzw. Exo-(Außen-) ascus. Bei den unitunicaten Asci sind Exo- und Endoascus dünn und bleiben stets miteinander verwachsen. Sie öffnen sich entweder mit einem Deckel (Operculum) oder sie besitzen eine porenartige Öffnung, durch die auf komplizierte Weise die Sporen nach außen geschleust werden. Sie werden als operculate (gedeckelte) oder inoperculate (nicht gedeckelte), unitunicate Asci bezeichnet. Beim bitunicaten Ascus schließlich bleibt der Exoascus starr, während sich der Endoascus, bei Reife dehnt, sodass apikal der Exoascus durchbrochen wird.

Diese Strukturen der meiosporenbildenden Zellen der Basidio- und Ascomyceten liegen neben zahlreichen anderen Merkmalen der systematischen Untergliederung der beiden großen Gruppen zugrunde.

2.3   Sexualität – ein Prinzip der Entwicklung

Sexualität – das ist nicht nur das weite Feld der geschlechtlichen Beziehungen bei den Menschen und Tieren. Seit im ausgehenden 17. Jahrhundert Rudolph Jakob Camerarius (1665–1721) nachweisen konnte, dass es auch bei Pflanzen eine Befruchtung gibt, wurde die Sexualität als allgemeines Prinzip der Fortpflanzung der meisten Organismen unserer Erde erkannt. Schon wenige Jahrzehnte später schuf Carolus Linnaeus (1707–1778) sein „Sexualsystem", in das er auch die Pilze integrierte. Seit dem 20. Jahrhundert können die prinzipiellen Vorgänge der biologischen Evolution bis in den molekularen Bereich erklärt werden. Dabei hat sich die Sexualität als ein wesentlicher Faktor der phylogenetischen Entwicklung erwiesen.

Sexualität ist stets mit einer Neukombination von Erbträgern verbunden. Zwar definieren wir Populationen und Arten von Organismen als Gruppen, die in ihren Merkmalen und damit im Bestand an Erbträgern im Wesentlichen untereinander übereinstimmen, aber kleine Abweichungen bedingen dennoch eine Einmaligkeit jedes Organismus.

Während bei der ungeschlechtlichen Fortpflanzung mittels Sporen, deren Kerne aus Mitosen entstehen, oder bei der vegetativen Fortpflanzung durch klonales Wachstum und Fragmentation die Erbsubstanzen nahezu unverändert an die Nachkommen weitergegeben werden, kommt es bei der sexuellen Fortpflanzung stets zu gravierenden Vermischungen und neuen Kombinationen der Erbträger der beteiligten Individuen.

Es ist damit verständlich, dass im Lebenszyklus von Pilzen, die sich in vielen Fällen ungeschlechtlich und unabhängig davon auch geschlechtlich fortpflanzen können, diese beiden Möglichkeiten zu verschiedenen Zeitpunkten und unter unterschiedlichen Bedingungen realisiert werden.

Besonders deutlich wird das bei manchen Ascomyceten, die sich z. B. bei gutem Nahrungsangebot sehr rasch und erfolgreich ungeschlechtlich fortpflanzen können und die dann, wenn z. B. die Nahrung knapp wird, unter ökologisch härteren Bedingungen zur sexuellen Fortpflanzung übergehen und sich somit durch neue Kombinationen der Erbträger und der davon abhängigen Strukturen und Eigenschaften unter Umständen neue Lebenschancen eröffnen. Die Neukombination der vererbbaren Eigenschaften durch Sexualität und die Auslese der geeigneten, lebenstüchtigen und erfolgreichen Typen sind wesentliche Prinzipien der stammesgeschichtlichen Entwicklung.

Im Mittelpunkt der Sexualität in all ihren Formen, mit all ihren damit verbundenen Veränderungen von Strukturen und Verhaltensweisen, steht, biologisch gesehen, die Vereinigung geschlechtlich verschiedener (konträrgeschlechtlicher) Zellen und deren Verschmelzung zu einer einzigen Zelle. Man kann den Vorgang der Zellverschmelzung als den eigentlichen Sexualakt bezeichnen. Er wird auch Befruchtung genannt, weil meist eine große, nährstoffreiche (weibliche) Zelle nach Aufnahme des Inhalts einer kleineren (männlichen) Zelle zu einem neuen Organismus, einer „Frucht" heranwächst. Als weiblich bezeichnet man stets die größere, den Zellkern aufnehmende Zelle, die kleinere, den Zellkern abgebende als männlich. Wenn die weibliche Zelle unbeweglich ist, nennt man sie Eizelle. Als Normalfall des Sexualaktes können wir die Befruchtung einer Eizelle durch eine bewegliche männliche Zelle (Samenzelle, Spermazelle) ansehen, wie dies bei den meisten Tieren der Fall ist. Wenn sich beim Sexualvorgang gleich große Zellen vereinigen, wird dies als Isogamie (Vereinigung gleich großer Gameten), bei filamentösen Pilzen als Hyphogamie (Vereinigung von Hyphen) oder Somatogamie (Vereinigung von Körperzellen) bezeichnet.

Die Sexualität ist das gesamte Umfeld dieses Sexualaktes, aller damit verbundenen Erscheinungen. Es bedarf sicherlich keiner besonderen Erörterung, dass der allgemeinsprachliche Begriff Sexualität nicht vollkommen mit dem Inhalt des biologischen Fachwortes übereinstimmt; unter dieser Divergenz leidet jedoch die Verständigung nicht.

Um die wichtigsten Vorgänge der Sexualität zu verstehen, müssen einige Erklärungen zu den Kardinalpunkten der Individualentwicklung erläutert werden, denn es sind wesentliche Zustandsformen der Zellkerne, die sich im Verlauf dieser Entwicklung ändern und einander ablösen. Die Erbträger, die genetischen Informationen eines eukaryotischen Organismus (Organismus mit echtem Zellkern), sind in nahezu jedem Zellkern vollständig vorhanden. Sie liegen hier in Form großer Moleküle von Kernsäuren (Nucleinsäuren) vor; dies sind die wesentlichen Bestandteile der Chromosomen, jener wenigstens zeitweise lichtmikroskopisch nachweisbaren fädigen Gebilde im Zellkern. Ein einziges für eine Organismenart festgelegtes „Sortiment" von Chromosomen wird als Chromosomensatz bezeichnet. Der Chromosomensatz vieler Pilzarten besteht meist nur aus wenigen, oft lediglich drei bis vier Chromosomen. Zellkerne, die nur einen einzigen Chromosomensatz aufweisen, nennt man haploide Kerne. Sind zwei Chromosomensätze vorhanden, spricht man von diploiden Kernen. Besonders in der Pathologie und in der Züchtungsbiologie ist auch von triploiden, tetraploiden oder polyploiden Kernen die Rede, wenn drei, vier oder eine Vielzahl von Chromosomensätzen vorkommen. Mit diesen Fachwörtern bezeichnet man also zunächst die Kernphasen, die durch die Anzahl der Chromosomensätze je Kern charakterisiert sind. Haploid, diploid usw. nennt man aber auch Organismen oder Teile von ihnen, die ausschließlich Zellkerne der entsprechenden Kernphase aufweisen. Haploide und diploide Kernphasen treffen wir in der Organismenwelt häufig an. Beispielsweise sind die Geschlechtszellen (Gameten) der Tiere stets haploid, während die Tiere selbst, d. h. all ihre Körperzellen, in der Regel diploid sind. Bei den meisten Pflanzen sind nicht nur die Geschlechtszellen haploid, sondern es kommen haploide und diploide Entwicklungsabschnitte vor, die meist als „Generationen" bezeichnet werden.

Bei den Pilzen kann eine weitere, wesentliche Kernphase hinzukommen (Abb. 2.9). Neben haploiden und diploiden Entwicklungsabschnitten gibt es dikaryotische (paarkernige). Hierbei stehen zwei konträrgeschlechtliche haploide Kerne nach einem Sexualakt miteinander in Kontakt. Wir sprechen von einem Kernpaar oder einem Dikaryon (Plural Dikaryonen). Die Kerne eines jeden Dikaryons teilen sich gemeinsam (konjugierte Teilungen), verschmelzen aber nicht zu einem diploiden Kern. Die dikaryotische Kernphase hat nur bei den Echten Pilzen Bedeutung; so sind z. B. bei höher entwickelten Basidiomyceten die wesentlichen Entwicklungsabschnitte des Myzels und der Fruchtkörper dikaryotisch, während bei den Ascomyceten nur in den Fruchtkörpern dikaryotische Hyphen vorkommen (vgl. Abb. 2.4 mit Abb. 2.5).

Die Abläufe des Übergangs einer Kernphase in eine andere nennt man Kernphasenwechsel. Sie sind während der Individualentwicklung Kardinalpunkte der Lebenszyklen. Beim Sexualakt verschmelzen in der Regel zwei haploide Kerne zu einem diploiden Kern; bei der Reduktionsteilung, beispielsweise bei der Gametenbildung der meisten Tiere, werden aus diploiden Kernen wieder haploide Kerne. Gewöhnlich wird bei der Meiose der doppelte Chromosomensatz eines diploiden Kernes zu zwei einfachen Chromosomensätzen in getrennten haploiden Kernen reduziert, weswegen man diese Teilung auch Reduktionsteilung nennt. Bleibt hingegen bei einer Kernteilung die Kernphase unverändert, d. h., entstehen aus einem diploiden Kern zwei diploide Kerne, aus einem haploiden zwei haploide oder aus einem Kernpaar zwei Kernpaare, so nennen wir den Kernteilungsvorgang Mitose (somatische Teilung von Kernen der Körperzellen).

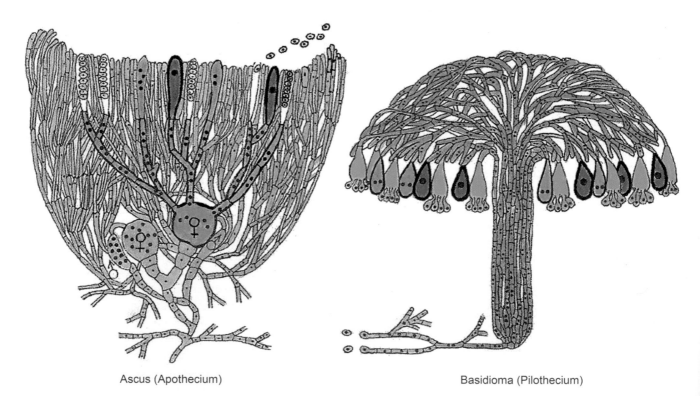

Ascus (Apothecium)   Basidioma (Pilothecium)

Abb. 2.9 Das Vorkommen von haploiden (grün) und dikaryotischen (braun) Hyphen und von diploiden Zellen (rot) in den Fruchtkörpern von Ascomyceten und Basidiomyceten im haplo-dikaryontischen Entwicklungszyklus; Mitosen diploider Kerne kommen nicht vor

Bei einer Befruchtung verschmilzt zunächst das Protoplasma zweier Zellen; wir sprechen von Plasmogamie. Anschließend verschmelzen die Zellkerne, wir nennen dies Karyogamie. Kommt es nach der Plasmogamie nicht zur Karyogamie, sondern zur dikaryotischen Kernphase, also zur Bildung von Kernpaaren, so liegen – aus genetischer Sicht – der diploiden Kernphase entsprechende Verhältnisse vor. Jedes Chromosom ist im Dikaryon zweimal vorhanden. Die Beziehungen zwischen den beiden Kernen eines Dikaryons sind kompliziert und in vielen Details auch noch unklar. Es ist nachgewiesen, dass es zu spontanen Diploidisierungen (Einstellung der diploiden Kernphase durch Kernverschmelzung) kommen kann. Auch Genaustausch nach sporadischer Diploidisierung in mehrkernigen Zellen oder Hyphenabschnitten haploider Myzelien ist bekannt. Man spricht bei manchen Pilzen von Parasexualität (Nebensexualität), wenn es ohne reguläre Dikaryotisierung zum Austausch genetischer Informationen zwischen haploiden Kernen kommt. Wir können die komplizierte Problematik der Pilzgenetik in diesem Rahmen jedoch nicht hinreichend erläutern, die Komplexität der Vorgänge erfordert das Studium einschlägiger Spezialliteratur zur Pilzgenetik.

Es ist wichtig, stets die Vorgänge zu betrachten, nicht allein die Namen, die für sie geprägt wurden, denn in der Terminologie liegen nicht selten Quellen für Missverständnisse. In der botanischen Literatur trennt man z. B. beim Generationswechsel der Farne streng die geschlechtliche Generation, den Gametophyten (Prothallium oder Vorkeim), der die Geschlechtszellen, die Gameten, bildet, von der ungeschlechtlichen Generation, dem Sporophyten, der die „ungeschlechtlichen Sporen" unter Meiose hervorbringt. Im Gegensatz dazu werden bei den Pilzen häufig die „ungeschlechtlichen" Conidien, deren Kerne durch Mitose entstehen, von den „geschlechtlichen" Meiosporen, den Asco- und Basidiosporen, unterschieden, die den Farnsporen entsprechen. Es ist wegen dieses divergierenden Gebrauchs des Begriffs der Geschlechtlichkeit bei der Sporenbildung viel günstiger, von Mitosporen und Meiosporen zu sprechen und im Zusammenhang mit den Sporen den Geschlechtsbegriff zu vermeiden, da dieser Begriff in seiner ureigenen Bedeutung die Vereinigung von Zellkernen und nicht deren Teilung beinhaltet.

Im Verlaufe der stammesgeschichtlichen Entwicklung der meisten Pflanzen und Tiere ist es zu einer immer stärkeren Ausprägung der diploiden Entwicklungsabschnitte und einer Reduktion der haploiden Phasen gekommen. Bei den Echten Pilzen können wir eine ähnliche Entwicklung, ein immer stärkeres Hervortreten der dikaryotischen Abschnitte der Individualentwicklung feststellen (vgl. Abb. 2.13). Zum Beispiel unterscheiden sich in diesem Merkmal die Ascomyceten und die Basidiomyceten beträchtlich voneinander.

Das Myzel der Ascomyceten ist haploid. Ungeschlechtliche Fortpflanzung durch Mitsporen ist in vielen Fällen von großer Bedeutung. Am Aufbau der Fruchtkörper sind ebenfalls haploide Hyphen wesentlich beteiligt. Nur die ascogenen Hyphen sind dikaryotisch (Abb. 2.9). Sie gehen aus der befruchteten weiblichen Zelle, dem Ascogon, hervor, wo sich nach dem Übertritt männlicher Zellkerne beim Sexualakt die Dikaryophase eingestellt hat. Diese dikaryotischen Hyphen bilden meist im Hymenium oder, je nach Fruchtkörpertyp, auch in unregelmäßiger Anordnung die Asci. Im Hymenium vieler Ascomyceten, wo die fertilen (sporenbildenden) Asci palisadenförmig nebeneinander stehen, sind zwischen diesen noch haploide, sterile Hyphen vorhanden, die sogenannten Paraphysen oder Safthaare (vgl. Abschn. 3.3.1 und 3.3.2).

Anders liegen die Verhältnisse bei den fruchtkörperbildenden Basidiomyceten. Bei ihnen hat das haploide Myzel in der Regel eine untergeordnete Bedeutung. Meist ist es kurzlebig und schwachwüchsig. Ungeschlechtliche Fortpflanzung des haploiden Myzels kommt zwar vor, ist aber im Vergleich zu den Ascomyceten von viel geringerer Bedeutung. Die Befruchtung findet zwischen Zellen haploider Myzelien mit entgegengesetztem (meist mit + und – bezeichnetem) Kreuzungstyp statt (vgl. Abb. 2.5). Danach entwickelt sich ein dikaryotisches Myzel. Im Gegensatz zu den fruchtkörperbildenden Ascomyceten, wo die dikaryotischen Hyphen ausschließlich an den Fruchtkörper gebunden sind, bildet das dikaryotische Myzel der Basidiomyceten die wesentliche Lebensphase. Es durchwächst als trophisches Myzel das Substrat in der Ernährungsphase und bildet auch die Fruchtkörper (vgl. Abb. 2.5), die ausschließlich aus dikaryotischen Hyphen bestehen. Das ist ein grundlegender Unterschied zu den Ascomyceten. Er kommt z. B. darin zum Ausdruck, dass der Abstand zwischen Befruchtung und Kernverschmelzung bei den Ascomyceten stets nur den Zeitraum zwischen Fruchtkörperansatz und Sporulation betrifft, während bei den Basidiomyceten die wesentlichen Lebensphasen vom Myzel bis zum Fruchtkörper zur Dikaryophase gehören. Bei den Ascomyceten kommt also lediglich während der Fruchtkörperentwicklung im Fruchtkörper selbst die Dikaryophase vor, wohingegen bei den Basidiomyceten unter Umständen Jahrzehnte, ja sogar Jahrhunderte zwischen sexueller Vereinigung haploider Hyphen (Hyphogamie oder Somatogamie) und Kernverschmelzung liegen können. Die wesentlichen Lebensabschnitte der Individualentwicklung, die Ernährung und das Wachstum des Myzels, die Phasen der ungeschlechtlichen Fortpflanzung, werden bei den Ascomyceten stets vom haploiden, bei den höher entwickelten Basidiomyceten mit wenigen Ausnahmen vom dikaryotischen Myzel realisiert.

Verallgemeinern wir jedoch die Entwicklungszyklen der beiden Gruppen, so sind sie im Prinzip gleich. Es gibt jeweils einen haploiden und einen dikaryotischen Abschnitt, in beiden kommen Mitosen vor. Der Entwicklungszyklus wird daher als haplo-dikaryotisch bezeichnet. Die Diplophase ist bei beiden Gruppen, sieht man von den erwähnten

spontanen Diploidisierungen in haploiden Myzelien ab, auf
die nur kurzzeitig diploiden Kerne vor der Meiose und der
Sporenbildung in den Asci bzw. Basidien beschränkt. Diese
diploiden Kerne teilen sich nicht mitotisch (vgl. Abb. 2.9).

Die Lebensabschnitte, bei manchen Organismen sind es
Generationen, die durch eine bestimmte Kernphase charakterisiert sind, werden nach dieser Kernphase benannt. Man
spricht vom Haplonten, Diplonten oder Dikaryonten. Diese
Bezeichnungen werden aber nur dann verwendet, wenn in
der namengebenden Kernphase Mitosen stattfinden. Im normalen Lebenszyklus der fruchtkörperbildenden Asco- und
Basidiomyceten treten Haplont und Dikaryont auf. Man hat
deshalb für diese Pilze das Taxon *Dikarya* geprägt. Diplonten
fehlen, da sich die diploiden Kerne nicht durch Mitosen vermehren, sondern unter Meiose wieder zu haploiden Kernen
reduziert werden. Die haplo-dikaryotischen Zyklen überwiegen bei den höher entwickelten, fruchtkörperbildenden
Pilzen, während es bei ursprünglicheren Pilzgruppen auch
andere Entwicklungsgänge gibt. Es kommen z. B. haplontische Zyklen bei den Jochpilzen (Zygomyceten) vor, bei
denen es nur diploide Zygoten, aber keine Mitosen der diploiden Kerne gibt. Die Dikaryophase fehlt (Abb. 2.10).

Auch haplo-diplontische Zyklen sind bekannt, z. B. kommen bei manchen Hefen haplontische, haplo-diplontische
und diplontische Zyklen innerhalb einer einzigen Art vor, je
nachdem, ob die Zygote Meiosporen oder diploide Sprosszellen bildet. Vor allem bei züchterisch veränderten Hoch-
leistungshefen (Abb. 2.11) gibt es auch polyploide Formen.
Oft kommen auch haplontische Hefen vor, von denen gar
kein Kernphasenwechsel bekannt ist. Man nennt sie analog
den Anamorphen filamentöser (hyphenbildender) Pilze „imperfekte Hefen", die größtenteils in der Anamorph-Gattung
Candida zusammengefasst werden.

Dikaryotische Zyklen, bei denen es keine Mitosen in der
Haplophase gibt, sind sehr selten. Sie wurden z. B. bei einigen Brandpilzen nachgewiesen, wobei die aus der Meiose
hervorgegangenen haploiden Zellen unmittelbar miteinander
kopulieren können, sodass nur die Geschlechtszellen haploid sind. Diplontische Zyklen kommen bei den Algen- oder
Eipilzen (Oomyceten) vor und sind auch bei einigen Hefen
bekannt (vgl. Abb. 2.11).

Die verschiedenartigen Entwicklungszyklen, die bei den
Pilzen vorkommen, sind in Beziehung auf Meiose, Plasmogamie, Karyogamie und deren Koppelung ohne zwischen-
geschaltete Mitosen in der Abb. 2.12 zusammenfassend dargestellt.

Ähnlich wie bei den Pflanzen werden auch bei den Pilzen haplontische Zyklen als ursprünglich angesehen, von
denen sich letztlich die diplontischen bzw. dikaryotischen
Entwicklungsgänge ableiten, sodass als grundsätzliche Tendenz die immer stärkere Betonung der Diplo- bzw. Dikaryophase im Verlauf der Phylogenese postuliert werden kann
(Abb. 2.13).

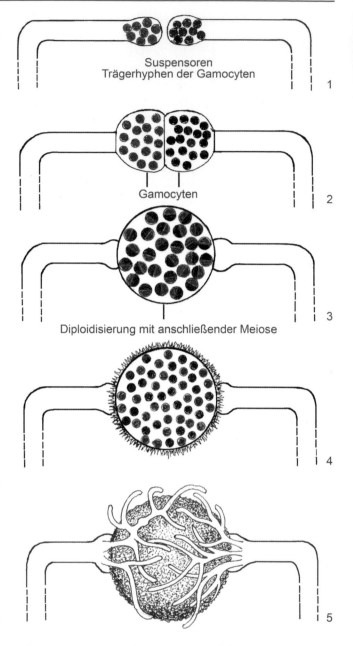

Abb. 2.10 Zygotischer Kernphasenwechsel im haplontischen Entwicklungszyklus bei den Zygomyceten; 1 – aufeinander zuwachsende
Gamocyten mit haploiden Kernen konträren Paarungstyps; 2 – Plasmogamie der Gamocyten; 3 – Zygote mit diploiden Kernen nach Karyogamie; 4 – Zygote mit haploiden Kernen nach Meiose; 5 – aus den Sus-
pensoren auswachsende, die Zygote umhüllende haploide Hyphen

Betrachten wir uns noch den Sexualakt selbst, die Verschmelzung konträrgeschlechtlicher Zellen. Der Vorgang
vollzieht sich bei den verschiedenen Pilzgruppen auf sehr
unterschiedliche Weise. Entweder entstehen Geschlechtszellen (Gameten) im Inneren einer Mutterzelle (Gametocyte)
durch freie Zellbildung oder es differenzieren sich am Myzel
Zellen aus, die ohne Gametenbildung als Befruchtungszellen
fungieren. Wir bezeichnen sie als Gamocyten. Schließlich
kommt es vor, dass jede Zelle eines haploiden Myzels zum

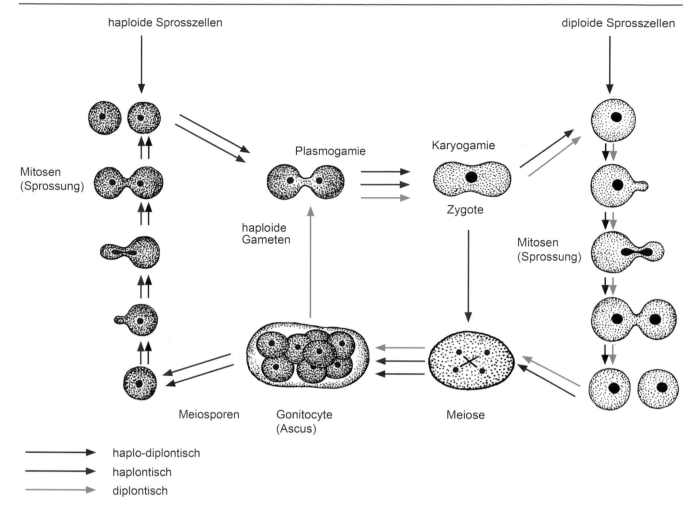

haploide Sprosszellen

diploide Sprosszellen

Plasmogamie

Karyogamie

Mitosen (Sprossung)

haploide Gameten

Zygote

Mitosen (Sprossung)

Meiosporen

Gonitocyte (Ascus)

Meiose

→ haplo-diplontisch

→ haplontisch

→ diplontisch

Abb. 2.11 Möglichkeiten des Lebenszyklus bezüglich der Kernphasen verschiedener Stämme vom Zuckerpilz (*Saccharomyces cerevisiae*); diese Art wird vielseitig als Back-, Bier- oder Weinhefe genutzt (vgl. 5.4)

Sexualakt befähigt ist. Diese drei Möglichkeiten werden als Gametogamie, Cytogamie und Somatogamie (auch Hyphogamie) bezeichnet. Auch in diesem Merkmal unterscheiden sich Asco- und Basidiomyceten (vgl. Abb. 2.4 mit Abb. 2.5). Bei den Ascomyceten differenzieren sich weibliche Gamocyten, die sogenannten Ascogone, und männliche Gamocyten aus, während sich bei den Basidiomyceten der Sexualakt häufig als Somatogamie zwischen Zellen haploider Myzelien des konträren Kreuzungstyps vollzieht. In beiden Gruppen kommen Abweichungen vom normalen Sexualakt der Cytogamie oder Somatogamie vor, wobei Spermatien gebildet werden. Spermatien sind frei werdende, unbewegliche männliche Befruchtungszellen, die vom Wind, selten auch von Insekten, verbreitet werden. Solche Spermatien von Pilzen sind von speziellen Hyphen abgeschnürte Zellen, die mit anderen Hyphen von Myzelien des entgegengesetzten Kreuzungstyps verschmelzen können. Meist sind spezielle Empfängnishyphen ausgebildet, an denen die Spermatien „andocken" können. Dieser Sexualvorgang kann als Spezialfall der Cytogamie oder Somatogamie entstanden sein. Er

wird als Spermatiogamie, mitunter auch als Spermatisierung bezeichnet.

Das Produkt der sexuellen Zellverschmelzung, die aus zwei Zellen hervorgehende neue Zelle mit veränderter, d. h. in der Regel diploider oder dikaryotischer Kernphase, nennt man Zygote. Dieser Terminus stammt aus der Botanik, wird aber auch in der Mykologie benutzt, besonders bei Pilzgruppen, bei denen frei bewegliche Gameten oder Eizellen, das sind unbewegliche weibliche Gameten, vorkommen. Für die Jochpilze (Zygomyceten) sind die auffallenden Zygoten, die hier durch die Verschmelzung von Gamocyten entstehen, sogar namengebend gewesen. Selten benutzt man auch den Terminus Zygote für befruchtete, dikaryotische Ascogone und für die erste durch Somatogamie entstandene dikaryotische Zelle bei Basidiomyceten. Da in einer Zygote von Pflanzen und Tieren meist diploide Kerne nach Karyogamie vorliegen, bei vielen Pilzen aber lediglich Kernpaare, bezeichnet man besonders in der Literatur der Vererbungslehre (Genetik) manchmal den Ascus oder die Basidie nach der Karyogamie als Zygote, d. h. die Karyogamie, nicht die

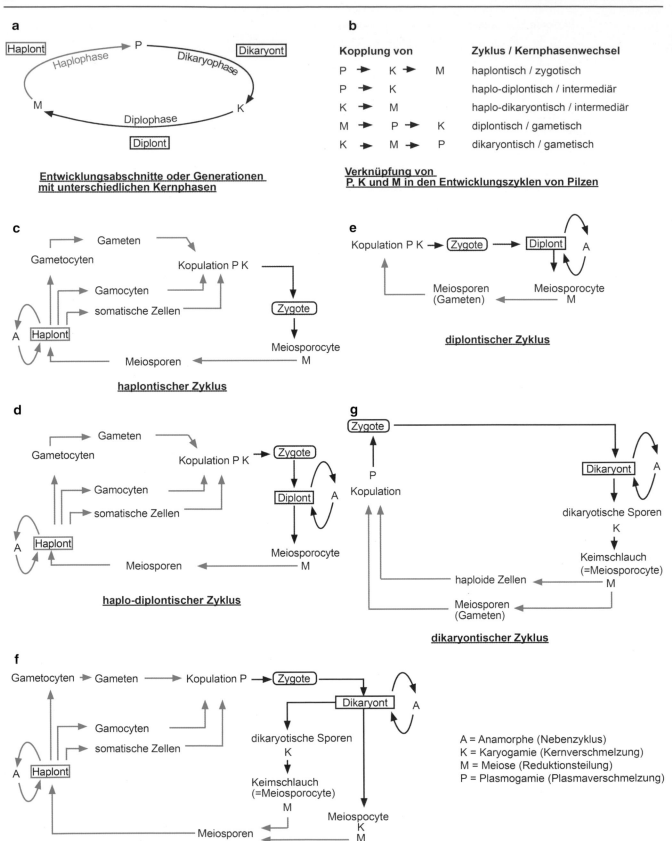

Abb. 2.12 Schematische Darstellung der Entwicklungszyklen von Pilzen; (**a**) Anordnung der Entwicklungsabschnitte mit unterschiedlichen Kernphasen zwischen Plasmogamie (P), Karyogamie (K) und Meiose (M). (**b**) Kopplung der Grundvorgänge der Sexualakte (P, K), der Meiose (M) und die Bezeichnungen für die daraus resultierenden Entwicklungszyklen sowie für den Kernphasenwechsel; (**c–g**) die bei Echten Pilzen und pilzähnlichen Organismen vorkommenden Entwicklungszyklen

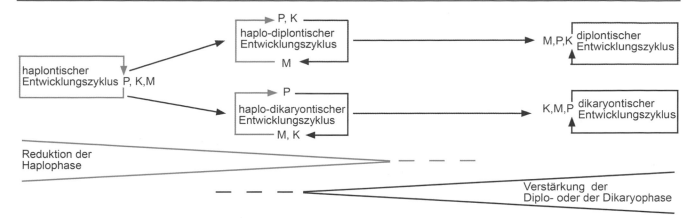

Abb. 2.13   Entwicklungstendenzen der Veränderung der Kernphasenverhältnisse im Verlauf der phylogenetischen Entwicklung (vgl. Abb. 2.12)

Zellverschmelzung wird als Sexualakt angesehen. Wir wollen den Terminus Zygote nur für das Produkt der sexuellen Zellverschmelzung verwenden. Die Asci und Basidien bezeichnen wir als Sporocyten (sporenbildende Zellen), es sind Meiosporocyten, da die Sporen unter Meiose entstehen.

Wenn Zygoten als Strukturen zur Überdauerung ungünstiger Bedingungen ausgebildet sind, also z. B. derbe Zellwände bekommen, oft auch derbe Ornamente entwickeln, nennt man sie Dauerzygoten (Hypnozygoten). Bezeichnungen wie „Zygosporen" oder „Oosporen", die man für solche Hypnozygoten mitunter anwendet, geben Anlass zu Konfusionen mit dem Sporenbegriff (vgl. Abschn. 2.5); wir vermeiden sie deshalb in den folgenden Abschnitten.

2.4   Schnallen und Haken – untrügliche Zeichen der Dikaryophase

Unter den Lebewesen, die von organischen Substanzen leben, sind die Pilze neben den Bakterien und Tieren eine dominierende Gruppe. Die schnellwüchsigen Hyphen, die ein verfügbares Substrat effektiv zu durchdringen und abzubauen vermögen, sind durchaus geeignet, den Bakterien und Bodentieren die Nahrung streitig zu machen. Ihr schnelles Wachstum ersetzt die freie Ortsbewegung mancher Bodentiere und ermöglicht das rasche Durchdringen der nährstoffhaltigen Substrate. Das Myzel ist als feines, nahrungsaufnehmendes Netz zu verstehen, das den Lebensraum rasch zu durchwachsen und zu nutzen vermag (vgl. Abschn. 2.1).

Bei bloßer Betrachtung der Hyphen, dieser feinen, nur durch ihr massenhaftes Auftreten auffallenden Fäden, erwartet man nicht, dass sich an diesen spinnwebartigen Strukturen noch Merkmale finden lassen, die für die Systematik der Pilze von Bedeutung sein könnten. Aber es ist dennoch so. Es gibt, beispielsweise bei lignicolen (holzbewohnenden) Pilzen, sogar Bestimmungsschlüssel, die ausschließlich auf

der Grundlage von Myzelmerkmalen die Determination von Arten ermöglichen.

Ein Merkmal der Hyphen, das für die Systematik von Bedeutung ist, wollen wir betrachten. Es hat sich gezeigt, dass es mikroskopische Strukturen gibt, die nur bei dikaryotischen (paarkernigen) Hyphen von Basidiomyceten vorkommen, die sogenannten Schnallen. Die Schnellwüchsigkeit des dikaryotischen Myzels der Basidiomyceten unter günstigen Bedingungen ist mit rasch aufeinanderfolgenden Teilungen der Kernpaare verbunden. Die Hyphen wachsen dabei an der Spitze, und nach jeder Teilung kommt es in der Regel auch zur Bildung von Querwänden (Septen). An den Querwänden der Hyphen findet man seitlich eigenartige Ausstülpungen, die wie Überbrückungen der Scheidewände wirken, aber bei näherer Betrachtung schon bald ebenfalls durch eine Wand von der übrigen Hyphe getrennt sind. Man kann sich eine solche „Schnalle" wie einen dicken Henkel eines langen zylindrischen Glasgefäßes vorstellen: Dem Henkel gegenüber liegt die Querwand in einer Ebene von 90° zur Längsachse des Glases. Die Höhlung des Henkels ist unterhalb der Querwand offen, oben aber durch eine weitere Wand verschlossen.

Solche Schnallenbildungen hängen mit den konjugierten Teilungen des Kernpaares zusammen. Die wachsende Hyphe bildet bei einer Kernteilung unterhalb der Hyphenspitze eine seitliche Auszweigung, die dem Wachstum der Hyphe entgegengesetzt – also nach hinten – wächst. Wenn sich das Kernpaar teilt, wandert einer der Tochterkerne in diesen Auswuchs, worauf es zur Ausbildung der Querwand zwischen Auswuchs und dem Hyphenapex mit den beiden apikalen Tochterkernen kommt. Auf diese Weise gelangen zwei Tochterkerne als Kernpaar in die apikale Zelle der Hyphe, während in der zurückliegenden Zelle nur ein Tochterkern liegt; der zweite, konträre Kern befindet sich im Auswuchs. Dieser wächst noch ein wenig nach hinten und verschmilzt dann mit der zurückliegenden Zelle; der Kern des Auswuchses paart sich wieder mit dem Partnerkern zu einem Kernpaar. Auf diese Weise wird auch die zurückliegende

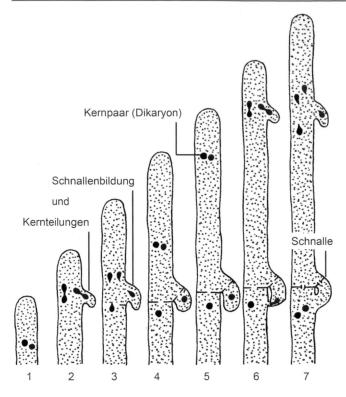

Abb. 2.14 Entwicklung der Schnallen an den Hyphen von Basidiomyceten

Zelle nach einem vorübergehenden Dreizellstadium wieder dikaryotisch. Nach Abschluss dieses eigenartigen Vorgangs erscheint der beidseitig verwachsene Auswuchs henkelartig oder wenigstens als deutlich beulenartige Verdickung an der Querwand und wird als Schnalle (*clamp*) bezeichnet, derartige Querwände als Schnallensepten (*clamp connections*) (Abb. 2.14).

Da die Schnallen unter den fruchtkörperbildenden Basidiomyceten häufig vorkommen, ist anzunehmen, dass sie ein allgemeines Merkmal der Gruppe darstellen. Wenn sie fehlen, dürfte es sich um eine Rückbildung dieses Merkmals handeln. Bei manchen Ständerpilzen kommt es vor, dass nur in großen Abständen an der wachsenden Hyphe Kernteilungen mit Schnallenbildung auftreten, während hinter der wachsenden Hyphenspitze weitere Septen gebildet werden, an denen keine Schnallen ausgebildet sind. Man spricht in solchen Fällen von primärer und sekundärer Septierung der Hyphen.

Auch in den Fruchtkörpern der Basidiomyceten treten häufig Schnallen auf. Ihr Fehlen oder Vorhandensein im gesamten Fruchtkörper oder in bestimmten Fruchtkörperteilen kann für die Bestimmung einzelner Gruppen oder Arten außerordentlich wichtig sein. Mitunter sind Schnallen am Fruchtkörper nur an den basalen Septen der Basidien ausgebildet. An vielen Myzelien von Basidiomyceten, ganz besonders aber in den Fruchtkörpern, kommen verschiedene Hyphentypen vor. Es gibt Myzelien – z. B. in der Gattung der Lackporlinge (*Ganoderma*) – bei denen Hyphentypen vorkommen, an deren Septen nicht nur eine einzige sondern mehrere – meist vier – Schnallen ausgebildet sind. Solche Bildungen werden als Wirtelschnallen bezeichnet.

Als homologe Struktur der Schnallen der Basidiomyceten werden ähnliche Ausstülpungen der dikaryotischen ascogenen Hyphen der Ascomyceten angesehen. Sie kommen hier allerdings nur bei der Bildung der Asci vor und werden als Haken bezeichnet. Wenn bei diesen Pilzen, was sehr häufig der Fall ist, die Asci unter Hakenbildung entstehen, dann biegt sich die Hyphenspitze nach hinten. In Verlängerung der Achse der ascogenen Hyphe wächst ein Ascus aus. Vor dessen Abtrennung durch Trennwände teilt sich das Kernpaar. Der Ascus erhält ein Paar der Tochterkerne. Das zweite Paar gelangt in die zurückliegende Zelle, wobei ein Kern direkt vor der Wandbildung dorthin wandert, der zweite hingegen über den Haken, der – nach Wandbildung zwischen Ascus und zurückliegender Zelle und zwischen Ascus und Haken – mit der zurückliegenden Zelle verschmilzt (Abb. 2.15). Es ist also ein Vorgang, bei dem es, wie bei der Schnallenbildung der Basidiomyceten, zu einem vorübergehenden Dreizellstadium kommt.

Nicht bei allen Ascomyceten gibt es eine derartige Hakenbildung bei der Entstehung der Asci. Ursprüngliche Formen bilden ihre Schläuche durch Aussprossung aus den Zellen der ascogenen Hyphen (Knospentyp), durch Umwandlung der Zellen der ascogenen Hyphen in Asci (Kettentyp), oder es wird die apikale dikaryotische Zelle an den ascogenen Hyphen ohne Hakenbildung ganz einfach zum Ascus (Terminalzellentyp). Wenigstens die letztgenannte Form der Ascusbildung muss als Rückbildung aus der Entstehungsweise nach dem Hakentyp angesehen werden, also als eine ähnliche Reduktion des komplizierten Vorgangs wie bei den schnallenlosen Septen an dikaryotischen Hyphen von Basidiomyceten.

Schnallen und Haken sind gute Kennzeichen der dikaryotischen Lebensabschnitte der Echten Pilze. Ihr Vorkommen kennzeichnet die Dikaryonten, wenngleich nicht alle dikaryotischen Hyphen ein so sicheres Merkmal aufweisen. Unter Umständen ist besonders die Schnallenbildung für die Diagnostik wichtig. Versucht man z. B. die aus Bodenproben isolierten Pilze zu bestimmen und findet unter ihnen Schnallenmyzelien, weiß man sofort, dass es sich nur um einen Basidiomyceten handelt, was die weitere Bestimmungsarbeit beträchtlich erleichtern kann.

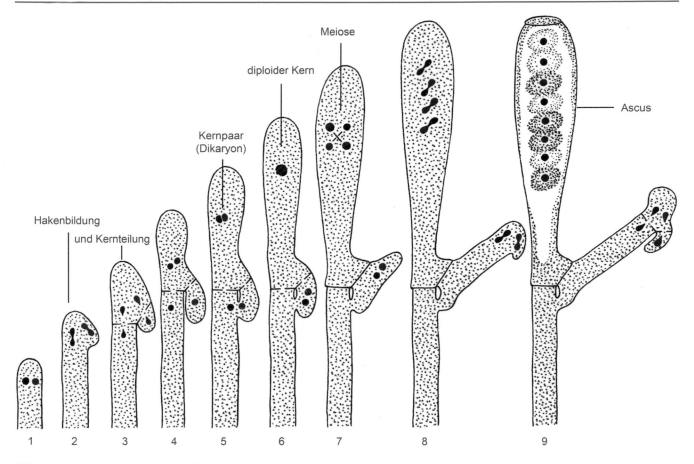

Abb. 2.15   Entwicklung der Sporenschläuche (Asci) nach dem Hakentyp

2.5   Rasche Vermehrung – Sporen und Schimmel

Wir alle kennen das: Am Abend eines warmen Sommertages sind die Konserven bereits verdorben, die wir erst am Morgen geöffnet hatten und nicht in einem Kühlschrank aufbewahren konnten. Bei Bootstouren kann man erleben, dass in der feuchtwarmen Spitze des Faltbootes ein frisches Brot, das erst einen Tag vorher aus dem Backofen gezogen wurde, schon „Haare" bekommen hat. Es sind Pilzhyphen, die sich sehr rasch entwickeln können. Sie gedeihen nicht nur auf Nahrungsmitteln, auch Holz, Papier, Leder und Textilien können sie als Nahrungsquelle nutzen, wenn Feuchtigkeit und Temperatur für sie günstig sind.

In der Schule kann man den Schülern bei der Besprechung von Mikroorganismen mit Erfolg vorführen, wie eine sterile Petrischale mit Nährboden für Mikroben schon nach kurzzeitigem Öffnen „Keime" aufgefangen hat und nach wenigen Tagen eine bunte Welt von Mikrobenkolonien

beherbergt. Sie sind allgegenwärtig, diese „Keime", die zu Bakterienkolonien oder Pilzmyzelien auswachsen. Überall liegen sie auf der Lauer, um sich im geeigneten Niveau auf einem geeigneten Substrat entwickeln zu können. Da genügt ein vergessenes Ränftchen Brot oder der Satz vom letzten türkischen Kaffee, ja sogar Hautreste, winzige Schuppen am ungewaschenen Körper. Für alle nur denkbaren organischen Stoffe haben sich Spezialisten entwickelt, und oft spielt sich zwischen verschiedenen Organismen, besonders zwischen Pilzen und Bakterien, ein „Kampf" um das Substrat ab. Sogar „chemische Waffen" wie die Antibiotika werden eingesetzt, um die Konkurrenz auszuschalten.

Wir wollen uns zunächst den Strukturen einiger Pilze zuwenden, die eine so rasche Reaktion auf ein plötzlich zur Verfügung stehendes Substrat, z. B. einen Brotrest, ermöglichen. Was wir landläufig als Pilzkeime bezeichnen, sind meist winzig kleine Sporen. Unter einer Spore verstehen wir ganz allgemein jede frei werdende, primär einzellige Vermehrungs- oder Verbreitungseinheit, die allein,

d. h. ohne eine Zellverschmelzung, also ohne Sexualakt, zu einem neuen Organismus heranzuwachsen vermag. Sporen sind frei werdende Keimzellen. Sie können – so auch bei einigen Gruppen von Pilzen – durch Geißeln beweglich sein und werden dann Planosporen oder Zoosporen genannt. Unbewegliche Sporen heißen im Gegensatz dazu Aplanosporen. Aber es gibt auch andere Gesichtspunkte für die Einteilung und Benennung der Sporen. In erster Linie haben sich Begriffe für besondere Formen und Funktionen eingebürgert. Dauersporen oder Hypnosporen – sie haben meist sehr dicke Sporenwände – dienen der Überbrückung ungünstiger Umweltbedingungen, z. B. langer Trockenzeiten, tiefer Temperaturen usw. Wichtig ist auch die Klassifizierung der Sporen nach der Entstehungsweise ihrer Zellkerne. Geht der Sporenbildung eine Mitose voraus, spricht man von Mitosporen, entstehen die Kerne der Sporen durch Meiose, so werden Meiosporen gebildet.

Manche Sporen sind bei Reife bereits mehrzellig; sie lassen sich aber entwicklungsgeschichtlich stets auf einzellige Stadien zurückführen. Bei mehrzelligen Sporen liefern die Anzahl und die Lage der Zellen Merkmale für die Klassifizierung von Pilzen. Große Bedeutung hat dieses Gliederungsprinzip z. B. bei den Meiosporen der Ascomyceten, die man als Ascosporen (Abb. 2.16) bezeichnet. Die mikroskopisch gut feststellbaren Sporenmerkmale (einzellig, mehrzellig, Lage der Septen, Sporenformen und Ornamente) sind für manche systematische Gruppen charakteristisch.

Auch bei den Basidiosporen, den an den Basidien gebildeten Meiosporen der Basidiomyceten, sind die Sporenformen für die Klassifizierung und die Bestimmung wichtig (Abb. 2.17). Im Gegensatz zu den Ascosporen sind sie stets durch ein basales Anhängsel, den Hilarappendix (Nabelanhängsel), charakterisiert. Es ist die Stelle, mit der eine Spore mit dem Sterigma der Basidie vor ihrer Ab-

Abb. 2.16 Ascosporen; verschiedene ein- bis mehrzellige Formen der durch freie Zellbildung im Inneren der Asci entstehenden Sporen

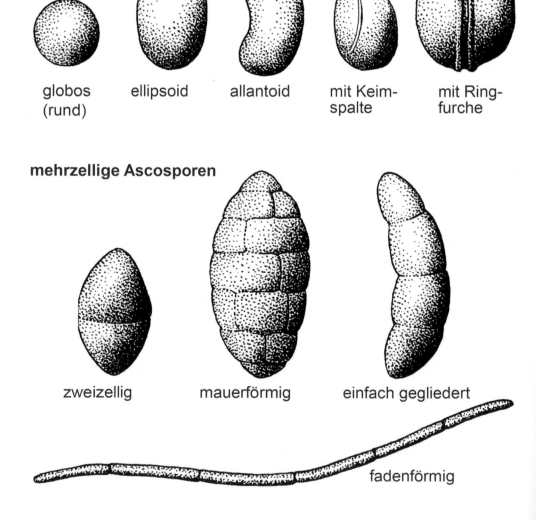

einzellige Ascosporen

globos (rund)   ellipsoid   allantoid   mit Keimspalte   mit Ringfurche

mehrzellige Ascosporen

zweizellig   mauerförmig   einfach gegliedert

fadenförmig

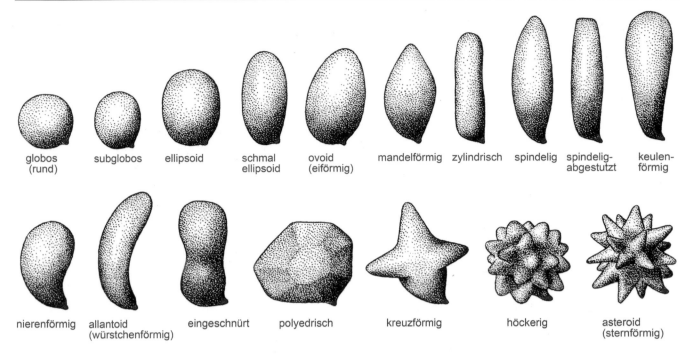

globos
(rund)   subglobos   ellipsoid   schmal
ellipsoid   ovoid
(eiförmig)   mandelförmig   zylindrisch   spindelig   spindelig-
abgestutzt   keulen-
förmig

nierenförmig   allantoid
(würstchenförmig)   eingeschnürt   polyedrisch   kreuzförmig   höckerig   asteroid
(sternförmig)

Abb. 2.17   Verschiedene Formen der meist einzelligen Basidiosporen mit dem – hier rot markierten – Nabelanhängsel (Hilarappendix)

schleuderung verwachsen war. Bestimmte Sporenformen können für einzelne Arten, aber auch für große Gruppen charakteristisch sein.

Wenn wir mit einer Agarplatte, einer nährbodengefüllten Petrischale, Pilzkeime auffangen, dann zeigt sich allerdings, dass in unserer Umgebung, im Zimmer, im Klassenraum, im Hörsaal, aber auch an den Produktionsstätten, in Büros, Fabrikräumen, in Tierställen usw., Asco- oder Basidiosporen nur selten vorkommen. In erster Linie werden wir Mitosporen einfangen, Sporen „imperfekter" Pilze, die sehr rasch und in erstaunlich hoher Zahl auf den Myzelien entstehen können. In ihrer Allgegenwärtigkeit offenbart sich uns eine „Lebensstrategie", die sich bei vielen Pilzen als recht erfolgreich durchgesetzt hat. Es werden sehr schnell riesige Mengen von Keimzellen gebildet. Ohne komplizierte Sexualvorgänge entstehen die Sporen nach rasch aufeinanderfolgenden, mitotischen Kernteilungen. Die Pilze „investieren" sehr viel in die reproduktive Lebensphase, die Sporenbildung. Die Lebenschance jeder einzelnen Spore ist äußerst gering, und die Aussicht, ein geeignetes Substrat vor den Konkurrenten zu erreichen, ist umso größer, je mehr Sporen in die Atmosphäre entlassen werden. Der Erfolg vieler Pilze, ihr rasches Auftreten auf allen möglichen Substraten, beweist, dass „die Rechnung aufgeht". Viele Arten sind durch massenhaftes Sporulieren erfolgreiche Erstbesiedler geeigneter Substrate. Selbstverständlich trifft dies auch für Meiosporen zu, die ebenfalls in oft ungeheuer großen Mengen an den Fruchtkörpern entstehen, aber der Aufwand für Mitosporen ist noch geringer. Zweifellos liegt hierin auch die Erklärung dafür, dass man noch bis ins späte

19. Jahrhundert bei solchen Pilzen an Urzeugung, an stete spontane Neuentstehung der Organismen aus toter Materie, glaubte. Die massenhafte Sporenbildung ist, mit unseren Augen gesehen, eine „Investition" in die Wahrscheinlichkeit des Zufalls.

Es gibt bei den Pilzen zwei grundsätzlich verschiedene Wege für die Bildung von Mitosporen. Diese können sich zum einen im Inneren sporenbildender Zellen, den sogenannten Sporocyten, gleichzeitig (simultan) entwickeln. Wie die Meiosporen bei Ascomyceten in den Asci entstehen solche Mitosporen, z. B. beim Köpfchenschimmel, endogen durch freie Zellbildung im Inneren der Sporocyten. Die „Köpfchen" des Schimmels sind Behälter von Mitosporen (Mitosporocyten), die Asci Behälter von Meiosporen (Meiosporocyten). Um solche Sporen von den Typen abzugrenzen, die nicht im Zellinneren simultan gebildet werden, nennt man sie auch Cytosporen.

Zum anderen werden von den sporenbildenden Zellen einmalig oder mehrfach nacheinander (sukzedan) Sporen gebildet. Auch bei diesem Modus der Sporogenese können die Sporen endogen angelegt werden, sie reifen aber stets exogen (blastische Conidiogenese). Es gibt jedoch auch Fälle, bei denen sich ein Teil einer Hyphe sukzedan in Sporen zergliedert (Gliedersporen, arthrische oder thallische Conidiogenese). Lichtmikroskopisch entsteht in jedem Fall der Eindruck einer exogenen Sporenbildung. Im Gegensatz zu den oben genannten endogen reifenden Cytosporen heißen diese nur bei Echten Pilzen vorkommenden Sporen Conidien. Man unterscheidet viele verschiedene Typen von Conidien nach ihrer Entstehungsweise und auch nach ihrem Bau.

Conidienbildende Zellen können auf besonderen Trägern, den Conidiophoren, ausgebildet sein, die sich frei auf dem Myzel entwickeln. Beispiele hierfür sind die weitverbreiteten Gattungen *Aspergillus* (Gießkannenschimmel) und *Penicillium* (Pinselschimmel). Die conidiogenen Zellen befinden sich an der Spitze (apikal) auf den (zum Teil verzweigten) Trägern und bilden nach endogener Formierung und Abgrenzung sowie exogener Reifung die Conidien in basipetalen Ketten (vgl. Abb. 2.21). Solche conidiogenen Zellen werden als Phialiden bezeichnet. Zwischen einfachen Trägerhyphen, die apikal Sporen abschnüren, wie bei den Conidien der Mehltaupilze (vgl. Abschn. 4.5.3), und den komplizierten Conidiophoren, z. B. bei den Gattungen *Aspergillus* oder *Penicillium*, gibt es eine große Vielfalt an Varianten.

In manchen Fällen treffen wir Conidienbildung im Zusammenhang mit plectenchymatischen oder pseudoparenchymatischen Strukturen der conidiogenen Pilze an, die den Fruchtkörpern der Pilze ähneln. Das können durchaus

makroskopisch erkennbare Gebilde sein, die im Mesophyll der Wirtspflanzen phytoparasitischer Pilze angelegt werden, z. B. werden auf flachen, kissenförmigen plectenchymatischen Strukturen conidiogene Zellen gebildet, die schließlich die Epidermis durchbrechen. Solche Gebilde, die kleinen Apothecien der Ascomyceten (vgl. Abschn. 3.3.1) ähneln, werden als Acervuli (bezeichnet. Krugförmige Gebilde, die ebenfalls einem Fruchtkörpertyp der Ascomyceten, den Perithecien (vgl. Abschn. 3.3.2), äußerlich ähneln, aber keine Asci, sondern Conidien hervorbringen, nennt man Pycnidien (Abb. 2.18).

Polsterförmige Myzellager, an denen oberflächlich Conidien entstehen, heißen Sporodochien. Wir finden sie z. B. bei dem weitverbreiteten Rotpustelpilz (*Nectria cinnabarina*), wo sie häufig als erstes sichtbares Zeichen vor der Bildung der Fruchtkörper entstehen.

Schließlich sind bei einigen Pilzen die frei auf dem Myzel wachsenden Conidienträger zu dichten Büscheln vereint, auf denen makroskopisch nachweisbare Hyphenbündel mit api-

Abb. 2.18 *Phyllosticta convallariae*, ein pycnidienbildender, phytoparasitischer Pilz auf der Duftenden Weißwurz (*Polygonatum odoratum*); (**a**) befallene Pflanze mit nekrotischen Blattflecken; (**b**) auf den

Blattflecken im Durchlicht punktartig erscheinende Pycnidien von ca. 100 μm Durchmesser; (**c**) einzeln stehende oder in kleinen Stomata (Pfeil) vereinte Pycnidien

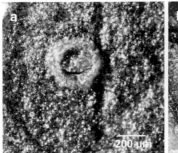
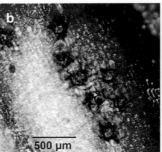

Abb. 2.19 Die vier Typen von Conidiomata; (**a**) ein subepidermal angelegter Acervulus von *Gloeosporidiella variabilis* auf Alpenjohannisbeere (*Ribes alpinum*); (**b**) Pycnidien von *Phyllosticta convallariae* auf Vielblütigem Salomonssiegel (*Polygonatum multiflorum*); (**c**) Sporodochien der Anamorphe vom Rotpustelpilz (*Nectria cinnabarina*); (**d**) Synnemata von *Polycephalomyces tomentosus* auf Sporocarpien des Schleimpilzes *Trichia scabra*

kalen, selten auch lateralen conidiogenen Zellen vorkommen. Diese Strukturen werden als Synnemata (Singular Synnema) bezeichnet. Sind die Hyphenbüschel der Synnemata etwas aufgelockert, also weniger dicht gepackt, verwendet man auch die Bezeichnung Coremia (Singular Coremium), die z. B. bei *Penicillium claviforme* als kleine keulige, reichlich mit Conidien behaftete Erhebungen makroskopisch zu erkennen sind.

Acervuli, Pycnidien, Sporodochien und Synnemata werden in ihrer Gesamtheit Conidiomata (Abb. 2.19) genannt. Damit wurde für sporenbildende, plectenchymatische bzw. pseudoparenchymatische räumliche Strukturen ein gut verständliches Begriffstrio geschaffen:

Ascomata – Fruchtkörper, an denen Ascosporen gebildet werden.

Basidiomata – Fruchtköper, an denen Basidiosporen gebildet werden.

Conidiomata fruchtkörperähnliche Strukturen, an denen Conidien gebildet werden (vgl. Abschn. 3.3 und Abschn. 3.4 sowie Abb. 2.19).

Da Conidienbildung bei den Echten Pilzen, besonders bei den Ascomyceten, sehr weit verbreitet ist und diese Pilze im täglichen Leben der Menschen mitunter große Bedeutung haben, wird es verständlich, dass sich umfassende Forschungen mit dieser Thematik beschäftigen. Für die Verständigung über diese Pilze ist daher eine zweifelsfreie Benennung sehr wichtig. Damit sind jedoch viele Probleme verbunden.

Es kommen Pilze vor, die zwei oder mehrere verschiedene Anamorphen hervorbringen können, die unterschiedliche Pilzarten vortäuschen und verständlicherweise auch bereits mit verschiedenen Namen belegt worden sind. Die Formen conidiogener Pilze gehören meist zu den Ascomyceten und können Fruchtkörper entwickeln, aber es gibt auch solche, die im Verlaufe ihrer stammesgeschichtlichen Entwicklung diese Fähigkeit eingebüßt haben und sich ausschließlich durch Conidien fortpflanzen. Da jede Form eines conidiogenen Pilzes in vielen Fällen als eine eigene Pilzart angesehen wurde und auch für die fruchtkörperbildenden Stadien

Namen existieren, hat bisweilen dieselbe Art zwei, drei oder selten auch noch mehr Namen erhalten. Viele internationale Absprachen waren notwendig, bis es in der zweiten Hälfte des 20. Jahrhunderts einem allgemein anerkannten Konzept für die Nomenklatur solcher vielgestaltiger (pleomorpher) Pilze gekommen ist.

Man bezeichnete alle Formen, die sich durch Mitosporen oder andere mitotisch entstehende Fortpflanzungseinheiten vermehren können, als Anamorphen. Gehören mehrere von diesen zu einer einzigen Art, so nennt man sie Synanamorphen. Das Stadium, das die Meiosporen ausbildet, also bei den höher entwickelten Pilzen in der Regel die fruchtkörperbildende Form, wird Teleomorphe genannt. Eine pleomorphe Pilzart mit all ihren Formen bzw. Stadien heißt Holomorphe (Tab. 2.1).

Besteht eine Art nur aus der Teleomorphe oder nur aus einer einzigen Anamorphe, so gab es nomenklatorisch kein Problem. Der nach den Regeln gültige Name für diese einzige Form ist der Name für die Art. Gibt es aber mehrere Formen einer Art, so musste der Name der Teleomorphe – wenn eine solche vorkommt – für die Holomorphe benutzt werden. Der Name einer Anamorphe durfte nur für diese angewendet werden und konnte niemals eine Holomorphe bezeichnen, sofern eine Teleomorphe vorkommt.

Die Gattungsnamen *Aspergillus* (Gießkannenschimmel) oder *Penicillium* (Pinselschimmel) sind beispielsweise Namen von Anamorphen. Namen wie *Aspergillus flavus*, *Penicillium notatum* usw. bezeichneten Anamorph-Arten. Von manchen Autoren werden sie auch „Form-Gattungen" und „Form-Arten" genannt. Es war z. B. generell falsch, davon zu sprechen, dass eine *Aspergillus*-Art Fruchtkörper bildet, oder diese Fruchtkörper – es sind Cleistothecien (vgl. Abschn. 3.3.3) – als *Aspergillus*-Cleistothecien zu bezeichnen. Den Namen der *Aspergillus*-Art konnte man nur für die Conidienform, die Anamorphe, verwenden. Um den gesamten Organismus einschließlich seiner Fruchtkörper zu benennen, muss der Name der Teleomorphe benutzt werden. Als Teleomorphen von *Aspergillus*-Arten kennen wir

Tab. 2.1 Bezeichnungen für die Formen pleomorpher Pilze

	Art 1	Art 2	Art 3	Art 4	Art 5
Meiosporenform (Teleomorphe)	+	+	+	–	–
Mitosporenform 1 (Anamorphe)	+	+	–	+	+
Mitosporenform 2 (Anamorphe)	+	–	–	–	+
frühere Bezeichnung	perfekter Pilz mit Hauptfruchtform und zwei Nebenfruchtformen (imperfekte Formen)	perfekter Pilz mit Hauptfruchtform und einer Nebenfruchtform (imperfekte Form)	perfekter Pilz mit Hauptfruchtform ohne Nebenfruchtform (imperfekte Form)	imperfekter Pilz	imperfekter Pilz mit zwei imperfekten Formen
aktuelle Bezeichnung	Holomorphe = Teleomorphe mit zwei Anamorphen	Holomorphe = Teleomorphe mit einer Anamorphe	Holomorphe = Teleomorphe	Holomorphe = Anamorphe	Holomorphe = zwei Anamorphen (Synanamorphen)

z. B. Ascomyceten der Gattungen *Eurotium*, *Emericella* und *Sartorya*. Die Fruchtkörper all dieser Gattungen sind kleine, kugelige, einfach gebaute Fruchtkörper (Cleistothecien).

Mit diesem Konzept der Benennung gelang es, einheitliche Prinzipien der Nomenklatur durchzusetzen. Wichtig war es hierbei, dass die Namen der Anamorphen nicht getilgt wurden, sondern dass man sie weiterhin benutzen konnte, wenngleich dadurch viele Arten mehrere den Regeln entsprechende gültige Namen hatten. Dass für eine einzige Art mehrere Namen existierten und diese Regelung im „Internationalen Code der botanischen Nomenklatur" sanktioniert war, erwies sich in der Praxis für die Verständigung unter den Fachleuten durchaus als praktikable Lösung. Die Regeln brachten zwar mancherlei Probleme, wurden aber von vielen Systematikern, ebenso von Praktikern, etwa von Medizinern, Phytopathologen und Veterinärmedizinern, die mit Anamorphen Echter Pilze arbeiten, akzeptiert.

Die klaren Definitionen für „Anamorphe", „Teleomorphe" und „Holomorphe" als Bezeichnung für Erscheinungsformen im Entwicklungszyklus, die durch Conidiogenese bzw. Meiosporenbildung definiert sind, ersetzten Umschreibungen wie imperfekte Pilze, imperfekte Formen, Nebenfruchtformen, perfekte Formen, Hauptfruchtformen usw. Besonders problematisch war stets die Unterscheidung von Nebenfruchtformen oder imperfekten Formen und imperfekten Pilzen, da z. B. ungewiss bleibt, ob eine Anamorphe wirklich ein imperfekter Pilz ist, also keine Teleomorphe bildet, oder ob es nur die imperfekte Form eines Pilzes ist, der unter Umständen auch Meiosporen, also in der Regel Fruchtkörper, bilden kann.

Um die vielfältigen Anamorphen überschaubar zumachen, wurde ein System der Anamorphen entwickelt, das verständlicherweise die Verwandtschaftsbeziehungen, die uns hauptsächlich durch die Teleomorphen erschlossen werden, nur bedingt widerspiegelt und das daher als künstliches System betrachtet wurde. Die Anamorphen mit oberflächlichen, frei stehenden Conidienträgern und die sporodochien- oder synnemabildenden Formen mit oberflächlichen Conidienträgern fasst man als „Hyphomyceten", die pycnidien- und acervulibildenden Formen als „Coelomyceten" zusammen. Diese Bezeichnungen wurden über viele Jahrzehnte als systematische Kategorien des künstlichen Systems der Form-Klasse *Deuteromycetes* mit den Unterklassen *Hyphomycetidae* und *Coelomycetidae* geführt. Die Coelomyceten umfassten die Pilze mit Acervuli der Form-Ordnung *Melanconiales* und die pycnidienbildenden wurden zur Form-Ordnung *Sphaeopsidales* zusammengefasst. Für die weitere Einteilung sind die Entstehungsweise der Conidien, deren Formen und Pigmente von Bedeutung. Die Conidien können ein- oder mehrzellig sein. Lage und Anzahl der Zellen zählen zu den Grundlagen für die Gliederung.

Obwohl im System der Deuteromyceten keine systematischen, sondern künstliche, nach der äußeren Form der conidienbildenden Stadien zusammengefasste Gruppen klassifiziert werden, sind diese Namen tief in der mykologischen Literatur verankert – ähnlich der Unterklasse *Heterobasidiomycetae* oder der Ordnung *Aphyllophorales* (vgl. Abschn. 6.2.3.3) bei den Basidiomyceten. Die Namen tauchen in der praxisorientierten Literatur, in Bestimmungsbüchern etc., mitunter sogar im Buchtitel auf, sodass sie der Erläuterung bedürfen.

Mehr Hinweise auf verwandtschaftliche Beziehungen erhält man durch die Typen der Conidiogenese. Im einfachsten Falle entstehen die Conidien durch einen vorprogrammierten Hyphenzerfall, d. h., durch Septierung der conidiogenen Zelle entstehen sich lösende Gliedersporen, die man Arthrosporen nennt. Diese Entwicklung nennt man arthrische oder thallische Conidiogenese (Abb. 2.20).

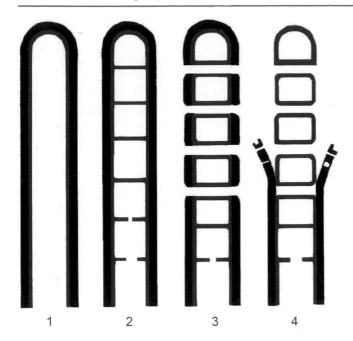

Abb. 2.20 Arthrische Conidiogenese; 1 – wachsende conidiogene Hyphe; 2 – Septenbildung; 3 – Reifung der Conidien mit Beteiligung der Wand der conidiogenen Zelle (holoarthrisch); 4 – Reifung der Conidien ohne Beteiligung der Wand der conidiogenen Zelle (enteroarthrisch)

Je nach Beteiligung der äußeren Zellwand lässt sich eine holo- und eine enterothallische Conidienbildung unterscheiden. Wenn es zu kettenförmiger Anordnung der Conidien kommt, entstehen die Ketten akropetal, also von der Spitze der conidiogenen Zelle her.

Im Gegensatz dazu sprossen bei der blastischen Conidiogenese die Conidien aus den conidiogenen Zellen aus, bei sukzedaner Conidienbildung an einem Ort kommt es zu basipedalen Ketten. Auch bei diesem Modus der Conidiogenese unterscheidet man je nach Wandbildung holo- und enteroblastische Conidienbildung.

In den letzten Jahrzehnten haben sich unsere Kenntnisse zur Entwicklungsgeschichte und zu Verwandtschaftsbeziehungen von Pilzen durch die Fortschritte der Molekularbiologie beträchtlich erweitert. Durch molekularbiologische Untersuchungen, vor allem durch Sequenzanalysen der Kernsäuren, konnten nicht nur grundlegende Verwandtschaftsbeziehungen großer Gruppen aufgeklärt werden, wodurch völlig neue Einsichten entstanden sind (vgl. Abschn. 2.6), sondern es können auch die Beziehungen einzelner Arten zueinander detailliert studiert werden und es ist generell möglich zu ermitteln, ob eine Anamorphe zu einer bestimmten Teleomorphe gehört oder nicht. Die verständliche Forderung, dass man eine Art nicht mit mehreren gültigen Namen belegen sollte, um unterschiedliche Erscheinungsformen zu benennen, hat sich daher in den internationalen Gremien durchgesetzt. Auch die alte Regelung, dass für die Holomorphe die Erstbeschreibung der

Teleomorphe Priorität gegenüber der Beschreibung einer zugehörigen Anamorphe derselben Art hat, ist außer Kraft gesetzt. Es wird langjähriger Arbeit der internationalen Gremien und Kommissionen bedürfen, bis es akzeptable Lösungen für die Nomenklatur und allgemeingültige Dateien für die Namen der Pilze geben wird.

In enger Beziehung zu den Anamorphen von Ascomyceten stehen die als Schimmel bezeichneten Pilzrasen. Wohl jeder verwendet den Begriff Schimmel, aber kaum einer – das gilt auch für Biologen – vermag zu definieren, was man unter Schimmel eigentlich zu verstehen hat. Allgemeinsprachlich werden Myzelien, die sich oberflächlich bilden und einen makroskopisch nachweisbaren Pilzbewuchs hervorrufen, Schimmel genannt. Die Bildung von Mitosporen in solchen Myzelien setzt oft sehr rasch ein. Manche Autoren bezeichnen nur sporulierende Myzelrasen als Schimmel. Tatsächlich erreichen wir hier den Kernpunkt des Begriffs, wenn wir z. B. an die vielen Arten der Anamorph-Gattungen *Aspergillus* und *Penicillium* denken. Gießkannenschimmel und Pinselschimmel (Abb. 2.21) werden schon im Schulunterricht als Schimmelpilze den Schülern vorgeführt. Die Farben der reichlich entstehenden Sporen dieser Schimmelpilze beeinflussen den gesamten Pilzrasen und sind die Ursache für Bezeichnungen wie Grünschimmel, Weißschimmel oder Schwarzschimmel. Die charakteristische Form der Conidiophoren mit den basipedalen Sporenketten oder die Form der Cytosporenbehälter kommen in Bezeichnungen wie Pinselschimmel, Gießkannenschimmel oder Köpfchenschimmel zum Ausdruck.

Penicillium (Pinselschimmel) *Aspergillus* (Gießkannenschimmel)

Abb. 2.21 Beispiele conidiogener Pilze der Anamorph-Gattungen *Penicillium* (Pinselschimmel) und *Aspergillus* (Gießkannenschimmel); an den conidiogenen Zellen entstehen basipedale Ketten

Wenn von solch einem oberflächlichen Myzel kleine Fruchtkörper, etwa kleine Cleistothecien oder kleine Perithecien (vgl. Abschn. 3.3.2 und 3.3.3), gebildet werden, sprechen wir trotzdem von Schimmel. Der Begriff berücksichtigt in erster Linie das Erscheinungsbild, er ist nicht auf die Anamorphen beschränkt, bei denen der Kern des Begriffsinhalts liegt. Meist verbindet man mit Schimmel eine für den Menschen negative Wirkung der Lebenstätigkeit des Pilzes, z. B. beim Verschimmeln von Nahrungsmitteln. Dass aber der Kern des Begriffs vom oberflächlich wahrnehmbaren Myzel bestimmt wird, beweist uns z. B. der „Edelschimmel", der den Geschmack edler Käsesorten bedingt. Auch in der Phytopathologie spricht man bei einigen Schadbildern, die durch Pilze verursacht werden, von Grauschimmel, Schneeschimmel usw., nicht jedoch bei den weitverbreiteten Echten Mehltaupilzen, die ebenfalls ein Befallsbild mit reichlicher oberflächlicher Myzel- und Conidienbildung zeigen.

Wir können demnach Schimmel als eine allgemeinsprachliche Bezeichnung für oberflächlich wachsendes, sichtbares, rasenbildendes Pilzmyzel ansehen, das in der Regel Mitosporen bildet, meist saprotroph wächst und durch seine Lebenstätigkeit dem Menschen Schaden zufügt. Dabei müssen wir uns damit abfinden, dass es infolge des großen Begriffsumfangs nicht möglich ist, die Bezeichnung „Schimmel" in der Allgemeinsprache exakt zu definieren.

2.6 Neue Perspektiven und neue Blickwinkel der Forschung

2.6.1 Faszinierende Details – die Ultrastrukturen

Als im 17. Jahrhundert die Mikroskopie in den Dienst der Biologie gestellt wurde, eröffnete sich dem Betrachter eine neue Welt von Strukturen. Sie wurde als eine wundervolle, entdeckbare Vielfalt empfunden, die zunächst spielerisch, staunend, aber schon bald systematisch und gezielt erschlossen wurde. Neue Erkenntnisse klären nicht nur alte Probleme, sie werfen stets auch neue Fragen auf. So entdeckte man den zellulären Bau der Organismen, ohne zunächst dessen Prinzip zu durchschauen. Man fand die „Samentierchen" (Spermatozoide) der Fische, Vögel und Säugetiere und hielt sie zunächst für parasitische Würmer oder vom Schöpfer präformierte Organismen, die, vom Ei ernährt, zu neuen Organismen heranwachsen. Man entdeckte, wie im Holz der Transport der Flüssigkeiten vonstattengeht, und drang zum mikroskopischen Bau der Embryonen vieler Tiere vor. Namen wie Robert Hooke (1635–1703), Marcello Malpighi (1628–1694), Antony van Leeuwenhoek (1632–1723), Jan Swammerdam (1637–1680) und Nehemia Grew (1641–1712) sind noch heute unter den Biologen bekannt. Diese Forscher eröffneten einen neuen Abschnitt der Biologie, leisteten Pionierarbeit in der mikroskopischen Forschung.

Das 20. Jahrhundert brachte ebenfalls eine revolutionäre Entwicklung der Strukturforschung. Waren es im 17. und 18. Jahrhundert Strukturen im Mikrometerbereich, die den Forschern in immer besserer Qualität zugänglich wurden, so werden uns gegenwärtig durch die Elektronenmikroskopie Strukturen im Nanometerbereich erschlossen. Es eröffnete sich wiederum eine neue Welt; sie reicht bis zur bildlichen Darstellung von Makromolekülen.

Wir wollen nur an wenigen Beispielen zeigen, dass auch bei den Pilzen grundlegende Strukturen gefunden wurden, die nicht nur von rein wissenschaftlichem Interesse sind, sondern auch für die Praxis bedeutsame Einblicke gewähren können, z. B. in das Beziehungsgefüge symbiontischer Organismen, in Verwandtschaftsbeziehungen oder in Mechanismen des Parasitismus. Bevor wir einige Ergebnisse ultrastruktureller Untersuchungen an Pilzen vorstellen, sind einige Hinweise zur Methodik der Elektronenmikroskopie notwendig, die weitaus komplizierter ist als die Lichtmikroskopie. Man unterscheidet zwei grundlegend verschiedene Verfahren. Die Scanning- oder Raster-Elektronenmikroskopie (SEM bzw. REM) und die Transmissions-Elektronenmikroskopie (TEM).

Bei der SEM werden lediglich Oberflächen dargestellt. Dazu sind getrocknete Objekte erforderlich. Oft ist es notwendig, sie vorher zu fixieren und durch komplizierte Gefriertrocknungsverfahren im Vakuum vorzubereiten. Dann werden die Objekte mit einem Edelmetall – am geeignetsten ist Gold – im Vakuum bedampft. Im Elektronenmikroskop reflektiert das Metall den Elektronenstrahl, was zu einem Abbild der Oberfläche führt. Dabei können sehr starke Vergrößerungen erreicht werden, die in bestechender Weise Feinheiten der Oberflächen zeigen. Besonders bewährt hat sich diese Methode u. a. bei der Untersuchung der Oberflächen von Pilzsporen. Als Beispiele seien die SEM-Aufnahmen der Sporen zweier Bauchpilze vorgestellt (Abb. 2.22).

Im Lichtmikroskop ist die Oberflächenstruktur der Sporen des Sternstäublings (*Mycenastrum corium*) zwar als grobwarziges Ornament zu erkennen, die Feinheiten der netzartigen Verbindungen werden jedoch erst in der SEM-Aufnahme sichtbar. Die oberflächlichen Ornamente der relativ kleinen Sporen, z. B. bei den Erdsternen (*Geastrum* spp.) oder bei den Stäublingen (*Lycoperdon* spp.), lassen sich nicht nur genauer vergleichen, sondern liefern gegebenenfalls auch wichtige Details für die Systematik. Bei manchen sehr kleinen Ascomyceten-Fruchtkörpern ist mitunter die Feinstruktur der Sporenoberfläche das wichtigste diagnostische Merkmal für die Trennung nahe verwandter Arten.

Bei der TEM werden die Objekte nach ganz speziellen Rezepten fixiert, entwässert und in Kunstharz eingebettet. Mit Präzisions-Ultramikrotomen stellt man dann – meist mittels spezieller Glasmesser – Schnitte von wenigen Nanometern

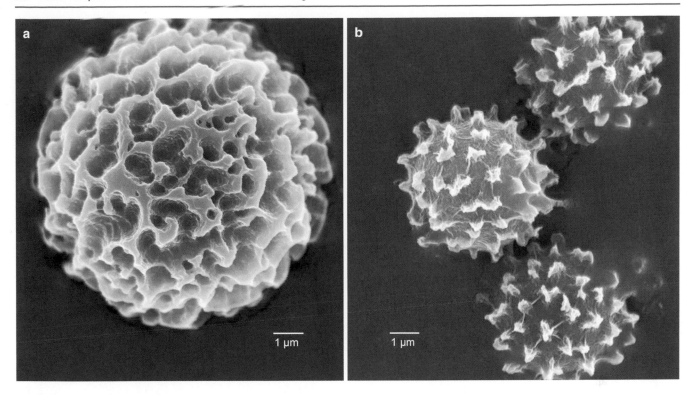

Abb. 2.22 SEM-Aufnahmen von Sporen; (**a**) vom Sternstäubling (*Mycenastrum corium*) mit netzartigem Ornament; (**b**) vom Igelstäubling (*Lycoperdon echinatum*) mit isolierten Warzen. (Foto M. GUBE)

Dicke her, die anschließend im Elektronenmikroskop im Vakuum von den Elektronen durchstrahlt werden. Die Bilder entstehen infolge unterschiedlicher Elektronenabsorption der durchstrahlten Objekte.

Während die SEM in den letzten Jahrzehnten an vielen wissenschaftlichen Einrichtungen bereits zur Routinemethode wurde, ist die TEM mit viel höherem Aufwand und komplizierten Gerätschaften verbunden. Es ist daher nicht verwunderlich, wenn erst eine begrenzte Anzahl von Organismen elektronenmikroskopisch studiert wurde und die Phase wichtiger neuer Entdeckungen noch andauert.

Ein großes Problem ist stets die Orientierung in den Präparaten. Es wurden daher spezielle Methoden der Zielpräparation entwickelt, um auch das wirklich wichtige Detail betrachten zu können. Hierbei nimmt man bei der TEM vor der Anfertigung der Ultradünnschnitte sogenannte Semidünnschnitte vom Kunstharzblöckchen ab, um sich lichtmikroskopisch zunächst orientieren zu können, wo die zu untersuchenden Strukturen zu erwarten sind. Diese etwa 1– 2 μm (Mikrometer) dicken Semidünnschnitte haben sich auch als methodisch wertvolle Objekte der lichtmikroskopischen Analyse herausgestellt. An Schnittserien lassen sich Feinheiten, z. B. der Verlauf einzelner Hyphen, gut rekonstruieren (Abb. 2.23).

Kommen wir zu einigen wichtigen Entdeckungen aus der Mitte des 20. Jahrhunderts. Als die Elektronenmikroskopie allmählich zur Methodik wissenschaftlicher Untersuchungen

wurde, entdeckte man fundamentale Unterschiede zwischen verschiedenen Pilzgruppen in der Struktur der Querwände (Septen) der Hyphen. Es bestätigte sich der grundlegende Unterschied zwischen Ascomyceten und Basidiomyceten und auch die Tatsache, dass bei fruchtkörperlosen, ursprünglichen Formen beider Klassen Übergangsformen zwischen den beiden Gruppen vorkommen. Man stellte u. a. fest, dass der bei den Echten Pilzen fast immer vorhandene zentrale Porus der Septen spezielle Wandbildungen aufweist, die meist mit charakteristischen plasmatischen Strukturen gekoppelt sind (Abb. 2.24, 2.25 und 2.26).

Im einfachsten Fall ist das Septum zum Porus hin verschmälert. Da die Querwände der Hyphen Echter Pilze stets vom Rand her, d. h. von der Hyphenlängswand aus, gebildet werden, bleibt der zentrale Porus wie beim Schließen einer Irisblende als wandfreier Rest mit durchgehendem Plasma (plasmatische Kontinuität) zwischen den beiden durch das Septum gegliederten Zellen (Hyphenabschnitten) erhalten. Bei Hyphen, die im funktionstüchtigen Zustand fixiert wurden, lässt sich bei einem solch einfachen Porus oft eine elektronendichte plasmatische Schicht nachweisen, die man als Plug (Pfropfen) bezeichnet. Mitunter sind auch membranumschlossene Bläschen (Vesikel) im Bereich des Porus vorhanden (Abb. 2.23). Solche einfachen, irisblendenartigen Septenpori weist der größte Teil der Ascomyceten auf, aber auch die Rostpilze, die in die Verwandtschaft der Basidiomyceten gehören.

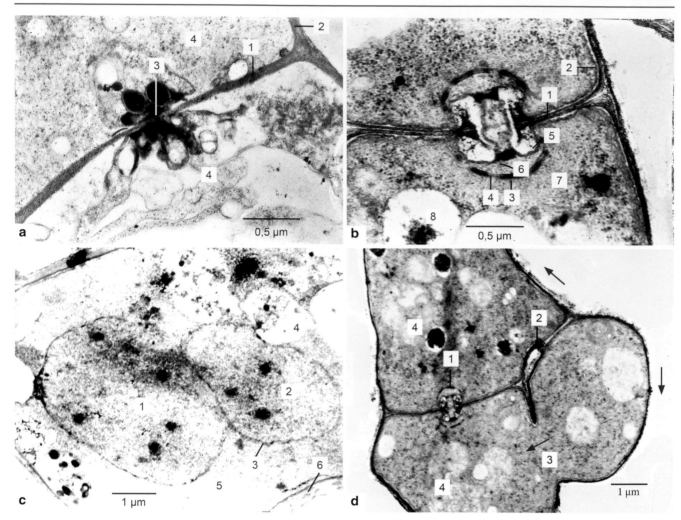

Abb. 2.23 TEM-Aufnahmen an dem Mehltaupilz *Podosphaera fusca* (*Ascomycetes*; **a**, **b**) und von dem Blätterpilz *Xerula pudens* (*Basidiomycetes* s. l.; **c**, **d**). (**a**) Septenporus in einer Hyphe eines heranwachsenden Cleistotheciums; 1 – Querwand der Hyhphe (Septum); 2 – Längswand der Hyphe; 3 – zentraler, irisblendenartiger Porus mit elektronendichtem Plasma (Plug) und membranumschlossenen Vesikeln; 4 – Cytoplasma. (**b**) Dikaryon im befruchteten Ascogon; 1 und 2 – Zellkerne des Dikaryons; 3 – Kernmembran; 4 – Vakuole; 5 – Cytoplasma; 6 – Zellwand des Ascogons. (**c**) Septenporus (d/p-Porus) in einer Hyphe eines heranwachsenden Fruchtkörpers; 1 – Querwand der

Hyphe (Septum); 2 – Längswand der Hyphe; 3 – perforiertes Parenthosom; 4 – Poren des Parenthosoms; 5 – Wand des Doliums (die zuletzt angelagerten Substanzen erscheinen hell); 6 – Plug; 7 – Cytoplasma; 8 – Vakuole. (**d**) Schnallenbildung an einer Hyphe der Stieltrama eines heranwachsenden Fruchtkörpers; 1 – Doliporus (d/p-Porus) im Septum zwischen der apikalen und basalen Zelle; 2 – nur teilweise angeschnittener d/p-Porus zwischen der apikalen Zelle und der Schnalle; 3 – Fusionsbereich zwischen Schnalle und basaler Zelle; 4 – Cytoplasma; Pfeile – Wachstumsrichtungen

Viel kompliziertere Verhältnisse treffen wir bei höher entwickelten Basidiomyceten an. Bei deren Septen kommen oft am Porus Wandverdickungen vor, die in der Regel eine zylinderförmige, innen hohle Struktur bilden, deren Außenseite median in das viel dünnere Septum übergeht. Solche Hohlzylinder werden als Tonne (Dolium) bezeichnet (Abb. 2.24). Den gesamten Porus mit dieser Struktur nennt man Tonnenporus (Doliporus, Plural Dolipori).

Die Plugs, die bei den Ascomyceten zentral im Porus ausgebildet sind, liegen im Doliporus der Basidiomyceten meist an den Rändern des Doliums als linsen- oder plattenförmiges, elektronendichtes Plasma. In der Annahme, dass diesem beim Stofftransport durch den Porus eine regulierende

Funktion zukommt, wurden sie auch regulierende Platten (Tabulae regulantes) genannt. Bei den meisten Basidiomyceten ist das Dolium beiderseits zusätzlich von einer kappenförmigen, oft etwa halbkugeligen plasmatischen Membran überdeckt (Abb. 2.25). Diese Porenkappe, als Parenthosom bezeichnet, kann ihrerseits Pori aufweisen (Abb. 2.25 rechts) oder als kontinuierliche Membrankappe (Abb. 2.25 links) ausgebildet sein. Sie ist als eine spezielle Bildung des endoplasmatischen Reticulums, einer bedeutenden Membranstruktur des Plasmas eukaryotischer Zellen, zu verstehen.

Über ein halbes Jahrhundert nach der Entdeckung der Dolipori der Basidiomyceten sind derzeit viele verschiedene Sippen hinsichtlich der Ausbildung der Septenpori untersucht

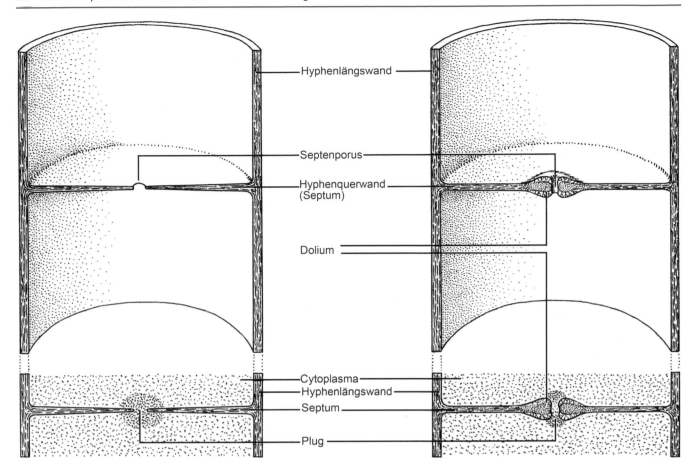

Abb. 2.24 Schematische Darstellung von Septenpori ohne Porenkappen; links einfacher, irisblendenartiger Porus; rechts Porus mit tonnenartiger Wandverdickung (Dolium); oben aufgeschnittene Hyphen, unten medianer Schnitt; Wandstrukturen schwarz, plasmatische Strukturen rot

worden und es hat sich gezeigt, dass der Struktur der Septenpori große systematische Bedeutung zukommt. Übereinstimmungen und Unterschiede innerhalb der Basidiomyceten-Gruppen geben Hinweise auf Verwandtschaftsbeziehungen.

Während z. B. die meisten Basidiomyceten Septenpori mit Dolium und Parenthosom aufweisen (d/p-Pori), finden wir bei anderen Gruppen Dolipori ohne Parenthosom, bei einigen auch membranumschlossene Bläschen (Vesikel) am Porus. Eine ganze Klasse der Basidiomyceten, die *Agaricomycetes*, ist beispielsweise durch das regelmäßige Auftreten von d/p-Pori charakterisiert. Diese Übereinstimmung bezieht sich sowohl auf die angiocarpen Ordnungen, die man früher als Bauchpilze (Gasteromyceten) auf hoher Rangstufe zusammengefasst hat, wie auch auf die hemiangiocarpen und gymnocarpen Ordnungen. Während die meisten Vertreter der *Agaricomycetidae* perforierte, d. h. mit Poren versehene, Parenthosomen aufweisen, wurden bei einer Gruppe, bei der Ordnung *Hymenochaetales*, durchgehend kontinuierliche Parenthosomen nachgewiesen. Einige untereinander verwandte Gallertpilze haben sehr stark abweichende Parenthosomen, die aus röhrigen, radial orientierten Membranstrukturen bestehen und deren Plug zentral im Dolium angeordnet ist.

Diese Beispiele zeugen von der systematischen Bedeutung der submikroskopischen, d. h. im Lichtmikroskop nicht mehr feststellbaren, Merkmale der Septenpori.

Bei den Septenpori der Basidiomyceten wird – wie auch an vielen anderen Beispielen der Organismensystematik – deutlich, dass fundamentale Unterschiede in der Ausbildung wesentlicher, systemträchtiger Merkmale bei den relativ ursprünglichen Verwandtschaftskreisen liegen können. Bei den höher entwickelten Basidiomyceten hat sich ein Typ durchgesetzt, in unserem Fall der d/p-Porus mit perforiertem Parenthosom. Der Weg unseres Erkennens ist oft dem der Stammesgeschichte der Organismen entgegengesetzt. Wir bemerken zuerst den Typ, der sich durchgesetzt hat, der die gegenwärtige Lebewelt bestimmt. Viel später erst entdecken wir die nur noch reliktartig erhaltene Vielfalt. Bei den pilzsystematischen Forschungen erleben wir gegenwärtig diese Phase des Erkenntnisweges.

Auch bei den Pflanzen finden wir, dass die bedecktsamigen Blütenpflanzen, der gegenwärtig herrschende Typ, in manchen wesentlichen Merkmalen einheitlich und monoton ist: im haplo-diplontischen Entwicklungszyklus mit stark reduziertem, heteromorphem Gametophyten, im Zell-

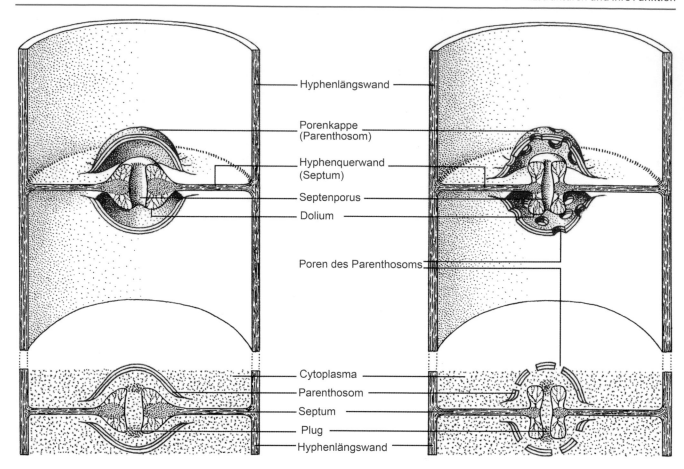

Abb. 2.25 Schematische Darstellung eines Doliporus mit kontinuierlicher (links) und eines mit perforierter (rechts) Porenkappe; oben aufgeschnittene Hyphen, unten medianer Schnitt; Wandstrukturen schwarz, plasmatische Strukturen rot

bau, in den Plastiden, in deren Farbstoffen usw. Alle speichern Stärke, alle ihre Wände enthalten Cellulose. Welcher Vielfalt begegnet man indessen bei den Pflanzen mit ursprünglicheren Merkmalen! Da gibt es Plastiden, denen eine wesentliche Farbstoffkomponente der höheren Pflanzen, das Chlorophyll b, fehlt; da findet man statt Stärke Paramylon und andere Reservestoffe; da treffen wir haplontische und diplontische Entwicklungszyklen, iso- und heteromorphe Generationswechsel an. Und welche Mannigfaltigkeit tritt uns z. B. in den Substanzen der Zellwände, in den Geißelstrukturen entgegen!

Die Vielfalt bei ursprünglichen Gruppen zeigt uns, was alles vorhanden war in den Jahrmillionen der Entwicklung, bevor sich der gegenwärtig dominierende Typ durchgesetzt hat. Bei den Farnen, die durch Fossilien reich belegt sind, wird uns sehr deutlich vor Augen geführt, was alles vorkam, ehe sich die Blütenpflanzen und schließlich die Bedecktsamer entwickelt und durchgesetzt haben. Wie unsagbar viel schwerer ist es dagegen, zu entsprechenden Erkenntnissen bei den Pilzen zu gelangen! Die Fossilien sind nur selten geeignet, fundamentale Einblicke in die Entwicklungsgeschichte zu vermitteln. Von den zarten systemträchtigen Strukturen blieb meist nur wenig Erkennbares erhalten. Da

zahlreiche Verwandtschaftsbeziehungen nur an ultrastrukturellen Merkmalen zu erkennen sind, ist die Rekonstruktion der Entwicklung hauptsächlich anhand der Vergleiche der rezenten Formen möglich. Damit sind Irrwegen, spekulativen theoretischen Verknüpfungen Tür und Tor geöffnet, und viele Details aus der Stammesgeschichte der Pilze dürften wohl für alle Zeit im Dunkeln bleiben. Bedenkt man, dass die Systematik bis in unser Jahrhundert hinein in groben Zügen auf der Grundlage morphologischer Merkmale der Fruchtkörper beruhte, so wird verständlich, dass die Entdeckung komplizierter Ultrastrukturen, wie der Septenpori, durch elektronenmikroskopische Studien ebenso ein Umdenken und einen Umbruch der Systematik mit sich bringt, wie es etwa die Entdeckung der Basidien im 19. Jahrhundert zur Folge hatte. Das natürliche System der Pilze, wie es sich in Umrissen in unserer Zeit abzeichnet, ist für Außenstehende wesentlich komplizierter als die früheren Systeme mit überwiegend morphologischen Gliederungsprinzipien. Man muss sich hierbei stets vor Augen halten, dass Pilze Mikroorganismen sind und die wesentlichen Merkmale eben nicht mit der Lupe ermittelt werden können, wie es bei vielen Blütenpflanzen wenigstens in groben Zügen noch immer möglich ist.

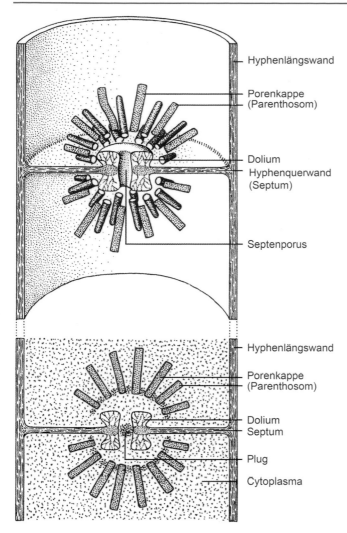

Hyphenlängswand

Porenkappe
(Parenthosom)

Dolium
Hyphenquerwand
(Septum)

Septenporus

Hyphenlängswand

Porenkappe
(Parenthosom)

Dolium
Septum

Plug

Cytoplasma

Abb. 2.26 Schematische Darstellung eines Doliporus mit tubulärer (röhrenförmiger) Porenkappe von Gallertpilzen (*Tremellales*); oben aufgeschnittene Hyphen, unten medianer Schnitt; Wandstrukturen schwarz, plasmatische Strukturen rot

Die geschilderten Dolipori der Basidiomyceten sind nicht die einzige Struktur, die im elektronenmikroskopischen Bereich für Pilze bedeutungsvoll ist. Bei Pilzen, die begeißelte Stadien ausbilden, ist der Geißelapparat außerordentlich wichtig. Die früher zusammengefassten Gruppen der Flagellatenpilze, die Chytridiomyceten (vgl. Abschn. 6.2) und die Hyphochytridiomyceten, können z. B. nur durch die grundlegend verschiedene Ultrastruktur der Geißelapparate getrennt werden. Auch Strukturen wie der Spitzenkörper in den Hyphen, das endoplasmatische Reticulum (ein ultrastrukturelles Membransystem), die Lomasomen, das sind membranumschlossene Organellen, die für den Aufbau der Zellwände Bedeutung haben, die Ultrastruktur der Sporenwände, die Strukturen der Hilarapparate der Basidiomyceten (vgl. Abb. 2.6) als Befestigungs- und Abschussapparat der Basidiosporen und viele andere Details wurden durch die Elektronenmikroskopie erforscht und brachten neue Einsichten hinsichtlich der Entwicklungslinien vieler Pilzgruppen.

2.6.2 Einblicke ins Gefüge der Erbträger – molekularbiologische Forschungen

Nicht nur ultrastrukturelle Untersuchungen sind Gegenstand der aktuellen Pilzforschung, auch die Biochemie, die Untersuchung von Inhaltsstoffen, Farbstoffen etc. tragen zum besseren Verständnis vieler Vorgänge und Beziehungen bei, desgleichen werden verstärkt genetische Forschungen zur Klärung komplizierter Fragestellungen genutzt. Es seien nur das tetrapolare Paarungsverhalten vieler Basidiomyceten, die parasexuellen Zyklen mancher conidiogener Pilze oder deren Entwicklungsstadien erwähnt. Das experimentell nachweisbare Paarungsverhalten wird z. B. auch zur Klärung systematischer Zusammenhänge genutzt. Gelingt es nicht, zwischen haploiden Myzelien aus Einsporkulturen verschiedener Herkünfte einer Art die Ausbildung des Dikaryonten zu erreichen, so bleibt zweifelhaft, ob man diese Myzelien als Organismen einer einzigen Art betrachten kann.

Dass all diese Forschungsergebnisse sehr rasch praktische Bedeutung erlangen können, ist unschwer zu erkennen. Bedenken wir nur, dass Artdifferenzierung und Verwandtschaftsbeziehungen sehr bedeutungsvoll für die Mykorrhiza-Gemeinschaft vieler wichtiger Forstgehölze sind. Wirtschaftlich bedeutende Schaderreger unter den Pilzen können rasch durch Mutationen neue Varietäten oder Ökotypen bilden, die für die Pflanzenproduktion und Resistenzforschung wichtig sind. Viele Antibiotika, die von Pilzen gebildet werden, haben sich als Medikamente bewährt, andere Inhaltsstoffe sind problematische Gifte (Mykotoxine), die in der Hygiene von Bedeutung sind, da sie bei Menschen und Tieren große Schäden verursachen können. Auf Schritt und Tritt lässt sich verfolgen, dass moderne Untersuchungen in der Mykologie große praktische Bedeutung für uns alle haben können.

Ein aktueller Bereich der Forschung betrifft die Klärung phylogenetischer Zusammenhänge mithilfe molekularbiologischer Methoden. Mit der Entdeckung der Nucleinsäuren (DNA, RNA) als molekulare Träger des Erbgutes von Organismen durch WATSON und CRICK im Jahr 1953 begann eine völlig neue Epoche des Verständnisses der Evolution von Organismen. Wir wollen nur einen kleinen Einblick in die komplizierte Materie der molekularbiologischen Forschungen geben.

Die DNA (Desoxyribonucleinsäure) ist in den Chromosomen der Zellkerne eukaryotischer Organismen lokalisiert und ist ein Makromolekül, das aus zahlreichen Nucleotiden besteht. Ein Nucleotid umfasst die drei Bestandteile Zucker, Phosphat sowie eine der vier Basen Adenin (A), Cytosin (C), Guanin (G) oder Thymin (T). Da vier verschiedene Basen vorkommen, gibt es auch vier verschiedene Nucleotide. Aus der Kombinatorik folgt, dass vier verschiedene Nucleotide zusammen mit n Resten 4^n unterschiedliche Sequenzen ergeben. Für jedes Lebewesen sind die Stränge mit ihren Sprossen also individuell und damit einzigartig. In der Sequenz der Basen ist die gesamte genetische Information verschlüsselt.

Die DNA hat die Form einer Doppelhelix mit zwei Strängen. Die Sprossen dieser „Leiter" bestehen aus den Basenpaaren Adenin/Thymin und Cytosin/Guanin sowie den Wasserstoffbrücken. Es können sich nur die in Kombination genannten Basen miteinander verbinden. Die beiden antiparallelen Stränge, d. h. ihre 5'–3'-Phosphodiesterbrücken, verlaufen in entgegengesetzten Richtungen der „Leiter" und bilden durch die spiralige Verdrehung eine stabile Struktur. In dieser Kette wechseln sich Phosphat und Zucker ab. An die Zuckermoleküle sind die Basenpaare gekoppelt: am Kohlenstoffatom 1 der Desoxyribose ist immer eine der vier Nucleotidbasen verknüpft. Die Zucker in den Strängen sind jeweils an den 5'- und 3'-Positionen ihrer Ringstruktur über Phosphodiesterbindungen miteinander verknüpft (Abb. 2.27).

Wichtige cytologische Funktionen der DNA sind die Replikation (Verdoppelung) bei Zellteilungen, die Transkription der RNA (ribosomale Nucleinsäure) und damit letztlich die Translation der lebenswichtigen Proteine.

Vor jeder Zellteilung muss eine exakte Kopie des Genoms gebildet werden, um das gesamte Erbgut an die Tochtergeneration weiterzugeben zu können. Dies geschieht zunächst durch die Auftrennung der beiden Stränge der Doppelhelix, sodass jeder Einzelstrang als Vorlage (Matrize, Template) für die Biosynthese eines komplementären Gegenstrangs dient. Dafür zuständig sind replizierende Enzyme. Es entstehen zwei identische Replikate, die aus je einem Eltern- und einem Tochterstrang bestehen (semikonservative Replikation).

Unter Transkription versteht man das Auslesen der DNA und den daraus resultierende Aufbau einsträngiger RNA-(Ribonucleinsäure-)Moleküle. Die Enzyme für die Transkription sind RNA-Polymerasen. Bei diesem Vorgang werden die Nucleinbasen der DNA (A – T – G – C) in die Nucleinbasen der RNA (U – A – C – G) umgeschrieben. Anstelle des Thymins kommt Uracil und anstelle der Desoxyribose kommt Ribose in der RNA vor. Die RNA transportiert mittels der Ribosomen die Informationen der DNA durch die Poren der Kernmembran aus dem Zellkern ins Cytoplasma, wo die Ribosomen diese Informationen zur Proteinsynthese auslesen. Diesen Vorgang bezeichnet man als Translation der RNA in ein Protein. Dabei spielt die Reihenfolge der Basenpaare eine wesentliche Rolle. Die RNA liegt als Einzelstrang vor.

Im Jahr 1977 revolutionierten einige Wissenschaftler die Molekularbiologie durch die Entwicklung von DNA-Sequenzierungsverfahren. Einer von ihnen war FREDERICK SANGER mit seiner „Didesoxymethode", die auch „Kettenabbruch-Synthese" genannt wird. In den folgenden Jahren gewann die Methode immer mehr an Bedeutung, wurde stetig weiterentwickelt und verbessert, um vor allem mehr Proben in kürzerer Zeit analysieren zu können.

Die wesentlichen Schritte der Laborarbeiten bei molekularen Untersuchungen bestehen 1) in der Aufbereitung der Proben; 2) der Polymerasekettenreaktion (PCR; *polymerase chain reaction*), für die *in-vitro*-Vermehrung der DNA mithilfe standardisierter Primer (ein Oligonucleotid, das als

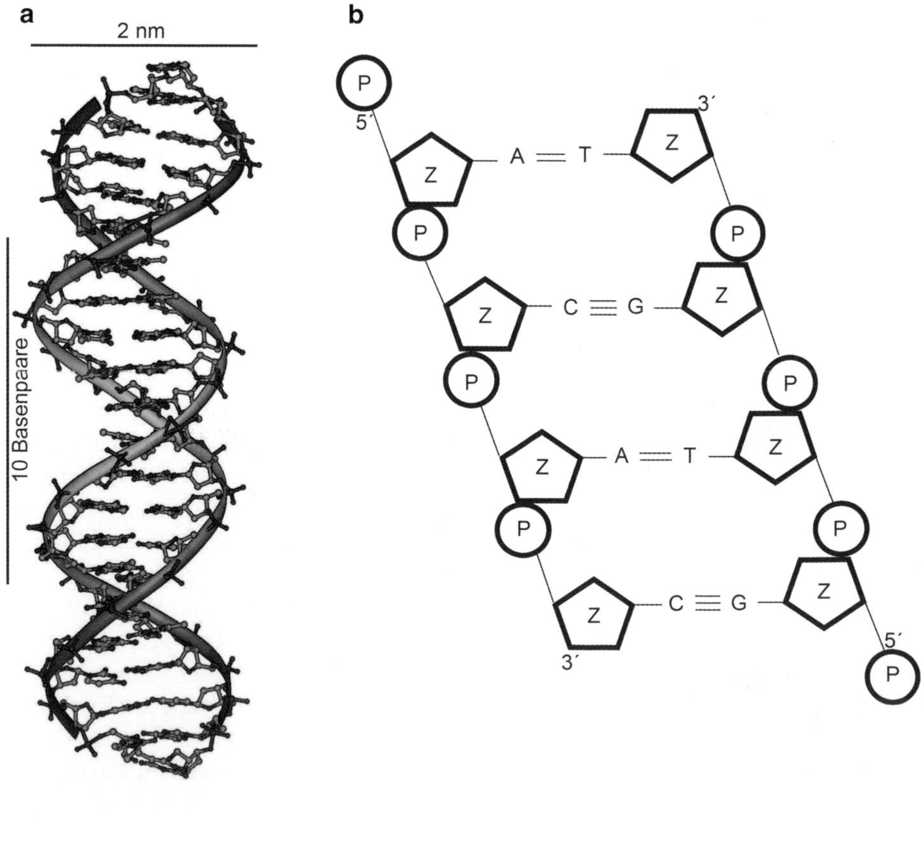

Abb. 2.27 Struktur der DNA; (**a**) Bau im Überblick, Doppelhelix mit 20 Basenpaaren; die „Sprossen der Leiter" (Nucleinbasen) liegen zwischen den antiparallelen Strängen; Quelle Wikipedia; (**b**) mehrere verkettete Nucleotide bestehend aus Zucker (Z), Phosphat (P) und einer der vier Basen A, C, G, oder T

Startpunkt der DNA-Polymerase dient); 3) die Isolierung der DNA-Abschnitte mittels Elektrophorese; und 4. die Sequenzierung der Abfolge der Nucleotide.

Das vorliegende zu untersuchende Material, z. B. die Biomasse eines Pilz-Fruchtkörpers, wird fein zerkleinert, anschließend mit einer Extraktionsflüssigkeit sowie mit einem Puffer, der den pH-Wert konstant hält, und einem Detergens versehen. Dabei werden die Zellmembranen aufgelöst, die DNA wird aus den Zellen freigesetzt. Die Struktur der Proteine wird zerstört. Anschließend folgt ein Reinigungsschritt. Danach kann die DNA tiefgefroren oder auch als Lösung für die gewünschten Untersuchungen aufbewahrt werden.

Es ist für den Erfolg der Sequenzierung von Bedeutung, die Proben richtig zu lagern, da DNA-Moleküle temperaturanfällig sind. Verunreinigungen sind auf ein Minimum zu begrenzen. Die Substratproben sowie Zwischen- und Endprodukte werden bei mindestens –20 °C, besser bei –80 °C, eingefroren. Während der Bearbeitung können die Proben einige Tage bei 4 °C gelagert werden. Enthalten die DNA-Proben zu viele Verunreinigungen, führt dies zu Misserfolgen.

Durch unsauberes Arbeiten kann z. B. Fremd-DNA in die Proben gelangen und zu Fehlbestimmungen führen. Um das zu minimieren, werden im Labor Handschuhe und Kittel getragen, Arbeitsplatz und Handschuhe regelmäßig desinfiziert, Probenröhrchen und Pipettenspitzen vor der Verwendung sterilisiert (Abb. 2.28).

Die Erzeugung einer für die Untersuchungen erforderlichen Menge an DNA geschieht mit dem Verfahren der PCR. Das Prinzip besteht darin, die doppelsträngige Helix in zwei Einzelstränge zu zerlegen, indem die Wasserstoffbrückenbindungen, die beide Einzelstränge verbinden, aufgebrochen werden. Das erreicht man durch Hitzeeinwirkung (Denaturierung bei ca. 95 °C) und DNA-Polymerase als Enzym. Bestimmte Startermoleküle (Oligonucleotide als Primer), die in Form kurzer Einzelstränge der gewünschten DNA vorliegen und synthetisch hergestellt werden, lagern sich an das Template der DNA an, sodass wieder Doppelstränge entstehen. Durch Primer werden Anfang und Ende für die Polymerisation markiert. Dabei kann durch schnelles Abkühlen auf ca. 50° C eine Hybridisierung der Primer mit

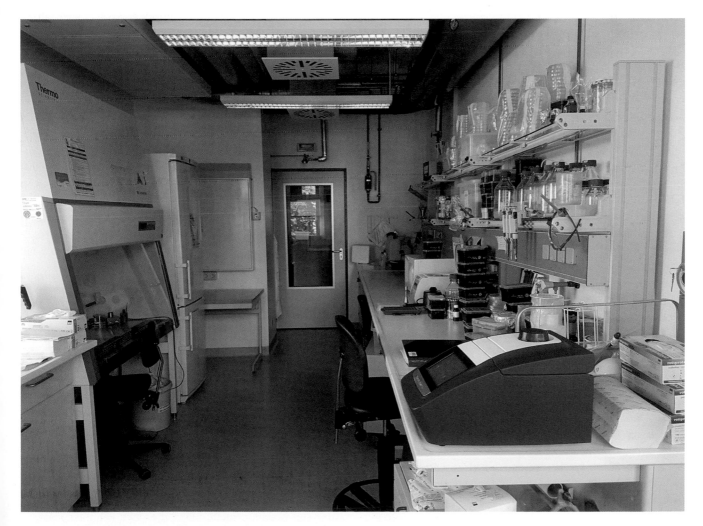

Abb. 2.28 Molekularbiologisches Labor im Institut für Mikrobiologie der Universität Jena. (Foto: K. KRAUSE)

der Ziel-DNA (Template-DNA) erreicht werden. Die Neusynthese erfolgt mit hitzestabilen DNA-Polymerasen. Die Schritte Denaturierung, Hybridisierung und DNA-Synthese werden zyklisch wiederholt. In einem Thermocycler finden die Kettenreaktionen unter Idealbedingungen statt.

Das PCR-Produkt enthält noch Verunreinigungen in Form von Primerresten, übrig gebliebenen freien Nucleotiden und Polymeraseresten. Mithilfe einer Gelelektrophorese wird der Erfolg des Vorgangs geprüft.

Für die Sequenzierung, die Bestimmung der Basen- bzw. Nucleotidabfolge des zu untersuchenden DNA-Abschnitts, gibt es mehrere Methoden, z. B. die Sanger-Coulsen-Methode, bei der ein Kettenabbruch eines Einzelstrangs durch Nucleotide ausgelöst wird, oder die Maxam-Gilbert-Methode. Letztere geht von der doppelsträngigen DNA aus. Geeignete Chemikalien spalten das Molekül, indem sie an bestimmten Nucleotiden angreifen. Das DNA-Fragment wird an den 5'-Enden z. B. mit einem Fluoreszenzfarbstoff markiert. Danach wird der Doppelstrang in seine beiden Stränge aufgespalten. Diese beiden Einzelstränge werden mittels Gelelektrophorese getrennt. Die Trennung erfolgt aufgrund der unterschiedlichen Laufgeschwindigkeit der unterschiedlich schweren Moleküle im elektrischen Feld. Weitere Chemikalien machen den Strang für eine Spaltung an der jeweiligen Base zugänglich. Auch danach erfolgt eine räumliche Trennung mittels Elektrophorese. Es ist auch eine Sequenzierung von PCR-Produkten in Kombination mit einer Kapillarelektrophorese möglich. Die Markierung erlaubt die Analyse der Spaltprodukte im Fall der Fluoreszenzmarkierung mit einem Fotospektrometer nach Bestrahlung mit ultraviolettem Licht. Dabei wird die Trennung der Bestandteile sichtbar gemacht und die Anzahl emittierter Photonen pro Fläche kann ermittelt werden. Daraus ergibt sich die Konzentration der getrennten DNA-Fragmente. Zur Kalibrierung ist ein bekannter DNA-Marker erforderlich, der parallel zu den Fragmenten mitläuft. PCR, Elektrophorese und Sequenzierung laufen in Automaten ab, wobei die Herstellerfirmen ihre spezifischen Kits zum Einsatz bringen. Firmen bieten mittlerweile die Sequenzierung von PCR-Proben im Übernacht-Service an. Das Ergebnis der Sequenzierung ist eine Datei, die aus einer Abfolge von Buchstaben besteht, welche dann im Computer weiterverarbeitet werden müssen.

Mithilfe von Sequenzdatenbanken wird schließlich nach Sequenzähnlichkeiten mit der anstehenden DNA gesucht. Ein beliebter Algorithmus dafür ist der BLAST-Algorithmus (Basic Local Alignment Search Tool). Sequenzen verschiedener Proben einer Art müssen sich visuell nicht ähneln, insbesondere die Länge sowie Anfang und Ende der Sequenzen können sehr verschieden sein. Die Ähnlichkeit stellt erst das Alignment (Ausrichtung, Abgleichung) her. Es besteht in der Löschung und Einfügung (Deletion und Insertion) von Nucleotiden. Das Alignment kann automatisch mittels Computerprogramm erfolgen oder manuell durchgeführt

werden. Letztlich sind die Übereinstimmung der DNA-Sequenzen und die Anzahl der Unterschiede, die auf Mutationen zurückzuführen sind, als Maß für die Verwandtschaft der einbezogenen Organismen oder Organismengruppen abzulesen. Eine Gruppe von ähnlichen DNA-Sequenzen wird als OTU (operational taxonomic units) bezeichnet. Die Sequenzen werden also mithilfe der Similarität (mindestens 97 % Ähnlichkeit) zueinander in Gruppen organisiert. OTUs sind nicht zwingend gleichbedeutend mit einer Art, denn wenn die genetische Abweichung innerhalb einer Sequenz durch Mutation sehr variabel ist, kann es sein, dass das Individuum nicht zur gleichen Unit, aber dennoch zur gleichen Art gehört. Derartige Ergebnisse lassen sogar Rückschlüsse auf Artbildungsprozesse zu.

Die Sammlung, Betreuung, Verwaltung und Bereitstellung molekulare Sequenzdaten obliegt drei großen, miteinander kooperierenden Datenbanken, die ihre Bestände fortlaufend abgleichen: Die Gen Bank des National Institute of Health (NIH) in den USA, verwaltet vom National Center for Biotechnology Information (NCBI), die DNA Data Bank of Japan (DDBJ), verwaltet vom National Institute of Genetics, und die Datenbank des European Molecular Biology Laboratory (EMBL), verwaltet vom European Bioinformatics Institute (EBI). Für die Mykologie besonders wichtig ist die Genbank des NCBI. All diese Sequenzdaten sind öffentlich, unentgeltlich nutzbar und stehen jedem Interessenten zur Verfügung.

Molekularbiologische Untersuchungen an Pilzen führten in den vergangenen Jahrzehnten zu faszinierenden Erkenntnissen. In der Systematik zeigte sich z. B. überraschenderweise, dass morphologisch definierte Taxa, wie die Stäublinge und Boviste (Lycoperdaceae), den Blätterpilzen (Agaricaceae) oder die Kartoffelboviste (Sclerodermataceae) den Röhrlingsverwandten (Boletales s. l.) zuzuordnen sind (vgl. Abschn. 3.4.3.5).

Die VA-Mykorrhiza bildenden Pilze wurden früher als „imperfekte Sippen" den Zygomyceten zugeordnet, erwiesen sich als eine eigenständige Gruppe der Echten Pilze (Eumycota, fungi) von hoher Rangstufe. Sie werden derzeit als eigene Abteilung Glomeromycota oder als Unterabteilung Glomeromycotina der Zygomycota bewertet. Von diesen Pilzen sind hauptsächlich anhand von Merkmalen der Chlamydosporen ca. 150 Arten beschrieben worden, während auf molekularer Ebene bereits 1600 Arten über DNA-Sequenzierung beschrieben werden konnten. Bei aller Problematik der Artkonzepte zeigt dieses Beispiel doch, dass sich mit molekularbiologischen Methoden völlig neue Einblicke in die Mannigfaltigkeit mancher Pilzgruppen eröffnen.

Ähnliche Ergebnisse haben sich z. B. bei ökologischen Untersuchungen über terrestrische Pilze von Waldböden und über holzbewohnende Pilzen ergeben. Molekularbiologische Analysen brachten nicht selten die etwa zehnfache Artenzahl gegenüber den auf der Basis von Fruchtkörperanalysen bekannten Arten. Diese Einblicke geben der Biodiversitätsforschung völlig neue Impulse.

Eine häufige Darstellung molekularbiologischer Ergebnisse finden wir in der pilzfloristischen, -ökologischen und -systematischen Literatur in Form von Dendrogrammen (*phylogenetic trees*), die der Dokumentation der Stellung einzelner Taxa in ihren verwandtschaftlichen Beziehungen dienen.

Diese Grafiken spiegeln die stammesgeschichtlichen Verwandtschaftsverhältnisse (Phylogenie) von Lebewesen wider und werden mathematisch aus morphologischen und ökologischen Daten, aus Aminosäuresequenzen von Proteinen oder DNA-Sequenzen ermittelt. Im letztgenannten Fall setzt dieser Schritt nach dem Alignment an. Die mathematischen Verfahren hierfür sind statistische Methoden, z. B. die Parsimonie-Analyse, die Distanzanalyse, das Maximum-Likelihood-Verfahren und die Bayes'sche Analyse.

Verschiedene Methoden liefern ähnliche Stammbäume, die sich im Wesentlichen nur in der statistischen Unterstützung für die einzelnen Knoten der Verzweigungen unterscheiden. Um einen Baum mit hoher statistischer Sicherheit zu erhalten, bedient man sich der Methode des Bootstrapping-Verfahrens. Dabei werden mittels Resampling aus einem vorhandenen Datensatz viele Stichproben gezogen, sodass die Zuverlässigkeit bestimmter Knoten durch eine hohe Anzahl von Replicates (Durchläufen) eingeschätzt werden kann. Die Bootstrap-Werte stehen an den einzelnen Knoten. Kommt ein bestimmter Knoten in allen Wiederholungen vor, hat er einen Bootstrap-Wert von 100 %. Die Verzweigung ist vertrauenswürdig, sie hat eine hohe statistische Sicherheit. Bootstrap-Werte unter 50 % haben einen zufälligen Charakter. Bei Bootstrap-Werten zwischen 50 und 95 % könnte der

Baum auch eine andere Struktur besitzen. An den Enden der Äste stehen die rezenten Sippen, die inneren Knoten repräsentieren hypothetische Vorfahren

Als Beispiel der Anwendung sei die Klärung einer problematischen Zuordnung des Fundes einer seltenen *Boletopsis*-Art vorgestellt; die Probe vereinte Merkmale von *B. grisea* und *B. leucomelaena*. Die Sequenzierung ergab die Basenfolge:

```
TAGGTCTTTAATGAAGCATGTGAAGGGTTGTAGCTGG-
CTTCTTTTGTGGGAGGCATGTGCACACCTGGATCATTCATCTC-
CTTTACACACCTGTGCACAACCTGTAGCTTGGGATGATCACGG-
AGGCTGTCTTTCTGGCAGCATCTGAATGCCCTTGCTATGATCTT-
TTGATACACACCTTTATAACGTTTCATGTTGATCAGATTTTT-
GAATGGAAATACAACTTTCAGCAACGGATCTCTTGGCTCTCGCAT-
CGATGAAGAACGCAGCGAAATGCGATAAGTAATGTGAATTGCA-
GAATTCAGTGAATCATCGAATCTTTGAACGCACCTTGCACTCCT-
TGGTATTCCGAGGAGTATGCCTGTTTGAGCGTCATGATATTCT-
CAACTGCCTTGACCTTTTGTGTCAAAGTGAAGTTGGATTT-
GGAGGTTTTGTTGCTGGCAATTGGAGCATCTGATTGATGCTT-
GCTTGTTGGCTCCTCCTAAAAGCATGCAGAGCTTGACAAAGCTG-
TGTCGACGTGATAATTATCTACGTTGTCATTACGGTGTTGCA-
GATCTGCTGTGGGTGTGATGTTTTGAACAATTTGACCTCAAAT-
CAGGTAGGACTACCCGCTGAACTTAAGCATATCAATAA
```

Der phylogenetische Baum (Abb. 2.29) mit der Außengruppe *Sarcodon imbricatum* zeigt die Zuordnung der *Boletopsis*-Probe zu einer Gruppe von nicht näher identifizierten Sequenzen von *Boletopsis* spp. (blau), die weder *B. grisea* (gelb) noch *B. leucomelaena* (grün) angehören. Im Ergebnis der molekularbiologischen Untersuchung entstehen damit neue Fragen, die einer weiterführenden Aufklärung bedürfen (Ausführung: K. KRAUSE, Bildschirmansicht).

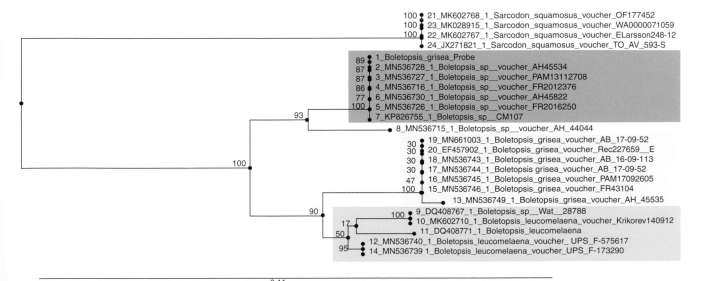

Abb. 2.29   Beispiel einer molekularbiologischen Analyse (s. Text)

Faszination der Mannigfaltigkeit – Fruchtkörperformen

3.1 Sporen innen und außen – die Entwicklung der Fruchtkörper

Dass die Betrachtung der Organismen unserer Erde vom Augenfälligen ausgeht, bedarf keiner besonderen Erörterung. Sichtbare Formen, Farben, Bewegungen, die uns in so vielen Varianten und Kombinationen in der belebten Welt begegnen, sind das Fassbare; bei ihnen liegt der Beginn aller Sprachen, Hypothesen und Theorien. Nicht nur die gesamte Wissenschaft begann mit ihnen; in jedem menschlichen Leben fängt das Denken mit dem Begreifen, dem Erfassen des Sichtbaren an.

Das Fassbare, das Augenfällige der Pilze sind ihre Fruchtkörper. Das Interesse an Pilzen und die Erfahrungen mit ihnen beruhen in erster Linie auf unserem Wissen über die Fruchtkörper. Je mehr man von ihnen kennt, umso größer wird das Bedürfnis, dieses Wissen zu ordnen, es in ein brauchbares System zu bringen. Die Formen, die Farben, die Konsistenz, die Orte, an denen sie erscheinen, bieten sich dafür an – es gibt ganz verschiedene Gesichtspunkte und Ansätze der Systematisierung pilzlicher Fruchtkörper. Da wir aber wissen, dass die Fruchtkörper der Pilze funktionell erklärt werden können, dass sie im Dienste der Sporenverbreitung stehen, wollen wir mit der Beziehung zwischen Form und Sporenbildung beginnen.

Kartoffelboviste sind bei Kindern oft sehr beliebt. Wenn solch eine staubgefüllte Knolle auf einen harten Gegenstand trifft, auf einen Stein, einen Baumstamm oder – auf den Kopf eines anderen Kindes – dann pufft zum Zeichen des Wurferfolgs und zum Schrecken des Getroffenen eine dunkle Staubwolke auf und markiert das getroffene Ziel. Ist das Frevel an Pilzen, Zerstörung der Natur? So sehr auch manche Leute darüber schimpfen mögen und so unschön vielleicht ein solches Pilzschlachtfeld aussieht – den Kartoffelbovisten schadet es nicht. Sie sind auf mechanische Zerstörung bzw. auf Verwitterung, das natürliche Vergehen ihrer äußeren Hüllen, angewiesen, um ihre Sporen ins Freie befördern und dem Wind aussetzen zu können.

Wenn wir im Gegensatz dazu beobachten, wie sich z. B. bei Morcheln oder Becherlingen spontan Wolken von Sporenstaub lösen, oder wenn wir unter einem Büschel von Fruchtkörpern des Hallimaschs den weißen, mehligen Belag des Sporenpulvers sehen, so wird verständlich, dass die Orte der Sporenbildung für die Verbreitung der Sporen, für den Mechanismus ihrer Freisetzung von Belang sind. Es liegt nahe, dass es nach der Entdeckung der Pilzsporen und der Erkenntnis ihrer Bedeutung Bemühungen gab, sowohl die Strukturen der Fruchtkörper, an denen die Sporen entstehen, wie auch ihre Lage zu den übrigen, sterilen Fruchtkörperteilen zur Systematisicrung der fruchtkörperbildenden Pilze heranzuziehen.

Als am Ende des 18. Jahrhunderts CHRISTIAN HENDRIK PERSOON, der häufig als Begründer der modernen Pilzsystematik angesehen wird, seine neuen Prinzipien entwickelte, wurden zum ersten Mal die morphologischen Beziehungen zwischen den sporenbildenden Zellen, die häufig zu Hymenien vereinigt sind, und den übrigen Fruchtkörperteilen in den Mittelpunkt eines Pilzsystems gestellt.

Ansätze in dieser Richtung finden wir bereits 80 Jahre früher bei PIETRO ANTONIO MICHELI, der die Bedeutung der Pilzsporen und ihre Funktion erkannt hatte. Bis in unsere Zeit haben sich manche Gliederungsprinzipien, die auf diesen Merkmalen beruhen, in der Systematik behauptet. Dass beim damaligen Stand der Erkenntnisse kein natürliches System entstehen konnte, ist verständlich. Man vermochte zu dieser Zeit Ascomyceten und Basidiomyceten nicht klar zu unterscheiden, denn die Basidien waren noch nicht entdeckt. Die Morphologie als wesentlichstes Grundprinzip der Einteilung der Pilze musste zwangsläufig zu künstlichen Gruppierungen führen. So finden wir z. B. unter PERSOONS „Angiocarpi" – das sind Pilze, deren Sporen im Inneren der Fruchtkörper entstehen – sowohl Ascomyceten (Schlauchpilze) als auch Basidiomyceten (Ständerpilze), Zygomyceten (Jochpilze) und Myxomyceten (Schleimpilze).

Wie bedeutsam die hohe Bewertung der morphologischen Beziehungen zwischen sporenbildenden und sterilen Frucht-

© Springer-Verlag GmbH Deutschland, ein Teil von Springer Nature 2022
H. Dörfelt et al., *Die Welt der Pilze*, https://doi.org/10.1007/978-3-662-65437-8_3

körperteilen dennoch war, beweist die Tatsache, dass mit dieser Methodik in mehreren Fällen bereits natürliche Gruppen zusammengefasst wurden. Eine Gruppe der Angiocarpi wurde von PERSOON als *Sclerocarpi* bezeichnet; damit erfasste er die perithecienbildenden Pilze, die Pyrenomyceten (vgl. Abschn. 3.3.2). Unter den *Gymnocarpi*, den Pilzen mit oberflächlicher Sporenbildung, werden unter anderem die *Lyothecii* geführt, mit denen PERSOON die *Phallales*, das sind die Stinkmorcheln und Pilzblumen, unserer Systeme in ihrer natürlichen Umgrenzung erfasste. Dass diese Pilze als gymnocarp (nacktfrüchtig) geführt werden, beweist, dass PER-

SOON nur die reifen Stadien bei seiner Gliederung im Auge hatte. Merkmale der Entwicklung der Fruchtkörper, auch solche, die durchaus makroskopisch feststellbar sind, wurden nicht berücksichtigt. Nach unserem Verständnis werden alle *Phallales* als hemiangiocarp angesehen; sie gehören zur morphologischen Gruppe der Bauchpilze, deren Sporen bis zur Sporenreife in geschlossenen Fruchtkörpern verbleiben.

Wir wollen im Folgenden die Typen der Fruchtkörper auf der Basis morphologischer Merkmale betrachten, beziehen aber Erkenntnisse aus den Studien zur Fruchtkörperentwicklung (Abb. 3.1) mit ein. Wenn wir allein sterile und fer-

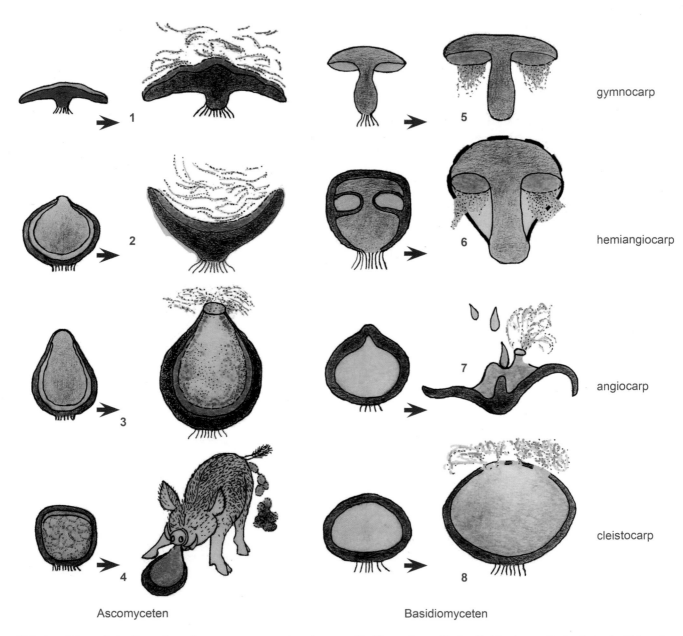

Ascomyceten   Basidiomyceten

Abb. 3.1 Schematische Darstellung der gymnocarpen und angiocarpen Fruchtkörperentwicklung am Beispiel einiger Basidiomata und Ascomata; grau/schwarz: sterile Fruchtkörpersubstanz bzw. sterile Hüllen; grün: Anlage der sporenführenden Strukturen; braun: sporenführende Strukturen und reife Sporen: 1 u. 2 – Apothecien, z. B. *Rhizina*

(1), *Sarcosphaera* (2); 3 – Perithecium, z. B. *Sordaria*; 4 – Tuberothecium, z. B. *Tuber*; 5 u. 6 – Pilothecien, z. B. *Boletus* (5) und *Agaricus* (6); 7 – geastroides Gasterothecium, z. B. *Geastrum*, 8 – bovistoides Gasterothecium, z. B. *Scleroderma*

tile Fruchtkörperteile in ihren morphologischen Beziehungen zueinander betrachten, kommen wir zu einer Klassifizierung der Fruchtkörper, die zunächst einmal für die grundlegend verschiedenen Gruppen, die Ascomyceten und die Basidiomyceten, gleichermaßen zutrifft.

Werden die sporenbildenden Zellen von Beginn der Fruchtkörperentwicklung oberflächlich angelegt, d. h., bedecken sie entweder einen Teil der Oberfläche oder diese in ihrer Gesamtheit, so nennt man die Fruchtkörper gymnocarp (nacktfrüchtig). Wenn die fertilen Teile zwar ursprünglich im Inneren der Fruchtkörper angelegt werden, sich jedoch öffnen und an einer äußeren Oberfläche ausreifen, so haben wir hemiangiocarpe (halbgefäßfrüchtige) Fruchtkörper vor uns. Bleiben die sporenbildenden Zellen bis zur Sporenreife von sterilen Fruchtkörperteilen umschlossen, so bezeichnet man die Fruchtkörper als angiocarp (gefäßfrüchtig), allerdings nur dann, wenn ein morphologisch festgelegter Öffnungsmechanismus vorhanden ist. Werden die Sporen aber lediglich durch Verwittern oder mechanische Zerstörung der äußeren sterilen Schichten freigelegt, so nennt man die Fruchtkörper cleistocarp (versteckt- oder geschlossenfrüchtig).

Diese vier Typen, die gleichermaßen durch die Entwicklung und die Morphologie definiert sind, kommen sowohl bei den Fruchtkörpern der Ascomyceten, den Ascocarpien oder Ascomata (Singular Ascoma), als auch bei denen der Basidiomyceten, den Basidiocarpien oder Basidiomata (Singular Basidioma), vor. Unabhängig von dieser Übereinstimmung werden für die morphologischen Typen der Ascomata und der Basidiomata seit der Entdeckung der Basidien im 19. Jahrhundert grundsätzlich verschiedene Namen benutzt.

Während man bei den Ascomata mehrere Fruchtkörpertypen klar und eindeutig nach morphologischen Kriterien unterscheidet, z. B. werden die becherförmigen Ascomata Apothecien genannt, ist dies bei den Basidiomata viel unklarer. Nach der Ausbildung der Hymenophore (Plectenchyme der Basidien) oder der Konsistenz wurden systematische Gruppen gebildet, die sich als polyphyletisch erwiesen. Es ist daher für die Verständigung der Pilzkundler notwendig, eine Terminologie für die Basidiomata zu entwickeln, die nicht zwangsläufig die wirklichen Verwandtschaftsverhältnisse widerspiegelt (vgl. Abschn. 3.4).

3.2 Stunden oder Jahre – das Alter der Fruchtkörper

Bevor wir uns den wichtigsten Typen der Ascomata und Basidiomata zuwenden, sei noch etwas zur Lebensdauer der Fruchtkörper gesagt. An alten Baumstämmen kann man häufig interessante Beobachtungen über geotropisch verformte Porlinge anstellen.

Zunderschwämme bilden z. B. ihre ansehnlichen mehrjährigen Fruchtkörper oft an alten lebenden Buchenstämmen. Stürzen diese schließlich zu Boden, wachsen die neuen Teile der Fruchtkörper bzw. die neuen Fruchtkörper so hervor, dass die Poren des Hymenophors wieder nach unten gerichtet sind (Abb. 3.2). Durch dieses Wachstum lässt sich mitunter nachweisen, in welchem Jahr ein am Boden liegen-

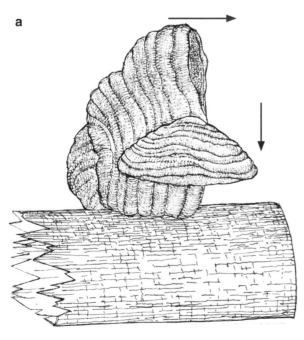

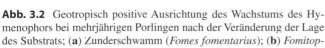

Abb. 3.2 Geotropisch positive Ausrichtung des Wachstums des Hymenophors bei mehrjährigen Porlingen nach der Veränderung der Lage des Substrats; (**a**) Zunderschwamm (*Fomes fomentarius*); (**b**) *Fomitopsis pinicola* (Rotrandiger Baumschwamm); rote Pfeile: ursprüngliche Wuchsrichtung; schwarze Pfeile: aktuelle Wuchsrichtung

der Stamm mit noch lebenden Fruchtkörpern zusammenbrach, denn der jährliche Zuwachs solcher Fruchtkörper ist in den temperaten und borealen Lebensräumen mit einer Winterpause der Vegetationzeit an der Schichtung des Hymenophors erkennbar.

Es wurde sogar beschrieben, dass sich in urwaldartigen Beständen Schwedens Fruchtkörper zunächst an einem aufrecht stehenden Stamm entwickelt hatten, dass diese nach dem Umstürzen des Stammes in der neuen Lage verformt weiterwuchsen und dass sich der Stamm schließlich wieder aufrichtete, nachdem ein anderer Stamm auf die schräg stehenden Wurzeln gefallen war. Diese Vorgänge ließen sich allein durch die geotropisch positive Wachstumsrichtung der Röhren des Hymenophors einiger Fruchtkörper aufs Jahr genau rekonstruieren. Das Alter mancher Fruchtkörper, besonders der mehrjährigen Porlinge, kann beträchtlich sein. An einem alten gestürzten Buchenstamm im naturnahen Buchenwald der Halbinsel Darß wurde bei einem Fruchtkörper des Echten Zunderschwammes ein Alter von mehr als 30 Jahren ermittelt! Meist werden die Fruchtkörper dieser Art jedoch nur etwa vier bis sieben Jahre alt. Ausdauernde Porlinge können bedeutende Lebensräume für Tiere, z. B. für Larven von Pilzkäfern, sein. Gleiches gilt für Pilzmücken, die an einjährigen Fruchtkörpern leben und z. B. für madige Steinpilze verantwortlich sind.

Ganz ohne Zweifel ist das Alter, das die Fruchtkörper erreichen können, nicht allein genetisch fixiert, sondern durch die ökologischen Bedingungen am Wuchsort äußerst variabel. Es wird durch Klimafaktoren, vor allem durch Temperatur und Feuchtigkeit, und durch den Nährstoffhaushalt beträchtlich beeinflusst.

Das Höchstalter der Fruchtkörper ist sehr unterschiedlich. Manche von ihnen, z. B. einige Tintlinge, zerfließen wenige Stunden, mitunter sogar Minuten nach dem Strecken der Stiele und dem Entfalten ihrer Hüte. In Steppengebieten kann man beobachten, dass solche Tintlinge sich in der Morgenfrische rasch strecken und schon in der Hitze des Vormittags vertrocknen. Bezieht man das Leben der Fruchtkörperanlagen, der Primordien, vor der Streckung ihrer Stiele ein, so erreichen aber auch diese Pilze stets eine Lebensdauer von mehreren Tagen. Das andere Extrem haben wir bereits erwähnt, nämlich dass manche Porlinge mehrere Jahrzehnte alt werden können. Die Lebensdauer der meisten Fruchtkörper liegt zwischen diesen Extremen. Eine Einteilung der Fruchtkörper nach der Lebensdauer gelingt am besten, wenn man die Art und Weise der Sporulation betrachtet.

Bei kurzlebigen Fruchtkörpern, z. B. unseren Kulturchampignons, reifen die sporenbildenden Basidien in einer einzigen Sporulationsperiode von mehreren Stunden bis Tagen. Danach sterben sie ab. Hierzu gehören z. B. viele Ascomata, die meisten weichfleischigen Basidiomata, wie die Röhrlinge und die meisten Blätterpilze, aber auch ein-

jährige Porlinge usw. Bei diesen kurzlebigen Fruchtkörpern gibt es dennoch eine hohe Mannigfaltigkeit in der Erscheinungsweise. Manche haben derbe Hüllen, die jahrelang erhalten bleiben können und ausdauernde Fruchtkörper vortäuschen; dies trifft z. B. für manche Perithecien (vgl. Abschn. 3.3.2) zu. Bei anderen, etwa bei einigen Blätterpilzen, setzt schon während der Sporulationsperiode Selbstauflösung (Autolyse) ein. Das ist nicht nur bei Tintlingen so, bei denen das Zerfließen allgemein bekannt ist und für die Herstellung der *Coprinus*-Tinte genutzt wird. Auch andere Blätterpilze, beispielsweise der Buchenschleimrübling (*Mucidula mucida*), zeigen Selbstauflösungserscheinungen bereits während der Sporulation. Man kann das überzeugend demonstrieren, wenn man einen solchen Pilz in Reinkultur, wo keine zersetzenden Bakterien anwesend sind, zur Fruktifikation bringt. Nach der Sporulation zerfließen diese Fruchtkörper zu einer formlosen Gallertmasse.

Das Ausstreuen der Sporen kann bei kurzlebigen Fruchtkörpern unter Umständen auch die Lebenszeit überdauern. Bei manchen hygroskopischen Erdsternen sind noch nach Überwinterung die Mechanismen der Sporenausstreuung funktionstüchtig, obgleich an ihnen außer den Sporen keine lebenden Teile mehr vorhanden sind. Abgestorbene Teile der Hüllen fungieren bei einigen Arten noch lange Zeit als hygroskopische Strukturen bei der Sporenfreisetzung, obgleich die Phase der Sporenreifung an den sporenbildenden Basidien ebenso einmalig und kurzzeitig vonstattenging wie etwa bei einem Röhrling.

Ausdauernde Fruchtkörper sporulieren mehrfach oder kontinuierlich. Häufig entstehen im Rhythmus der Vegetationsperioden stets neue Fruchtkörperschichten, die Hymenien mit den sporenbildenden Zellen (Hymenophore) enthalten. Sie sporulieren dann ebenso entsprechend ihrer Periodizität kurzzeitig, d. h. während einer begrenzten Sporulationsperiode, wie kurzlebige Fruchtkörper. Diese Fruchtkörpertypen finden wir z. B. unter den mehrjährigen Porlingen, deren geotropische Verformung bereits erwähnt wurde. Als Beispiele können wir den Echten Zunderschwamm (*Fomes fomentarius*) den Flachen Lackporling (*Ganoderma applanatum*) oder den Rotrandigen Baumschwamm (*Fomitopsis pinicola*) nennen.

Bei manchen Porlingen gibt es Übergangsformen zwischen kurz- und langlebigen Fruchtkörpern. Normalerweise nur einmalig sporulierende Porlinge, beispielsweise der Birkenporling (*Piptoporus betulinus*), die Fencheltramete (*Gloeophyllum odoratum*) oder die Anistramete (*Trametes suaveolens*), können überwintern und dann eine neue Schicht des Hymenophors aufbauen. Dabei kommt es in solchen Fällen zur Zwei- oder sogar Dreijährigkeit dieser normalerweise sommerannuellen Fruchtkörper.

Beim zweiten Typ ausdauernder Fruchtkörper entstehen keine neuen Hymenophore mit einmalig sporulierenden Hymenien, sondern es werden im Laufe der Vegetationsperioden kontinuierlich sporenbildende Zellen aufgebaut. Beispiele sind Arten mit sich stets basal erneuernden Basidien (Repetobasidien). In anderen Fällen vollzieht sich eine stete Neubildung von Basidien. Es sind kontinuierlich dicker werdende und beständig sporulierende Hymenien vorhanden. Hierzu gehören z. B. einige wenig bekannte und relativ unauffällige krustige Fruchtkörper auf Holzsubstraten, etwa die Arten der Gattungen *Tulasnella* und *Ceratobasidium* der Ordnung *Tulasnellales*.

Mit Ausnahme dieser letztgenannten zarten Krusten, die zwar ausdauernde, d. h. nicht einmalig sporulierende, Hymenien aufweisen, aber dennoch oft nicht sehr langlebig sind, ist die Lebensdauer der Fruchtkörper meist schon makroskopisch erkennbar.

Fruchtkörperentwicklung und Lebensdauer sind in manchen Fällen wichtige Bestimmungsmerkmale. Sie spielen auch bei der feineren Klassifizierung der Fruchtkörper nach ihrem Bau eine Rolle.

3.3 Schüsseln, Terrakotten und Kugeln – die Ascomata

3.3.1 Vielfalt eines einzigen Typs – die Apothecien

Wenn wir uns Fruchtkörper von Pilzen, die wir aus eigener Erfahrung kennen, in Erinnerung bringen, dann denken wir vor allem an die in Hut und Stiel gegliederten Basidiomata, die Hutpilze, in all ihrer Mannigfaltigkeit. Die ersten Formen von Pilzen, die sich uns bereits im Kindesalter einprägten, waren in den meisten Fällen durch Farben, Größe oder Wuchsort auffallende Hutpilze; Fliegenpilze mit ihren roten, weißflockigen Hüten sind geradezu das Symbol für Pilze im Volksmund geworden. Die meisten Menschen sehen daher die Hutpilze als „normale" Pilze an, während sie andere Formen als etwas Besonderes empfinden.

Betrachten wir aus diesem Blickwinkel die Ascocarpien, die Fruchtkörper der Ascomyceten, so sind es durchweg „besondere" Formen. Am bekanntesten unter ihnen sind noch die Morcheln und Lorcheln, am „berühmtesten" sind die als delikate Speisepilze geschätzten Trüffeln. Doch wir gehen bei unserer Betrachtung der Ascomata von den einfach gebauten becher- oder schüsselförmigen Fruchtkörpern aus. Sie wurden bereits im 19. Jahrhundert – zunächst nur bei Flechten, später auch bei anderen Ascomyceten – als Apothecien (Singular Apothecium) bezeichnet. Diesen Namen prägte der schwedische Flechtenkundler ERIK ACHARIUS (1757–1819).

Apothecien sind also typischerweise schüsselförmig; die konkave Innenseite enthält oberflächlich das Hymenium (Abb. 3.3, 3.4 und 3.5).

Man kann mitunter schon während der Individualentwicklung der Apothecien beobachten, dass die Fruchtkörper

Abb. 3.4 Gymnocarpe, cupulate Apothecien des Becherlings *Peziza arvernensis* (Buchenwaldbecherling)

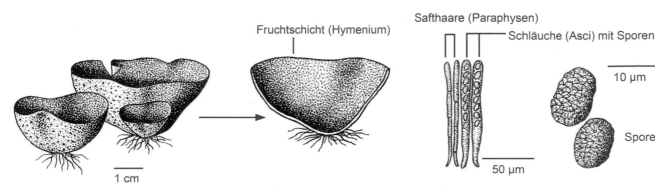

Abb. 3.3 Schematische Darstellung von cupulaten Apothecien

mancher cupulater Apothecien jung eine fast kugelige Form mit einer Öffnung im Scheitelpunkt aufweisen, sich im Alter ausbreiten oder sogar eine konvexe Oberseite bekommen. Manche entwickeln sich auch hemiangiocarp, d. h., sie sind zunächst völlig geschlossen, reißen später apikal auf und die Sporen reifen am geöffneten Fruchtkörper.

Es gibt zahlreiche von der Schüsselform abweichende Typen von Apothecien, die im Laufe der stammesgeschichtlichen Entwicklung aus solchen schüsselförmigen oder cupulaten Apothecien hervorgegangen sind, beispielsweise die gestielten, pokalförmigen Apothecien, die gestielten Morchelformen (Abb. 3.6 und 3.7), die auch als Komplexapothecien oder morchelloide Apothecien bezeichnet werden, und die gestielten konkaven, ja sogar konkav gewundenen Lorchelformen (Abb. 3.8 und 3.9)

oder helvelloiden Apothecien, ebenso die zungenförmigen oder glossoiden Apothecien, die man als Erdzungen bezeichnet.

So vielfältig wie die Formen sind auch die Ausmaße der Apothecien. Manche können kleiner als 1 mm sein, die größten Lorcheln oder Morcheln erreichen unter Umständen eine Höhe von über 30 cm.

Abb. 3.7 Fruchtkörper der Speisemorchel (*Morchella esculenta*), eines geschätzten Speisepilzes, in einem naturnahen Laubwald

Abb. 3.5 Hemiangiocarpe, cupulate Apothecien von *Tarzetta cupularis* (Napfförmiger Kelchbecherling)

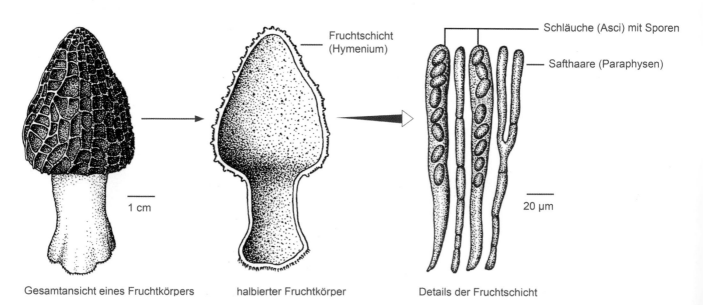

Fruchtschicht (Hymenium)

Schläuche (Asci) mit Sporen

Safthaare (Paraphysen)

1 cm

20 µm

Gesamtansicht eines Fruchtkörpers   halbierter Fruchtkörper   Details der Fruchtschicht

Abb. 3.6 Schematische Darstellung morchelloider Komplexapothecien der Spitzmorchel (*Morchella conica*)

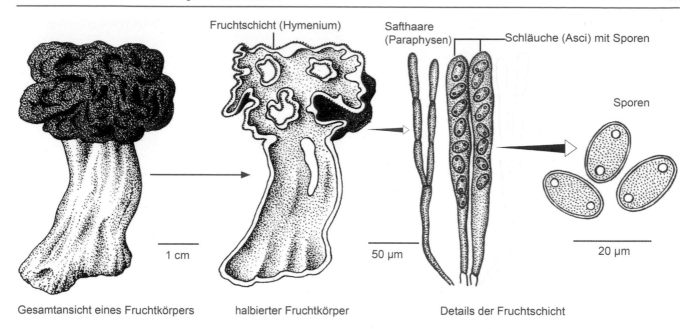

Abb. 3.8 Schematische Darstellung eines helvelloiden Komplexapotheciums der Frühjahrslorchel (*Gyromitra esculenta*)

Abb. 3.9 Fruchtkörper der Frühjahrslorchel (*Gyromitra esculenta*) in einem Nadelholzforst mit Fichten und Kiefern, ein gefährlicher Giftpilz

Im Zusammenhang mit dieser Vielfalt ist es wichtig zu beachten, dass der Begriff Apothecium ausschließlich für Ascomata benutzt wird. Becherförmige oder keulenförmige Basidiomata, die den cupulaten oder glossoiden Apothecien sehr ähnlich sein können, werden stets ausgeschlossen. Insofern gibt es durchaus einen systematischen Begriffsinhalt. Die morphologische Komponente des Begriffs bezieht sich auf die Grundform, die in verschiedenen Gruppen der Asco-

myceten vorkommt. Morphologisch von schüsselförmigen Apothecien abgeleitet sind auch die unterirdisch frukti-fizierenden Fruchtkörper der Echten Trüffeln. Sie entstanden phylogenetisch aus becherförmigen Fruchtkörpern. Die hy-menienführende konkave Innenseite ist zu engen Windungen aufgewölbt, während die Fruchtkörper apikal geschlossen bleiben. Die entwicklungsgeschichtlichen Vorgänge, die zu diesen Formen führten, haben sich ebenfalls in verschiedenen

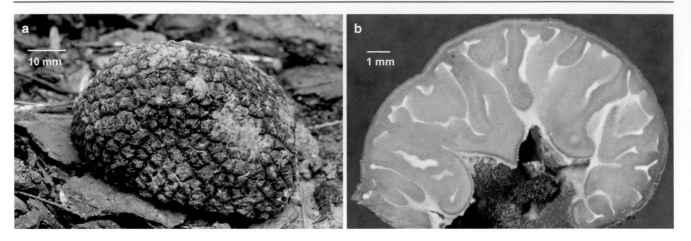

Abb. 3.10 Tuberothecien zweier Trüffelarten; (**a**) Sommertrüffel (*Tuber aestivum*), eine Art mit grobstacheliger Oberfläche; (**b**) Olivbraune Trüffel (*Tuber excavatum*), median aufgeschnitten

Verwandtschaftskreisen vollzogen. Aus den oberirdischen gymnocarpen oder hemiangiocarpen Apothecien wurden die an ihre unterirdische Lebensweise angepassten cleistocarpen Trüffeln (Abb. 3.10). Man spricht von einem Merkmalssyndrom, von der „Vertrüffelung" der Apothecien.

Die inneren Windungen lassen sich bei den meisten Trüffeln noch gut erkennen. Man hat für den Fruchtkörpertyp der Trüffeln die Bezeichnung Tuberothecium geprägt, abgeleitet von dem Gattungsnamen *Tuber*, einer typischen Gattung, zu der die bekanntesten delikaten Trüffeln, z. B. die Sommertrüffel, gehören.

Mit Ausnahme der zuletzt erwähnten Tuberothecien werden die Ascomyceten, die Apothecien bilden, als Discomyceten (Scheibenpilze) bezeichnet. Man hielt sie früher unter Ausschluss der als Flechten lebenden Sippen für einen zusammengehörenden Verwandtschaftskreis. In manchen Systemen der Gegenwart werden die Discomyceten aus praktischen Gründen noch immer als eine Einheit geführt. Es ist jedoch eine morphologische Gruppe, wobei der Bau der Apothecien in kleineren systematischen Einheiten (Gattungen, Familien, sogar Ordnungen) durchaus große Bedeutung für die Systematik hat. Der Name Discomyceten hat dennoch zur Verständigung in der mykologischen Verkehrssprache noch immer Bedeutung.

3.3.2 Gefäße mit Hals – die Perithecien

Ascomyceten, die kleine krugförmige Ascomata bilden, nennt man Pyrenomyceten (Kernpilze). Der Name bezieht sich auf Arten, die viele kleine, meist birnenförmige Ascomata auf Stromata (Singular Stroma) vereinigen und wegen der eingesenkten körnchenartigen Fruchtkörper als Kernkeulen bezeichnet werden. Auch bei diesem Namen entfernen sich die morphologische und die systematische Komponente des Begriffsinhalts voneinander, ganz ähnlich, wie dies bei den Discomyceten der Fall ist. Früher war das viel

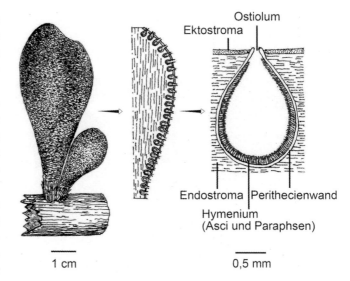

Abb. 3.11 Sammelfruchtkörper (Stromata) mit randlich eingesenkten Perithecien der Vielgestaltigen Holzkeule (*Xylaria polymorpha*)

einfacher. Morphologisch definierte Gruppen, wie die Discomyceten und Pyrenomyceten, wurden als systematische Einheiten, als Klassen von Pilzen definiert. Die moderne Systematik hat aber gezeigt, dass auch Perithecienbildung in ganz verschiedenen Verwandtschaftskreisen vorkommt. Von einem systematischen Status kann man bei den Pyrenomyceten wie bei den Discomyceten nur noch insofern sprechen, als sie ausschließlich Ascomyceten umfassen.

Gehen wir von einem bekannten, weitverbreiteten, ansehnlich großen Vertreter der Pyrenomyceten aus, um uns die Fruktifikationen vor Augen zu führen. Auf totem Holz – z. B. auf Stümpfen von Eichen oder Buchen – erscheinen mitunter derbe, mehrere Zentimeter hohe, zunächst dunkelolivfarbene, später schwarze keulenförmige, derbfleischige Gebilde, die sogenannten Holzkeulen (Abb. 3.11, 3.12, 3.13, 3.14 und 3.15). Anfangs ist ihre Ober-

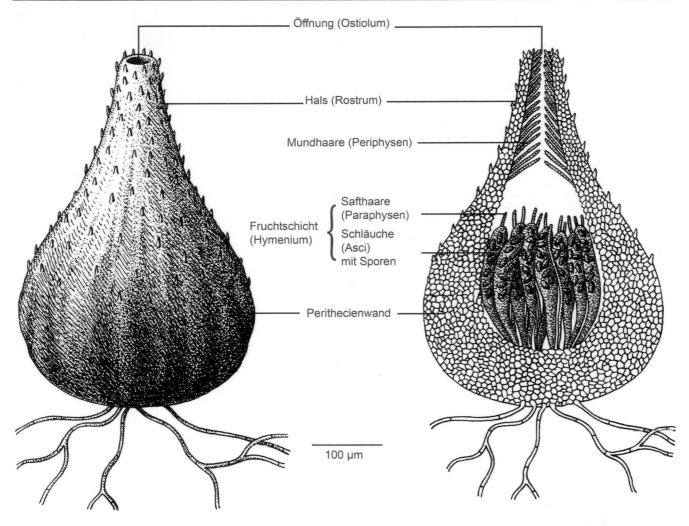

Abb. 3.12 Isoliert wachsendes Perithecium der Gattung *Sordaria*; links von außen, rechts im Schnitt

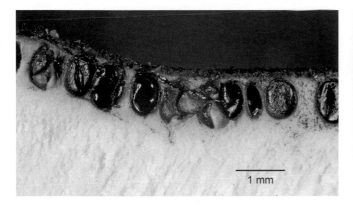

Abb. 3.13 In das Stroma eingesenkte Perithecien der Vielgestaltigen Holzkeule (*Xylaria polymorpha*)

fläche mit conidiogenen Zellen besetzt, die massenhaft Conidien abschnüren. Bei einigen Arten entstehen die Conidien nur im oberen Bereich des Stromas. Später – oft nach einer weiteren Wachstumsphase – verkrustet die Oberfläche und ist schwarz gefärbt. Man ist überrascht, wenn man diese der-

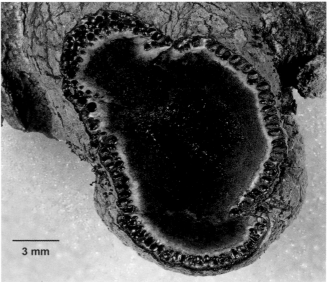

Abb. 3.14 Aufgeschnittenes Stroma der Kohlenbeere (*Hypoxylon fragiforme*) mit nahezu schwarzem Hyphengeflecht im Inneren

Abb. 3.15 Geweihförmige Holzkeule (*Xylaria hypoxylon*); (**a**) büschelig wachsende junge Stromata; (**b**) ältere Stromata; 1 – apikale, weiße conidiogene Abschnitte; 2 – Perithecienbildung in unteren Teilen alter Stromata

ben Pilzkeulen aufschneidet: Im Inneren befindet sich eine rein weiße, derbfaserige Substanz, deren plectenchymatische Struktur sich schon bei Lupenvergrößerung vermuten lässt. Am Rande der aufgeschnittenen Keulen sieht man, dass unter der schwarzen, oberflächlichen Kruste viele nur etwa 1 mm große, schwarze, krugförmige, innen glänzend schleimige, später hohle Gebilde eingesenkt sind, das sind die eigentlichen Ascomata, die Perithecien.

Sie sind mit der schwarzen Oberflächenkruste des Stromas verwachsen. Die einzelnen Fruchtkörper besitzen eine derbe schwarze Wand, das Innere wird vom Hymenium – den Asci und Paraphysen – ausgekleidet. Außerdem ist ein Halsteil, ein Rostrum, ausgebildet, das in die äußere, bei Reife krustige Schicht des Stromas hineinragt, mit diesem verwachsen ist und eine präformierte porenartige Öffnung aufweist, durch welche die Sporen ins Freie gelangen können. Perithecien entwickeln sich stets angiocarp, d. h., sie sind bis zur Sporenreife geschlossen.

Die im Perithecium gebildeten Sporen müssen mitunter einen langen Weg durch das Rostrum zurücklegen, um ins Freie zu gelangen. Die Sporenfreisetzung geschieht häufig, indem die Sporen durch Gallertbildung, beispielsweise durch Verschleimen von Hymenium und Subhymenium, hinausgepresst werden. Bisweilen entsteht dann ein als Cirrus bezeichnetes, würstchenartiges Gebilde aus Ascosporen und Gallerte am Ostiolum der Perithecien. Bei den Stromata der Porenscheibe (*Poronia punctata*, Abb. 3.16) sind die apicalen Perithecienteile mit den Ostioli schwarz, während

die Oberfläche der Stromata nicht pigmentiert ist und nahezu weiß erscheint. Die Mündungen der Perithecien sind dadurch so auffallend, dass sie für die Namensgebung herangezogen wurden.

Bei diesem Pilz, der hauptsächlich auf Pferdemist lebt, ist noch eine besondere Anpassung an seine Lebensweise zu beobachten. Aus dem Ostiolum tritt bei Sporenreife ein wässriges Tröpfchen aus dem Inneren des Peritheciums aus. Bringt man über dem Stroma in einer Entfernung von ca. 1–2 cm eine Glasscheibe an, wird diese schon bald durch angeklebte Sporen getrübt. Von der inneren Perithecienwand haben sich Asci gelöst und mit ihrem apikalen Ende von innen an die Oberfläche des Tröpfchens angelagert, wo die Sporen mittels eines komplizierten Apikalapparats aktiv abgeschossen werden. Man kann dies sogar mit einer Stereolupe durch kurzes Zucken an der Oberfläche des Tröpfchens wahrnehmen. Die Sporen besitzen ihrerseits eine dicke, klebrige Außenhülle und bleiben an der Glasplatte haften, wodurch deren Trübung zustande kommt. Der ökologische Effekt dieses Vorgangs ist offensichtlich: In der Natur können sich die abgeschossenen Sporen an Blättern oder anderen Pflanzenteilen anheften und von pflanzenfressenden Tieren mit der Nahrung aufgenommen werden. Beim Absetzen der tierischen Exkremente sind sie dann als Erstbesiedler an der Nahrungsquelle, die Sporen wurden im Verdauungstrakt des Tieres transportiert. Man spricht von einer endozoochoren Sporenausbreitung.

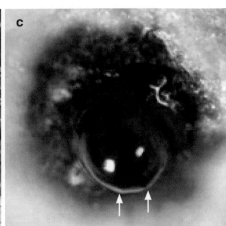

Abb. 3.16 Porenscheibe (*Poronia punctata*); (**a**) Standort, eine nährstoffarme Pferdeweide; eingeblendet: Pferdeexkremente mit den Stromata; (**b**) aufgeschnittenes Stroma mit den schwarzen Perithecien; (**c**) Tröpfchen am Ostiolum eines Peritheciums; die Pfeile bezeichnen die Spitzen der innen ansitzenden Asci kurz vor dem Sporenabschuss

Ähnliches ist in vielfacher Weise bei koprophilen (kotbewohnenden) Pilzen zu beobachten. Bei der Gattung *Ascobolus* werden z. B. ganze Asci aus den Apothecien abgeschossen, bei der Jochpilzgattung *Pilobolus* ganze sporenbildende Zellen.

Die Perithecien sind nicht in jedem Fall, aber häufig in Vielzahl auf Stromata ausgebildet. Sie können sich bei manchen Arten auch einzeln auf dem Myzel entwickeln, wachsen dann aber meistens in dichten Gruppen.

Sehr unterschiedlich sind auch die Stromata strukturiert. Bei pflanzenbewohnenden Arten werden manchmal Teile der Pflanzen, z. B. tote Peridermzellen, mit zur Bildung der Stromata verwendet. Die beschriebenen Holzkeulen und die auf Tieren bzw. auf Pilzen parasitierenden Kernkeulen sind besonders stark abgeleitete und komplizierte Formen von Stromata. Der Name „Kernkeulen" beruht, wie die Bezeichnung Kernpilze für alle Arten der Pyrenomyceten, auf den Perithecien, die im Schnitt wie kleine, eingesenkte Kernchen wirken. Äußerlich erscheinen diese Stromata bei genauer Betrachtung, als seien sie mit winzigen Pusteln besetzt. Diese feine „Punktierung" wird durch die Ostioli, die Mündungen der Perithecien, hervorgerufen.

Der Bau der Perithecien ist prinzipiell recht einheitlich, obgleich die äußere Form stark variieren kann. Es gibt nahezu kugelige und fast fädig gestreckte Perithecien. Das Rostrum (der Perithecienhals) kann fehlen oder um ein Vielfaches länger sein als der basale bauchige Teil des Peritheciums. Bei der Gattung *Ceratocystis* gibt es z. B. Perithecien, deren Rostrum über fünfmal so lang sein kann wie die meist winzigen basalen Teile. Diese Perithecien erscheinen auf Holz; eine Art, *Ceratocystis ulmi*, ist der Erreger des Ulmensterbens, einer Krankheit der Ulmen, die z. B. in Auwäldern großen Schaden anrichten kann.

Besondere sterile Zellen, die im Hals des Peritheciums oder an dessen Öffnung vorkommen und ins Innere ragen, werden als Periphysen bezeichnet. Sie sind häufig, aber nicht immer vorhanden. Die Wände der Perithecien sind oft sehr hart, sodass man bei mikroskopischen Untersuchungen Mühe hat, die Fruchtkörperchen mit dem Deckglas zu zerdrücken, andere sind dagegen weich. Diesem Merkmal kommt, wie auch den Farben der Perithecien – schwarze, rote, gelbe Pigmente treten häufig auf – systematische Bedeutung zu.

Die derbwandigen Perithecien können noch lange Zeit nach der Sporulationsperiode äußerlich nahezu unverändert erhalten bleiben. Oftmals findet man im Inneren oder am Ostiolum solcher längst abgestorbener Fruchtkörper feine spinnwebartige Pilzfäden. Es handelt sich hier um die restlichen, am oder im Peritheciums verbliebenen auskeimenden Ascosporen, die nicht ins Freie gelangt sind. In diesem Zustand gesammelte Proben von Pyrenomyceten lassen sich oft nicht bestimmen, weil man nur über die Hüllen verfügt und die für die Bestimmung wichtigen Merkmale der Asci oder Ascosporen nicht mehr exakt festzustellen vermag.

Als C. H. PERSOON perithecienbildende Pilze als Sclerocarpi (Hartfrüchtige) beschrieb und sie als erste Gruppe seiner Angiocarpi (Gefäßfrüchtige) führte, betrachtete er sicherlich die Perithecien als den Typus dieser damals noch sehr heterogenen Gruppe. Es ist auch tatsächlich faszinierend, welche Ähnlichkeiten diese Fruchtkörperchen schon bei Lupenvergrößerung mit manchen antiken Tongefäßen erkennen lassen. Formgestalter könnten sich von den Perithecien Inspirationen holen. Aber nicht nur ihre Formen, auch die Strukturen der Oberfläche oder der Mündungen sind oft mit kleinen Kunstwerken vergleichbar.

3.3.3 Kugeln, die zerspringen – die Cleistothecien

Als CAROLUS LINNAEUS 1753 seine „Species Plantarum . . ." veröffentlichte, beschrieb er in diesem Werk einen Pilz als *Mucor erysibe*. Er bezeichnete mit diesem Namen den Erreger des Mehltaus. Heute, nahezu 300 Jahre danach, hat sich dieser Pilz nicht nur als eine Sammelart erwiesen, sondern als eine Gruppe von Pilzen, die wir gewöhnlich als eine eigene Ordnung, manche Autoren sogar als eigene Klasse mit rund 600 Arten auffassen. Welch rasche Entwicklung! 250 Jahre mikroskopischer Arbeit, verbunden mit so klanghaften Namen von Forschern wie PERSOON, LÉVEILLÉ, SCHLECHTENDAL, DE CANDOLLE, WALLROTH, DE BARY, WINTER, NEGER, GOLOVIN, GÄUMANN, BLUMER, BRAUN und vielen anderen haben dazu geführt, dass diese Pilzgruppe durch mikroskopische und experimentelle Untersuchungen in ihrer morphologisch-anatomischen und ihrer physiologischen Vielfalt erschlossen wurde. Es wurden klar umgrenzte Gattungen begründet und zahlreiche neue Arten beschrieben. Durch Experimente, insbesondere Infektionsversuche mit diesen durchweg biotroph parasitischen Pilzen, wurden die Spektren der Wirtspflanzen ermittelt. Die wichtigsten, für die Gruppierung ausschlaggebenden Merkmale der Echten Mehltaupilze finden wir in den winzig kleinen, nur etwa 80–200 µm großen, meist dunklen und geschlossenen Fruchtkörpern – den Cleistothecien (Abb. 3.17 und 3.18).

Man kann sie zuweilen schon mit bloßem Auge erkennen, wenn sie sich auf dem weißen Myzel durch ihre schwarze Farbe kontrastreich abheben. Sicherheit bringt dann ein Blick durch die Lupe. Will man die Cleistothecien mikroskopisch untersuchen, was für die Bestimmung der Mehltaupilze notwendig ist, so muss man die Fruchtkörperchen vorsichtig samt Myzelrasen von der Wirtspflanze lösen. Es bedarf dann bei der Präparation eines kräftigen Druckes auf das Deckglas, damit die hartwandigen Gebilde aufplatzen und das Innere herausgequetscht werden kann. Dieses Verfahren erinnert uns an die Perithecien, und tatsächlich unterscheiden sich die Cleistothecien der Mehltaupilze von manchen Perithecien nur dadurch, dass ihnen die präformierte Öffnung fehlt. In der mehrschichtigen Wand und der Anordnung der Asci herrscht viel Übereinstimmung. Manche Autoren fassen daher die Cleistothecien der Mehltaupilze als „geschlossen bleibende Perithecien" auf und stellen sie den ursprünglicheren Cleistothecien anderer Pilze, die nur eine einfache Wand und regellos angeordnete Asci aufweisen, als „erysiphale Perithecien", „erysiphale Cleistothecien" gegenüber oder belegen sie als „Catathecien" mit einer eigenen Typenbezeichnung. Wir wollen jedoch lediglich das Kriterium des Fehlens oder des Vorkommens der Öffnung zur Unterscheidung beibehalten, wonach sich die Perithecien angiocarp, die Cleistothecien cleistocarp entwickeln. Für die Sporenfreisetzung gibt es keine präformierte Öffnung. Um die Unterschiede zwischen den verschiedenen Cleistothecien-Typen zum Ausdruck zu bringen, werden die erysiphalen Cleistothecien mit derber, mehrschichtiger Fruchtkörperwand und zusammenhängenden Asci den einfacheren eurotialen Cleistothecien (von *Eurotium*, einer Ascomyceten-Gattung) mit einfacher, weniger fester Hülle und regelloser Anordnung der Asci im Fruchtkörper gegenübergestellt.

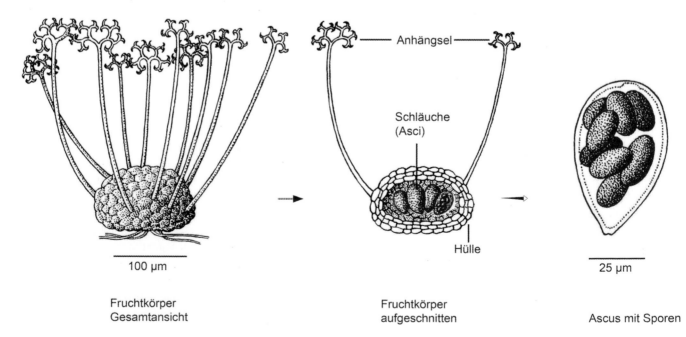

Anhängsel

Schläuche (Asci)

Hülle

100 µm

25 µm

Fruchtkörper
Gesamtansicht

Fruchtkörper
aufgeschnitten

Ascus mit Sporen

Abb. 3.17 Schematische Darstellung der Cleistothecien des Eichenmehltaupilzes (*Erysiphe alphitoides*)

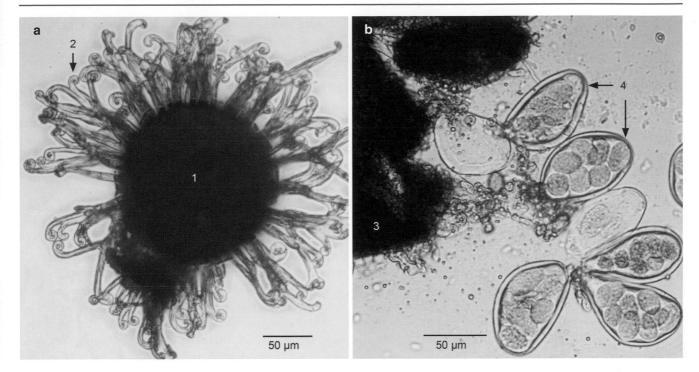

Abb. 3.18 *Sawadaea tulasnei* von Spitzahorn (*Acer platanoides*); (**a**) geschlossenes und (**b**) aufgequetschtes Cleistothecium; 1 – Cleistothecienwand; 2 – typisch eingerollte Appendices; 3 – aufgebrochene Cleistothecienwand; 4 – Asci mit irregulärer Anzahl von Ascosporen

Die erysiphalen Cleistothecien sind außerdem durch besondere äußere Anhängsel oder Appendices (Singular Appendix) charakterisiert. Diese können auf ganz verschiedene Weise der Verbreitung der Cleistothecien dienen, denn bei vielen Mehltaupilzen fungieren auch die gesamten Fruchtkörper als Verbreitungseinheiten (Diasporen). Es gibt Anhängsel, die wie Hebel wirken und das Cleistothecium vom Myzel abtrennen; andere haben Widerhaken oder sind klebrig und können auf diese Weise an vorbeistreichenden Tieren haften bleiben.

Die Morphologie der Anhängsel ist bei den Echten Mehltaupilzen ein wichtiges Merkmal für die Umgrenzung der Gattungen. Man findet eine große Vielfalt, z. B. dichotom verzweigte, pinselförmige, eingerollte, myzelartige oder spießförmige Anhängsel.

Die Sporen werden schließlich durch Verwitterung der Cleistothecienwand freigesetzt; bei manchen Arten kann eine Quellung der inneren Wandschichten erfolgen, nachdem die äußeren durchlässig wurden. Auf diese Weise wird dann das Cleistothecium aufgesprengt.

Die Mannigfaltigkeit der Cleistothecien ist durchaus mit der anderer Fruchtkörpertypen vergleichbar. Aber man kann sie nur mikroskopisch feststellen. Dies mag auch der Grund dafür sein, dass LINNAEUS nur eine einzige Mehltauart führte, denn für seine Studien an den Pilzen benutzte er kein Mikroskop.

Da sich die Cleistothecien beim Trocknen nur geringfügig ändern und geschrumpfte Strukturen z. B. in Milch-

säure ohne große Schwierigkeiten wieder aufquellen, lässt sich das Sammelgut auch im Winter noch gut bearbeiten. Die Gruppe ist deshalb für die floristische Arbeit und für Praktika im Lehrbetrieb gut geeignet. Für die Bearbeitung sind – wie auch bei anderen phytoparasitischen Pilzen – Pflanzenkenntnisse erforderlich. Deshalb ist in diesem Bereich der Floristik die Zusammenarbeit mit Botanikern besonders vorteilhaft, z. B., wenn seltene oder geschützte Pflanzen gezielt nach solchen pilzlichen Parasiten abgesucht werden.

3.3.4 Nackte Fruchtbarkeit – die Protothecien

Die Apothecien, Perithecien und die erysiphalen Cleistothecien sind bereits relativ hoch entwickelte Fruchtkörpertypen, in denen besonders die aus haploiden Hyphen gebildeten sterilen Teile eine hohe Differenzierung aufweisen, die sich als erfolgreiche Strukturen bei der Sporenverbreitung durchgesetzt haben. Es erhebt sich die Frage: Wie könnte es ausgesehen haben, bevor so komplexe Gebilde vorhanden waren? Einen Hinweis darauf haben wir bereits durch die eurotialen Cleistothecien erhalten. Die haploiden Hyphen bilden nach der Befruchtung des Ascogons lediglich eine einfache, nicht sehr feste Hülle, die Asci sind im Inneren regellos angeordnet. Aber es geht auch noch einfacher. Bei den ursprünglichsten Fruchtkörpertypen der Ascomyceten sind die Asci weder umhüllt, wie bei den Cleistothecien und

Perithecien, noch entstehen sie in Sporenverbreitungs-komplexen, wie die Apothecien.

Sie stehen nackt und bloß auf dem haploiden Myzel, auf dem das Ascogon entstanden ist. Lediglich einige meist derbe, sparrige Hyphen umhüllen die Nester von Asci.

Weil bei dieser Form der Fruktifikation noch kein echter Fruchtkörper, sondern allenfalls eine Vorstufe vorliegt, bezeichnet man diese Typen als Protothecien, mitunter auch als Gymnothecien. Eine für die medizinische Mykologie bedeutende Gruppe erhielt nach diesen Fruktifikationsverhältnissen ihren Namen: die *Gymnoascales*. Vor allem einige Anamorphen dieser Gruppe sind Erreger bedeutender Hautkrankheiten.

3.3.5 Verkannte Ähnlichkeit – die Pseudothecien

Mit den Apothecien, Perithecien, Cleistothecien und Protothecien ist die Vielfalt der Ascomata noch nicht erschöpfend vorgestellt. Seit einigen Jahrzehnten wissen wir, dass die Fruchtkörperentwicklung der Ascomyceten in Bezug auf das Verhältnis von Haplont und Dikaryont verschiedenartig verläuft. Bei den beschriebenen Fruchtkörpertypen wird die Bildung der Fruchtkörper stets durch die Befruchtung der Ascogone eingeleitet. Die auskeimenden dikaryotischen ascogenen Hyphen bauen gemeinsam mit den rasch basal aus dem Ascogonapparat auswachsenden haploiden Hyphen diese Fruchtkörper auf. Da im oder oberflächlich am Fruchtkörper meist ein Hymenium entsteht, hat man diesen Entwicklungstyp als hymenial bezeichnet. Apothecien, Perithecien, Cleistothecien und Protothecien sind nach diesem Charakteristikum hymeniale Fruchtkörpertypen, auch wenn nicht in allen Fällen ein Hymenium gebildet wird.

Ganz anders ist die Entwicklung der Fruchtkörper vieler Ascomyceten, die zwar weniger bekannt sind, aber dennoch sehr bedeutsam sein können. Die Fruchtkörperentwicklung wird bei ihnen nicht durch die Befruchtung eingeleitet wie bei den hymenialen Typen. Vielmehr bilden haploide Hyphen zunächst einen äußerlich völlig ausgeformten Fruchtkörper. Die Stimulierung zur Fruchtkörperbildung wird vom physiologischen Zustand des Myzels bestimmt. Erst in solchen Fruchtkörpern, die man auch Ascostromata (Singular Ascostroma) nennt, werden Ascogone mit Empfängnishaaren (Trichogynen) gebildet. Letztere ragen meist apikal aus dem Fruchtkörper heraus. Die Befruchtung der Ascogone erfolgt am ausgeformten Fruchtkörper durch Spermatien, die vom Wind verbreitet, also passiv an die Trichogyne herangetragen werden. Die dikaryotischen (ascogenen) Hyphen, die aus den befruchteten Ascogonen hervorgehen, wachsen in sekundär entstehende Hohlräume im Inneren des Fruchtkörpers hinein. Diese Hohlräume, in denen sich

die Asci entwickeln, werden auch Loculi (Singular Loculus) genannt. Man spricht im Gegensatz zum ascohymenialen Entwicklungstyp von der ascoloculare Fruchtkörperentwicklung.

Das Merkmal der Fruchtkörperentwicklung (hymenial oder locular) ist von großer systematischer Bedeutung. Aber auch hier gibt es Übergangsformen, und für sich allein ist die Fruchtkörperentwicklung kein uneingeschränkt tragfähiges Kriterium für eine natürliche Gruppierung der Ascomyceten, wie man das zunächst angenommen hatte.

Loculare Fruchtkörpertypen von Ascomyceten können manchen Apothecien, Perithecien oder Cleistothecien ähneln und werden dann als PseudoapothecienPseudoperithecien oder Pseudocleistothecien bezeichnet. Den Apothecien ähnlich sind auch die lang gestreckten, sich mit einem Spalt öffnenden Lirellen. Ein weiterer wichtiger locularer Fruchtkörpertyp sind die Myriothecien. Bei ihnen entstehen viele Loculi mit je einem einzigen Ascus.

Man kann die locularen Fruchtkörpertypen auch zusammenfassend als Pseudothecien bezeichnen. Sehr viele sind perithecienähnlich, haben derbe dunkle Wandungen und vorgebildete Öffnungen. Der überwiegende Teil der locularen Ascomyceten ist zusätzlich durch bitunicate Asci charakterisiert und kann durchaus als natürliche Ordnungsgruppe oder Unterklasse angesehen werden.

3.4 Krusten, gestielte Hüte, Gallertmassen und stäubende Bälle – die Basidiomata

3.4.1 Das Augenscheinliche – ein Blick für das Grobe

Mit Recht sehen wir die Ständerpilze als die am weitesten fortgeschrittenen, also die am höchsten entwickelten, Pilze an. Neben der Betonung der Dikaryophase im Entwicklungszyklus (vgl. Abschn. 2.3) beruht diese Einschätzung auch auf den komplizierten Formen von Fruchtkörpern, die viele Basidiomyceten hervorbringen. Da gibt es konsolen- bis hufförmige Basidiomata an Bäumen, die mehrere Jahrzehnte alt und metergroß werden können, oder man findet mehr als fußballgroße Riesenboviste, die zudem essbar sind und von denen ein einziger Fruchtkörper einer ganzen Familie ein sättigendes Mahl liefern kann. Auch die viel bewunderten Pilzblumen sind Basidiomata. Sie bringen zur Insektenanlockung Farben und Geruchsstoffe hervor. Die Sporenverbreitung durch Insekten bei diesen Pilzen erinnert an komplizierte Anpassungserscheinung zwischen Blütenpflanzen und bestäubenden Tieren.

Keine andere Pilzgruppe hat so komplizierte Fruchtkörpertypen entwickelt wie die Basidiomyceten. Wir wollen versuchen, ein wenig System in die scheinbar unüberblickbare Vielfalt der Fruchtkörper von Ständerpilzen (Basidiomata) zu bringen. Zunächst sei an die grundsätzliche Einteilung in angiocarpe und gymnocarpe Fruchtkörperentwicklung aller Carposomata, sowohl der Ascomata als auch der Basidiomata, erinnert.

Hieraus resultiert auch eine speziellere Einteilung der Basidiomata. Wenn sich bei Sporenreife die zu Hymenien vereinigten sporenbildenden Basidien an einer äußeren Oberfläche des Fruchtkörpers befinden, z. B. an den Lamellen eines Blätterpilzes oder an den inneren Röhrenwänden von Steinpilzen, nennt man sie Hymenothecien. Sie wurden früher mit dem Begriff „Hymenomycetes" als systematische Gruppe zusammengefasst. Hymenothecien können sich gymnocarp oder hemiangiocarp entwickeln (vgl. Abschn. 3.1) und werden den angio- oder cleistocarpen Gasterothecien gegenübergestellt.

Betrachten wir zunächst die hymenothecienbildenden Basidiomata. Eine ganz grobe, populäre Gliederung kann man nach der äußeren Form vornehmen. Man unterscheidet: 1) Krustenpilze, 2) Keulen- und Korallenpilze, 3) Gallertpilze, 4) Hutpilze und stellt sie den gasterothecienbildenden Bauchpilzen gegenüber. Weitere populäre Bezeichnungen für Hymenothecien finden wir in der Gliederung nach der äußeren Form der Hymenophore (Tab. 3.1, Abb. 3.19).

Die Kategorien dieser groben Gliederung sind natürlich nicht starr zu verstehen, sie sind durch alle möglichen Übergangsformen miteinander verbunden. Sogar einzelne Fruchtkörper können Hymenophore verschiedener Ausbildungsformen aufweisen, z. B. können effusoreflexe Crustothecien (vgl. Abschn. 3.4.2) an der Hutunterseite ein polyporoides Hymenophor aufweisen, das am effusen Bereich in gestreckte Leisten übergeht, oder es kommt z. B. bei Porlingen vor, dass reguläre Röhren im Alter zu zahnförmigen Zäpfchen

aufreißen. Es ist immer notwendig, für die Zuordnung die Variationsbreite möglichst schon am Fundort zu erfassen.

3.4.2   Von Krusten zu gestielten Hutpilzen – die Hymenothecien

3.4.2.1   Vom Pilzgeflecht geformt – die Crustothecien

Wir wollen versuchen, für unsere Übersicht eine andere Einteilung der Hymenothecien vorzunehmen und gliedern diese nach ihrem Bau und ihrer Fruchtkörperentwicklung in drei große Gruppen: Crustothecien, Holothecien (Abschn. 3.4.2.2) und Pilothecien (Abschn. 3.4.2.3).

Die einfachsten Hymenothecien sind ausschließlich gymnocarp, ihre Fruchtschicht, das Hymenium, und ihre hymeniumtragende Struktur, das Hymenophor, bilden sich von Anfang an bis zur Sporenreife an einer äußeren Oberfläche des Fruchtkörpers, ihre Entwicklung vollzieht sich direkt aus dem Myzel, sie ist myzelial. Im einfachsten Fall ist der Fruchtkörper lediglich ein krustiger Überzug auf dem Substrat, z. B. auf Holz, das vom Myzel durchwachsen ist.

Wir nennen solche Fruchtkörper effuse Crustothecien, sie sind charakterisiert durch dominantes Spitzenwachstum der fruchtkörperbildenden Hyphen, die direkt aus dem Myzel ohne primordial vorgebildete Fruchtkörperanlagen entstehen. Aus solchen einfachen effusen Krusten haben sich im Verlaufe der stammesgeschichtlichen Entwicklung durch geotropische Orientierung, d. h. durch Ausrichtung nach der Schwerkraft der Erde, Fruchtkörper gebildet, die eine Oberseite und eine Unterseite aufweisen. Zunächst entstanden krustige Fruchtkörper, die randlich kleine, in Ober- und Unterseite differenzierte Konsolen aufbauen, wobei an den

Tab. 3.1   Populäre Bezeichnungen für Hymenothecien nach der Form des Hymenophors

Fruchtkörpertyp	Benennung des Hymenophors nach der Form (nach Gattungen)	Beispiele von Gattungen, bei denen diese Form vorkommt
Schichtpilze	glatt (stereoid)	*Stereum, Peniophora*
Warzenpilze	warzig, höckerig (thelephoroid)	*Thelephora, Tomentella*
Fältlinge	faltig (merulioid)	*Merulius, Serpula*
Leistlinge	leistenförmig (cantharelloid)	*Cantharellus, Gomphus*
Porlinge	derb röhrenförmig (polyporoid)	*Polyporus, Fomes*
	isoliert röhrenförmig (fistulinoid)	nur bei *Fistulina*
Wirrlinge	labyrinthisch (daedaleoid)	*Daedalea, Daedaleopsis*
Blättlinge	derb lamellenförmig (lenzitoid)	*Gloeophyllum, Lenzites*
Röhrlinge	abgesetzt röhrenförmig (boletoid)	*Boletus, Suillus*
Blätterpilze	lamellenförmig (agaricoid)	*Agaricus, Tricholoma*
Stachelpilze	stachelig (hydnoid)	*Hydnum, Sarcodon*
	zahnförmig (irpicoid)	*Irpex, Hyphoderma*

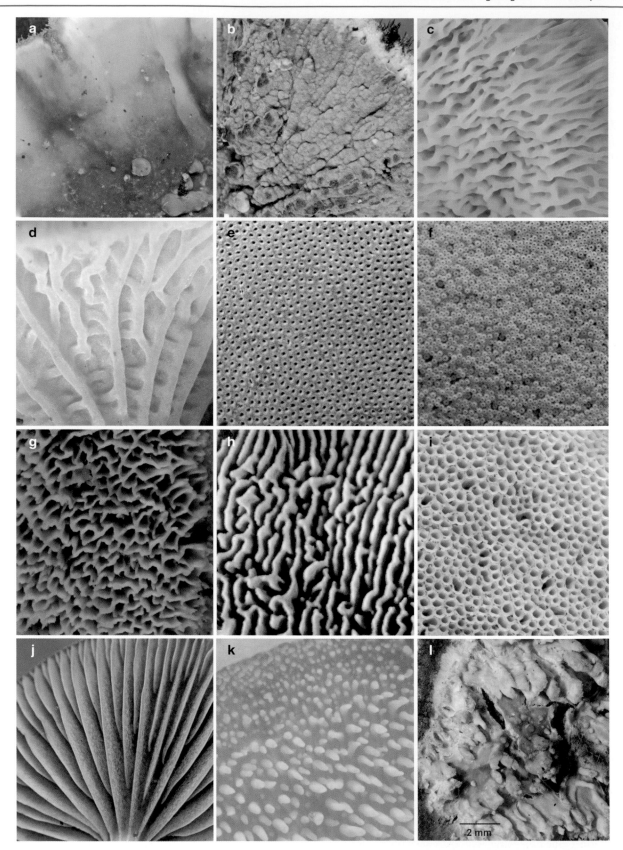

Abb. 3.19 Hymenophore von Hymenothecien am Beispiel einzelner Arten. (**a**) glatt, *Stereum hirsutum* (Striegeliger Schichtpilz); (**b**) warzig, *Thelephora terrestris* (Gemeiner Erdwarzenpilz); (**c**) faltig, *Phlebia tremellosus* (Gallertfleischiger Fältling); (**d**) leistenförmig, *Craterellus tubaeformis*, (Trompetenpfifferling); (**e**) derb röhrenförmig, *Fomes fomentarius* (Zunderschwamm); (**f**) isoliert röhrenförmig, *Fistulina hepatica*, Leberreischling; (**g**) labyrinthisch, *Pycnoporellus fulgens* (Orangeporling); (**h**) derb lamellenförmig, *Gloeophyllum sepiarium* (Zaunblättling); (**i**) abgesetzt röhrenförmig, *Boletus edulis* (Steinpilz); (**j**) lamellenförmig, *Psilocybe cyanescens* (Blauender Kahlkopf); (**k**) stachelig, *Hydnum repandum* (Semmelstoppelpilz); (**l**) zahnförmig, *Hyphoderma radula* (Reibeisenrindenpilz)

vom Substrat abstehenden, konsolenförmigen Fruchtkörperteilen nur an der Unterseite ein Hymenophor mit den sporenbildenden Basidien entsteht, während die Oberseite steril bleibt und eine krustige, filzige oder haarige Oberfläche aufweist. Solche nicht mehr vollkommen effusen Fruchtkörper werden als effusoreflexe Crustothecien bezeichnet. Effuse und effusoreflexe Fruchtkörper sind durch alle möglichen Übergangsformen verbunden. Oft ist die Ausbildung kleiner Konsolen nicht festgelegt und geschieht fakultativ entsprechend den äußeren Bedingungen.

Die Form der Crustothecien kann sich sehr weit von den ursprünglichen effusen Krusten entfernen und stark abweichende, komplexe Formen hervorbringen. Neben effusen Krusten und solchen mit kleinen Hütchen kommen zunehmend kräftigere, seitlich am Substrat inserierte konsolen- bis hufförmige Fruchtkörper und sogar fakultativ bis obligat gestielte Formen vor. Wir klassifizieren demnach die Crustothecien (Abb. 3.20) in:

- krustenförmige (effuse) Crustothecien,
- krustenförmige, mit abstehenden Hütchen versehene (effusoreflexe) Crustothecien,
- seitlich inserierte (laterale) Crustothecien,
- gestielte (stipitate) Crustothecien.

Die stipitaten Crustothecien können den Echten Hutpilzen, die nicht myzelial, also nicht direkt aus dem Myzel, sondern indirekt aus primordialen Noduli entstehen, äußerlich sehr ähnlich sein. Die vier Grundtypen können morphologisch weiter untergliedert werden.

Ein Beweis, dass auch bei den stipitaten Crustothecien mit wohlausgebildeten Hüten das Spitzenwachstum der Hyphen gegenüber dem ebenfalls vorkommenden Streckungswachstum mit interkalaren Teilungen eine dominante Rolle spielt, ist die Umwachsung von Gegenständen, z. B. Ästchen, oder auch die Umwachsung benachbart wachsender Pflanzenteile (Abb. 3.21). Nicht selten wird dann fälschlicherweise angenommen, die Pflanze habe den Pilz durchwachsen.

Ein weiteres Kriterium für die Klassifizierung der Crustothecien besteht in den ersten Phasen ihrer gymnocarpen Fruchtkörperentwicklung am Myzel. Bei manchen Arten, die einen von der übrigen Trama abweichenden, differenzierten Myzelialkern (Abb. 3.22) besitzen, ist deutlich zu erkennen, dass eine monozentrische Entwicklung realisiert wird, d. h., von einem einzigen Ort am Myzel beginnt die Ausbildung des Fruchtkörpers, wobei zunächst der Myzelialkern entsteht, z. B. beim Echten Zunderschwamm (*Fomes fomentarius*).

Dieser hat eine bröckelige Konsistenz und ist deutlich von der faserigen Huttrama verschieden. Auch bei manchen pileaten mehrjährigen Basidiomata von *Phellinus*-Arten, z. B. beim Schwarzen Feuerschwamm (*Phellinus nigricans*;

Abb. 3.23) ist bei der Bildung neuer Hymophoralschichten zu sehen, wie generative Hyphen eines Zentrums die älteren Schichten der Trama und Hymenophore durchwachsen und das neu hinzuwachsende Hymenophor ausbilden.

Solche Strukturen, die im Englischen auch als „mycelial core" bezeichnet werden, zeugen von der monozentrischen Entwicklung. Demgegenüber gibt es eine polyzentrische Fruchtkörperentwicklung, wobei an mehreren Orten gleichzeitig die Hyphen einen Fruchtkörper oder ganze Fruchtkörperrasen bilden. Deutlich wird das am massenhaften Besatz imbricater Crustothecien-Rasen vom Schmetterlingsporling (*Trametes versicolor*). Da besonders bei den ursprünglichen, effusen Crustothecien das Spitzenwachstum der fruchtkörperbildenden Hyphen gegenüber dem interkalaren Streckungswachstum überwiegt, sind polyzentrische Entwicklung und Verwachsungen durch Fusionen nicht immer klar zu unterscheiden.

Betrachten wir uns noch den inneren Bau der Basidiomata. Die zwischen den Oberflächen der Fruchtkörper liegenden Plectenchyme, das „Fleisch" der Pilze, bezeichnet man als Trama. Je nach deren Lage kann man z. B. bei den Hutpilzen zwischen Hut- und Stieltrama unterscheiden. Bei großen Porlingen, die bis über 1 m breite Konsolen bilden und in manchen Fällen eine holzartige Konsistenz annehmen können, sind teils recht komplexe Strukturen ausgebildet. Im einfachsten Fall besteht die Trama aus Plectenchymen (vgl. Abschn. 2.1) eines einzigen Hyphentyps, aus sogenannten generativen Hyphen. Das sind die Hyphen, deren Endzellen auch das Hymenium der Fruchtkörper, also die Basidien, bilden. Die generativen Hyphen sind meist dünnwandig, besitzen in der Regel Schnallen (vgl. Anschn. 2.4) und ihr Dikaryon verschmilzt in der Basidie zum diploiden Kern, aus dem nach Meiose die haploiden Kerne der vier Basidiosporen hervorgehen. Bei sehr harten Crustothecien entsteht in der Trama, also im Geflecht der generativen Hyphen, ein weiterer Hyphentyp, die sogenannten Skeletthyphen. Sie besitzen dicke Wände, sind oft wenig verzweigt und verleihen den großen Konsolen ihre Festigkeit. Ein dritter Hyphentyp, die Bindehyphen, sind knorrig, reich verzweigt, dünn- bis dickwandig und oft mit reichlich gekrümmten, meist querwandlosen kurzen Auszweigungen versehen. Sie „verknoten" alle anderen Hyphen der Trama miteinander. Je nach Vorkommen dieser Hyphentypen bezeichnet man das Hyphensystem als monomitisch, dimitisch oder trimitisch.

Neben den in Abb. 3.24 und Tab. 3.2 dargestellten wichtigsten Hyphensystemen kommen auch noch einige andere vor. Das amphimitische System besteht aus generativen Hyphen und aus Bindehyphen; so gebaute Fruchtkörper, z. B. der häufige Schwefelporling (*Laetiporus sulphureus*), weisen wegen des Fehlens von Skeletthyphen im Alter eine bröckelige Konsistenz auf. Das pseudomitische Hyphensystem besteht wie das monomitische ausschließlich aus generativen Hyphen, die jedoch mit der Sporenreife sekundär sehr

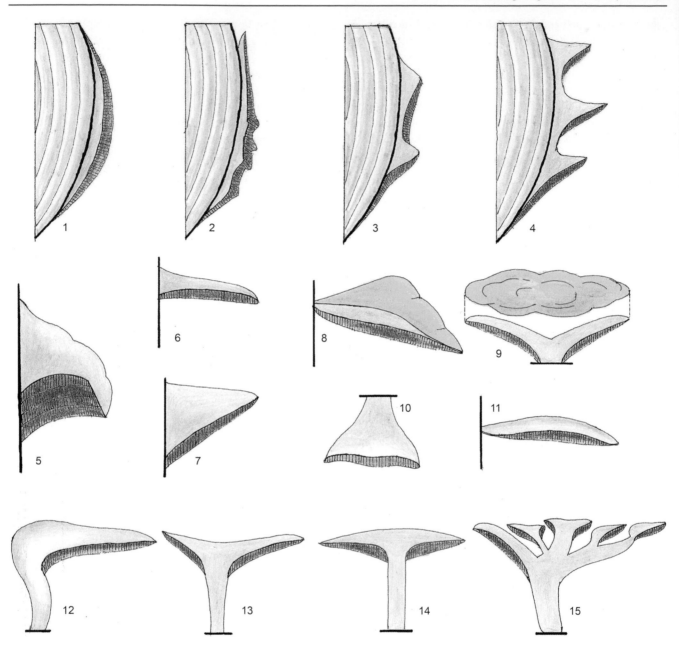

Abb. 3.20 Schematische Darstellung häufiger Formen von Crustothecien am Beispiel von Porlingen; schwarze Linie: Oberfläche des Sustrats; bräunlich: Holzsubstrat; grau: median aufgeschnittene Hut- und Stieltrama; rot: Hymenophor im Schnitt; gelb: sterile Oberseite in Aufsicht. 1–2: effuse Crustothecien; 1 – vollkommen effus; 2 – effus mit teilweise knotigem Hymenophor. 3–4: effusoreflexe Crustothecien; 3 – mit knotigen Hütchen; 4 – mit imbricaten (dachziegelig überlappenden) Hüten. 5–11: laterale Crustothecien; 5 – hufförmig, 6 – konsolenförmig (dimidiat); 7 – triquetrisch (im Schnitt dreieckig); 8 – fächerförmig; 9 – teller- bis rosettenförmig; 10 – glockenförmig; 11 – substipitat (fast gestielt). 12–15: stipitate Crustothecien; 12 – lateral gestielt; 13 – exzentrisch gestielt; 14 – zentral gestielt; 15 – mehrhütig mit Strunk

Abb. 3.21 Laterale Crustothecien des Schmetterlingsporlings (*Trametes versicolor*) am Grund eines Laubholzstammes, einen Brombeer-Sprossabschnitt umwachsend

Abb. 3.22 Insertionsfläche eines etwa drei Jahre alten Fruchtkörpers vom Echten Zunderschwamm (*Fomes fomentarius*) mit Myzelialkern (Pfeil)

Abb. 3.23 Schwarzer Feuerschwamm (*Phellinus nigricans*), mediane Schnittfläche mit weißen Hyphen, die von der Insertionsfläche her ältere, braune Fruchtkörperteile durchwachsen und eine neue Hymenophoralschicht aufbauen

dicke Wände bekommen und als skelettoide Hyphen bezeichnet werden. Es kommt im Alter zu einer sehr harten Konsistenz der Fruchtkörper, z. B. beim Knochenharten Porling (*Osteina obducta*; s. Abb. 7.32).

Bei den Pilothecien (vgl. Abschn. 3.4.2.3) sind einige weitere Hyphentypen und Hyphensysteme beschrieben, denen meist eine spezielle Funktion beim Stofftransport zukommt, z. B. durch das Vorkommen von milchsaftführenden Hyphen, den Laticiferen, oder von Hyphen mit öligen Substanzen.

3.4.2.2 Sporenbildende Keulen und Korallen – die Holothecien

Unter Holothecien verstehen wir eine morphologisch definierte Gruppe von Hymenothecien, die dreidimensional – also nicht krustenförmig – aufgebaut sind und deren äußere Oberfläche allseits mit Hymenium bedeckt ist. Sie können pustelförmig sein und an manche conidienbildende Sporodochien erinnern (vgl. Abschn. 2.5), meistens sind sie aber größer und oft keulen bis korallenförmig (Abb. 3.25).

Holothecien kommen in systematisch sehr unterschiedlichen Gruppen fruchtkörperbildender Basidiomyceten vor. Bezüglich ihrer Fruchtkörperentwicklung sind sie wenig untersucht. Es finden sich sowohl myzeliale als auch noduläre Entwicklungsgänge. Es sind vielfältige Tendenzen zu beobachten, die in Richtung der Ausbildung steriler Oberflächen weisen. Im Verwandtschaftskreis der *Cantharellales* finden wir z. B. beim Abgestutzten Keulenpilz (*Clavariadelphus truncatus*) im Vergleich mit der Herkuleskeule (*Clavariadelphus pistillaris*; Abb. 3.26) Ansätze der Bildung einer abgeflachten sterilen Oberseite. Bei den Gallertpilzen der Ordnung *Tremellales* gibt es z. B. neben den typischen, oft gekräuselten, blattartig abgeflachten Holothecien ebenfalls Tendenzen zur Bildung steriler Oberseiten. Beim fleischroter

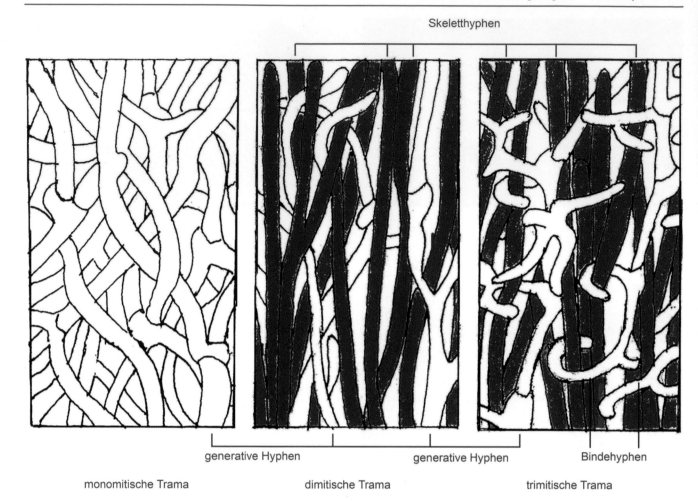

Abb. 3.24 Die wichtigsten Hyphensysteme der Basidiomata

Tab. 3.2 Hyphensysteme der Trama von Fruchtkörpern der Basidiomyceten

Hyphensystem	Hyphentypen				
	generative Hyphen	Skeletthyphen	Bindehyphen	wandverdickte generative Hyphen	Ölhyphen
monomitisch	+	–	–	–	–
dimitisch	+	+	–	–	–
trimitisch	+	+	+	–	–
amphimitisch	+	–	+	–	–
pseudomitisch	+	–	–	+	–
gloeodimitisch	+	–	–	–	+

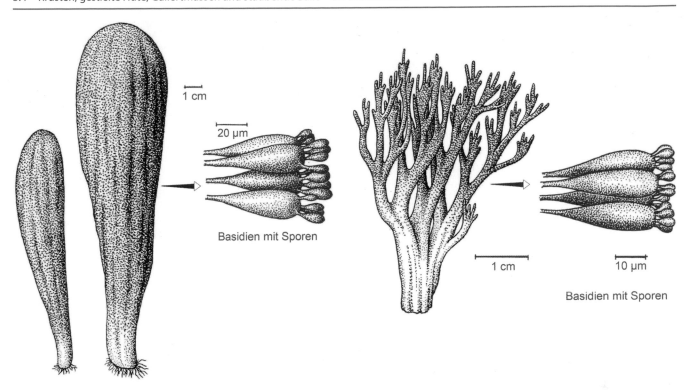

Abb. 3.25   Schematische Darstellung typischer Holothecien; links Herkuleskeule (*Clavariadelphus pistillaris*), ein keulenförmiges Holothecium; rechts Kammförmige Koralle (*Clavulina coralloides*), jeweils Gesamtansicht und Details des oberflächlichen Hymeniums

Abb. 3.26   Typische Holothecien; (**a**) Herkuleskeule (*Clavariadelphus pistillaris*), ein keulenförmiges Holothecium, (**b, c**) Grünfleckende Koralle (*Ramaria abietina*), ein Korallenpilz

Abb. 3.27 Zitterzahn (*Pseudohydnum gelatinosum*); (**a**) mehrhütiger Fruchtkörper mit sterilen Oberseiten an einem Fichtenstumpf; (**b**) Hymenophor

Abb. 3.28 Becherförmiger Drüsling *(Exidia glandulosa)* mehrere Fruchtkörper auf einem entrindeten Laubholzstamm mit fertiler Oberseite und flach dem Substrat anliegender, steriler, drüsig-granulierter Unterseite

Gallerttrichter (*Tremiscus helvelloides*) finden wir das Hymenium z. B. nur noch am geneigten oberen Teil der Außenseite. Beim Zitterzahn (*Pseudohydnum gelatinosum*; Abb. 3.27) gibt es Fruchtkörper, die einem lateralen Crustothecium mit steriler Oberseite entsprechen, während z. B. in der Gattung *Exidiopsis* nur einfache effuse Krusten und in der Gattung *Exidia* sterile Unterseiten vorkommen (Abb. 3.28).

Diese Vielfalt, die sich im Hinblick auf die Sporenverbreitung innerhalb eines einzigen Verwandtschaftskreises herausgebildet hat, zeigt uns auch die Schwierigkeiten, die mit einer morphologischen Typologie der Basidiomata verbunden ist.

Bei den Gallerttränenartigen Pilzen (*Dacryomycetales*; Abb. 3.29) lässt sich der Weg der Morphogenese von einfachen pustelartigen zu koralloiden Holothecien anhand rezenter Arten gut nachvollziehen.

Eine Besonderheit unter den Holothecien ist der Alabaster Kernling (*Tremella encephala*). Lange Zeit hatte man geglaubt, dass diese Fruchtkörper einen myzelartigen, nicht verschleimenden Kern besitzen. Dieses Gebilde im Inneren verfärbt sich im Schnitt rötlich. Nachdem festgestellt war, dass *Tremella encephala* stets in Gemeinschaft mit dem Rötenden Schichtpilz (*Stereum sanguinolentum*) wächst, war der Weg zur Klärung des Phänomens nicht mehr weit: Die Myzelialkerne der Holothecien erwiesen sich als missgebildete Fruchtkörper von *Stereum sanguinolentum*, auf denen der Gallertpilz parasitsch lebt (Abb. 3.30)

Manche Holothecien, z. B. in der Gattung *Typhula*, sind sehr schmal und apikal nur wenig verdickt. Bei einigen Arten kommen sogar nahezu haarförmige dünne Fruchtkörper vor. Dadurch ist es schon mehrfach passiert, dass Naturfreunde einem Irrtum ausgefallener Art aufgesessen sind und haarbüschelähnliche Kristalle als fädige Pilze betrachtet haben. Wenn man z. B. nach feuchtklammen nassen Tagen im Spätherbst bei leichtem Frost am Morgen in den Wald geht, ist der glitzernde Raureif mit dem Tagesgang der Temperatur bald verschwunden. Die Temperatur steigt und man entdeckt plötzlich an kleinen Ästchen in der Streu des Waldbodens weiße, büschelig-fädige Gebilde und meint, dass es sich um Pilze handeln müsse. Sogar in der wissenschaftlichen Literatur des 18. Jahrhunderts wurden diese fädigen Kristalle schon als Pilze beschrieben und werden noch heute nicht selten einem Pilzberater vorgelegt. In Wahrheit sind es besondere Eiskristalle, die nicht wie der normale Raureif abschmelzen, sondern noch bis mehrere Grade über dem Gefrierpunkt fädig bleiben. Man hat für diese faszinierende Erscheinung den Begriff „Haareis" (Abb. 3.31) geprägt. Die Kristalle entstehen an den Mündungen der Holzstrahlen (Markstrahlen) von entrindeten Laubholzästchen. Dieses Schauspiel wird durch die Stoffwechselaktivität des Myzels eines holzbewohnenden Pilzes verursacht, ist mit einer Schmelzpunkterhöhung der Eiskristalle verbunden und ist

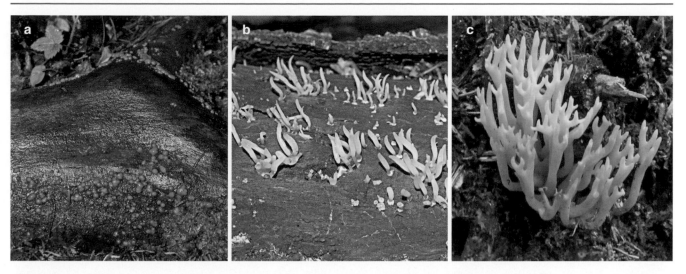

Abb. 3.29 Die Morphogenese von einfachen zu komplexeren Holothecien im Verwandtschaftskreis der *Dacryomycetales*; (**a**) Zerfließende Gallertträne (*Dacryomyces stillatus*); (**b**) Laubholzhörnling (*Calocera cornea*); (**c**) Klebriger Hörnling (*Calocera viscosa*)

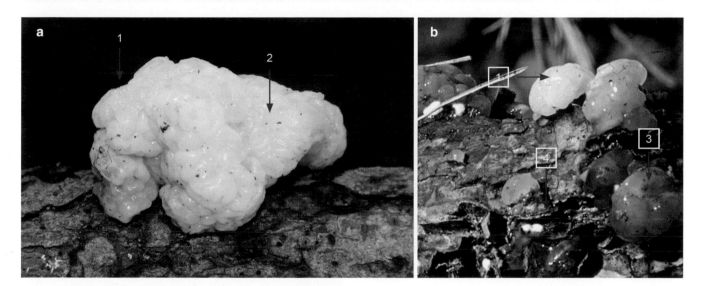

Abb. 3.30 Alabaster Kernling (Tremella encephala); parasitisch auf Fruchtkörpern des Blutenden Nadelholzschichtpilzes (Stereum sanguinolentum) auf Kiefernholz; (**a**) Einzelexemplar (**b**) Fruchtkörpergruppe; rote Pfeile. 1 – angetrocknete, nahezu weiße Fruchtkörperteile; 2 – schwach durchschimmernder, alabasterfarbener Myzelialkern; 3 – stark durchfeuchtete, hyaline Fruchtkörperteile mit deutlich durchscheinendem alabasterfarbenen Myzelialkern; 4 – rasig wachsende, teils abgestorbene Fruchtkörper des Schichtpilzes

sogar schon im 18. Jahrhundert als „Schneepilz" wissenschaftlich beschrieben worden. Die wahren zugehörigen Pilze gehören zur Gattung *Exidiopsis*, leben im Holz und bilden später kaum wahrnehmbare, hauchdünne flächige Fruchtkörper auf dem Holz, auf dem sich vordem das Haareis befunden hat.

3.4.2.3 Mit erhobenem Haupt ins Leben – die Pilothecien

Pileus – das lateinische Wort bezeichnet eine Filzkappe, die den Schläfen dicht anliegt, ähnlich dem Hut einer jungen Rotkappe, die den oberen Stiel umschließt. Das Wort ist das Etymon für die wohl wichtigste morphologische Gruppe von

Basidiomyceten, die Hutpilze. Es wird in der Mykologie nicht in übereinstimmender Bedeutung benutzt. Pileate Porlinge sind z. B. Crustothecien, die vom Substrat abstehende Hüten mit polyporoidem Hymenophor besitzen (vgl. Abschn. 3.4.1) oder gestielt sein können. Vor allem die gestielten Porlinge werden mitunter als Hutpilze (Pilothecien) bezeichnet. Ihre Entwicklung ist jedoch myzelial. Wir verstehen unter Pilothecien in den folgenden Abschnitten ausschließlich solche Hutpilze, die sich nodulär, also indirekt aus einem Nodulus, entwickeln, in dem ein primordialer Fruchtkörper vorgebildet ist, der hauptsächlich durch Streckungswachstum (Abb. 3.32 und 3.33) mit interkalaren Zellteilungen heranwächst. Dadurch werden z. B. beim

Abb. 3.31 Haareis an einem Buchenästchen. (Foto L. ROTH)

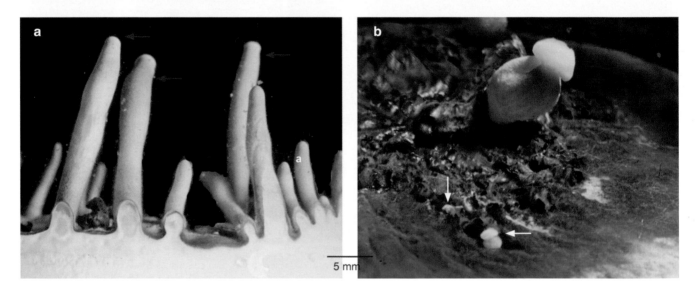

Abb. 3.32 Fruchtkörperentwicklung von gestielten Crustothecien und Pilothecien: (**a**) myzelial entstehende stipitate Crustothecien in einer Kultur vom Winterporling (*Polyporus brumalis*); Pfeile – Hutansatz durch Spitzenwachstum der Hyphen, nachdem der Stiel bereits aus-

gebildet ist. (**b**) noduär entstehende stipitate Pilothecien in einer Kultur vom Grubigen Wurzelrübling (*Xerula radicata*); Pfeile – heranwachsende Fruchtkörper aus primordialen Noduli, in denen Stiel und Hut vorgebildet sind

Durchdringen von Erdreich durch relativ geschlossene Oberflächen Gegenstände weggedrückt, aber nicht umwachsen und können daher nicht in das Plectenchym der Trama eingeschlossen werden, was bei der myzelialen Fruchtkörperentwicklung möglich ist.

Die charakteristische Streckungsphase der primordial angelegten Pilothecien hat auch in der populären Mykologie ihren Niederschlag gefunden, wenn es im Volksmund heißt, dass nach einem warmen Sommerregen die Pilze aus der Erde „schießen". Pilothecien sind meist zentral oder irregulär exzentrisch gestielt (stipitat), weniger häufig sind sie

lateral inseriert, wie viele „Seitlinge", und selten auch resupinat (umgekehrt) am Hutscheitel – meist an Holz – inseriert.

Die meisten Pilothecien haben ein agaricoides (lamellenförmiges) Hymenophor, sind also Blätterpilze; viele haben ein boletoides (röhrenförmiges) Hymenophor und werden als Röhrlinge bezeichnet, zu ihnen gehören die Steinpilze, Birkenpilze etc. (Abb. 3.34).

Pilothecien können sich gymnocarp oder hemiangiocarp entwickeln (vgl. Abschn. 3.1). Die Hymenophore der hemiangiocarpen Formen sind bis zur Sporenreife von Hüllen bedeckt, liegen aber bei Sporenreife durch das Aufreißen der

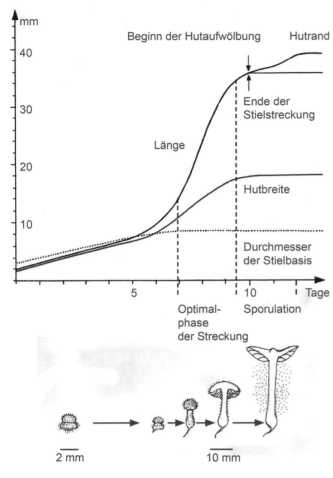

Abb. 3.33 Typische Wachstumskurve mit einer deutlichen Streckungsphase eines nodulär entstehenden Pilotheciums des Schwarzhaarigen Wurzelrüblings (*Xerula melanotricha*)

Hüllen an der Unterseite der Hüte frei. Solche Hüllen werden als Vela (Singular Velum) bezeichnet (Abb. 3.35 und 3.36). Bei manchen hemiangiocarpen Arten sind diese Hüllen an den sporulierenden Fruchtkörpern nicht mehr wahrnehmbar, bei anderen sind sie auffallend, wie beim Fliegenpilz die weißen pustelförmigen Hüllfetzen auf dem Hut. Manche Arten besitzen eine Gesamthülle, ein Velum universale, und gleichzeitig eine Teilhülle, ein Velum partiale, das nur das Hymenophor bedeckt. Sie sind bivel-hemiangiocarp. Wieder andere besitzen nur ein einziges Velum und werden als monovel-hemiangiocarp bezeichnet. Bei den *Amanita*-Arten, das sind u. a. die Fliegenpilze, Knollenblätterpilze und Wulstlinge, kommen beide Typen der Hüllen gemeinsam vor. Das Velum universale hinterlässt seine Spuren als „Scheide" oder „Volva" an der Stielbasis, oft auch als Flocken oder irregulären Fetzen auf der Hutoberseite, während das Velum partiale die Manschetten hervorbringt. In Abb. 3.35 ist dargestellt, welche Merkmale durch die Ausbildung der Vela an den Fruchtkörpern mitteleuropäischer *Amanita*-Arten vorkommen.

Die als Velum partiale bezeichneten Hüllen, also die nur das Hymnophor bedeckenden Bildungen, können an ausgereiften sporulierenden Fruchtkörpern als Schleier (Cortina) ausgebildet sein, der als spinnwebartiges, locker vernetztes Hyphenfädchen vom Hutrand zum Stiel reicht. Diese Schleier sind, ähnlich den mit dem Stiel fest verwachsenen häutigen Ringen, als strukturelle Verbindungen und Abkömmlinge der Hutoberfläche und der unteren Stieloberfläche zu verstehen, während die Manschetten ihren Ursprung in primordial angelegtem Plectenchym zwischen den Initialen des Hymenophors und dem Stielansatz haben. Die

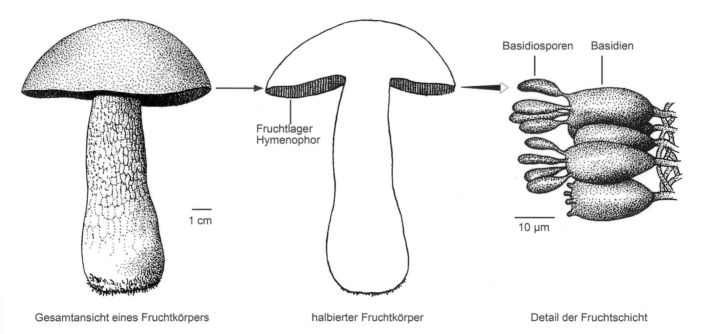

Gesamtansicht eines Fruchtkörpers   halbierter Fruchtkörper   Detail der Fruchtschicht

Abb. 3.34 Schematische Darstellung des Fruchtkörpers eines Steinpilzes (*Boletus edulis*), ein boletoides Pilothecium

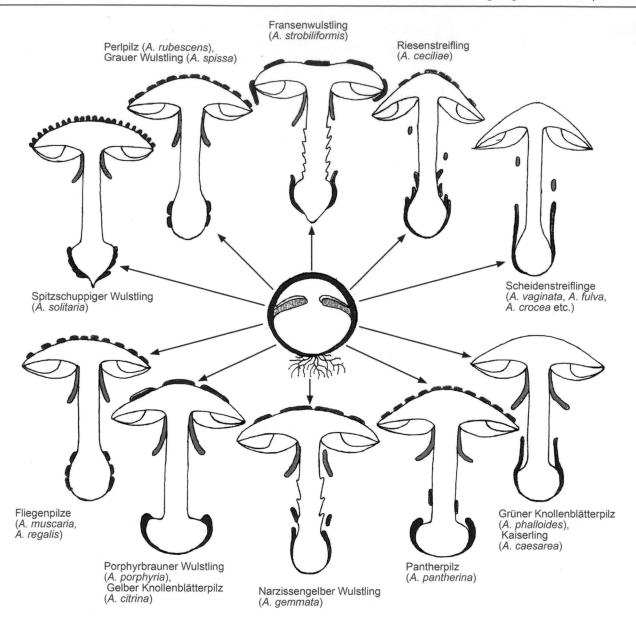

Abb. 3.35 Schematische Darstellung der Gesamthülle (Velum universale, rot) und der Teilhülle (Velum partiale, grün) am (stark vergrößerten) primordialen Fruchtkörper (Bildmitte) und an den sporulierenden Fruchtkörpern einiger mitteleuropäischer *Amanita*-Arten

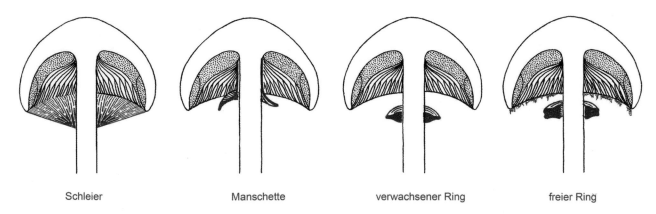

Abb. 3.36 Die wichtigsten Formen des Velum partiale bei Pilothecien

freien Ringe sind dem entgegen eine Bildung des Hutrandes, die nicht mit der Oberfläche des Stieles verwachsen ist.

Neben den beschriebenen Strukturen der Hüllen hemiangiocarper Pilothecien ergibt sich durch mikroskopische Studien an primordialen Fruchtkörpern eine noch größere Vielfalt. So können sich z. B. trotz oberflächlichen Ansatzes der Hymenophoralinitialen sekundäre Hüllen bilden, die einen scheinbar vel-hemiangiocarpen Entwicklungsgang vortäuschen. Die Komplexität dieser Entwicklungsgänge ist in Tab. 3.3 dargestellt und erklärt.

Die Pilothecien der Basidiomyceten sind äußerst vielfältig in Farbe, Form, Größe und Konsistenz. Zu ihnen gehören die gestielten bis resupinaten Blätterpilze; unter ihnen die gefährlichsten Giftpilze, z. B. der Grüne Knollenblätterpilz (*Amanita phalloides*), und auch die Röhrlinge, darunter die begehrtesten Speisepilze, z. B. die Steinpilze (*Boletus edulis* s. l.). Sie sind die wichtigsten Objekte vieler populärer Pilzbücher.

Blätterpilze haben ein lamellenförmiges Hymenophor, Röhrlinge ein röhrenförmiges (vgl. Abschn. 3.4.1). Beide Gruppen sind durch Übergangsformen miteinander verknüpft, z. B. kommen Röhrlinge mit radial lang gestreckten Röhren vor (Abb. 3.37) oder auch Blätterpilze, deren Lamellen durch Anastomosen (Querverbindungen) so miteinander verbunden sind, dass sie den grobröhrigen Röhrlingen ähneln.

Wichtig für die Bestimmung der Gattungen ist die Farbe des Sporenstaubes (vgl. Abschn. 2.2), die durch einen Sporenprint ermittelt werden kann. In der Spezialliteratur spielen Gruppierungen nach der Sporenfarbe eine Schlüsselrolle. Eine grobe Orientierung ist durch die Farbe der Lamellen

Abb. 3.37 Grobröhriges Hymenophor des Sibirischen Hohlfußröhrlings (*Boletinus asiaticus*) mit radialer Ausrichtung der Röhren

Tab. 3.3 Entwicklungstypen der Basidiomata incl. der durch primordiale Vela von Pilothecien bedingten Subtypen (vgl. Abschn. 3.1)

Entwicklungstyp - Subtypen	primäre Anlage des Hymenophors bzw. der Basidien	wichtige sekundäre Bildungen in Beziehung zum Hymenium	Lage der Basidien bei Reife
gymnocarp	oberflächlich	keine	oberflächlich
hemiangiocarp	oberflächlich oder umhüllt	primäre oder sekundäre Hüllbildungen	oberflächlich
- pseudohemiangiocarp	oberflächlich	sekundäre Bildung eines Velum partiale durch Hut- und Stielstrukturen	oberflächlich
- velhemiangiocarp	umhüllt durch ein oder zwei primordial angelegte Vela	Mitwachsen oder Verschwinden der primären Hüllbildung(en)	oberflächlich
- - monovelhemiangiocarp	mit primordial angelegtem Velum universale	s. velhemiangiocarp	oberflächlich
- - paravelhemiangiocarp	mit primordial angelegtem Velum partiale	s. velhemiangiocarp	oberflächlich
- -bivelhemiangiocarp	mit primordial angelegtem Velum universale und partiale	s. velhemiangiocarp	oberflächlich
- - metavelhemiangiocarp	mit primordial angelegtem Velum universale	zusätzliche sekundäre Hüllbilung s. pseudohemiangiocarp	oberflächlich
angiocarp	stets umhüllt	Ausbildung der Hüllen als Peridien	im Inneren; mit präformierter Struktur zur Sporenfreisetzung
cleistocarp	stets umhüllt	s. angiocarp	im Inneren; Sporenfreisetzung durch Zerfall, Zerstörung oder Verwitterung der Peridien

gegeben, die vom Hymenium überkleidet sind. In vielen Fällen ist sie bei Sporenreife durch die pigmentierten Sporen bedingt. Die grobe Gliederung der Blätterpilze in hell- und dunkelsporige Blätterpilze dient schon seit dem 19. Jahrhundert zur Orientierung. In manchen Gruppen, z. B. bei den Täublingen (*Russula*-Arten), werden feine Farbunterschiede zur Gliederung genutzt. Den Bestimmungsschlüsseln sind in solchen Fällen oftmals Farbtafeln beigefügt.

Weitere unproblematisch feststellbare Merkmale sind u. a. die Form der Hüte (Abb. 3.38) und der Ansatz des Hymenophors, also der Lamellen (Abb. 3.39) oder der Röhren am Stiel der Pilothecien.

Weiterhin sind lichtmikroskopische Merkmale oft von ausschlaggebender Bedeutung für systematische Zusammenhänge. Zu ihnen gehören Form und Größe der Basidiosporen (vgl. Abschn. 2.5, Abb. 2.17), die bereits eine gute lichtmikroskopische Ausrüstung erfordern. Die Hymenien der Pilothecien besitzen neben den Basidien oftmals sterile Hyphenenden, die sogenannten Cystiden, denen ein hoher Wert für die Systematik auf Gattungs- und Artebene zukommt. Oft sind die Schneiden der Lamellen bei Blätterpilzen oder die Porenschneiden der Röhrlinge bezüglich der Cystiden anders strukturiert als das Hymenium der Lamellenflächen bzw. der Röhrenwände. Man unterscheidet die Cystiden der Schneiden als Cheilocystiden (Abb. 3.40) von denen der Flächen, die man als Pleurocystiden bezeichnet. Ferner gibt die mikroskopische Struktur der sterilen Oberflächen der Pilothecien, insbesondere der Hutoberseiten (Abb. 3.41), Hinweise auf verwandtschaftliche Beziehungen zwischen Arten, Gattungen oder höheren Rangstufen von pilothecienbildenden Basidiomyceten. In den Abb. 3.40 und 3.41 sind einige Beispiele derartiger mikroskopischer Details von Pilothecien vorgestellt.

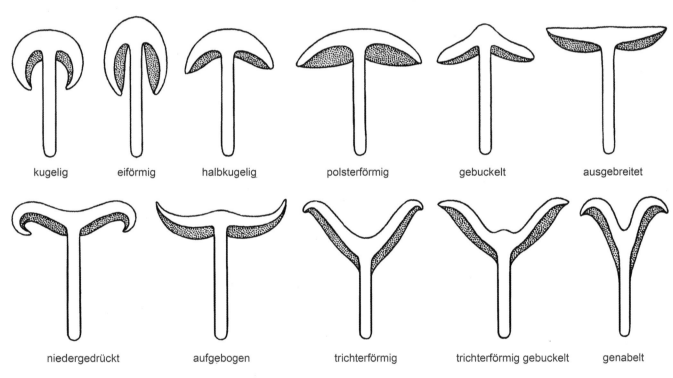

kugelig   eiförmig   halbkugelig   polsterförmig   gebuckelt   ausgebreitet

niedergedrückt   aufgebogen   trichterförmig   trichterförmig gebuckelt   genabelt

Abb. 3.38 Hutformen von Blätterpilzen

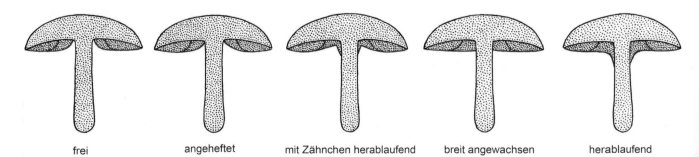

frei   angeheftet   mit Zähnchen herablaufend   breit angewachsen   herablaufend

Abb. 3.39 Ansatz der Lamellen am Stiel von Blätterpilzen

Abb. 3.40 Cheilocystiden an einer Lamellenschneide des Glimmer-tintlings (*Coprinus micaceus*) im Auflicht; das basidienführende Hymenium folgt an den Lamellenflächen

Eine besondere Bedeutung für Gattungsgrenzen kommt auch der Struktur der Hymenophoraltrama der Pilothecien zu. Der Verlauf der Hyphen von der Basis der Röhren bzw. der Lamellen zu deren Schneide ist häufig irregulär verwoben, mitunter regulär durch längsparallele Hyphen oder beidseitig von der Mitte her in Richtung der Hymenien geordnet (Abb. 3.42).

Die meisten Pilothecien sind zentral gestielte Hutpilze. Die terrestrischen Formen entwickeln sich nodulär im Boden. Durch den Vorgang der Stielstreckung gelangen die sporenbildenden Teile der Fruchtkörper über die Bodenoberfläche. Bei einigen Arten, z. B. bei Bewohnern unterirdischen Wurzelholzes, beginnt die Fruchtkörperentwicklung unter Umständen in tief gelegenen Bodenschichten und es kann zur Ausbildung einer als Scheinwurzel (Pseudorhiza Abb. 3.43) bezeichneten Struktur kommen, die den Nodulus, den primordialen Fruchtkörper, vor der Stielstreckung an die Oberfläche des Bodens schiebt. Solche Pseudorhizae können

bei einigen Arten komplex umrindet sein oder auch nur einem Myzelstrang mit auszweigenden Hyphen gleichen. Beim Ausgraben wirkt eine Pseudorhiza wie eine Verlängerung des Stieles bis zum Substrat, das vom Myzel durchwachsen ist, besitzt jedoch eine andere Oberflächenstruktur als der Stiel des Fruchtkörpers.

Eine weitere strukturelle Abänderung von normal gestielten (stipitaten) Pilothecien kommt bei den stiellosen, resupinaten Pilothecien vor, die mit ihren Hüten am Substrat ansitzen (Abb. 3.44). Es gibt alle möglichen Übergangsformen von zentral gestielten, seitlich gestielten oder ungestielt seitlich (lateral) inserierten bis hin zu den völlig stiellosen, am Hutscheitel inserierten Fruchtkörpern. Sie werden deshalb als resupinat (umgekehrt) bezeichnet. Häufig finden wir auch die Bezeichnung cyphelloide Pilothecien, die vom Gattungsnamen *Cyphella* abgeleitet ist. Viele von ihnen besitzen Lamellen, oft kommen aber reduzierte, bis hin zu glatten Hymenophoren vor.

Äußerlich ähneln manche von ihnen den Apothecien der Ascomyceten – besonders dann, wenn das Hymenophor bis auf das Hymenium vollkommen reduziert ist –, sind jedoch als Ableitung von stipitaten Pilothecien zu verstehen. Eine extreme Form resupinater Pilothecien kommt bei der Gattung *Stromatoscypha* (Abb. 3.45) vor. Auf myzelialen Stromata entwickeln sich in Vielzahl sehr kleine, dicht gedrängte, becherförmige Fruchtkörper, wodurch eine gewisse Ähnlichkeit mit effusen Porlingen entsteht. Möglicherweise ist auch das isoliert röhrige Hymenophor des Leberpilzes (*Fistulina hepatica*; vgl. Abb. 3.19 f) auf diese Weise entstanden, wobei jede Röhre als kleines, resupinates Fruchtkörperchen zu verstehen wäre.

Besonders in immergrünen, tropischen Regenwäldern (vgl. Abschn. 7.2.2) findet man auch resupinate Pilothecien, die einen rudimentären Stielrest aufweisen. Während die meisten resupinaten Pilothecien von seitlich gestielten Formen abgeleitet sind, kommen in der Gattung *Chaetocalathus* (Abb. 3.46) resupinate Fruchtkörper mit zentral stehenden Stielresten vor, die sich morphogenetisch durch Verwachsungen der Hutmitte mit dem Substrat und Rückbildung des Stieles ableiten.

Im Zusammenhang mit diesen Ausbildungsformen ist auch die Morphologie der Spaltblättlinge (Gattung *Schizophyllum*) zu betrachten. Äußerlich wirken sie wie kleine fächerförmige, seitlich angewachsene Pilothecien mit lamellenförmigem Hymenophor, deren Lamellen eine längs gespaltene Schneide aufweisen. Bei Trockenheit rollen sich die Lamellen vom Spalt her auseinander, wobei die Schneiden der Spalthälften benachbarter Lamellen sich berühren. Dadurch kommt es zu nahezu geschlossenen Kammern, die das Hymenium umhüllen und vor völliger Austrocknung schützen. Bei Befeuchtung strecken sich die Spalthälften wieder, und das Hymenium liegt im feuchten Zustand frei an der Hutunterseite. Diese Bewegung wird durch unterschied-

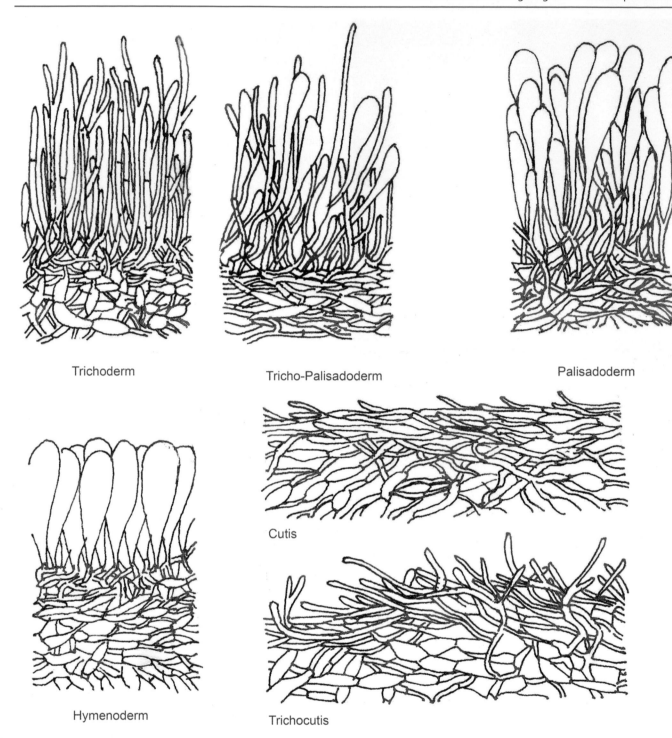

Abb. 3.41 Die wichtigsten Typen der Oberhaut von agaricoiden Pilot-hecien im Radialschnitt von Hüten. Trichoderm: mit abstehenden, haar-artigen Hyphenenden. Tricho-Palisadoderm: mit abstehenden haar-artigen und keuligen Hyphenenden. Palisadoderm: mit abstehenden keuligen Hyphenenden. Hymenoderm: mit basidienähnlichen Zellen, einem sterilen Hymenium ähnelnd. Cutis: mit flach liegenden radial orientierten Hyphenenden. Trichocutis: mit flach liegenden, radial orien-tierten und teilweise haarartigen, apikal aufgerichteten Hyphenenden

liche Quellfähigkeit zweier Tramaschichten in den Lamellen-hälften hervorgerufen. Die haarige Hutoberseite dient dabei der Aufnahme der Luftfeuchte (Abb. 3.47 und 3.48).

Studien zur Fruchtkörperentwicklung haben gezeigt, dass diese eigenartige Struktur durch Verwachsung resupinater Pilothecien entstanden sein dürfte und die Spalthälften we-nigstens der an der Insertionsfläche entspringenden „Lamel-len" als einander berührende Fruchtkörperränder zu ver-stehen sind. Diese Hypothese gewinnt auch durch die Behaarung im Lamellenspalt an Wahrscheinlichkeit.

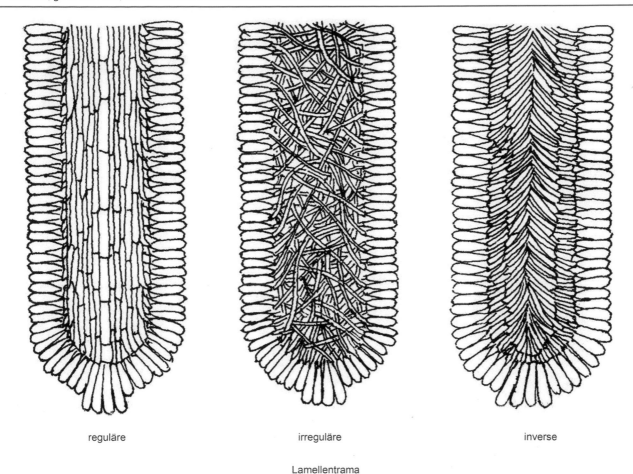

reguläre   irreguläre   inverse

Lamellentrama

Abb. 3.42 Die wichtigsten Typen der Lamellentrama von Blätterpilzen

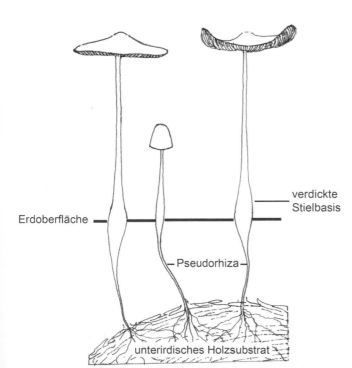

Erdoberfläche

verdickte
Stielbasis

Pseudorhiza

unterirdisches Holzsubstrat

Abb. 3.43 Mehrere Fruchtkörper mit Pseudorhizae des Grubiger Wurzelrüblings (*Xerula radicata*)

1 mm

Abb. 3.44 Dickblättriger Liliputseitling (*Resupinatus kavinii*); resupinate Pilothecien an der Unterseite eines liegenden Holzstammes, die Einbuchtung (Pfeil) geht auf einen seitlichen, stark gebogenen Stielrest zurück

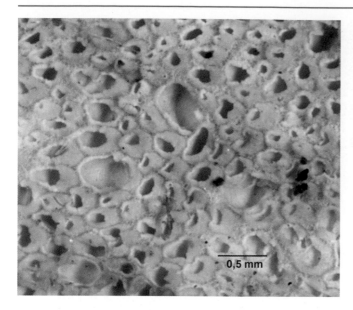

Abb. 3.45 Gefranstes Becherstroma (*Stromatoscypha fimbriata*), dicht stehende, miteinander verwachsene, resupinate Pilothecien

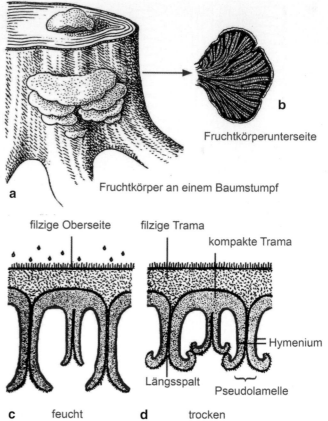

Abb. 3.47 Schematische Darstellung des Gewöhnlicher Spaltblättling (*Schizophyllum commune*); (**a**) imbricates Fruchtkörperbüschel mit mehreren fächerförmigen Hüten; (**b**) Hutunterseite, (**c, d**) Hut im Sekantalschnitt (**c**) befeuchtet; (**d**) trocken

Abb. 3.46 Am Hutscheitel mit dem Substrat verwachsene Napfseitlinge (*Chaetocalathus columnifer*) mit zentralen Stielresten in einem tropischen Regenwald

Abb. 3.48 Spaltblättling (*Schizophyllum commune*); dessen Schrumpfung und hygroskopische Bewegung der Spalthälften der Pseudolamellen; Aufsicht auf die Hutunterseite bei gleichbleibender Vergrößerung; (**a**) feucht; (**b**) trocken; im angezeigten Bereich überdecken die „Spalthälften" von nur vier aufgespreizten „Langlamellen" den gesamten Bereich des Hymeniums von acht „Lamellen" am eingerollten Hutrand

3.4.3   Im Schutze der Hüllen – die Gasterothecien

3.4.3.1   Verhüllte vielfältige Raumgestaltung

Basidiomyceten mit cleistocarpen oder angiocarpen Fruchtkörpern bezeichnen wir als Bauchpilze oder Gasteromyceten, ihre Fruchtkörper nennen wir Gasterothecien. Diese Namen beziehen sich darauf, dass die Sporen bis zur Reife im Inneren (im „Bauch") der Fruchtkörper verbleiben. Es handelt sich wie bei den Blätterpilzen, Röhrlingen, Porlingen usw. um eine Gruppe, die nur morphologisch, nicht systematisch definiert werden kann. Die Bauchpilze haben verschiedene stammesgeschichtliche Wurzeln. Einige von ihnen, die secotioiden Bauchpilze (Abb. 3.49 und 3.50) – nach der Gattung *Secotium* benannt –, lassen klare Beziehungen zu verschiedenen Verwandtschaftskreisen von Blätterpilzen erkennen. Ihre Fruchtkörper sind als Hutpilze aufzufassen, die jedoch bis zur Sporenreife geschlossen bleiben und nicht mehr den üblichen Öffnungsmechanismus hemiangiocarper Blätterpilze aufweisen. Secotioide Gasteromyceten können meist zwanglos den Familien, oft sogar einzelnen Gattungen zugewiesen werden, zu denen überwiegend Blätterpilze gehören. Manchmal unterbleibt die Stielstreckung, z. B. bei der Gattung *Endoptychum*, bei anderen streckt sich der Stiel noch. Dann sind die secotioiden Pilze nur durch die bis zur Reife geschlossenen Fruchtkörper und das Fehlen der aktiven Sporenabschleuderung und zusätzlich durch das rasche Vertrocknen und Zerstäuben der fertilen, sporenbildenden Strukturen von verwandten Blätterpilzen zu unterscheiden, so z. B. bei der Gattung *Gyrophragmium*, die klare systematische Beziehungen zu den Champignons (Gattung *Agaricus* s. str.) aufweist.

Bei anderen Gattungen, Familien oder auch Ordnungen von Gasteromyceten wurden Beziehungen zu Verwandt-

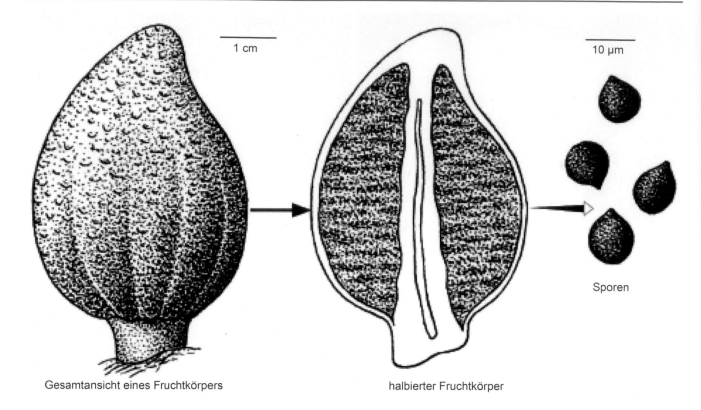

1 cm

10 µm

Sporen

Gesamtansicht eines Fruchtkörpers   halbierter Fruchtkörper

Abb. 3.49 Schematische Darstellung von *Endoptychum agaricoides* – ein secotioides Gasterothecium ohne Stielstreckung; der Stiel wurde zur Columella

Abb. 3.50 *Montagnea haussknechtii* – ein secotioides Gasterothecium mit erhalten gebliebener Stielstreckung an einem Wüstenstandort in Zentralaustralien

schaftskreisen mit hemiangiocarpen oder cleistocarpen Fruchtkörpertypen aufgrund molekularbiologischer Studien nachgewiesen. Dass z. B. die Kartoffelboviste (Gattung *Scleroderma*) in den Verwandtschaftskreis der Röhrlingsartigen

Pilze (Ordnung *Boletale*s) gehören, während die Boviste und Stäublinge den Blätterpilzartigen (Ordnung *Agaricales*) zugeordnet werden, ist morphologisch nicht ohne Weiteres nachvollziehbar.

Allen Gasterothecien ist gemeinsam, dass sie bis zur Sporenreife geschlossen bleibende Hüllen besitzen (Abb. 3.52 und 3.53), die man als Peridien bezeichnet. Wenn eine solche Fruchtkörperhülle aus zwei unterscheidbaren Schichten besteht, was meist der Fall ist, bezeichnet man die äußere als Exoperidie, die innere als Endoperidie. Der wichtigste innere Bestandteil der Gasterothecien ist die Gleba (Abb. 3.51); hier werden die Sporen gebildet. Häufig besteht die Gleba zunächst aus Kammern, deren Oberflächen mit Hymenium ausgekleidet sind.

Damit ist eine Beziehung zu den Hutpilzen mit Hymenophoren offensichtlich: Die Gleba entspricht dem Hymenophor der Pilothecien. Bei der Reifung der Sporen stäubender Gasterothecien wird die gesamte Gleba zunächst breiartig. Es findet ein Autolyseprozess (Selbstauflösung) statt, es wird Wasser abgegeben, wobei mitunter Geruchsstoffe freigesetzt werden. Die Basidien lösen sich meist vollständig auf, manchmal bleiben jedoch an den reifen Sporen Teile der Sterigmen haften. Sie werden als pedicellate (gestielte) Sporen bezeichnet. Am Ende des Reifungsvorgangs besteht die Gleba typischer Gasterothecien nur

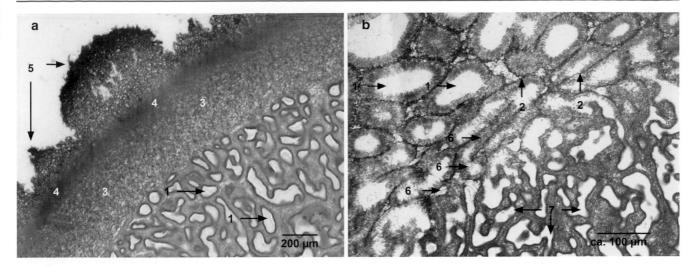

Abb. 3.51 Gefärbte Mikrotomschnitte von Glebakammern unreifer Stäublinge; (**a**) *Lycoperdon perlatum* (Faschenbovist oder Flaschenstäubling); (**b**) *Lycoperdon pratense* (Wiesenstäubling); 1 – mit Hymenium ausgekleidete Glebakammmern; 2 – dunkel gefärbte Hyphen in den Tramaplatten der Gleba = Initialfasern des Capillitiums; 3 – Endoperidie; 4 – Exoperidie; 5 – Skulpturen der Exoperidie; 6 – verengte, teils nur halbseitig fertile Kammern = Initialstrukturen des Diaphragmas; 7 – sterile, mit Hymenoderm ausgekleidete Kammern der Subgleba. (Fotos M. Gube)

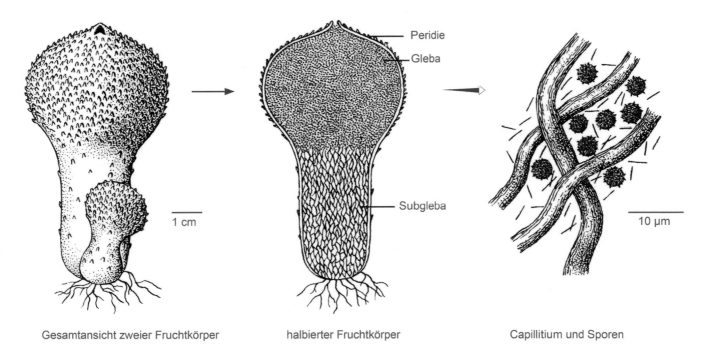

Gesamtansicht zweier Fruchtkörper   halbierter Fruchtkörper   Capillitium und Sporen

Abb. 3.52 Schematische Darstellung von Gasterothecien der Stäublinge (*Lycoperdon* spp.)

noch aus dem trockenen, hydrophoben Sporenpulver und einem ebenfalls trockenen hydrophoben Fadensystem, das aus wandverdickten Hyphen hervorgegangen ist und als Capillitium bezeichnet wird.

Sehr oft sind aber noch sterile Teile aus dem ursprünglichen Plectenchym vorhanden, die sich zu unterschiedlichen Gebilden differenziert haben. In der Regel stehen sie „im Dienst" der Sporenverbreitung. Die Vielfalt ist riesig, einige Beispiele seien erwähnt.

Es gibt Gasterothecien, deren Gleba nach dem Autolyseprozess feucht, oft breiartig bleibt, sodass die Sporen nicht vom Wind verbreitet werden können. Es kommt zu einer endozoochoren Verbreitung, wobei Tiere, meist Insekten, die reife Gleba auffressen und die Sporen nach einer Darmpassage mit den Exkrementen wieder absetzen.

Bei manchen Gasterothecien mit einer primär in Kammern gegliederten Gleba kommen basal im Fruchtkörper Kammern vor, die kein Hymenium enthalten, in denen keine Sporen ge-

Abb. 3.53 Flaschenboviste (*Lycoperdon perlatum*); (**a**) am natürlichen Standort in einem Fichtenforst; (**b**) aufgeschnittener Fruchtkörper; (**c**) Peridie mit großen abgerundeten, abbrüchigen Warzen und kleinen netzförmig geordneten Wärzchen; 1 – Gleba im Zustand der Autolyse; 2 – Subgleba; 3 – Peridie; 4 – Bruchnarben

bildet werden. Diese sterilen, aber zunächst glebaähnlichen Strukturen bezeichnet man als Subgleba (Abb. 3.53). Bei einigen Arten der Gattung *Lycoperdon* sind Gleba und Subgleba durch ein Häutchen, ein Diaphragma, das aus dicht aneinander stehenden sterilen Kammern entstanden ist, voneinander getrennt. Mitunter ragt eine sterile plectenchymatische Mittelsäule von der Basis in die Gleba hinein. Man nennt diese Struktur Columella. Besondere Bildungen mancher Gasterothecien sind die pseudoparenchymatischen, d. h. aus Scheingeweben aufgebauten, stiel-, armleuchter- oder gitterförmigen Receptaculi (Singular Receptaculum), das sind die Träger der fertilen Gleba. Sie sprengen durch rasche Streckung – bei Stinkmorcheln und Pilzblumen – die jungen Fruchtkörper auf und werden aufgrund dieses augenscheinlichen Vorgangs, der oft Erstaunen auslöst, „Hexeneier" genannt.

Andere spezielle Strukturen der Gasterothecien sind die Peridiolen der Nestpilze (Ordnung *Nidulariales*). Es handelt sich dabei um diskusförmige, mit bloßem Auge sichtbare, umhüllte Teile der Gleba, die als Ganzes verbreitet werden. Man kann sie als isolierte, durch eine innere Peridie umhüllte Glebakammern auffassen. Sie gaben mancherlei Anlass zur Deutung ihrer Funktion. Mehrere Autoren der Vergangenheit, z. B. der Italiener PAOLO BOCCONE (1633–1704), hielten sie in ihrer Gesamtheit für die „Samen" dieser Pilze.

Der Name Teuerling für einige dieser Nestpilze beruht auf der Vorstellung, dass die Peridiolen eine Signatur für Münzen sind und dass die Ernte der Felder, auf denen viele dieser Pilze wachsen, teuer verkauft werden kann. Der Name Nestpilze beruht auf der Ähnlichkeit der geöffneten Fruchtkörper mit einem winzig kleinen Vogelnest.

Eine große Mannigfaltigkeit finden wir im Bau der Peridien, die oft bei der Sporenfreisetzung eine Rolle spielen. Sie bleiben stets bis zur vollständigen Sporenreife geschlossen. Hierin ist ohne Zweifel in erster Linie eine Schutzfunktion zu sehen, wobei sich die Vorgänge der Basidiosporenbildung im Schutz der Hüllen vollziehen.

3.4.3.2 Zerstörung im Dienst des Lebens

Während bei gymnocarpen und hemiangiocarpen Basidiomata die reifen Sporen nach deren Abschleuderung von den Basidien sofort vom Wind erfasst werden können, ist es für angiocarpe Fruchtkörper viel problematischer, die Erfüllung der biologischen Aufgabe der Sporen zu sichern. Die Sporen müssen aus dem Inneren der Fruchtkörper ins Freie gelangen. Bei angiocarpen Fruchtkörpern von Ascomyceten haben wir gesehen, dass Sporen durch Schleim ausgepresst werden oder, wie bei den Mehltaupilzen, ganze Fruchtkörper als Verbreitungseinheiten (Diasporen) fungieren können. Bei den Gasterothecien haben sich ebenfalls verschiedene Wege der Sporenfreisetzung entwickelt, wobei es zu sehr unterschiedlichen Anpassungen an die Bedingungen der Umwelt gekommen ist. Mitunter wirken die Mechanismen der Sporenverbreitung wie raffiniert ausgedachte technische Erfindungen. Es ist immer wieder erstaunlich, wie die physikalischen Gesetze „ökonomisch" genutzt werden, wie natürliche Energiequellen in den Dienst der biologischen Funktion gestellt worden sind. In vielen Varianten steht uns eine erfolgreiche Evolution vor Augen, doch wissen wir sehr wenig von den verschlungenen Wegen, die zum derzeitigen Zustand geführt haben.

Einige der auffallendsten Mechanismen der Sporenfreisetzung, die wir bei den Gasterothecien finden, wollen wir in den folgenden Abschnitten betrachten. In manchen Fällen zerfällt oder verwittert die Peridie oberirdischer Fruchtkörper, und die Sporen können vom Wind erfasst und verbreitet werden. Auf nährstoffreichen Wiesen, in Weiderasen, besonders häufig in Steppengebieten, sind bisweilen in großen Mengen die basalen, schüsselförmigen Reste von Hasenbovisten (*Calvatia*-Arten) zu finden. Die Sporen wurden bereits verweht, nachdem die Peridie der reifen Fruchtkörper vom Scheitel her zu zerfallen begonnen hatte. Zurückgeblieben sind nur die basalen Teile der Endoperidie und die Subgleba – Fruchtkörperruinen, die dem Zerfall mitunter monatelang zu widerstehen vermögen oder sogar nach Überwinterung noch als stabile Fruchtkörperteile vorhanden sind. Andere Gasterothecien, beispielsweise die Kartoffelboviste, haben weitaus derbere Hüllen. Zwar setzt auch bei ihnen der Zerfall der Hülle meist vom Scheitel her ein, aber in vielen Fällen wird die Freisetzung der Sporen durch einen Tritt von Wild- oder von Weidetieren ausgelöst (Abb. 3.54). Das ist zwar kein perfekter Mechanismus, aber in Verbindung mit dem langsamen Zerfall der Hüllen kann die mechanische Zerstörung durch Tiere durchaus ein wirksamer Faktor sein (vgl. Sporencorona, Abb. 2.3).

Ähnliches trifft auch für die Steppentrüffeln zu, die in Wüsten, Halbwüsten, Steppen und bei uns in Mitteleuropa auch in Trocken- und Halbtrockenrasen wachsen. Die zunächst unterirdischen Fruchtkörper werden in Hanglagen durch Schmelzwasser im Frühjahr oder nach Regengüssen im Sommer freigeschwemmt und dann häufig durch Tiere, z. B. bei der Beweidung der Xerothermrasen durch Schafe oder Ziegen, zertreten.

Der bloße Zerfall der Endoperidie ist auch noch bei einigen Gasterothecien von Bedeutung, die zunächst durch Stielstreckung die Endoperidie über die Erdoberfläche heben. Spalten und Risse in der Endoperidie der Stelzenstäublinge (*Battarraea*-Arten) und mancher Stielboviste (*Tulostoma-*, *Schizostoma*-Arten) sind nicht regulär präformiert. Zwar haben die *Tulostoma*-Arten normalerweise einen Porus, durch den das Sporenpulver von darauffallenden Regentropfen ausgepresst wird, doch ging dieser Mechanismus bei manchen Arten, die in sehr trockenen Gebieten der Erde vorkommen, z. B. bei *Tulostoma volvulatum*, weitgehend verloren. Die Endoperidie solcher Fruchtkörper lässt noch den präformierten Porus erkennen, zerfällt aber rasch unregelmäßig, häufig durch einen Tritt von Weidetieren unterstützt. Ähnliches zeichnet sich bei manchen Bovisten (*Bovista*-Arten) ab.

3.4.3.3 Regen, Wind und Sporenwolken – Strategien der Ausbreitung

Viele Gasterothecien, z. B. die Stäublinge (*Lycoperdon*-Arten), die Boviste (*Bovista*-Arten), die meisten Stielboviste (*Tulostoma*-Arten) und Erdsterne (*Geastrum*-Arten), haben in ihren Hüllen bei Reife einen apikalen Porus, durch den die Sporen nach außen gelangen können. Die reife Gleba dieser Fruchtkörper besteht aus dem elastischen Capillitium und aus Sporenpulver. Bei feuchtem Wetter quellen die in trockenem Zustand meist pergamentartigen Peridien dieser Gasterothecien etwas auf, werden elastisch und nehmen ihre regelmäßig abgerundeten Formen an, auch wenn sie trocken faltig oder knitterig waren. Dieser Vorgang ist besonders gut an Fruchtkörpern von Herbarmaterial zu studieren, die in aufgeweichtem Zustand wieder wie frisch ausgereift aussehen können. Erst durch Regentropfen, die auf die Peridie fallen, können jetzt Sporen ausgestoßen werden. Die Tropfen drücken die Hülle etwas ein, der Innenraum mit der reifen Gleba verkleinert sich, und mit der ausströmenden Luft gelangt eine Wolke von Sporenpulver ins Freie. Die elastische Peridie nimmt ihre ursprüngliche Form bald wieder an, unterstützt durch Druck von innen, der vom elastischen Capillitium erzeugt wird. Dabei entsteht ein Unterdruck und es wird Luft eingesogen, die Sporen im Inneren werden erneut aufgewirbelt und gelangen so in eine günstige Lage für den nächsten Sporenausstoß.

Man kann diese Erscheinung sehr gut beobachten, wenn man bei Regenwetter z. B. einen Baumstumpf mit reifen Fruchtkörpern des Birnenstäublings oder Birnenförmigen Stäublings (*Lycoperdon pyriforme*) betrachtet. Wie nach kleinen Explosionen puffen die Sporenwolken aus den von Tropfen getroffenen Pilzen, werden vom Wind erfasst und verweht.

Abb. 3.54 Dickschaliger Kartoffelbovist (*Scleroderma citrinum*) ein cleistocarpes Gasterothecium ohne präformierten Öffnungsmechanismus

Bei einer anderen Gruppe von Bauchpilzen, den Erdsternen, wachsen die Gasterothecien der meisten Arten zunächst unterirdisch. Die oberen Teile der zwiebelförmigen oder nahezu runden Fruchtkörper erreichen bei Reife die Erdoberfläche. Dann spaltet sich die äußere Hülle vom Scheitel her sternförmig auf. Diese Hülle, die Exoperidie, ist ihrerseits mehrschichtig. Ihre innere Schicht ist pseudoparenchymatisch gebaut, quillt auf, während die äußere, elastische Faserschicht als Widerlager dient. Dadurch stülpt sich die gesamte Exoperidie um, der Fruchtkörper öffnet sich. Bei manchen Arten rollen sich die Sternlappen der Exoperidie sogar nach unten um. Beim sternförmigen Aufreißen der Exoperidie löst sich der Fruchtkörper vollständig vom Myzel oder er bleibt nur noch randlich mit ihm verbunden. Die Exoperidie hebt durch diesen Mechanismus die inneren Fruchtkörperteile, die von der Endoperidie umschlossene Gleba, in eine exponierte Lage, die für den Sporenausstoß günstig ist (Abb. 3.55 und 3.56).

Bei einigen Arten, den sogenannten Nest-Erdsternen, verbleibt die äußerste Schicht der Exoperidie, die Myzelial-

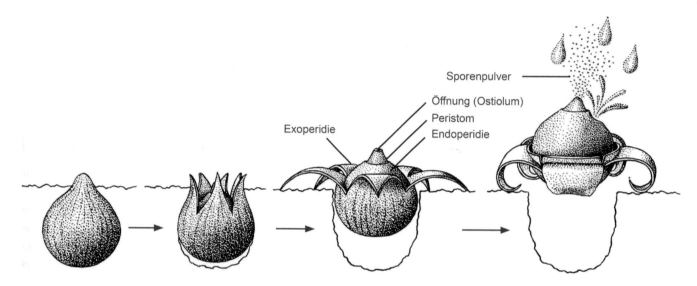

Abb. 3.55 Schematische Darstellung der Öffnung eines Erdsternes und des Sporenausstoßes durch Regen am Beispiel des Halskrausen-Erdsterns (*Geastrum triplex*)

Abb. 3.56 Halskrausen-Erdstern (*Geastrum triplex*); (**a**) geöffneter Fruchtkörper; ein Teil der Pseudoparenchymschicht der Exoperidie bildet die „Halskrause" (Pfeil); (**b**) geschlossene und in Öffnung begriffene Exemplare

schicht, als Nest im Boden. Die Sternlappen der übrigen Exoperidie bleiben mit ihren Spitzen, die zur Basis des umgestülpten Fruchtkörpers werden, mit dem Nest der Myzelialschicht randlich verbunden.

Die Endoperidie weist in allen Fällen oben eine präformierte Öffnung auf, einen Porus, der häufig von spezifischen Randstrukturen, z. B. Fasern oder Furchen, umgeben ist. Man spricht hier vom Peristom. Peristom und Porus sind beim reifen, geöffneten Fruchtkörper in der Regel der am

höchsten liegende Teil. Eine Besonderheit bezüglich des Porus finden wir beim Sieberdstern (*Myriostoma coliforme*; Abb. 3.57) Die Exoperidie dieser Art besitzt mehrere Pori und die Endoperidie steht auf mehreren Stielchen. Diese prächtigen Fruchtkörper erwecken den Anschein, als seien mehrere Endoperidien miteinander verwachsen. Durch darauffallende Regentropfen werden bei allen Erdsternen die Sporen in gleicher Weise ausgepresst wie bei den meisten Stäublingen und Bovisten.

Auch bei anderen Typen von Gasterothecien spielt der Regen für die effektive Sporenausbreitung eine Rolle. Bei den zu den Nestpilzen (*Nidulariales*)gehörenden Teuerlingen bilden sich im Inneren der Fruchtkörper diskusförmige, umhüllte Peridiolen. Nach der Öffnung des ursprünglich ovalen und mit einem Deckel verschlossenen Fruchtkörpers wird dieser becher- bis trichterförmig; im Becher hängen die Peridiolen an je einem Strang verschleimender Hyphen, einem Funiculus, der zunächst mit der Fruchtkörperbasis verbunden war. Durch Regentropfen, die in den Becher fallen, werden die Peridiolen bei Reife herausgeschleudert, wobei sie den Schleimfaden wie einen Schweif hinter sich herziehen. Trifft eine Peridiole bei ihrem Schleuderflug auf ein Hindernis, etwa einen Grashalm, so wickelt sich der Schleimstrang wie ein Seil um den Halm. Die Peridiole bleibt dadurch hängen und befindet sich in einer günstigen Lage für die Freisetzung der Sporen, die durch Aufreißen der Peridiole entlassen werden (Abb. 3.58 und 3.59).

Wie gut dieser Mechanismus funktioniert, kann man überall beobachten, wo man Teuerlinge findet, z. B. Topfteuerlinge (*Cyathus olla*) in einem Getreidefeld oder Gestreifte Teuerlinge (*Cyathus striatus*) auf Holzresten im Wald. In der Nähe der Fruchtkörper entdeckt man an Halmen, Blättern oder Zweigen bis zu einer Höhe von 5 cm über dem Erdboden die angehefteten Peridiolen.

Abb. 3.57 Sieberdstern (*Myriostoma coliforme*); frisch geöffneter Fruchtkörper mit mehr als zehn fimbriaten Pori in der feinwarzigen Endoperidie

Abb. 3.58 Schematische Darstellung der Fruchtkörperöffnung und der Ausschleuderung von Peridiolen durch Regen beim Topfteuerling (*Cyathus olla*)

Abb. 3.59 Tiegelteuerling, (*Crucibulum laeve*); geschlossene Fruchtkörper mit Epiphragma und ein geöffnetes Exemplar mit Peridiolen

3.4.3.4 Vom Winde getrieben – Pilze als Steppenroller

Der Wind steht bei den Bauchpilzen in recht verschiedener Weise im Dienst der Sporenausbreitung. Bei den meisten Arten sind die reifen Sporen trocken und sehr leicht, sodass sie vom Wind verweht werden können. Neben dieser Art und Weise können auch ganze Fruchtkörper vom Wind erfasst und transportiert werden.

Wir haben im vorigen Abschnitt den komplizierten Öffnungsmechanismus der Erdsterne beschrieben, deren Außenhüllen sich wie die Blütenblätter mancher Blumen öffnen und das Innere der Fruchtkörper emporheben. Es gibt unter diesen Pilzen einige Arten, bei denen dieser Vorgang rückläufig sein kann – die hygroskopischen Erdsterne. Nach dem Öffnungsvorgang bleiben sie nur so lange offen, wie die Pseudoparenchymschicht der Exoperidie aufgequollen ist. Bei Trockenheit rollen sich die Sternlappen wieder über die Endoperidie mit der eingeschlossenen Gleba, und die ursprüngliche Kugelform wird wieder hergestellt, allerdings mit dem Unterschied, dass die Außenhülle gespalten bleibt und der Fruchtkörper vom Myzel abgelöst bleibt. In diesem Zustand kann er vom Wind bewegt werden. Man hat z. B. bei der Suche nach solchen Erdsternen in Wüsten- und Halbwüstengebieten Erfolg, wenn man die mitunter nur 3–5 mm großen eingerollten Fruchtkörperchen dort sucht, wo Wüstensand in einer Korngröße von 1–2 mm angeweht wurde. Sie liegen zwischen den Steinchen; der Wuchsort des Myzels, an dem der Fruchtkörper entstanden ist, kann kilometerweit entfernt in Wüstenböden mit Humusanteil liegen.

Hygroskopische Erdsterne wie der Feld-Erdstern (*Geastrum pedicellatum*), der Blumen-Erdstern (*Geastrum floriforme*), der Ungarische Erdstern (*Geastrum hungaricum*), der Zitzen-Erdstern (*Geastrum corollinum*) oder der Verkannte Erdstern (*Geastrum ambiguum*) wachsen in Halbwüsten, Steppenrasen, Trocken- und Halbtrockenrasen und in trockenen Waldtypen, z. B. in Steppenheidewäldern. Sie stammen also aus Vegetationstypen, in denen auch unter den Pflanzen Steppenroller bekannt sind. Bei einsetzendem Regen oder genügender Luftfeuchte öffnet sich die Außenhülle durch Aufquellen der Pseudoparenchymschicht erneut. Der Öffnungsvorgang wiederholt sich, obgleich sämtliche

Abb. 3.60 Drei trockene von ihrer Basis gelöste Gasterothecien des Riesenbovists (*Langermannia gigantea*); (**a**) Reste der basalen Endoperidie; (**b**) freiliegende federleichte Gleba aus Capillitium und Sporen; (**c**) durch Sporenstaub gebräunte Pflanzenteile

Zellen des Fruchtkörpers bereits abgestorben sind und nur die im Ruhezustand befindlichen Sporen noch lebendes Plasma im Inneren enthalten. Es handelt sich um einen reinen Quellungsvorgang, der sich noch sehr oft, auch nach Überwinterung der Fruchtkörper, wiederholen kann. Sogar 200 Jahre alte Herbarexemplare von hygroskopischen Erdsternen können sich bei Befeuchtung noch öffnen.

Beim Riesenbovist (*Langermannia gigantea* Abb. 3.60), der bis über 50 cm große runde Fruchtkörper bildet, zerfällt bei Reife die Peridie, und es bleibt eine leicht vom Myzel ablösbare große Glebakugel erhalten, die aus Capillitium und einer Unmenge von Sporen besteht. Die Anzahl der Sporen großer Fruchtkörper kann mehrere Billionen betragen. Diese federleichten Kugeln können ebenfalls vom Wind erfasst und verweht werden, wobei es zum Ausstreuen der Sporen kommt. Dort, wo die Kugel liegen bleibt, werden stets sehr viele Sporen freigesetzt. Dadurch erhöht sich die Chance, dass ein haploides Myzel, welches aus einer Basidiospore auskeimt, einen kompatiblen Kreuzungspartner findet.

Die Reihe der Arten, bei denen Regen und Wind zu Sporenfreisetzung und -verbreitung bei Gasterothecien beitragen, ließe sich fortsetzen. Uns sollen die beschriebenen Beispiele genügen, um die Anpassung dieser Pilze an die Umweltbedingungen zu demonstrieren.

3.4.3.5 Vom Hutpilz zum Staubball – die Gasteromycetation

Ein gemeinsames Merkmal der Gasterothecien mit trockenem Sporenstaub sind die hydrophoben (wasserabweisenden) runden, dickwandigen Basidiosporen, die in der Regel relativ einheitlich dunkel pigmentiert und durch Stacheln oder Warzen ornamentiert sind. Stammesgeschichtlich haben sie sich auf verschiedenen Wegen aus Pilothecien, oft aus Blätterpilzen mit hydrophilen Sporen, unterschiedlicher Familien der *Agaricomycetes* zu Gasteromyceten umgestaltet.

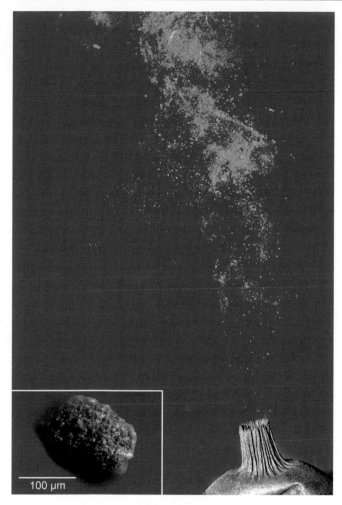

Abb. 3.61 Sporenstaub-Ausstoß nach Aufschlag eines Regentropfens auf die Endoperidie vom Kamm-Erdstern (*Geastrum pectinatum*); eingeblendet: Wassertröpfchen, das die Sporenstaubwolke durchschwebte und oberflächlich mit hydrophoben Sporen behaftet ist

Diesen phylogenetischen Vorgang bezeichnen wir als Gasteromycetation („Verbauchpilzung"). Auf diesem Weg sind die genannten gemeinsamen Merkmale entstanden – man spricht von einem Merkmalssyndrom, einer durch Selektionsvorteile entstandenen, übereinstimmenden Merkmalskombination, die durch die Jahrmillionen während Umbildung von Pilothecien zu Gasterothecien mit trockener, stäubender Gleba hervorgegangen ist.

Was die Hydrophobie der Sporen in diesem Prozess betrifft, so hat sich erwiesen, dass die Ausbreitung nicht allein durch den Wind nach dem mechanischen Auspressen der Sporen durch Regentropfen vonstattengeht – wie oben beschrieben –, sondern dass sich die hydrophoben Sporen auch beim Durchschweben feinster Tröpfchenwolken an die Oberfläche dieser schwebenden Nebeltröpfchen anheften und dadurch in großer Anzahl gemeinsam mit einem „Vorrat" von Wasser in größere Entfernung getragen werden können (Abb. 3.61). Inwieweit dieses Phänomen für das Keimen

und der Bildung des Dikaryonten (vgl. Abschn. 2.4) dienlich sein kann, ist experimentell nicht untersucht, aber es ist naheliegend, dass die Hydrophobie und das Anheften der Sporen an feinste Tröpfchen das Ergebnis einer Selektion bei der Besiedlung relativ trockener regenarmer Lebensräume darstellt. Bei anderen Pilzen, z. B. bei manchen phytoparasitischen Rostpilzen mit hydrophoben Sporen, gibt es Erfahrungswerte über die rasante Ausbreitung und enormen Befallsraten bei Nebellagen.

3.4.3.6 Verlockung für Tiere – die Pilzblumen

Der Vergleich zwischen Fruchtkörpern von Pilzen und Blüten wird oft angestellt, besonders wenn Formen und Farben der Pilze an Blüten erinnern. Der italienische Mykologe CARLO VITTADINI (1800–1865) nannte z. B. einen kleinen hygroskopischen ErdsternBlumen-Erdstern (*Geastrum floriforme*), weil die Lappen seiner Exoperidie an Blütenblätter erinnern und sich zudem durch die oben beschriebene hygroskopische Bewegung der Strahlen der Exoperidie öffnen und schließen können. Am häufigsten begegnen uns aber solche Vergleiche bei einem überwiegend tropischen Verwandtschaftskreis von Basidiomyceten, den sogenannten Pilzblumen oder Stinkmorchelartigen Pilzen (*Phallales*). Während die reife Gleba typischer Gasterothecien wie bei den Gattungen der Stäublinge (*Lycoperdon*) und Boviste (*Bovista, Calvatia*) eine trockene, stäubende Substanz aus Capillitium und Sporen darstellt, finden wir die wohl erstaunlichste Art und Weise der Sporenverbreitung unter diesen Pilzen. Im Inneren der geschlossenen Fruchtkörper bilden sich stiel-, säulen-, stern-, armleuchter- oder gitterförmige Receptaculi (Singular Receptaculum), das sind streckungsfähige Träger der Sporenmasse, die nach Autolyse der Basidien feucht bleibt. Die Receptaculi sind porös, bestehen aus Scheingewebe und liegen zunächst zusammengedrängt im Inneren der geschlossenen Fruchtkörper, die man im geschlossenen Zustand als Hexeneier bezeichnet. Die Peridien dieser Gasterothecien reißen im reifen Zustand durch die plötzliche Streckung der Receptaculi apical auf. Beim Streckungsvorgang quellen die Zellen und dehnen sich; es entstehen Hohlräume, sodass die Receptaculi eine leicht knorpelige poröse, brüchige Konsistenz annehmen. Binnen weniger Stunden schiebt sich das Receptaculum samt der Gleba aus dem Hexenei. Man kann diesen Vorgang beobachten, ja sogar akustisch wahrnehmen, denn mitunter ist ein feines Knistern zu hören. Bei der Fruchtkörperöffnung, die notwendigerweise mit Luftzutritt zu den inneren Teilen verbunden ist, werden Geruchsstoffe freigesetzt. Meist entsteht ein übler Aasgeruch, der verschiedene Insekten anlockt (Abb. 3.62). Der Name Aasfliegenpilze, den man gelegentlich für diese Pilze benutzt, geht auf die Tatsache zurück, dass diese Fruchtkörper rasch von Schmeißfliegen besucht werden. Diese Tiere fressen die reife Gleba, den Sporenbrei, sodass es zur endozoochoren Sporenverbreitung kommt. Die

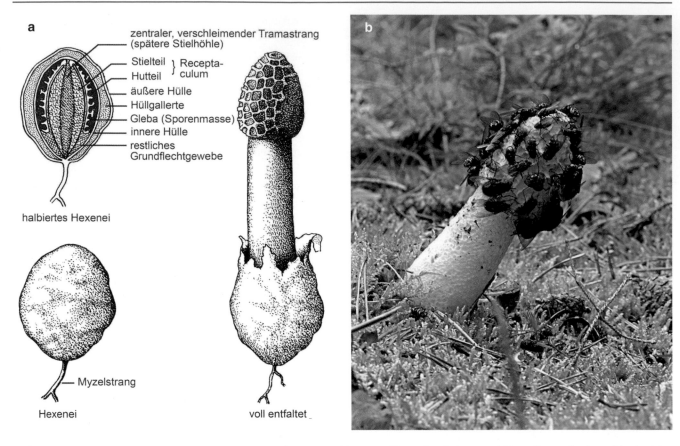

Abb. 3.62 Stinkmorchel (*Phallus impudicus*); (**a**) schematische Darstellung vom Hexenei und einem entfalteten Gasterothecium; (**b**) mit glebasaugenden Fliegen besetztes Exemplar

Sporen werden nach Darmpassage mit dem Kot der Tiere abgesetzt, die übrige Masse der Gleba wird verdaut.

Bei vielen Vertretern dieser Pilze unterstützen auffallende Farben die Insektenanlockung. Das Receptaculum des Roten Gitterlings (*Clathrus ruber*) ist leuchtend lachsrot gefärbt; beim Tintenfischpilz (*Clathrus archeri*) herrschen karminrote Farben vor. Die auffallenden Farben in Verbindung mit der Insektenanlockung und den bizarren Formen haben zu dem Namen Pilzblumen für den gesamten Verwandtschaftskreis der *Phallales* geführt. Der Name Stinkmorchel bezieht sich auf den Geruch und die auffällige Ähnlichkeit des hutförmigen Teils, des Receptaculums, mit dem Hut einer Morchel. In der wissenschaftlichen Bezeichnung (*Phallus impudicus*) vergleicht man die Stinkmorchel mit einem männlichen Glied (*phallus* = erigiertes männliches Glied; *impudicus* = schamlos). Stinkmorcheln sind die häufigsten einheimischen Vertreter der *Phallales*. Auch die Hundsrute (*Mutinus caninus*) gehört zu den heimischen Arten. Ihr Receptaculum ist einfacher gebaut als das der Stinkmorcheln; es besitzt keinen abgesetzten Hutteil. Roter Gitterling und Tintenfischpilz sind dagegen in Mitteleuropa eingeschleppt,

der Gitterling aus Südeuropa, der Tintenfischpilz wahrscheinlich aus Australien. In den tropischen Gebieten der Erde gibt es viele weitere Gattungen und Arten von Pilzblumen. Als Schleierdamen bezeichnet man *Phallus*-Arten, an deren Receptaculum zwischen Hut- und Stielteil ein netzartiges Indusium ausgebildet ist (Abb. 3.63 und 3.64).

Ähnlich wie bei den Echten Trüffeln, den Tuberothecien der Ascomyceten, gibt es auch bei den Basidiomyceten hypogäische Basidiomata, z. B. die Wurzeltrüffeln (Gattung *Rhizopogon*), die Schwanztrüffeln (Gattung *Hysterangium*), die Schleimtrüffeln (Gattung *Melanogaster* Abb. 3.65) und viele andere. Für diese Gasterothecien ist der Tierfraß ebenso wie bei den Trüffeln oder bei der Porenscheibe der Ascomyceten (vgl. Abschn. 3.3.2) der wichtigste Modus der Sporenfreisetzung.

Unsere Beispiele vermitteln natürlich kein vollständiges Bild der Mannigfaltigkeit der Öffnungsmechanismen von Gasterothecien. Die geschilderten Beispiele, bei denen Wind, Wasser, Tritte und Nahrungsaufnahme von Tieren die Sporenfreisetzung und die Sporenausbreitung ermöglichen, ließen sich beträchtlich erweitern. Aber es gibt auch viele weitere Mechanismen, die – ähnlich der Öffnung der Exope-

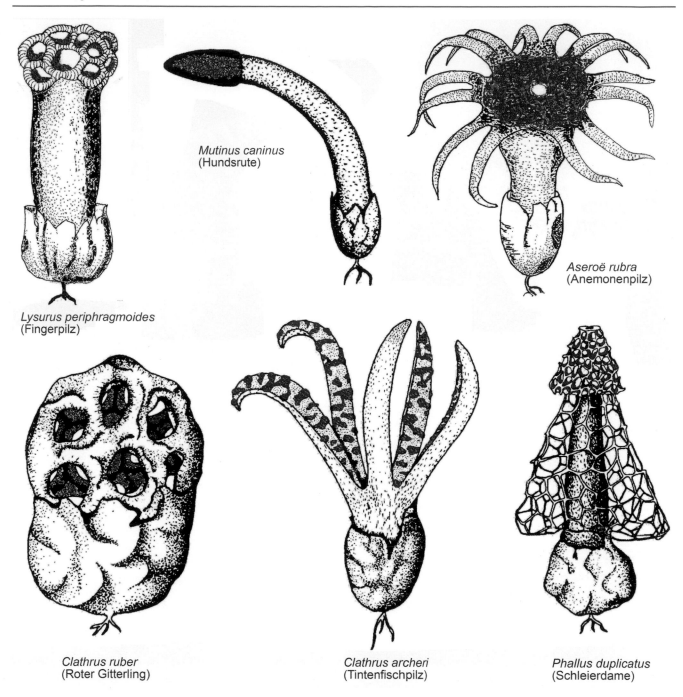

Mutinus caninus
(Hundsrute)

Aseroë rubra
(Anemonenpilz)

Lysurus periphragmoides
(Fingerpilz)

Clathrus ruber
(Roter Gitterling)

Clathrus archeri
(Tintenfischpilz)

Phallus duplicatus
(Schleierdame)

Abb. 3.63 Schematische Darstellung einiger Fruchtkörpertypen stinkmorchelartiger Pilze; die sporenführende Gleba ist rot markiert

ridie der Erdsterne – auf Kräften beruhen, die durch Spannungsverhältnisse vom Pilz selbst erzeugt werden. Bei den etwa 2 mm großen Gasterothecien des Kugelwerfers oder Kugelwerfer (*Sphaerobolus stellatus*) reißt bei Reife die Peridie ebenfalls sternförmig auf, die gesamte Gleba liegt als kleine Kugel im Inneren. Die innere Schicht der vielschichtigen Peridie stülpt sich plötzlich nach oben aus

und schießt die gesamte Glebakugel wie einen kleinen Ball bis über 1 m weit weg. Der Vorgang beruht auf Druckausgleich; es werden durch unterschiedliche Quellung der Peridienschichten Spannungen aufgebaut, die zur explosionsartigen Entladung führen. Auch dieser Vorgang ist akustisch wahrnehmbar. Im Gegensatz zum Knistern bei der Streckung eines *Phallus* entsteht hier ein leiser knallartiger Ton.

Abb. 3.64 Exotische Pilzblumen, die z. T. als Neomyzeten (Neubürger) in Mitteleuropa vorkommen; (**a**) Tintenfischpilz (*Clathrus archeri)*, die Gleba wurde von den ansitzenden Fliegen bereits auf- gesogen; (**b**) Schleierdame (*Phallus merulinus*): (**c**) Roter Gitterling (*Clathrus ruber*); (**d**) Anemonenpilz (*Aseroë rubra*)

Abb. 3.65 Hypogäische Gasterothecien der Weißkammerigen Schleimtrüffel (*Melanogaster ambiguus*); (**a**) geschlossen und aufgeschnitten; (**b**) verschleimende Glebakammern

Vom Leben der Pilze

4

4.1 Nischen des Lebens – das Resultat kleinster Schritte

Wenn wir die enge Anpassung von Organismen an ihre Umwelt bestaunen, sprechen wir oft von einem Wunder der Natur. Wir fragen nach dem „Zweck" von Strukturen oder Vorgängen, glauben in manchen Verhaltensweisen von Tieren Klugheit und geistige Prinzipien zu erkennen. Es fällt mitunter schwer zu akzeptieren, dass all diese erstaunlichen Dinge allein durch jene winzigen, ungezielten Schrittchen von Mutationen und durch Selektion der zufällig besser geeigneten Organismen entstanden sein sollen. Dass auch in unserer Zeit, nahezu 200 Jahre nach dem Erscheinen des Darwin'schen Werkes von der Entstehung der Arten, noch viele ideologische und pantheistische Weltbilder unter den Menschen verbreitet sind, dass den „Wunderwelten" der Organismen Geist und Vernunft zugeschrieben werden, erscheint nicht abwegig. Das Zweckgebundene als geistige Schöpfung zu empfinden, liegt uns Menschen allzu nahe, und ebenso rasch, wie Kinder Gegenstände oder Organismen in ihrer Fantasie vermenschlichen, sind wir geneigt, die Zweckgebundenheit unserer selbst geschaffenen Werke, die vielfältigen technischen Erfindungen, auch für die Erscheinungen der Natur gelten zu lassen. Das rationale Weltbild im Verständnis der Biologie bedarf nicht nur bestimmter Einsichten und Erkenntnisse, sondern es fordert in manchen Bereichen eine völlige Lösung von allem Nichtrationalen, und gerade das fällt oft nicht leicht. Viele Menschen wollen oder können diese Trennung nicht vollziehen; manche suchen sie bewusst zu vermeiden, weil sie fürchten, dass mit ihrer Hinwendung zu einem rationalen Weltbild viele Empfindungen verloren gehen könnten, die ihnen wertvoll sind.

Aber Wissen muss keineswegs mit dem Verlust gefühlvollen Erlebens verbunden sein. Auch wenn wir die Prinzipien der Evolution, das Entstehen der Arten im „Kampf ums Dasein", gegen Konkurrenten und gegen Veränderungen der Umwelt als Faktoren einer „natürlichen Zuchtwahl" erkannt haben, können wir wie vorher einen herbstlichen Birkenhain, der mit Rotkappen und Fliegenpilzen geschmückt ist, als eine harmonische Komposition der Natur, wie ein geliebtes Kunstwerk empfinden. Wir können ein Violinkonzert als überirdische Klänge wahrnehmen, die uns Tränen in die Augen treiben, auch wenn wir die physikalischen Grundlagen der Schallwellen kennen. Idealistische Vorstellungen sind jedenfalls keine Voraussetzung für eine emotionale Naturbetrachtung. Man hat in früheren Zeiten z. B. die parasitischen Kernkeulen, die auf abgetöteten Schmetterlingslarven oder -puppen erscheinen, als Zeichen für die Verwandlung von Tieren in Pflanzen angesehen, und noch im 19. Jahrhundert glaubten manche Naturphilosophen, dass Schmetterlinge aus Blumen entstünden. Trotz unserer heutigen Einsichten in die Zusammenhänge wird dem Naturfreund eine leuchtend orangefarbene Kernkeule auf einer myzeldurchwachsenen Falterpuppe ebenso wie die Pracht einer Gebirgswiese mit Blumen und Schmetterlingen stets Freude bereiten, ja er wird diese vielleicht sogar reiner und klarer empfinden als jemand, der obsoleten Phantasmen der Verwandlung anhängt.

So manche erstaunliche Form und manche merkwürdige Lebensweise der Pilze sind das Ergebnis einer Entwicklung, die wir nur rational ermessen können, wenn wir uns die gewaltigen Zeiträume von vielen Hundert Jahrmillionen vor Augen führen. Parallel zur Eroberung des festen Landes durch die energiebindenden Pioniere, die autotrophen grünen Pflanzen, und parallel mit ihrer Entwicklung vollzog sich auch die Entfaltung der abhängigen heterotrophen Organismen, zu denen in erster Linie Tiere, Pilze und Bakterien gehören. Deren Abhängigkeit von organischer Substanz führte zur Herausbildung erstaunlicher Ernährungsspezialisten. Zum einen waren es die verschiedenen toten Organismen, Organismenteile oder organischen Stoffe, die der Spezialisierung zum Vorteil gereichten. Zum anderen führte das immer dichtere „Heranpirschen" an die Stätten, wo organische Substanzen „produziert" werden, nämlich an die lebenden Organismen der Umwelt, das zum Parasitismus von Pilzen auf oder in anderen Organismen oder zu Symbiosen führt, die als ausgeglichener, wechselseitiger Parasitismus zu verstehen sind.

© Springer-Verlag GmbH Deutschland, ein Teil von Springer Nature 2022
H. Dörfelt et al., *Die Welt der Pilze*, https://doi.org/10.1007/978-3-662-65437-8_4

Damit kennen wir bereits die wichtigsten Lebensformen der Pilze. Sie sind als Saprobionten Bewohner toter organischer Substanzen, können aber auch an lebenden Organismen als Parasiten auftreten oder als Partner von Lebensgemeinschaften in unmittelbarem Kontakt mit anderen Organismen als Symbionten leben. Sie leben saprotroph, parasitisch oder symbiotisch.

Einige saprotrophe Pilze sind sofort als solche zu erkennen. Man findet die Fruchtkörper direkt an den toten Substraten, die vom Myzel abgebaut und als Nahrungsquelle genutzt werden. Hierzu gehören viele holzzerstörende Pilze (xylophage oder lignicole Pilze), Bewohner toter Blätter oder anderer krautiger Pflanzenteile (foliicole und herbaecole Pilze), Bewohner toter Fruchtkörper anderer Pilze (fungicole Pilze), Bewohner tierischer Exkremente (fimicole Pilze) usw. Schwieriger wird die Einschätzung der Lebensweise bei den bodenbewohnenden (terrestrischen oder terricolen) Pilzen. Unter ihnen gibt es sowohl Saprobionten (Abb. 4.1), die vom Humus des Bodens leben, als auch Symbionten (Abb. 4.2), die mit Wurzeln von Pflanzen in direktem Kontakt stehen.

Manche Pilze sind auf Brandstellen spezialisiert (karbophile Pilze). Meist handelt es sich auch bei diesen Arten um

Abb. 4.2 Symbiose; Sandpilz oder Sandröhrling (*Suillus variegatus*) in symbiotischer Gemeinschaft mit Waldkiefern (*Pinus sylvestris*); im Myzelfilz der Stielbasis (Pfeil) findet man bereits mit Myzelmantel umwachsene Feinwurzeln der Kiefer

Saprophyten, aber es kommen auch Symbionten von Moosen vor, die ihrerseits an diese Brandstellen gebunden sind. Wenn Pilze mit Moosen assoziiert sind (bryophile Pilze) oder mit lebenden Pflanzen in direkter Verbindung stehen, dann ist es oft schwer zu unterscheiden, ob es sich um Saprobionten, Symbionten oder Parasiten handelt.

Die parasitische Lebensweise (Abb. 4.3) der Pilze ist ebenfalls sehr vielfältig. Manche Arten töten ihre Wirte oder Teile von diesen durch Ausscheidungen ab, und erst danach können sie sich der organischen Substanzen bemächtigen (perthotrophe oder nekrotrophe Parasiten). In anderen Fällen leben die parasitischen Pilze direkt von der lebenden organischen Substanz ihrer Wirte (biotrophe Parasiten). Es gibt Arten, bei denen der Pilz nur in bestimmten Entwicklungsphasen seines Lebenszyklus parasitisch lebt, in anderen Phasen hingegen saprotroph. Können parasitische Pilze wahlweise unter besonderen Lebensbedingungen saprotroph leben, spricht man von fakultativen Parasiten und stellt sie den obligaten Parasiten gegenüber, deren Existenz an zeitweisen oder steten Parasitismus gebunden ist.

Bei der symbiotischen Lebensweise der Pilze handelt es sich um die bekannten und weitverbreiteten Lebensgemeinschaften (Symbiosen), bei denen die beteiligten Organismen in direktem Kontakt miteinander leben. Es kommt zum Austausch lebenswichtiger Stoffe, z. B. von Nähr- oder Reservestoffen, Vitaminen, Spurenelementen und dergleichen. Die Beziehungen der beteiligten Organismen sind sehr vielfältig, ebenso das Niveau der Abhängigkeit von dieser Lebensweise. In vielen Fällen sind die Partner einer Symbiose (die Symbionten) auch getrennt lebensfähig geblieben, in anderen Fällen gelingt es auch durch ausgeklügelte Methoden nicht, Symbionten ohne ihren Partner am Leben zu erhalten.

Es sei betont, dass der Begriff Symbiose allgemeinsprachlich weiter gefasst wird. Der Begriff wurde im 19. Jahr-

Abb. 4.1 Saprotrophie; Parasolpilz (*Macrolepiota procera*), ein terricoler, saprobiotischer Pilz auf humusreichen Böden in Wäldern und im Offenland

Abb. 4.3 Parasitismus; Telien des Weißdornrostes (*Gymnosporangium clavariiforme*) als biotrophe Parasiten auf Wacholder (*Juniperus communis*)

hundert von dem Mykologen ANTON DE BARY (1831–1888) geprägt. Dieser Autor bezeichnet als Symbiose – dem Sinn des Wortes gemäß – jegliches Zusammenleben, das den Stoffwechsel der beteiligten Organismen bei direktem Körperkontakt beeinflusst, und sprach z. B. auch von parasitischen Symbiosen. In der Mykologie und in der Botanik wurde der Begriffsinhalt eingeschränkt und wird nur dann angewendet, wenn der Stoffaustausch wechselseitig und „von gegenseitigem Nutzen" ist. Obgleich „Nutzen" und „Schaden" niemals klar zu fassen sein werden, verwendet man den Symbiosebegriff einigermaßen eindeutig für das Zusammenleben mit ausgewogenem „Vorteil" für die beteiligten Partner. In der Zoologie und in der Allgemeinsprache wird der Begriff nicht nur in diesem Sinne verwendet, sondern auch für kooperative Beziehungen wie die bekannte Seeanemone auf dem Einsiedlerkrebs.

Symbiosen im definierten Sinne werden in ihrer Bedeutung oft unterschätzt. Sie sind unter den Organismen der Erde häufig anzutreffen. Der endosymbiotische (inner-

symbiotische) Charakter der Mitochondrien und Plastiden – der Atemzentren eukaryotischer Zellen und der Farbstoffkörperchen in den grünen Pflanzenzellen – zeigt, dass Symbiosen sogar eine wichtige Voraussetzung dafür waren, dass sich die Lebewelt der Erde bis zum gegenwärtigen Niveau entwickeln konnte. Denn alle eukaryotischen Organismen einschließlich des Menschen sind aus Einzellern entstanden, die in ihrem Ursprung ein Kompositum aus verschiedenen Organismen waren (vgl. Abschn. 1.1, Abb. 1.1).

Die Flechten und die Pilz-Wurzel-Lebensgemeinschaften (Mykorrhizae) sind die bekanntesten Symbiosen, an denen Pilze beteiligt sind. Flechten bestehen aus Pilzen und Algen oder Cyanobakterien (Blaualgen); bei der Mykorrhiza sind Pilze und Wurzeln von Pflanzen, sowohl von Samenpflanzen als auch von Sporenpflanzen, miteinander verbunden. Die Pilze können dabei wichtige Lebensfunktionen übernehmen, vor allem bei der Ernährung und bei der Umwandlung der aufgenommenen in körpereigene Substanzen. Es ist von Interesse, dass bei den Gefäßkryptogamen, den Farnpflanzen im weiteren Sinne, auch die Gametophyten häufig mycotroph leben. Ähnliche Verhältnisse finden wir bei Lebensgemeinschaften zwischen Moosen und Pilzen. Man spricht hier allgemein von Mykotrophie, von der Ernährung mithilfe von Pilzen.

Die Lebensweise der Pilze erschöpfend in einem einzigen Buch darzustellen ist völlig unmöglich, zu vielfältig sind Spezialisierungen und Besonderheiten einzelner Gruppen. Wir müssen uns hier auf einige Schwerpunkte beschränken, auf prägnante Erscheinungen und wollen auch auf manches aufmerksam machen, was in unserem täglichen Leben bedeutungsvoll sein kann.

4.2 Unauflösbare Bündnisse – die Mykotrophie

4.2.1 Verschiedene Wege, ein Prinzip – die Mykorrhizatypen im Überblick

Erfahrene Speisepilzsammler kennen ihre Pilzgründe. Sie haben gelernt, einem Wald, einer Wiese oder einem Gebüsch anzusehen, ob die „Pilzjagd" erfolgreich sein wird. Unzählige Male sind sie „in die Pilze gegangen" und haben auf kleinen Lichtungen, in dichten Fichten- oder Föhrenschonungen, an feuchten Waldrändern oder in steilen, felsreichen Hangwäldern zahlreiche Pilzarten gefunden. Ihr Hobby verhalf ihnen zu vielseitigen empirischen Kenntnissen der Standorte, an denen die Fruchtkörper der begehrten Speisepilze vorrangig erscheinen. Solche Waldläufer wissen auch, welch entscheidenden Einfluss die Pflanzendecke, die Vegetation, auf das Vorkommen von Pilzen hat.

Fruchtkörper von Großpilzen findet man an sehr vielen Orten, in Gärten und Parks, auf Feldern, Wiesen, Schuttplätzen, in Gebüschen, auf Mist- oder Komposthaufen, in

Abb. 4.4 Mykorrhiza; Kiefernsteinpilz (*Boletus pinophilus*), ein Mykorrhizapilz von Kiefern mit dunkelrotbraunem Hut, im Foto bei Waldkiefern (*Pinus sylvestris*)

Gewächshäusern usw. Die pilzreichsten Standorte aber sind die Wälder, obwohl es auch hier große Unterschiede zwischen den Waldtypen gibt. Der Baumbestand eines Waldes ist ein ganz wesentlicher Faktor für die Pilze. So wachsen manche bodenbewohnende Waldpilze (Abb. 4.4) meist oder stets bei bestimmten Arten oder Gattungen von Bäumen. Hiervon zeugen viele deutsche Pilznamen, wie Birkenpilz, Lärchenröhrling, Pappelritterling, Erlengrübling, Eichenrotkappe, Fichtenblutreizker, Kiefernsteinpilz.

Befassen wir uns mit dieser eigentümlichen Bindung der Pilze an bestimmte Pflanzen etwas genauer! Mykotrophie – darunter versteht man die Ernährung von Pflanzen mithilfe von Pilzen – hat auf unserer Erde sehr vielfältige Gestalt angenommen. Die Ausprägungen dieser Symbiose betreffen nicht nur die Verbindung von Pflanzenwurzeln mit Pilzmyzelien. Auch wurzellose Pflanzen, z. B. die Vorkeime (Protonemata) von Moosen oder von manchen Farnpflanzen, z. B. von Bärlappen, leben mykotroph. Am bekanntesten aber sind die Verbindungen von Pflanzenwurzeln mit bodenbewohnenden Pilzen. Wir bezeichnen sie als Pilzwurzel oder Mykorrhiza (Plural Mykorrhizae oder deutsch Mykorrhizen).

Wenn die Fruchtkörper auf dem Boden wachsen, muss das Myzel im Boden leben. Die Bindung an bestimmte Gehölze scheint deshalb zunächst eine indirekte Beziehung zu sein. Bei näherer Betrachtung erkennen wir aber, dass eine wechselseitige Abhängigkeit zwischen den Pilzen und den Pflanzen durch einen direkten Kontakt besteht. Die Feinheit der Pilzgeflechte verhindert, dass wir diese Beziehung auf den ersten Blick erkennen.

Wir müssen uns einiger Hilfsmittel bedienen. Gräbt man z. B. in einem pilzreichen Gebirgsfichtenwald oder in einer Kiefernschonung ein Stück der feinen Wurzelverzweigungen der Waldbäume aus, so findet man, dass viele der lebenden Feinwurzelspitzen, oft zwischen 80 und 100 %, mit der Lupe betrachtet etwas aufgetrieben und auffallend weiß, gelb,

rötlich oder schwarz erscheinen. Bei mikroskopischer Betrachtung zeigt sich im Querschnitt dieser Wurzelspitzen ein Mantel festgefügter Pilzhyphen. Außerdem finden wir eine charakteristische Rindenstruktur der Wurzelspitzen, oft mit großen Rindenzellen, die von Pilzhyphen umgeben sind. Pilz und Pflanze treten an diesen Stellen miteinander in Kontakt. Wir haben eine weitverbreitete Symbiose vor Augen, die sich in einer lange währenden Entwicklung herausgebildet und zu einem unauflöslichen Bündnis zwischen Pilz und Pflanze, zur Mykorrhiza (Pilzwurzel, verpilzte Wurzel), geführt hat. Mit ihr ist eine sehr zweckmäßig erscheinende und funktionstüchtige Partnerschaft entstanden. Der symbiotische Pilz unterstützt in dieser Lebensgemeinschaft die Pflanze bei ihrer Wasser- und Nährstoffversorgung. Sein Myzel fungiert als „verlängerter Arm" der Pflanzenwurzel. Das weitläufig den Boden durchwachsende Pilzgeflecht vermag viel effektiver als die kurzen Saugwurzeln der Pflanze große Räume des Bodens zu durchdringen und als Nahrungsquelle zu erschließen; denn die aufnahmefähige Oberfläche des feinen und weitverzweigten Systems von Hyphen ist um ein Vielfaches größer als die nährstoff- und wasseraufnehmenden Teile des Wurzelsystems der Pflanzen, das sind die Wurzelhaare der Feinwurzeln. Der heterotrophe Pilz erhält im „Gegenzug" durch das Bündnis die lebensnotwendigen organischen Stoffe als Quelle seines Energie- und Stoffhaushalts. Das Blattwerk der Pflanze kann man als pflanzliche „Fabrik" mit intensiver Ausnutzung der Energiequelle Sonnenlicht ansehen, als primäre Produktionsstätte der organischen Stoffe, die von den vielen heterotrophen Organismen, wie Pilzen, Bakterien und Tieren, nicht selbst synthetisiert werden können. Im Mykorrhizabündnis eröffnet sich den Pilzen eine völlig neue Dimension – der direkte Anschluss an die Primärproduzenten organischer Stoffe.

Ob die Mykorrhiza als wechselseitiger Parasitismus oder als Gemeinschaft zum gegenseitigen Vorteil aufgefasst wird, ist nur ein akademisches Problem. Entscheidend ist, dass hier Gleichgewichte im Geben und Nehmen entstanden sind, die beiden Partnern neue Möglichkeiten eröffnen. Welch große ökologische Bedeutung der Mykorrhiza zukommt, wird aus ihrem häufigen Vorkommen und ihrer weiten Verbreitung auf der Erde ersichtlich. Die Verbindung zeigt einmal mehr, dass aus der Synthese heterogenetischer Organismen völlig verschiedener Verwandtschaftskreise neue Lebensformen entstehen können. Die Lebensgemeinschaft der Mykorrhiza ist für viele Pflanzen und Pilze wichtiger, als man gewöhnlich annimmt. Ihre Bedeutung wird bis heute noch immer von manchen Ökologen, aber auch von Praktikern, wie Förstern, Landwirten und Gärtnern, unterschätzt. Fest steht jedenfalls, dass viel mehr Pflanzen – auch Kulturpflanzen – in Symbiose mit Pilzen leben, als man noch vor wenigen Jahrzehnten glaubte.

Die Erscheinungsformen der Mykorrhiza sind sowohl in struktureller als auch in funktioneller Hinsicht sehr verschieden. Mykorrhiza ist keineswegs auf Großpilze unter den Basidiomyceten und auf Waldbäume beschränkt. Ihre physiologische Bedeutung erstreckt sich auch nicht allein auf die geschilderten Ernährungsverhältnisse. Es können Pilze aus sehr verschiedenen Verwandtschaftskreisen Mykorrhiza bilden. Die „verpilzten" Wurzelspitzen der Pflanzen sind die Kontaktstellen zwischen den beteiligten Organismen. Sie haben, wie auch experimentell nachgewiesen wurde, in besonderer Weise eine Schutzfunktion gegenüber Infektionen der Wurzeln durch Schaderreger. Bei dem in Vergangenheit und Gegenwart in manchen Gegenden Mitteleuropas auftretenden Waldsterben liegt oftmals zunächst eine Schädigung der Mykorrhiza vor. Der Grad der Mykorrhizabildung kann daher in manchen Fällen auch zur Bioindikation und zur Umweltüberwachung genutzt werden.

Die Mannigfaltigkeit der Mykorrhizaformen (Abb. 4.5 und 4.6) hat zu zahlreichen Versuchen angeregt, die Unterschiede auch terminologisch zu erfassen. Zur Klassifizierung werden die Kontaktstellen zwischen den Wurzeln der Pflanzen und den Pilzhyphen herangezogen, vor allem die Anordnung der Hyphen, aber auch die Art und Weise des Stoffaustauschs. Im Groben unterscheidet man zwei verschiedene Formen: die ektotrophe Mykorrhiza und die endotrophe Mykorrhiza.

Die Erstere ist bei Waldbäumen weit verbreitet. Die Spitzen der Feinwurzeln, an denen Pilz und Pflanze in direkten Kontakt treten, sind von einem Hyphenmantel umgeben. Im Inneren der Wurzelrinde liegen die Hyphen zwischen den meist charakteristisch vergrößerten Zellen. Im Querschnitt der verpilzten Wurzeln sind die Hyphen meistens auch zwischen den äußeren Zellen der Wurzel als ein charakteristisches Netzwerk erkennbar. Diese Struktur wird nach ihrem Entdecker, dem Forstbotaniker ROBERT HARTIG (1839–1901), als HARTIG'sches Netz bezeichnet.

Im Gegensatz dazu befinden sich bei den verschiedenen Typen der endotrophen Mykorrhiza Pilzhyphen im Inneren der äußeren Wurzelzellen. Sie können auch in tiefer liegende Wurzelbereiche eindringen, aber in keinem Falle bis in den Zentralzylinder der Wurzel, der von einer charakteristischen inneren Zellschicht, der Endodermis, umgrenzt ist. Es gibt Mykorrhizatypen bei denen die Hyphen im Inneren der Pflanzenzellen zu einem direkten Kontakt der Protoplasten beider Symbionten kommen. Die in die Wurzelzellen eingedrungenen Hyphen sind in der Regel kurzlebig und werden in manchen Fällen von der Pflanze resorbiert („verdaut"). Zwischen den verschieden Typen der ektotrophen und der endotrophen Mykorrhiza gibt es Übergänge, für die auch der Begriff ektendotrophe Mykorrhiza geprägt wurde. Sie besitzen noch einen Myzelmantel und dringen dennoch in die Rindenzellen ein.

Eine besonders wichtige Form der endotrophen Mykorrhiza wird von einer kleinen Gruppe sehr ursprünglicher, „altertümlicher" Pilze, den Glomeromyceten, gebildet. Es

entstehen mitunter zwischen den Wurzelzellen (im Interzellularbereich) bläschenförmige Hyphenabschnitte, sogenannte Vesikel. Im Inneren der Zellen der Wirtspflanzen sorgen bäumchenartig verzweigte Hyphenenden, die Arbuskel, für den Stoffaustausch. Nach diesen Ausbildungsformen der Hyphen wird dieser Mykorrhizatyp VA-Mykorrhiza (vesikulär-arbuskuläre Mykorrhiza) genannt. Weil die Arbuskel die wesentlichen Orte des Stoffaustauschs sind, wird dieser Typ gegenwärtig meist nur noch als A-Mykorrhiza (AM) bezeichnet. Diese Mykorrhizaform ist auch bei vielen wichtigen Kulturpflanzen, z. B. bei Getreide, allgegenwärtig. Die wichtigsten Mykorrhizatypen, ihre Merkmale und die beteiligten Gruppen von Pflanzen und Pilzen sind in den Abb. 4.5 und 4.6 im Überblick zusammengestellt.

4.2.2 Das Myzel als Verlängerung der Feinwurzeln – die Ektomykorrhiza

Betrachten wir zunächst die weitverbreitete ektotrophe Mykorrhiza (auch Ektomykorrhiza oder EM) unserer Waldbäume etwas näher (Abb. 4.7). Das Kürzel EM wird besonders in ökologischen Arbeiten verwendet, in denen Formen mit einem Myzelmantel umspannter Wurzelspitzen vorkommen und der oben erläuterten AM gegenüberstehen. Die Kontaktstellen der äußeren Membranen der Pilzhyphen und des Plasmalemmas, der äußeren Plasmamembran der Zellen der Wurzelrinde, kommen an partiell linienförmig aufgelösten Wandpartien miteinander in direkten Kontakt und stellen die Konnektionen der Hyphen im Waldboden und dem Wurzelsystem der Bäume dar. Die Fruchtkörper werden vom Myzel im Waldboden gebildet. An deren Basis befinden sich oftmals viele mykorrhizierte Wurzelenden, sodass man den Mykobionten anhand des Fruchtkörpers bestimmen kann und durch die Analyse der Wurzelmorphologie und -anatomie auch auf den Phytobionten schließen kann.

Die Intensität der Fotosynthese der Bäume und die davon abhängige Konzentration löslicher Kohlenhydrate in den Wurzeln sind für eine optimale Ausbildung der Symbiose ebenso von Bedeutung wie das Angebot an Mineralstoffen im Boden, besonders an Stickstoff- und Phosphorverbindungen. Auch Phytohormone spielen bei der Ausbildung der Mykorrhiza eine wichtige Rolle. Die Kurzwurzeln (Saugwurzeln) tragen bei nicht verpilzten Wurzelsystemen die aufnahmeaktiven Wurzelhaare. Das Eindringen der Hyphen bewirkt zunächst eine höhere Konzentration von Auxin, einem Hormon des Streckungswachstums, in der Wurzelspitze. Außerdem werden vom Pilz Cytokinine, Hormone der Zellteilung, gebildet. Es kommt zu einer Erhöhung der Konzentration löslicher Kohlenhydrate und anderer organischer Verbindungen in den verpilzten Wurzelspitzen. Dadurch stellt sich ein für beide Partner optimales Gleichgewicht ein. Die

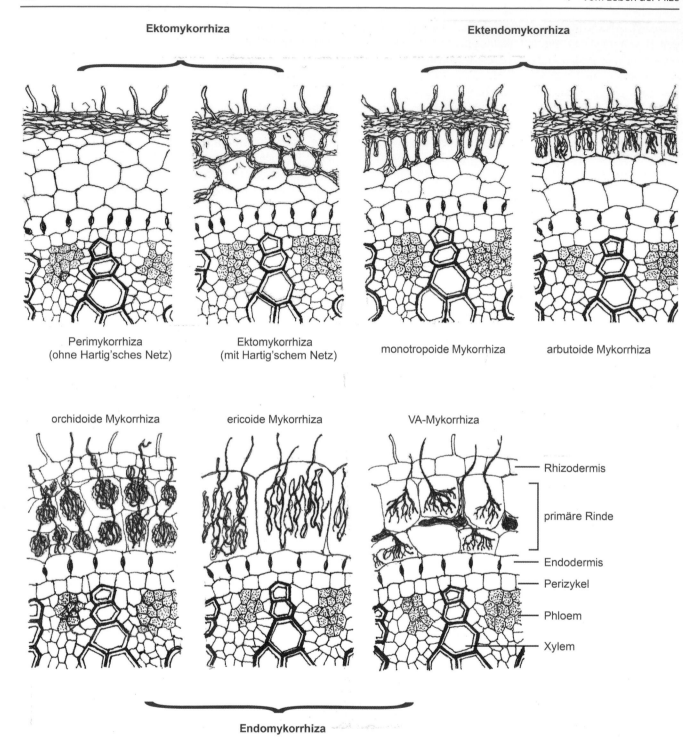

Abb. 4.5 Schematische Darstellung der Mykorrhizatypen (rot = Pilz, schwarz = Pflanze) im Querschnitt verpilzter Wurzelspitzen

verpilzten Wurzelspitzen sind länger funktionstüchtig als unverpilzte, sie können ein bis zwei Jahre alt werden. Kurzwurzeln ohne Pilze hingegen tragen meist nur wenige Wochen lang Wurzelhaare. Anhand des Myzelmantels, der die verpilzten Wurzelspitzen umgibt, lassen sich Kurzwurzeln mit Pilzen von solchen ohne Pilze meist gut unterscheiden. Schon bei Lupenvergrößerung ist eine grobe Orientierung möglich; mikroskopische Studien verschaffen bei einiger Erfahrung Sicherheit, ob eine Kurzwurzel verpilzt ist oder nicht. Es kommen mitunter sehr markante Formen der verpilzten Wurzelspitzen vor, die bereits Hinweise auf die systematische Gruppe oder sogar auf die Art des beteiligten Pilzes geben können. Die verpilzten Wurzelspitzen können z. B. keulenförmig, korallenartig oder kammartig verzweigt sein.

Die wichtigsten Mykorrhizatypen und ihre Charakteristika

| Typ | Charakteristik | vorrangig beteiligte Organismen | |
| | | Phytobionten | Mykobionten |
-Subtypen			
Ektomykorrhiza	mit plectenchymatischem bis pseudoparenchymatischem Myzelmantel ohne intrazelluläre Hyphen		
-Ektomykorrhiza	mit Hartig'schem Netz	Gehölze verschiedener Verwandtschaftskreise	Basidiomyceten, z.B. viele *Boletales* und *Agaricales*
-Perimykorrhiza	ohne Hartigsches Netz	_ '' _	_ '' _
Ektendomykorrhiza	mit Hartig'schem Netz mit intrazellulären Hyphen		
-arbutoide Mykorrhiza	intrazelluläre Hyphen geknäult	Ericaceae: *Arbutus* und *Arctostaphylos*	Basidiomyceten, insbesondere *Agaricales*
-monotropoide Mykorrhiza	intrazelluläre Hyphen kurz, apikal aufreißend	div. *Pyrolaceae* u. *Monotropaceae*	Basidiomyceten der *Boletales*
Endomykorrhiza	ohne Myzelmantel, ausschließlich intra- und interzelluläre Hyphen		
-orchidoide Mykorrhiza	mit intrazellulären Hyphenknäueln in äußeren und inneren Schichten der Wurzelrinde	*Orchidaceae*	Heterobasidiomyceten, einige Homobasidiomyceten
-ericoide Mykorrhiza	intrazelluläre Hyphen nur in äußeren Schichten der Wurzelrinde	div. *Ericaceae*	hauptsächlich Anamorphen von Ascomyceten
- VA-Mykorrhiza	intrazelluläre Hyphen bäumchenartig verzweigt (Arbusculae), zusätzlich Bildung von Vesiculae	viele Familien der Farnpflanzen, der *Mono-* und *Dicotyledonopsida*	nur *Glomeromycota*

Abb. 4.6 Übersicht über die Mykorrhizatypen und die daran beteiligten Organismengruppen

Genaue Analysen des Myzelmantels, von dessen äußerer und innerer Struktur, sind nur mithilfe komplizierter mikroskopischer Studien möglich (Abb. 4.8 und 4.9).

Die physiologische Bedeutung der EM für die beteiligten Pflanzen ist sehr groß. Die Aufnahme von Wasser, von Phosphor-, Stickstoff- und Calciumionen durch die Pilze und ihr Transport in die Pflanze sind experimentell durch radioaktiv markierte Substanzen nachgewiesen. Es gibt zahlreiche Versuche, die eindeutig beweisen, dass Bäume, z. B. Kiefern, durch die Mykorrhiza besser gedeihen als Bäume ohne verpilzte Wurzelspitzen und im gleichen Zeitraum mehr Biomasse produzieren. Dies hängt nicht nur mit der vermehrten Aufnahme bestimmter Stoffe über den Symbiosepartner zusammen, sondern auch damit, dass von Pilzen manche Substanzen besser aufgeschlossen und nutzbar gemacht werden können als von der Pflanze allein. Die Vorteile für den pflanzlichen Partner, den Phytobionten, hängen auch von der Art des pilzlichen Partners, des Mykobionten, ab, denn verschiedene EM-Pilze weisen hinsichtlich der Stoffaufnahme durchaus eine unterschiedliche Leistungsfähigkeit auf. Die

Gehölzarten, die ektotrophe Mykorrhiza bilden, haben stets mehrere potenzielle Partner unter den EM-Pilzen. Welche Pilze jeweils als Partner auftreten, ist unter anderem vom Standort abhängig, aber auch vom Zustand der Pflanzen, z. B. von ihrem Lebensalter. Unter den EM-Pilzen von Kiefern, Lärchen, Buchen und anderen gibt es beispielsweise Arten, die in Mitteleuropa ausschließlich auf Kalkböden vorkommen; andere sind auf saure Silikatböden beschränkt und wieder andere stellen keine Ansprüche an die Azidität, den Säuregrad, des Bodens. Einige Beispiele sind in Tab. 4.1 zusammengestellt.

Unterschiede gibt es aber nicht nur bei der Partnerschaft in Abhängigkeit von Bodenfaktoren und Alter der Gehölze, sondern auch hinsichtlich der Häufigkeit der Mykorrhizae, der Mykorrhizafrequenz. Ein Maß dafür ist z. B. das Verhältnis von verpilzten zu unverpilzten Wurzelspitzen. Es kann zwischen 0 und 100 % schwanken. Andere Beziehungen sind z. B. das Verhältnis der mykorrhizierten Wurzelspitzen zum Trockengewicht oder zur Länge der Feinwuzeln pro einer Einheit des Bodenvolumens.

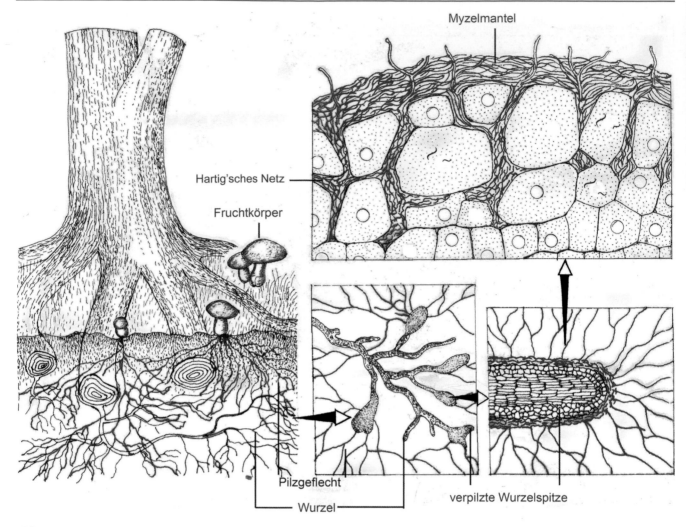

Abb. 4.7   Schematische Darstellung der ektotrophen Mykorrhiza (rot = Pilz, schwarz = Pflanze)

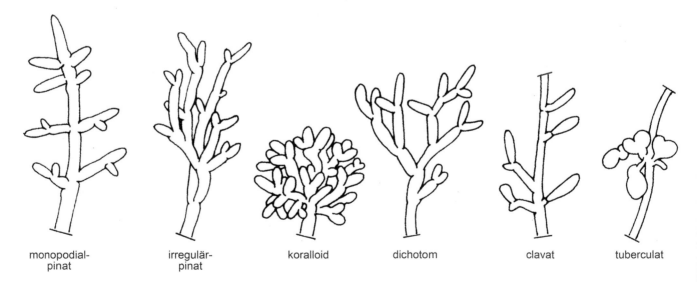

Abb. 4.8   Schematische Darstellung verschiedener Formen verpilzter Kurzwurzeln

Tab. 4.1 Beispiele spezialisierter Mykorrhizapilze

Gehölz-gattung bzw. -art	Mykorrhizapilz		
	vorwiegend auf		ohne Bindung an den Säuregrad des Bodens
	basischen Böden	sauren Böden	
Lärchen (*Larix*-Arten)	Rostroter Lärchenröhrling (*Suillus tridentinus*)	Lärchenschneckling (*Hygrophorus lucorum*)	Goldröhrling (*Suillus grevillei*)
Kiefern (zweinadelige *Pinus*-Arten)	Grauweißer Schneckling (*Hygrophorus latitabundus*)	Moorröhrling (*Suillus flavidus*)	Butterpilz (*Suillus luteus*)
Fichten (*Picea*-Arten)	Grubiger Milchling (*Lactarius scrobiculatus*)	Rotbrauner Milchling (*Lactarius rufus*)	Pustelschneckling (*Hygrophorus pustulatuts*)
Buche (*Fagus sylvatica*)	Buchen-Heringstäubling (*Russula faginea*)	Buchenmilchling (*Lactarius subdulcis*)	Frauentäubling (*Russula cyanoxantha*)
Eichen (*Quercus*-Arten)	Trockener Schneckling (*Hygrophorus penarius*)	Goldflüssiger Milchling (*Lactarius chrysorrheus*)	Eichenmilchling (*Lactarius quietus*)
Birken (*Betula*-Arten)	Birkenschneckling (*Hygrophorus hedrychii*))	Chromgelber Täubling (*Russula claroflava*)	Birkenmilchling (*Lactarius torminosus*)

Abb. 4.9 Ektotrophe Mykorrhiza; (**a**) an Fichte (*Picea abies*); (**b**) an Waldkiefer (*Pinus sylvestris*); die Spitzen der Langwurzeln (1) sind mykorrhizafrei, die auszweigenden Saugwurzeln sind monopodial (2) bzw. koralloid (3) verzweigt und von Hyphenmänteln umgeben; abgestorbene Wurzelspitzen sind morsch und werden schwarz (4)

Unterschiedliche Mykorrhizafrequenzen sind oft schon im Wurzelsystem eines einzigen Baumes festzustellen. Meist ist dieser Wert in den oberen, humusreichen Schichten des Bodens höher als in tieferen Bodenschichten, wo mehr unverpilzte Wurzelspitzen vorkommen können. Dies deutet darauf hin, dass die Bedingungen, die der Pilz zum Leben braucht, nicht allein vom pflanzlichen Partner, sondern auch von edaphischen (den Boden betreffenden) Faktoren abhängig sind.

Unterschiede in der Mykorrhizafrequenz ergeben sich auch aus unterschiedlichen Standortfaktoren der Gehölze, insbesondere in Bezug auf Feuchtigkeit, Nährstoffgehalte und die bereits erwähnte Azidität der Böden. So liegt z. B. die EM-Frequenz der Stieleiche in Auwäldern meist deutlich unter den Werten von trockenen, nährstoffärmeren Eichenwäldern. Im Prinzip ist das Gehölz bei optimaler Nährstoffsituation im Waldboden weniger von der EM abhängig als auf Extremstandorten. Aber es kommen auch völlig gegenteilige Effekte vor, wenn z. B. an pilzfeindlichen Extremstandorten der Pilz nicht lebensfähig ist, kann es zu verkrüppelten Bäumen mit einem verhältnismäßigen weitläufigem Wurzelsystem mit unverpilzten Wurzeln kommen. Man muss hierbei bedenken, dass die Myzelien der EM-Pilze wenigstens teilweise saprotroph leben und auch „Ansprüche" an die Bodenfaktoren haben.

Der Rückgang mancher EM-Pilze durch die Walddüngung ist in diesem Zusammenhang zu sehen, desgleichen die Auswirkungen der allgemeinen Eutrophierung (Nährstoffanreicherung) in vielen Kulturlandschaften der Erde.

Es gibt Bemühungen, das Aufkommen von Fruchtkörpern mancher EM-Pilze und auch die Mykorrhizafrequenz sowohl als Methoden der Bioindikation (Anzeige von Umweltveränderungen durch biologische Objekte) als auch des Biomonitorings (Umweltüberwachung durch biologische Objekte) zu nutzen. Klare Ergebnisse liegen durch die Auswertung von Düngeversuchen in Wäldern in Beziehung zur Fruchtkörperbildung der Pilze vor. Manche Nährstoffe fördern die Mykorrhiza, andere hemmen sie oder führen zu ihrem Zusammenbruch, wenn bestimmte Konzentrationen über- oder unterschritten werden. Ersteres trifft z. B. in vielen Fällen für hohe Stickstoffgaben zu. Es ist daher notwendig, bei der Walddüngung die Entwicklung der EM zu berücksichtigen, weil durch die Düngung ein wesentlicher Faktor der Nährstoffversorgung der Bäume ausgeschaltet oder geschädigt werden kann. Die Abhängigkeit der EM von den Bodenverhältnissen und den kultivierten Baumarten macht es erforderlich, Modelle der Mykorrhizaentwicklung in Abhängigkeit von diesen Faktoren zu erarbeiten. Die EM ist somit ein wichtiger Faktor der Wald- und Forstökologie und damit auch der gesamten Forstwirtschaft.

Natürlich sind auch endogene Faktoren der einzelnen Gehölzarten für die Ausbildung der EM von Bedeutung. Es gibt Gehölze, z. B. Rosskastanien und Robinien, die anektotroph, d. h. ohne diese Ernährungsweise, leben. Andere werden als schwach ektotroph eingeschätzt, z. B. Ulmen, Ahorne, Linden, Eschen, Äpfel, Birnen und Ebereschen. Wieder andere, z. B. Fichten, Tannen, Kiefern, Lärchen, Buchen, Eichen, Birken, Hainbuchen und Pappeln, sind in hohem Maße an die EM gebunden.

Wenn sich manche Gehölze als anektotroph herausgestellt haben, so bedeutet das jedoch nicht, dass sie völlig ohne symbiotische Pilze leben. Es hat sich gezeigt, dass andere Formen der Mykorrhiza, vor allem die endotrophe VA-Mykorrhiza, eine wesentliche Rolle spielen können. Diese lässt sich aber nur nach Präparation der Wurzeln feststellen und in vielen Fällen ist noch unbekannt, ob diese für die beteiligten Pflanzen oft nur fakultative Symbiose gebildet werden kann. Im Allgemeinen hat sich aber herausgestellt, dass anektotrophe Gehölze vermehrt endotrophe VA-Mykorrhiza aufweisen.

Die Entwicklung der ektotrophen Mykorrhiza der Gehölze hängt auch vom Vorhandensein der Keimzellen der infrage kommenden Mykorrhizapilze ab. Dies spielt besonders bei der Neuaufforstung von Landschaftsteilen eine Rolle. Wenn man beispielsweise Ackerland oder umgebrochenes Grünland aufforstet, fehlen die Keime der potenziellen Mykorrhizapartner im Boden. Ebenso sind bei der Pflanzung fremdländischer Gehölze mitunter die spezifischen Mykorrhizapartner nicht vorhanden, weil diese nur in der Heimat der betreffenden Gehölze vorkommen.

Heute ist es aber durch die Kenntnisse über spezielle Partnerschaften möglich, die Bildung der EM in der Forstwirtschaft zu beschleunigen. Da sich besonders bei Aufforstungen ehemaliger Acker-, Grünland- oder Steppenstandorte die Mykorrhizabildung nur langsam vollzieht, versetzt man den Boden mit Walderde (sogenannter Impferde), in der sich Myzelfragmente oder Sporen des gewünschten Mykorrhizapilzes befinden. Auch Sporensuspensionen, zerkleinerte Wurzeln mit verpilzten Wurzelspitzen, Frucht-

Abb. 4.10 Ausgraben von Sämlingen in einem durch EM-Symbiose geprägten Kiefernwald für die Aufforstung neuer Bestände

körperteile des betreffenden Pilzes oder Myzel aus Reinkulturen werden verwendet.

Einfacher ist es, bereits mit EM versehene Gehölze anzupflanzen. Das kann z. B. durch Ausgraben von Sämlingen in Wäldern geschehen, in denen die Althölzer mykorrhyziert sind und die EM-Pilze bereits auf die Jungpflanzen übergegriffen haben (Abb. 4.10).

Ähnlich wie bei den Gehölzen gibt es auch bei den beteiligten Pilzen graduelle Unterschiede im Hinblick auf die Abhängigkeit von der Symbiose. Bei vielen EM-Pilzen hängt der Stoffwechsel so stark vom autotrophen Partner ab, dass eine eigenständige Ernährung durch organische Stoffe des Waldbodens nur in beschränktem Maße möglich ist. Die Potenzen zum Abbau organischer Nährstoff- und Energieträger durch eigene Enzyme sind gering. Es besteht auch oft eine Abhängigkeit bezüglich des Vitaminbedarfs der Pilze. Reinkulturen von Mykorrhizapilzen auf künstlichen Nährböden können deshalb mitunter große Schwierigkeiten bereiten.

Bei vielen EM-Pilzen werden während der Fruchtkörperbildung große Mengen von Assimilaten der Pflanzen aufgenommen, rasch in körpereigene Substanzen umgewandelt und zur Entwicklung der Fruchtkörper genutzt. Viele Speisepilze, das sogenannte „Fleisch des Waldes", sind also auf kürzestem Wege umgebildete Photosyntheseprodukte der Waldbäume.

Wir können uns das Funktionieren der ektotrophen Mykorrhiza an einem Gleichnis veranschaulichen:

Man stelle sich in einer armen Gegend der Erde einen Bäcker vor, der sich das Mehl von einem entfernten Markt beschaffen muss. Er kann davon nur eine begrenzte Menge holen und nur so viel Brot verkaufen, dass es zu einem bescheidenen Leben reicht. Seine Öfen sind nur kurzzeitig in Betrieb, viel Energie bleibt ungenutzt. Sein Nachbar, ein Bauer, lebt ebenso bescheiden. Er schleppt sein Korn zum entfernten Markt, wo es gemahlen und verkauft wird. Sein tägliches Brot bringt er sich von dort mit.

Dann kommt es zu einem Bündnis. Die beiden finden einen Weg, gemeinsam das Korn zu mahlen und auf kurzem Weg zum benachbarten Bäcker zu bringen, der nun viel Zeit spart, mehr Brot bäckt als je zuvor und dem Bauern ohne Verlust so viel davon geben kann, dass es auch diesem besser geht als vorher. Beide verbrauchen weniger Energie und müssen nicht zum entfernten Markt; die Bäckerei arbeitet länger, die Öfen werden besser ausgelastet.

Der „Kurzschluss" gereicht beiden zum Vorteil. Sie werden aber voneinander abhängig, und schon bald haben die Partner ihren Tagesablauf, das Heranschleppen des Rohstoffs und die Vergütung mit dem lebensnotwendigen Brot, so aufeinander abgestimmt, dass sich keiner der beiden mehr ohne den anderen unter den harten Bedingungen der ärmlichen Wirtschaft zurechtfände. Das bessere Leben hat Folgen: Man wird bequemer und stellt sich ganz auf die neue erfolgreiche Wirtschaftsform ein, es entstehen auch neue Strukturen der Anpassung, ein befestigter Weg zwischen den Partnern.

Natürlich kann dieses Gleichnis nicht die komplizierten physiologischen Beziehungen der Ektomykorrhiza deutlich machen. Es soll lediglich die neue Qualität des gegenseitig förderlichen Einflusses veranschaulichen, der eine neue gemeinsame Entwicklung nach sich zieht, welche schließlich auch eine Änderung der Struktur des gesamten Umweltsystems mit sich bringt.

Wie wir schon bei den pflanzlichen Mykorrhizapartnern feststellen konnten, weisen auch die Konsumenten der organischen Stoffe, also die Mykorrhizapilze, große Unterschiede hinsichtlich der Abhängigkeit von der Lebensgemeinschaft auf. Wir sprechen von obligaten Mykorrhizapilzen, wenn wir annehmen, dass der Entwicklungszyklus der Pilze in der Natur nur dann vollständig bis zur Ausbildung sporulierender Fruchtkörper ablaufen kann, wenn – wenigstens zeitweise – eine Mykorrhizapartnerschaft besteht. Fakultative Mykorrhizapilze können hingegen auch in freier Natur unabhängig von der Mykorrhiza alle Lebensphasen durchlaufen und Fruchtkörper bilden. Sie gedeihen aber besser, wenn sie in Mykorrhizapartnerschaft leben. Da experimentell die Möglichkeit der Mykorrhizabildung nachweisbar ist, nicht aber die Frage beantwortet werden kann, ob der Pilz unter natürlichen Bedingungen auch ohne Mykorrhiza auszukommen und Fruchtkörper zu bilden vermag, ist unser Wissen über fakultative oder obligate Mykorrhizabildung zahlreicher Pilze recht lückenhaft und stützt sich in vielen Fällen allein auf feldmykologische Beobachtungen.

Experimentelle Mykorrhizasynthesen mit Reinkulturen von Pilzen und Gehölzen haben vor allem in der Forschung aber auch in der Forstwirtschaft oder bei der Produktion von Speisepilzen Bedeutung. Kokulturen der Symbiosepartner werden hierbei unter sterilen oder halbsterilen Bedingungen angelegt.

Experimentell konnten sogar bereits Fruchtkörper auch von solchen Mykorrhizapilzen in Reinkultur gezüchtet werden, die unter natürlichen Bedingungen als obligate Mykorrhizapartner gelten (Abb. 4.11), z. B. gelang dies beim Maronenröhrling (*Imleria badia*). Man kann daraus schließen, dass unter bestimmten Bedingungen beide Symbionten auch in der freien Natur allein lebensfähig sind. Unter natürlichen Bedingungen sind sie aber in sehr unterschiedlicher Weise teilweise oder vollständig von der Partnerschaft abhängig und können ohne geeigneten Partner keine Fruchtkörper bilden. Die Bezeichnung „obligate Mykorrhizapilze" bezieht sich auf die ökologischen Bedingungen in der freien Natur.

Die meisten Röhrlinge (*Boletus*-Arten im engeren Sinne; Abb. 4.12), die Hohlfußröhrlinge (*Boletinus*-Arten), Schmierröhrlinge (*Suillus*-Arten), die Raufüße (*Leccinum*-Arten) werden als obligate Mykorrhizapilze angesehen, desgleichen zahlreiche Blätterpilze wie die Wulstlinge (*Amanita*-Arten), die Schleierlinge (*Cortinarius*-Arten; Abb. 4.13), Risspilze (*Inocybe*-Arten), Hautköpfe (*Dermocybe*-Arten), Schnecklinge (*Hygrophorus*-Arten), Ritterlinge (*Tricholoma*-Arten; Abb. 4.14), auch die Milchlinge (*Lactarius*-Arten

Abb. 4.11 Synthese der ektotrophen Mykorrhiza eines Fichtenkeimlings durch eine Reinkultur des Bärtigen Ritterlings (*Tricholoma vaccinum*); (**a**) Impfinokulat der Myzelkultur; (**b**) Feinwurzel mit beginnender Myzelmantelbildung

Abb. 4.12 Die Gattung der Schleierlinge (*Cortinarius*) gehört mit ca. 500 mitteleuropäischen und weltweit über 2000 Arten zu den artenreichsten Großpilzgattungen, die durchweg an die EM-Symbiose gebunden sind; im Bild der Ziegelgelbe Schleimkopf (*Cortinarius varius*), ein Nadelholz begleitender Speisepilz

Abb. 4.13 Die meisten Röhrlinge der Fam. *Boletaceae*, unter ihnen die bekanntesten Speisepilze, wie Steinpilze, Birkenpilze, Rotkappen und Maronenröhrlinge, sind an die EM-Symbiose gebunden; im Bild der Flockenstielige Hexenröhrling (*Neoboletus erythropus*), ein ergiebiger Speisepilz

Abb. 4.14 Die miteinander verwandten, artenreichen Gattungen der Milchlinge (*Lactarius*) und Täublinge (*Russula*) sind obligate EM-Pilze; (**a**) Goldtäubling (*Russula aurata*); (**b**) Birkenreizker (*Lactarius torminosus*)

Abb. 4.15) und Täublinge (*Russula*-Arten; Abb. 4.15). Für manche Filzröhrlinge (*Xerocomus*-Arten), beispielsweise für die Ziegenlippe (*Xerocomus subtomentosus*), ist auch unter natürlichen Bedingungen die Fruchtkörperbildung ohne EM-Symbiose fakultativ möglich, ebenso beim Rotfußröhrling (*Xerocomus chrysenteron*) und beim Kahlen Krempling (*Paxillus involutus*).

Eine große Vielfalt begegnet uns auch bei den potenziellen pflanzlichen Partnern der EM. Manche von diesen Pilzen sind wenig wählerisch und können mit vielen Gehölzen eine Partnerschaft eingehen. Der Perlpilz (*Amanita rubescens*) bildet z. B. mit zahlreichen Laub- und Nadelgehölzen EM. Andere Arten sind oft ausschließlich mit einer einzigen Gehölzgattung, in einigen Fällen sogar nur mit einem ein-

Abb. 4.15 Die mehr als 60 Arten umfassende Gattung der Ritterlinge (*Tricholoma*) sind EM-Pilze; (**a**) Erdritterling (*Tricholoma terreum*); (**b**) Schwefelritterling (*Tricholoma sulphureum*)

zigen Verwandtschaftskreis einer Gattung oder mit nur einer einzigen Art in Partnerschaft verbunden. Allgemein bekannt ist bei Speisepilzsammlern z. B. das ausschließliche Vorkommen mancher EM-Pilze bei Lärchen, bei zweinadeligen Kiefern oder isolierten Arten fünfnadeliger Kiefern.

Zahlreiche Arten von Mykorrhizapilzen, die mit relativ vielen Partnern EM-Symbiosen eingehen können, leben zumindest vorrangig mit Gehölzen zusammen, die untereinander verwandtschaftliche Beziehungen aufweisen, z. B. mit Nadelgehölzen (*Gymnospermae*), mit Buchengewächsen (*Fagaceae*) oder mit Birkengewächsen (*Betulaceae*). Andere Arten leben mit Gehölzen zusammen, die unterschiedlichen Verwandtschaftskreisen angehören, aber in ökologischer Hinsicht miteinander Beziehungen aufweisen. Bekannt sind beispielsweise EM-Pilze, die in Mitteleuropa bei Fichten (*Picea abies*), Tannen (*Abies alba*) und auch bei Buchen (*Fagus sylvatica*) wachsen. Diese drei Gehölze sind in submontanen Lagen europäischer Gebirge häufig miteinander vergesellschaftet. Solche Pilze haben dann oft auch in dem Bereich, wo sich die Areale dieser Gehölze überschneiden, ihr Hauptverbreitungsgebiet.

Wir können die Partnerschaft von untereinander verwandten Pilzen mit untereinander verwandten Gehölzen bei enger Spezialisierung der Pilze als eine Koevolution (gemeinsame Entwicklung) von Pilzen und Gehölzen erklären. Im Falle der Partnerschaft mit ökologischen Gruppen von Gehölzen ist eine ökologische Spezialisierung von Pilzen wahrscheinlich, die ursprünglich zur Symbiose mit einem breiten Spektrum verschiedener Gehölze befähigt waren.

Sehen wir uns schließlich noch einige spezialisierte und weniger spezialisierte EM-Pilze an. Zu den bekanntesten

Abb. 4.16 Lärchenschneckling (*Hygrophorus lucorum*); ein spezialisierter Lärchenbegleiter

Lärchen-Spezialisten unter den Mykorrhizapilzen gehören der Goldröhrling (*Suillus grevillei*), der Graue Lärchenröhrling (*Suillus aeruginascens*), der Rostrote Lärchenröhrling (*Suillus tridentinus*), der Lärchenschneckling (*Hygrophorus lucorum*; Abb. 4.16), der Lärchenmilchling (*Lactarius porninsis*) und der Hohlfußröhrling (*Boletinus cavipes*).

Die Kiefern-Mykorrhizapilze lassen sich in Begleiter von Kiefern mit zweinadeligen Kurztrieben und solchen mit fünfnadeligen Kurztrieben gruppieren. Auf zweinadelige

Kiefern spezialisiert sind z. B. der Butterpilz (*Suillus luteus*), der Körnchenröhrling (*Suillus granulatus*), der Ringlose Butterpilz (*Suillus collinitus*), der Kuhpilz (*Suillus bovinus*), der Sandpilz oder Sandröhrling (*Suillus variegatus*; Abb. 4.2), der Moorröhrling (*Suillus flavidus*) und einige andere. Bei fünfnadeligen Kiefern wachsen unter anderen der Beringte Zirbenröhrling (*Suillus sibiricus*), der Elfenbeinröhrling (*Suillus placidus*) und der Zirben- oder Arvenröhrling (*Suillus plorans*). Die beiden letztgenannten Arten kommen in Europa vorrangig nur bei einer einzigen Baumart vor, nämlich bei Weymouthskiefern (*Pinus strobus*) bzw. bei Zirbelkiefern (*Pinus cembra*). Diese Beispiele ließen sich beliebig fortsetzen, kennen wir doch auch auf Birken, Buchen, Eichen, Erlen, Fichten und weiteren Gehölzen angewiesene Spezialisten.

Zu den weniger spezialisierten Arten unter den EM-Pilzen, die hauptsächlich bei untereinander verwandten Gehölzen vorkommen, gehören die Begleiter von Eichen oder Buchen, wie der Anhängselröhrling (*Boletus appendiculatus*) und der Satanspilz (*Boletus satanas*). Als Fichten- oder Buchenbegleiter sind der Königsfliegenpilz (*Amanita regalis*), der Düstere Röhrling (*Porphyrellus porphyrosporus*), der Wieseltäubling (*Russula mustelina*) und der Schönfußröhrling (*Boletus calopus*) zu nennen. Bei diesen Sippen wurden mehrfach Tendenzen der Spezialisierung auf nur ein Partnergehölz festgestellt; verschiedentlich sind z. B. an Buche oder Fichte gebundene Kleinarten oder „Ökotypen" beschrieben worden.

Es kommen auch Mykorrhizapilze vor, die zwar hauptsächlich bei einzelnen Arten oder Artengruppen bestimmter Gehölze auftreten, ausnahmsweise aber auch mit anderen Gehölzen Mykorrhizen bilden können. Ein typisches Beispiel dafür ist der Maronenröhrling (*Imleria badia*), der meist mit Nadelgehölzen wie Fichten, Tannen und Kiefern in Verbindung steht, aber vereinzelt auch mit verschiedenen Laubgehölzen, z. B. mit Buchen, Eichen und Erlen, EM bilden kann.

Als sehr schwierig für die feldmykologische Arbeit und die Systematik erweist sich die Tendenz der Spezialisierung mehrerer Gattungen von EM-Pilzen auf bestimmte Gehölze, beispielsweise aus dem Verwandtschaftskreis der Rotkappen (*Leccinum*-Arten) und der Steinpilze (*Boletus*-Arten). Es entstehen ökologische Typen, die auf Gehölzgattungen oder -arten spezialisiert sind, sich aber im Hinblick auf die Morphologie der Fruchtkörper nur geringfügig oder gar nicht unterscheiden. Wenn man in solchen Fällen die Arten so eng umgrenzt, dass die Artgrenzen nur für einzelne Ökotypen, Populationen oder Stämme festgelegt werden, führt dies oft zu erheblichen Konfusionen in der Systematik und Nomenklatur. Unterschiedliche Artauffassungen und die sich daraus ergebenden nomenklatorischen Probleme sind manchmal so groß, dass die Namen eng umgrenzter Arten nicht mehr als Grundlage für angewandte

Arbeiten, z. B. in der Ökologie, beim Pilzschutz, oder für pilzfloristische Erhebungen dienen können. Andererseits führen sehr weit gefasste Artgrenzen zu Sippen, die keine ökologische Aussagekraft mehr haben. Bei einem zu engen Artkonzept in den Verwandtschaftskreisen der Rotkappen und Steinpilze ist z. B. eine Bestimmung der zahlreichen neu beschriebenen Kleinarten in manchen Fällen nur noch mit Kenntnis des pflanzlichen Mykorrhizapartners möglich, der oft im Gelände nicht zweifelsfrei ermittelt werden kann. Andererseits kann eine allzu weite Artauffassung einer Bearbeitung ökologischer Details sehr hinderlich sein. Der Name *Hygrophorus eburneus* s. l. (im weiten Sinne) als Bezeichnung für alle weißen Schnecklinge des Verwandtschaftskreises hat z. B. viel weniger Wert bezüglich der ökologischen Faktoren des Vorkommens als die Bezeichnungen für die Kleinarten (*Hygrophorus eburneus*, *Hygrophorus cossus*, *Hygrophorus hedrychii* usw.). Den Monografien einzelner Gattungen kommt hier die schwierige Aufgabe zu, klare Konzepte zu entwickeln, die es ermöglichen, Arten als die wichtigsten Arbeitseinheiten in einer akzeptablen, nachvollziehbaren und der Natur entsprechenden Umgrenzung darzustellen. Systematische Kategorien jeglicher Rangstufe existieren nicht in der Natur, sondern sind von menschlichem Intellekt definiert. Die Natur beherbergt Organismen, Individuen, fragmentierte Klone, gebundene oder freie Gene in all ihrer Vielfalt. Sie mit sinnvollen Kriterien in ein System zu bringen, ist für die Verständigung unumgänglich und erfordert nicht nur die Bewertung verschiedenster Kriterien, sondern auch eine Darstellungsweise, die es dem Benutzer der Systeme ermöglicht, die Grenzen nachvollziehen zu können.

Wie bereits bei der Behandlung der fakultativen und obligaten Mykorrhizabildung durch Pilze erwähnt wurde, sind wir hinsichtlich deren Bindung an Gehölzarten, -gattungen oder -verwandtschaftskreise zum größten Teil auf Beobachtungen im Gelände angewiesen, die aber stets bis zu einem gewissen Grad Unsicherheiten aufweisen. Auch bei Mykorrhizapilzen mit einem eng begrenzten Kreis von Partnern sind Ausnahmen nicht auszuschließen. Nachweise von „Ersatzpartnerschaften" und die geschilderten Spezialisierungstendenzen sorgen im Verein mit widersprüchlichen Beobachtungen sowie voreiligen Verallgemeinerungen oder der absoluten Interpretation experimenteller Befunde dafür, dass unser Wissen über die Ektomykorrhiza, über ihre Vielschichtigkeit und Variabilität noch beträchtliche Lücken aufweist.

Trotz dieser Lücken besteht kein Zweifel an der großen ökologischen Bedeutung der EM. Die Förderung vieler Waldbäume durch das Bündnis mit den Pilzen ist für die Waldformationen unserer Erde recht vorteilhaft. Es gibt pflanzengeografische Effekte der EM. Ihre Bedeutung nimmt zu, je härter die Lebensbedingungen für die Bäume werden. So konnte sich der Wald durch die EM auch in Gebieten ausbreiten, in denen er ohne diese Symbiose nicht mehr existenzfähig wäre, d. h., große Flächen unserer Erde sind nur dank der EM waldfähige Gebiete.

Betrachten wir unter diesem Gesichtspunkt die von Natur aus bewaldeten Teile der Erde, so sehen wir, dass die Wälder in sehr vegetationsfreundlichen Regionen mit günstigen Temperaturen und hoher Feuchtigkeit weniger Ektomykorrhizabildung aufweisen. In tropischen Regenwäldern beispielsweise kommt dieser Lebensgemeinschaft weniger Bedeutung zu. Sie tritt jedoch von hier aus – entsprechend den härter werdenden Lebensbedingungen – in Richtung der Gebiete mit natürlichen Waldgrenzen immer zwingender in Erscheinung. Sowohl die Waldgrenzen im Bereich der Gebirge als auch die zonalen Waldgrenzen der nördlichen und südlichen Hemisphäre, aber auch die intrazonalen Waldgrenzen am Rand der waldfreien Steppen, Savannen, Halbwüsten usw. erhalten ihr Gepräge ganz wesentlich durch Gehölze mit ektotropher Mykorrhiza. So sprechen wir von Anektotrophwäldern, die vorwiegend von Gehölzen ohne EM gebildet werden, und von Ektotrophwäldern. Wie wir wissen, sind Nadelgehölze, aber auch kleinblättrige Laubbäume, wie Birken, Zitterpappeln usw., die z. B. in den borealen Waldzonen bis in die Grenzwälder hinein oder in den Grenzwäldern der Gebirge den wesentlichen Anteil am Baumbestand ausmachen, in hohem Maße an die EM gebunden.

Auch innerhalb kleinerer Regionen lässt sich dieser Effekt nachweisen. Auwälder neigen in Mitteleuropa beispielsweise in ihrem Stoffhaushalt stärker zu Anektotrophwäldern als Waldtypen trockenerer Landschaftsteile. Die Bedeutung der Ektomykorrhiza tritt bei ihnen stärker in den Hintergrund. Schwach ektomykotrophe Gehölze, wie etwa Eschen, sind am Bestandsaufbau von Auwäldern beteiligt, und die mykotrophen Gehölze in diesen Wäldern weisen oft eine geringere Frequenz der EM auf; auch kommt es bei nur verhältnismäßig wenigen Arten von Mykorrhizapilzen zur Fruchtkörperbildung. Insgesamt gehört jedoch Mitteleuropa zur Zone der sommergrünen Ektotrophwälder.

Während bei der typischen EM ein HARTIG'sches Netz ausgebildet ist, gibt es Formen der EM, denen diese interzelluläre Struktur fehlt. Dies wird als Perimykorrhiza bezeichnet und ist als eine Variante der EM zu verstehen, bei der nur am Plasmalemma der peripheren Zellen der primären Rinde der Stoffaustausch stattfindet. Die Pilzhyphen dringen weder in die Interzellularäume noch in das Innere der Zellen des Phytobionten (des pflanzlichen Symbionten) ein.

Es gibt aber auch Ausbildungen der EM, bei denen vereinzelt Hyphen in das Innere der Rindenzellen der verpilzten Wurzelspitzen vordringen können. Sie werden aber bald aufgelöst und von der Pflanze resorbiert. Dringen sie regelmäßig ein und gehören zum Charakterbild der Mykorrhiza, so spricht man von einer ektendotrophen Mykorrhiza, sofern der Myzelmantel im Gegensatz zu den verschiedenen Formen der endotrophen Mykorrhiza noch gut ausgebildet ist und die dominierende Erscheinung an den Wurzeln darstellt. Nach den Pflanzen, bei denen eine derartige Mykorrhiza vorkommt, lassen sich verschiedene Typen unterscheiden, es sind dies die arbutoide Mykorrhiza, die bei verschiedenen Heidekrautgewächsen, u. a. bei der Gattung *Arbutus* (Erdbeerbäume) vorkommt, und die monotropoide Mykorrhiza, die nach der Gattung *Monotropa* (Fichtenspargel, Buchenspargel) benannt ist, aber auch bei Wintergrüngewächsen (*Pyrolaceae*) vorkommt.

Die monotropoide Mykorrhiza ist hierbei durch eine besondere Erscheinung von Bedeutung. Die *Monotropa*-Arten leben heterotroph, sie ergrünen nicht, sind bleich und nicht in der Lage, mithilfe von Sonnenenergie organische Stoffe zu bilden wie die autotrophen grünen Pflanzen. Es findet keine Fotosynthese statt. Man nimmt in solchen Fällen zunächst an, dass solche Pflanzen parasitisch auf Kosten anderer Pflanzen als Wurzelparasiten leben wie die Schuppenwurz oder die Sommerwurz-Arten. Aber das ist nicht der Fall: Sie leben ausschließlich auf Kosten ihres Mykorrhizasymbionten, sie sind mykoheterotroph, der Pilz versorgt die Pflanzen nicht nur mit anorganischen Nährstoffen usw., sondern auch mit den lebensnotwendigen Kohlenstoffverbindungen, da das CO_2 der Atmosphäre ohne Fotosynthese nicht genutzt werden kann. Schließlich konnte nachgewiesen werden, dass die Pilze der monotropoiden Mykorrhiza gleichzeitig mit Bäumen normale ektotrophe Mykorrhiza bilden können. Es handelt sich um fruchtkörperbildende Basidiomyceten, z. B. in Nordamerika an *Monotropa uniflora* Täublinge (*Russula*-Arten), in Mitteleuropa z. B. am Fichtenspargel (*Monotropa hypopitys*) Röhrlinge der *Boletales*. Es entstanden in diesen Fällen Dreierbeziehungen. Kohlenhydrate, in Baumkronen entstanden, gelangen – umgebildet zu pilzlicher Biomasse – durch ein fruchtkörperbildendes Myzel in den mykoheterotrophen Fichtenspargel. Für die physiologischen Zusammenhänge dieser und ähnlicher Vernetzungen heterogenetischer Organismen wurde auch der Begriff „mikrobielle Kommunikation" geprägt.

4.2.3 Pilzsubstanz im Inneren von Pflanzen – die Endomykorrhiza

Obwohl die endotrophe Mykorrhiza in den meisten Fällen meist keine so auffallenden makroskopischen Erscheinungen im Wurzelbereich aufweist wie die Myzelmäntel der Feinwurzeln beim Bündnis zwischen Großpilzen und Waldbäumen, hat sie eine ebenso beträchtliche ökologische Bedeutung. Wenn wir im Hinblick auf die Art und Weise des Zusammenlebens von Pflanzen und Pilzen die verschiedenen Typen der Endomykorrhiza mit denen der Ektomykorrhiza vergleichen, so können wir nicht nur morphologische, sondern auch physiologische Unterschiede feststellen. Die Pilz-

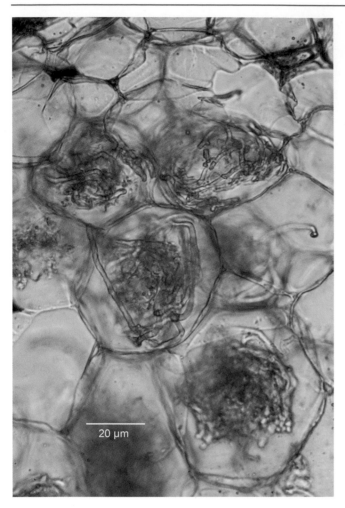

Abb. 4.17 Hyphenknäuel im Inneren von Wurzelrindenzellen der Korallenwurz (*Corallorhiza trifida*)

hyphen dringen ins Innere der Pflanzenzellen vor, bilden dort oft Hyphenknäuel, durch die der Stoffaustausch vollzogen wird (Abb. 4.17). Ein Myzelmantel fehlt, allenfalls kommen lockere Umspinnungen der verpilzten Wurzeln vor.

Wesentlich ist, dass ins Innere von Wurzelzellen der beteiligten Pflanzen Hyphen eindringen und dass die Bestandteile des Mykobionten in diesen Zellen des Phytobionten verbleiben, aufgelöst oder genutzt werden, wie sich das bereits bei den Ektendomykorrhiza-Typen andeutete. Damit liegt gegenüber der normalen EM eine neue Qualität der Wechselbeziehungen vor. Die Pflanze nimmt vom Pilz nicht nur anorganische Stoffe auf, sondern nutzt auch körpereigene, also organische, Substanzen des Mykobionten für ihre Ernährung. Das ausgeglichene Verhältnis der Symbiosepartner hat sich dadurch „zugunsten" der Pflanze verschoben. Es ist verständlich, dass diese zusätzliche Nahrungsquelle der Pflanze auch eine stärkere Abhängigkeit vom Pilz zur Folge hat.

Die Pflanzen mit endotropher Mykorrhiza entwickelten sich auch stammesgeschichtlich in Abhängigkeit von diesem Bündnis. Das wird dadurch bewiesen, dass ganze Verwandtschaftskreise von Pflanzen an diese Symbiose gebunden sind; sie haben sich als mykotrophe Verwandtschaftskreise entfaltet, und keine der zugehörigen Arten vermochte die Fähigkeit zur Eigenernährung zu bewahren. Man könnte dieses Ergebnis stammesgeschichtlicher Entwicklung in gewisser Weise mit einer Ehe vergleichen: Nach einiger Zeit hat der Ehemann – einst selbstständiger Junggeselle – manche ehemalige Fähigkeit „verlernt", z. B. das Wäschewaschen, Bügeln oder Fensterputzen.

Zu den Verwandtschaftskreisen von Pflanzen, die endotrophe Mykorrhiza bilden, gehören unter anderen die Familien der Orchideen (*Orchidaceae*), der Wintergrüngewächse (*Pyrolaceae*), der Heidekrautgewächse (*Ericaceae*) und der Enziangewächse (*Gentianaceae*).

Es haben sich Typen der Endomykorrhiza entwickelt, die nur für einen einzigen Verwandtschaftskreis von Phytobionten charakteristisch sind und nach diesem benannt wurden, z. B. die orchidoide Mykorrhiza bei Orchideen oder die ericoide Mykorrhiza bei vielen Heidekrautgewächsen (Abb. 4.6).

Die Endomykorrhiza ist äußerlich bei Lupenbetrachtung allenfalls durch sekundäre Merkmale der Wurzeln oder gar nicht festzustellen. Verpilzte Wurzeln unterscheiden sich makroskopisch oft kaum von unverpilzten, sofern überhaupt unverpilzte vorkommen. Mikroskopisch sind die inter- und intrazellulären Hyphen meist gut nachweisbar, wenngleich hierfür teilweise präparative Vorbehandlungen der Wurzelproben, verbunden mit Färbemethoden, notwendig sind. Obgleich auch im interzellulären Bereich Hyphen vorkommen, wird niemals ein HARTIG'sches Netz gebildet wie bei der Ektomykorrhiza. Verpilzte Zellen der Pflanzenwurzeln zeigen ein ähnliches Bild wie manche Infektionen durch parasitische Pilze. Man erkennt häufig hypertrophierte (irregulär vergrößerte) Zellen mit manchmal auch vergrößerten Zellkernen.

Die pilzlichen Partner der Endomykorrhizatypen gehören meist zu den Basidiomyceten, selten zu den Ascomyceten. Manche Arten kommen auch als frei lebende Pilze vor, andere sind nur als Mykorrhizapartner isoliert worden. Es handelt sich oft um Anamorphen, deren Teleomorphen teilweise unbekannt sind bzw. deren Fähigkeit zur Bildung von Teleomorphen möglicherweise völlig verloren gegangen ist. Dies deutet in manchen Fällen wiederum auf Koevolution (gemeinsame stammesgeschichtliche Entwicklung) von Pilzen und Pflanzen in gegenseitiger Abhängigkeit hin. Die Mykobionten der endotrophen arbuskulären Mykorrhiza bilden einen eigenen Verwandtschaftskreis von mehr als 200 Arten (Abschn. 4.2.6).

4.2.4 Pilze als Ammen und Sklaven der Pflanzen – Wege zur Mykoheterotrophie

Bei allen Formen der endotrophen Mykorrhiza kommt es mit dem Eindringen von Pilzsubstanz in die Zellen der Pflanzen zu einer Verschiebung im Verhältnis der beiden Partner „zugunsten" der Pflanzen. Diese Entwicklung hat in manchen Fällen bis zur Verschiebung des symbiotischen Gleichgewichts zu parasitischen Verhältnissen geführt. Wir kennen z. B. einige Orchideen, die nicht mehr imstande sind, autotroph zu leben. Die vom Pilz gelieferten Nährstoffe bilden bei ihnen die wesentliche Lebensgrundlage, d. h., die Pilze schaffen alle Voraussetzungen für den Energie- und Stoffhaushalt. Solche Pflanzen ergrünen nicht mehr. Sie besitzen keinen grünen, fotosynthetisch aktiven Farbstoff (Chlorophyll) in ihren Plastiden. Es sind bleiche, weißliche oder bräunliche, heterotrophe Pflanzen, die äußerlich den Pflanzenwurzeln gleichen. Die für sie lebensnotwendigen organischen Stoffe, die Grundbausteine für die körpereigene Substanz, werden nicht mehr durch die Fotosynthese mithilfe des Sonnenlichtes gewonnen, sondern vom Pilz geliefert. Damit entfällt für die beteiligten Pilze ein bedeutender Vorteil aus dem Zusammenleben. Sie sind im Wesentlichen nur noch Lieferanten. Die „Entlohnung" bleibt aus. Die Symbiose zwischen Pilz und Pflanze ist zum Parasitismus der Pflanze auf dem Pilz geworden, die Pflanzen sind mykoheterotroph" (durch den Mykobionten heterotroph).

Zu den mykotrophen Orchideen, die nahezu vollständig auf „Kosten" des Pilzes leben, gehören z. B. die Vogelnestwurz (*Neottia nidus-avis*; Abb. 4.18) und der Blattlose Widerbart (*Epipogium aphyllum*).

Manche Arten entwickeln noch teilweise grüne Plastiden, die aber nicht mehr ausreichen, alle lebensnotwendigen organischen Grundbausteine selbst zu synthetisieren. Zu ihnen zählen beispielsweise die Korallenwurz (*Corallorhiza trifida*) und der Kleinblättrige Sitter (*Epipactis microphylla*) mit reduzierten Sprossstrukturen. Sie verdeutlichen den Entwicklungsweg von der „normalen" endotrophen Mykorrhiza zur Mykoheterotrophie.

Das mikroskopische Bild des Zusammenlebens entspricht dem der endotrophen Mykorrhiza bei anderen, ergrünenden Orchideen. Wir finden intrazelluläre Hyphenknäuel. Weil aber „Mykorrhiza" als Symbiose „zum gegenseitigen Nutzen", definiert ist, können wir das Verhältnis, das sich hier entwickelt hat, nur noch unter Vorbehalt und im morphologischen Vergleich der Verhältnisse definieren. Es handelt sich um eine aus der mutualistischen Mykorrhiza abgeleitete Form des Parasitismus. Da der Verbrauch der intrazellulären Hyphenknäuel zum Prinzip der Ernährung wurde, sprechen manche Autoren von tolypophagen („knäuelfressenden", d. h. Hyphenknäuel verbrauchenden) Pflanzen oder von to-

Abb. 4.18 Vogelnestwurz (*Neottia nidus-avis*), eine mykoheterotrophe Orchidee

lypophager Mykorrhiza. Keiner dieser Begriffe beschreibt die Lebensform eindeutig, denn Tolypophagie ist auch bei grünen Orchideen realisiert. Tolypophager Parasitismus oder allgemein mykotropher Parasitismus sind ebenfalls Bezeichnungen für diese Lebensform, die sich relativ selten und unabhängig voneinander bei verschiedenen Orchideen herausgebildet hat. Da die Pilze, die den chlorophyllfreien Orchideen als Wirte dienen, saprophytisch leben, ist die Gesamtheit der beiden Symbionten ein saprophytisches Element im Ökosystem. Deshalb bezeichnet man die betreffenden Orchideen oft auch unkorrekt als Saprophyten. Bei der ektendotrophen Mykorrhiza der Fichtenspargelgewächse ist es zu einer ähnlichen Form des Parasitismus der Pflanzen auf den Mykorrhizapilzen gekommen. Es haben sich besonders interessante Verhältnisse herausgebildet. Die betreffenden Arten (*Monotropa hypopitys*; Abb. 4.19; *Monotropa hypophegea*) ernähren sich ganz ähnlich wie die chlorophyllfreien Orchideen; sie leben mykotroph als Parasiten. Es hat sich herausgestellt, dass der ernährende Pilz gleichzeitig

Abb. 4.19 Fichtenspargel (*Monotropa hypopitys*) – eine mykoheterotrophe Pflanze; deren Mykobiont monotropoide ektendotrophe und gleichzeitig mit Gehölzen ektotrophe Mykorrhiza bildet

mit Waldbäumen eine ektotrophe Mykorrhiza bildet, also einerseits Partner von Bäumen und zugleich Wirt tolypophager Pflanzen ist. Indirekt bezieht der Fichtenspargel somit seine Nährstoffe – durch Vermittlung des Pilzes – von dem autotrophen Baum. Als Mykobionten (pilzliche Partner der Symbiose) wurden verschiedene Röhrlinge (*Suillus*, *Xerocomus* spp.) und Täublinge (*Russula* spp.) nachgewiesen.

Es wäre jedoch nicht korrekt, wollte man – wie dies mitunter geschieht – den Fichtenspargel als Baumparasiten bezeichnen. Er ernährt sich nicht direkt von organischen Stoffen des Fotobionten, des Baumes, wie dessen Parasiten, sondern bezieht indirekt über den EM-Pilz die notwendigen organischen Nährstoffe. Werden bei einer „normalen" Ektomykorrhiza die Nährstoffe des Baumes vom Pilz umgewandelt und – oft während der Fruktifikationsperiode des Pilzes – in die Fruchtkörper „investiert", so fließen sie in unserem Beispiel vom Baum über den Pilz zur mykoheterotrophen Pflanze.

Das Verbundsystem aus drei verwandtschaftlich völlig verschiedenen (heterogenetischen) Organismen zeigt uns anschaulich, wie symbiotische Beziehungen zur Einschränkung der Selbstständigkeit führen können. Solche Verhältnisse vermögen ganz neue Organismen vorzutäuschen, und wenn sich über genügend lange Zeiträume eine Koevolution der beteiligten Organismen vollzieht, so kann dies auch tatsächlich bei Fusionssymbiosen durch Gentransfer (Übertragung von Erbmasse) die Entstehung neuer Organismen zur Folge haben, die sich aus verschiedenartigen Organismen zusammensetzen. Wir sehen, dass nicht nur Entfaltung, Aufspaltung und Auslese Prinzipien der Phylogenie sein können – auch die Synthese heterogenetischer Organismen kann zu neuen Lebensformen führen, wie uns bereits die Erkenntnisse über den endosymbiotischen Charakter von Zellorganellen zeigt (vgl. Abschn. 1.1). Unter diesen Gesichts

punkten sind auch die Flechten von besonderem Interesse (vgl. Abschn. 4.3).

4.2.5   Mykotrophie ohne Wurzeln

Es ist eine wirklich erstaunliche Tatsache, dass die myzelbildenden Pilze, deren ursprüngliche Formen einzellige, hefeartigen Organismen waren, ihre terrestrischen Substrate zum Zweck der Aufnahme organischer und auch anorganischer Stoffe mittels ihrer feinen Hyphen so effektiv durchwachsen können. Symbiosen wie die Mykorrhiza, bei denen die Pilze wie ein feines verwobenes Wurzelwerk für die Pflanzen wirksam werden, zeigen, dass die Leistungen der Pilze bei der Stoffaufnahme denen der Pflanzen mitunter überlegen sein können. Es ist daher kaum verwunderlich, dass sich nicht nur Symbiosen zwischen Pilzen im Wurzelbereich von Gefäßpflanzen entwickelt haben, sondern dass dieses gut funktionierende Prinzip auch bei jenen autotrophen Pflanzen wirksam werden kann, die über keine den Wurzeln homologen Strukturen verfügen.

Ganz ähnliche Verhältnisse wie bei der Mykorrhiza im Bereich der Saugwurzeln finden wir auch bei Symbiosen zwischen Pilzen und wurzellosen Pflanzen, die z. B. mit Rhizoiden gebildet werden, das sind wurzelähnliche Strukturen, die aus einfachen Zellfäden oder auch nur von einer einzigen Zelle gebildet werden. Die Hyphen der Pilze dringen über Rhizoide oder basale Teile von Moospflänzchen oder in die Vorkeime, die moosähnlichen Prothallien, von Farnen ein und es kommt intrazellulär zur Bildung von Hyphenknäueln. Dabei entsteht ein ganz ähnliches symbiotisches Gleichgewicht wie bei der endotrophen Mykorrhiza.

Symbiotische Pilze sind bei den Lebermoosen häufig; viele Arten dieser Moosklasse leben unter natürlichen Bedingungen mykotroph. Thallose Formen weisen Pilzhyphen entweder nur in den Rhizoiden oder auch in ventralen Thallusteilen bzw. in der Mittelrippe des Thallus auf. Bei manchen Lebermoosen, z. B. bei den Gattungen *Fossombronia* und *Pellia*, sind die Pilzhyphen querwandlos. Intrazellulär entstehen Hyphenknäuel wie bei der orchidoiden Mykorrhiza, auch Vesikel und Arbuskel – in diesem Falle gehören die Pilze zu den Glomeromyceten (vgl. Abschn. 4.2.6).

Bei den foliosen Lebermoosen kommen Basidiomyceten (mit Dolipori) oder Glomeromyceten als Symbionten in den Rhizoiden und oft auch in Teilen des Stämmchens vor. Aber auch zahlreiche parasitische Ascomyceten sind auf Lebermoosen nachgewiesen worden, und es ist nicht auszuschließen, dass bei diesen Pilzen mitunter ebenfalls symbiotische, mutualistische Verhältnisse vorliegen.

Beim Brunnenlebermoos (*Marchantia polymorpha*) ist der Grad der Bindung an symbiotische Pilze vom Standort abhängig. Ungünstige, z. B. sehr nährstoffarme Standorte können nur gemeinsam mit symbiotischen Pilzen besiedelt werden.

Vielfältig sind auch die Beziehungen zwischen Pilzen und Laubmoosen. Bei diesen Pflanzen kommt es jedoch niemals zur Ausbildung regulärer endotropher Symbiosen. Von besonderer Bedeutung ist bei Laubmoosen die mykotrophe Ernährung mancher Vorkeime (Protonemata); das sind die fädigen Entwicklungsstadien nach der Sporenkeimung, aus denen die eigentlichen Moospflänzchen hervorgehen.

Bei den komplizierten Verhältnissen zwischen Moosen und fruchtkörperbildenden Pilzen, z. B. bei den apothecienbildenden *Octospora*-Arten, besteht über symbiotische, parasitische oder saprophytische Lebensweise oft keine Klarheit. Hier hilft man sich mit der Bezeichnung „bryophile Pilze" (moosfreundliche Pilze), d. h. an Moose gebundene oder bevorzugt mit oder bei Moosen wachsende Pilze.

Wie stark das symbiotische Zusammenleben zwischen Pilzen und Lebermoosen den Verhältnissen endotropher Mykorrhiza ähneln kann, ist auch daran zu erkennen, dass sich auch bei Moosen parasitische Verhältnisse herausgebildet haben, die denen der nicht ergrünenden mykoheterotrophen Orchideen gleichen. Wir können hier ebenfalls von tolypophagem Parasitismus der Pflanze auf dem Pilz sprechen. Ein Beispiel dieser Lebensweise finden wir bei *Cryptothallus mirabilis* (Abb. 4.20), einem thallosen Lebermoos der Ordnung der Brunnenlebermoosartigen (*Marchantiales*).

Sein Thallus ergrünt nicht, er bleibt bleich und kann kein Sonnenlicht für die Primärproduktion organischer Stoffe nutzen. Alle erforderlichen Substanzen bezieht er vom Pilz. Wie beim tolypophagen Parasitismus von Pflanzen werden die intrazellulären Hyphenknäuel aufgelöst und als Quelle für den Aufbau körpereigener Kohlenstoffverbindungen (als C-Quelle) genutzt.

Der Pilz von *Cryptothallus mirabilis* konnte nicht isoliert werden. Er ähnelt den Pilzen der endotrophen Orchideen-Mykorrhiza. Da das Vorkommen des Mooses an Bäume ge-

bunden ist, wird vermutet, dass der Pilz möglicherweise – wie beim Fichtenspargel – zusätzlich Mykorrhiza mit Bäumen bildet und das Moos von diesen durch Vermittlung des Pilzes Nährstoffe erhält.

Mit der endotrophen Mykorrhiza vergleichbare Verhältnisse finden wir auch bei verschiedenen wurzellosen Stadien der Farnpflanzen (*Pteridophyta*). Bei den Gabelblattgewächsen (*Psilotaceae*) dringen z. B. Pilze in die blattlosen Rhizome der Sporophyten ein. Ihre Prothallien (die geschlechtszellenbildenden Vorkeime) leben ebenfalls mykotroph. Sie treten uns als kurze, walzenförmige unterirdische Pflanzenkörper entgegen, die nicht ergrünen und dem Pilz die notwendigen organischen Stoffe durch tolypophagen Parasitismus entziehen.

Auch die Vorkeime der Bärlappe (*Lycopodiopsida*) – bis 2 cm große, rübenförmige, an der Spitze gelappte und die Geschlechtsorgane tragende Gebilde – leben mykotroph. Bei einigen Arten ergrünen die oberirdischen, gelappten Teile noch, andere enthalten gar keine Chloroplasten und leben unterirdisch. In peripheren Zellen des unteren, rübenförmigen Teiles sind stets Hyphenbüschel von Pilzen zu finden. Auch hier können wir also der endotrophen Mykorrhiza vergleichbare Verhältnisse konstatieren.

Wie bei der endotrophen Mykorrhiza der Orchideen und der mykotrophen Lebensweise vieler Moose zeichnet sich auch bei den mykotrophen Pteridophyten eine Entwicklung von der Symbiose zum tolypophagen Parasitismus auf den saprotrophen Pilzen ab. Wir erkennen darin ein allgemeines Prinzip, das, ökologisch gesehen, zu saprotrophen, symbiotischen Gemeinschaften führt.

Bleiche, chlorophyllfreie Blütenpflanzen sind also stets Parasiten. Entweder leben sie, wie beispielsweise die Schuppenwurz (*Lathraea squamaria*) oder die Sommerwurz-Arten (*Orobanche* spp.), auf Kosten anderer autotropher Pflanzen, oder sie leben, wie *Neottia* und *Monotropa*, mykotroph auf Kosten saprotropher oder zusätzlich anderweitig vernetzter Pilze.

4.2.6 Botschaft aus der Urzeit – die VA-Mykorrhiza

Die bereits erwähnte vesikulär-arbuskuläre Mykorrhiza ist eine außerordentlich wichtige Symbiose (vgl. Abb. 4.5 und 4.6), die bei mehr als 80 % aller Landpflanzen vorkommt und bis in die Zeit der Besiedlung terrestrischer Lebensräume unserer Erde zurückreicht. Die AM-Pilze besitzen coenocytische (unseptierte) Hyphen, die im Inneren von Wurzelrindenzellen bäumchenartige Verzweigungen (Arbuskel) bilden, an denen der Stoffaustausch stattfindet. Zudem findet man meist in tieferen Schichten der Wurzelrinde bläschenartige Hyphenenden im Interzellularbereich, die als Vesikel beschrieben sind. Da die Arbuskel die physio-

Abb. 4.20 *Cryptothallus mirabilis* – ein mykoheterotrophes Lebermoos, das nicht ergrünt und lebenswichtige Nährstoffe von einem endotrophen Mykorrhizapilz bezieht; weibliches Exemplar des zweihäusigen Mooses mit auswachsenden Hüllen, in denen sich die Sporogone bilden (Foto W. Wiele)

Abb. 4.21 Schematische
Darstellung der
vesikulär-arbuskulären
Mykorrhiza

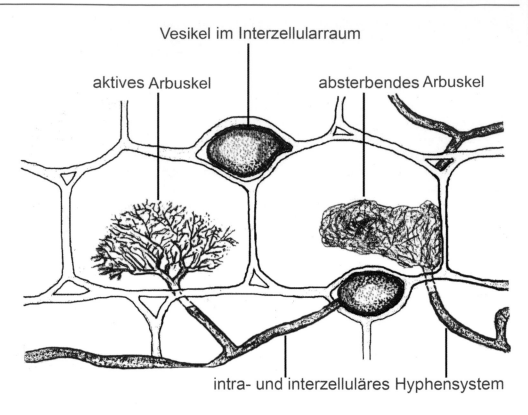

Vesikel im Interzellularraum

aktives Arbuskel   absterbendes Arbuskel

intra- und interzelluläres Hyphensystem

logisch wichtigere Struktur für den Stoffaustausch sind, bezeichnet man diese Symbiose gegenwärtig meist kurz als arbuskuläre Mykorrhiza (AM; Abb. 4.21).

Die AM-Pilze vermehren sich ausschließlich asexuell, sie bilden keine Fruchtkörper. Es wurden mehr als 200 Arten beschrieben, die zur Abteilung der *Glomeromycota* zusammengefasst werden, benannt nach der Typus-Gattung *Glomus*.

Wie bei anderen Formen der endotrophen Mykorrhiza dringen die Hyphen in die Wurzelrinde ein und wachsen sowohl intra- als auch interzellulär. In tieferen Schichten der Wurzelrinde kann es zur Ausbildung der charakteristischen bläschenförmigen Vesikel im Interzellularbereich kommen. Die Arbuskel dienen dem Stoffaustausch, werden später als geschrumpfter Klumpen abgelagert, aufgelöst und resorbiert. Die Vesikel sind als fakultativ vorkommende Ansätze von Sporen (s. u.) zu verstehen.

Man hat die AM-Pilze noch bis zum Ende des 20. Jahrhunderts als ursprüngliche Vertreter der Klasse der Jochpilze (*Zygomycetes,* vgl. Abschn. 6.2.3.1) betrachtet. Erst in den letzten Jahrzehnten wurde durch molekularbiologische Untersuchungen nachgewiesen, dass sie einen geschlossenen, isolierten Verwandtschaftskreis der Echten Pilze bilden. Ihre Ähnlichkeit mit Pilzen, die fossil bereits in Verbindung mit den Urlandpflanzen des Devons nachgewiesen sind, macht es wahrscheinlich, dass sie sich gemeinsam mit den Pflanzen seit der Besiedlung der terrestrischen Lebensräume der Erde durch Pflanzen in Koevolution mit diesen erhalten haben. Die fossilen Pilze der Urlandpflanzen wurden als

Palaeocybe-Arten beschrieben, danach bezeichnet man die AM-Pilze auch als Palaeomyceten.

Während die Mykobionten der ektotrophen Mykorrhizatypen und die der endotrophen Typen der orchidoiden, ericoiden, arbutoiden und monotropoiden Mykorrhizae auch saprotroph kultiviert werden können, sind die Myzelien der *Glomeromycota* nur gemeinsam mit einem Phytobionten aufwendig kultivierbar. Hierzu werden z. B. für Forschungszwecke Wurzelorgankulturen und Sporen des Pilzes in Petrischalen gemeinsam auf spezielle Nährmedien gebracht (Abb. 4.22 und 4.23).

Charakteristisch ist für diese Symbiose, dass nur relativ wenige Pilze, jedoch sehr viele Pflanzen aus verschiedenen Familien beteiligt sein können. Nur bei wenigen Pflanzenfamilien, z. B. bei den Gänsefußgewächsen (*Chenopodiaceae*) und Kreuzblütlern (*Brassicaceae*), konnte keine AM nachgewiesen werden. Ganz besonders häufig sind Süßgräser (*Poaceae*) mit AM-Pilzen assoziiert. Für die Pilze der AM ist diese Partnerschaft mit Pflanzen lebensnotwendig, für die Pflanzen hingegen nicht. Da auch Kulturpflanzen das Bündnis eingehen können, kommt der VA-Mykorrhiza wirtschaftliche Bedeutung zu, die noch heute von vielen Praktikern unterschätzt wird. Es konnte nachgewiesen werden, dass bei verschiedenen Kulturpflanzen auf armen Böden verpilzte Bestände besser gedeihen als unverpilzte; dies trifft auch für Getreide, z. B. Mais, zu (Abb. 4.24).

Das Myzel der VA-Mykorrhizapilze bildet im Boden meist apikal an Hyphenspitzen je nach Art kleine oder grö-

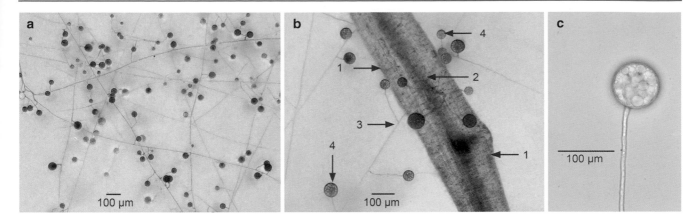

Abb. 4.22 Der AM-Pilz *Rhizophagus irregularis* in Kokultur mit einem Wurzel-Kulturstamm der Mohrrübe (*Daucus carota*) in einer Petrischale mit speziellen zweigeteilten Medien (mit und ohne organische Zusätze). (**a**) coenocytisches Myzel des Mykobionten mit reichlicher Bildung endständiger Sporen auf der Seite ohne organische Zusätze, es ernährt sich vom Phytobionten und versorgt diesen mit anorganischen Stoffen; (**b**) Abschnitt der verpilzen *Daucus-carota*-Kultur, mit coenocytischen Arbuskeln in den Zellen in der primären Wurzelrinde (1), pilzfreiem Zentralzylinder (2), externem Myzel (3) und mit Sporen (4); (**c**) endständige Spore an einer Hyphe. (Stamm QS81 der Firma INOQ GmbH; Foto M. HARPKE)

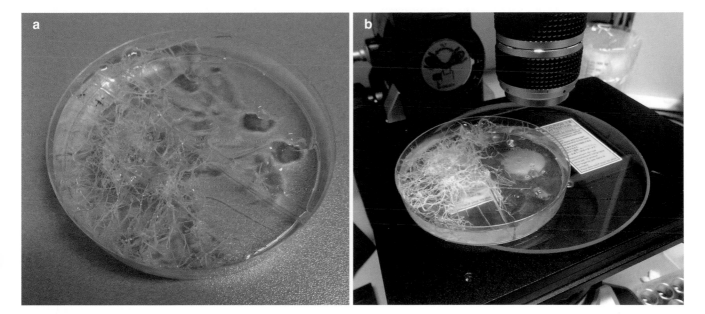

Abb. 4.23 Untersuchung der morphologischen Strukturen der in Abb. 4.22 beschriebenen Kokultur, (**a**) zweigeteilte Petrischale; unten links mit, oben rechts ohne organische Zusätze; (**b**) am mikroskopischen Arbeitsplatz

ßere Sporen als Überdauerungsstadien. Die Vesikel können auch derbe Wände bilden und sind als Vorstufen solcher Sporen zu verstehen, die nach dem Absterben von Wurzelpartien frei werden und in den Boden gelangen. Bei günstigen Bedingungen fungieren diese Sporen dann als Keimzellen, wachsen mit Hyphen aus und können erneut die Symbiose an den Wurzeln aufbauen.

Die Erkenntnisse über die AM sind noch relativ jung. Es hat sich herausgestellt, dass die fossilen symbiotischen, als *Palaeomyces*-Arten beschriebenen Pilze aus den Urlandpflanzen des frühen Devons, die vor ca. 450 Millionen Jahren lebten, mit den rezenten AM-Pilzen weitgehend übereinstimmen. Das bedeutet, dass sich diese in mutualistischer Symbiose mit den Landpflanzen erhalten haben. In mehr als 80 % aller terrestrischen Pflanzen kommt AM vor. Auch viele Gehölze besitzen neben der oben beschriebenen ektotrophen Mykorrhiza zusätzlich diese endotrophe arbuskuläre Mykorrhiza. In vielen, als „anektotroph" charakterisierten Bäumen wurde AM gefunden.

Es zeichnet sich ab, dass die arbuskuläre Mykorrhiza bei der Besiedlung der Erde mit Landpflanzen eine fundamentale Rolle gespielt hat und dass diese Symbiose ein wesentlicher Faktor bei der Besiedlung sämtlicher terrestrischer Lebensräume auf allen Kontinenten unserer Erde war.

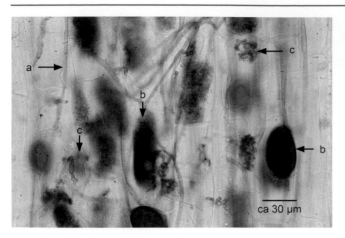

Abb. 4.24 Vesikulär-arbuskuläre Mykorrhiza nach Vorbehandlung und Färbung mit Baumwollblau in den Wurzelrindenzellen von Mais (*Zea mays*) (**a**) coenocytische Hyphen; (**b**) Vesikel; (**c**) Arbuskel

Die AM zeigt uns einmal mehr, wie symbiotisches Zusammenleben von heterogenetischen Organismen zu Lebensformen und Vernetzungen geführt haben, die für die Richtung der Evolution auf unserem Planeten wichtige Weichen gestellt haben. Die Endosymbiose von Prokaryoten (vgl. Abschn. 1.1), Mykoheterotrophie (vgl. Abschn. 4.2.4), und Lichenisierung (vgl. Abschn. 4.4) sind weitere Beispiele dafür.

4.3   Wie Pilze zu „grünen Pflanzen" wurden – die Flechten

Welch faszinierende Welt der Mikroben kann uns schon ein Schülermikroskop eröffnen! Eine von jedem leicht zu beobachtende Erscheinung soll uns zu einer ganz anderen Form der Symbiose führen, als wir sie mit der Mykorrhiza kennengelernt haben.

Ein Glockentierchen im Heuaufguss strudelt sich, mit seinem Stielchen am Substrat haftend, allerlei Nahrung heran. Mit den feinen Wimpern erzeugt es eine Strömung, in der Brauchbares und Unbrauchbares heranschwimmen. Vieles wird aufgenommen, ins Innere befördert und verdaut. Manchmal beobachten wir aber mit Erstaunen, dass dieses einzellige Urtierchen einige kugelige Grünalgen aufnimmt, die tagelang in seinem Inneren verbleiben können, ohne sich zu verändern und ohne verdaut zu werden.

Solche Beobachtungen ließen bereits im 19. Jahrhundert bei einigen Wissenschaftlern eine kühne Idee aufkommen, nämlich, ob es nicht möglich sein könnte, dass auch die Plastiden der Pflanzen, jene membranumschlossenen, das Blattgrün (Chlorophyll) enthaltenden Organellen der Pflanzenzellen, ursprünglich einmal selbstständige Organismen waren, die aufgenommen wurden und dann symbiotisch in den Pflanzenzellen lebten. Es wurde eine Streitfrage ge-

boren, die man über 100 Jahre lang mit vielen Argumenten und Gegenargumenten diskutierte. Heute ist sie beantwortet: Die Plastiden der Pflanzen sind tatsächlich aus ursprünglich selbstständigen Organismen hervorgegangen. Es waren den Cyanobakterien ähnliche, mit Bakterien verwandte Mikroben ohne echten Zellkern (Prokaryoten, vgl. Abschn. 1.1), die von einzelligen Organismen mit Zellkern (Eukaryoten) aufgenommen wurden und sich fortan gemeinsam mit diesen entwickelten.

Die Plastiden der pflanzlichen Organismen besitzen eigene Erbträger in Form eines ringförmigen Kernsäuremoleküls, eines Kernäquivalents. Sie können sich nur durch Teilung vermehren und dann bei der Teilung von Pflanzenzellen auf die Tochterzellen übertragen werden. Analysen des genetischen Materials gaben den Ausschlag für die allgemeine Anerkennung der These, dass die Plastiden aus endosymbiotischen Organismen entstanden sind. Gleiches gilt für die Mitochondrien, die Atemzentren der Zellen aller eukaryotischen Lebewesen, also auch der Tiere und des Menschen. Durch die Jahrmillionen während gemeinsame Entwicklung dieser ursprünglich heterogenetischen Organismen, durch gegenseitigen Gentransfer und damit durch Vermischung der Erbmassen sind neue Organismen entstanden. Die gesamte Entwicklung der heute auf unserer Erde lebenden komplexen, vielfältigen Tiere und Pflanzen begann demnach mit Einzellern, die aus mehreren Organismen zusammengesetzt waren. Die Entwicklungslinien der Pflanzen haben ihren Ursprung in Einzellern, die durch die Aufnahme autotropher Prokaryoten als Endosymbionten selbst autotroph wurden. Die Bindung der ursprünglich selbstständigen Organismen ist so eng geworden, dass sich die Endosymbionten in lebensnotwendige Zellbestandteile verwandelten: Sie wurden zu Organellen, die mit anderen Organellen, deren Ursprung in der eukaryotischen Zelle selbst liegt, durchaus vergleichbar sind.

Die ursprüngliche Symbiose zwischen eukaryotischen Zellen und den prokaryotischen autotrophen Endosymbionten, die wir heute als Plastiden antreffen, veränderte die Entwicklung beträchtlich. Heterotrophe Lebewesen machten sich kleinere autotrophe so zunutze, dass der aus dieser Synthese hervorgehende neue Organismus autotroph leben konnte. Die Fähigkeit des autotrophen Partners, Sonnenlicht als Energiequelle für den Stoffaufbau zu nutzen, kam ab jetzt dem neuen zusammengesetzten Organismus zugute. Der ursprüngliche heterotrophe Partner nahm in sich einen oder mehrere autotrophe auf, die wie Wasserkraftwerke in einer neu besiedelten Region Energie nutzbar binden können. Damit erschloss sich für alle Beteiligen eine neue Lebensqualität. Kleine Primärproduzenten im Inneren der leistungsfähigen eukaryotischen Zelle bildeten den Ausgangspunkt des komplexen pflanzlichen Lebens auf unsere Erde. Die autotrophen Pflanzen, die das Land eroberten und als Primärproduzenten die Lebensgrundlage der Tiere und Pilze darstellen, haben sich aus solch einer Symbiose entwickelt.

Wir sehen daraus, dass Symbiosen keine seltenen Ausnahmen, keine außergewöhnlichen Anpassungserscheinungen sein müssen, sondern überaus wichtige basale Entwicklungsfaktoren sein können.

In den folgenden Abschnitten wollen wir uns einer Symbiose zuwenden, die in gewissem Sinne mit der Endosymbiose der Plastidenvorfahren vergleichbar ist. Auch bei ihr entstanden aus heterotrophen Organismen – in diesem Fall aus Pilzen – durch Verbindung mit kleinen autotrophen Organismen Lebewesen mit autotropher Lebensweise. Allerdings ist hier die Individualität beider Partner noch viel deutlicher zu erkennen als bei der Endosymbiose der Mitochondrien und der Plastiden. Es handelt sich auch nicht um eine Endosymbiose, d. h., die autotrophen Partner werden nicht im Zellinneren eingebaut, wie dies bei den Plastiden in Urzeiten der Fall war und wie wir das beim Glockentierchen beschrieben haben. Vielmehr treten die durch Fotosynthese produktiven Zellen und die Pilze über Kontaktstellen miteinander in Beziehung. Es kommt nicht zur Fusion der Protoplasten.

Die autotrophen Partner der heterotrophen Pilze sind entweder eukaryotische Algen oder prokaryotische Cyanobakterien. Die neuen synthetisierten Lebewesen bezeichnen wir als Flechten. Ihre Doppelnatur wurde bereits im 19. Jahrhundert von den Naturwissenschaftlern ANTON DE BARY (1831–1888) und SIMON SCHWENDENER (1829–1919) erkannt. Eine große Vielfalt an Lebensformen hat sich entwickelt, und noch heute gibt es neben den festgefügten Flechten sehr lose Vereinigungen zwischen autotrophen Algen oder Cyanobakterien und Pilzen. Dadurch ist es möglich, aus rezenten Formen die gesamte Entwicklung der Flechtensymbiose zu rekonstruieren.

Den pilzlichen Partner einer Flechte bezeichnet man als Mykobiont, den autotrophen Partner nennen wir Fotobiont (fotosynthetisch aktiver Partner) oder auch Phycobiont (Algenpartner der Symbiose). In sehr vielen Fällen gehört der Fotobiont zu den Cyanobakterien, die wir als prokaryotische, bakterienverwandte Organismen ansehen müssen und die keinerlei verwandtschaftliche Beziehungen zu den eukaryotischen Algen aufweisen. Der Terminus Fotobiont ist deshalb besser geeignet, die Symbiose der Flechten zu charakterisieren.

Wie bei der Mykorrhiza finden wir auch bei den Flechten sehr unterschiedliche Abhängigkeiten von der Symbiose. Während nahezu alle Fotobionten von Flechten auch als frei lebende Organismen gefunden wurden, ist die Symbiose für den Mykobionten nicht fakultativ, sondern in der freien Natur obligat. Aber es lassen sich unter komplizierten Bedingungen beide Partner getrennt kultivieren; diese Tatsache war im 19. Jahrhundert für die Entdeckung der Dualnatur der Flechten ganz wesentlich.

Die Flechtensymbiose erweist sich beim Studium der Verwandtschaftsbeziehungen der beteiligten Partner wiederum als ein ökologisch vorteilhaftes Lebensprinzip. Sie ist nicht nur ein einziges Mal entstanden und hat sich dann weiterentwickelt, sondern Pilze, Cyanobakterien und Grünalgen ganz verschiedener systematischer Gruppen sind in unterschiedlichen Phasen der stammesgeschichtlichen Entwicklung zum symbiotischen Leben übergegangen. Trotzdem gibt es Verwandtschaftskreise von Flechten, nicht nur Gattungen, sondern ganze Familien, Ordnungen oder Sippen noch höherer Rangstufe, die sich in großen Zeiträumen als monophyletische Symbiontengruppen entfalten konnten. Aus den Verwandtschaftsbeziehungen lässt sich ablesen, ob sich die Beziehung zwischen dem Myko- und dem Fotobionten erdgeschichtlich relativ früh oder spät herausgebildet hat. In der Blätterpilzgattung *Omphalina* finden wir z. B. viele Arten, deren Myzelien ohne Fotobionten im Boden oder im Holz existieren; eine kleine Artengruppe jedoch lebt stets mit Fotobionten zusammen. Diese Flechtenbildung (Lichenisierung) kann daher kein so hohes Alter haben, wie wir es etwa bei den Flechtenpilzen der Unterklasse *Lecanoromycetidae* ansetzen müssen, wo es zur Aufgliederung in mehrere Familien und viele Gattungen kam, die nahezu alle als Flechten leben. Wenn einige Vertreter dieses Verwandtschaftskreises nicht lichenisiert leben, so handelt es sich sehr wahrscheinlich um delichenisierte Pilze, d. h., um Flechten, die ihre autotrophen Partner verloren haben. Es sind meist Flechtenparasiten, die auf nahe verwandten Arten parasitieren (Abb. 4.25).

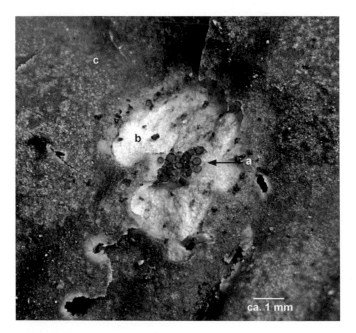

Abb. 4.25 *Corticifraga peltigerae*, ein Flechtenparasit, dessen Apothecien (**a**) auf nekrotischen Flecken (**b**) der Thalli (**c**) von Hundsflechten (*Peltigera* spp.) gebildet werden

Die an der Flechtensymbiose beteiligten Organismen gehören zu systematisch sehr verschiedene Gruppen. Die Fotobionten sind, wie bereits erwähnt, entweder prokaryotische Cyanobakterien („Blaualgen") oder eukaryotische Grünalgen verschiedener Ordnungen. Aus diesen Organismengruppen sind besonders jene Arten an der Flechtenbildung beteiligt, die nicht im Wasser, sondern als „Luftalgen" in feuchten Biotopen siedeln. Diese Lebensweise erleichtert die Synthese von Flechten, sowohl in stammesgeschichtlicher (phylogenetischer) Hinsicht als auch bei der individuellen (ontogenetischen) Entwicklung. Nur in sehr wenigen Fällen sind eukaryotische Algen anderer Verwandtschaftskreise an Flechtenbildungen beteiligt. Bei der Gattung *Verrucaria* wurde z. B. je eine Art der Braunalgen (*Phaeophyceae*) und der Gelbalgen (*Xanthophyceae*) als Fotobiont gefunden.

Bei den Pilzen handelt es sich meist um Ascomyceten, es kommen aber auch einige Basidiomyceten vor. Ein Pilz mit querwandlosen Hyphen (*Geosiphon pyriformis*), der intrazellulär Cyanobakterien beherbergt und dessen Abstammung ungewiss ist, wird auch als Flechte bezeichnet. Wahrscheinlich gehört er zu den *Glomeromycota*.

Betrachten wir all diese verschiedenartigen Organismen, so wird uns klar, dass wir die Flechten wohl physiologisch-ökologisch definieren können, dass ihre systematische Behandlung aber äußerst problematisch ist.

Die Namen der Flechten wurden für die Symbiosen im Ganzen geprägt, als man von ihrer Dualnatur noch keine Ahnung hatte und die Algenzellen als Vermehrungszellen (Gonidien) betrachtete. Da die meisten Algen, wie schon gesagt, auch frei lebend vorkommen, sind für sie Namen verfügbar. Ganz anders verhält es sich bei den Pilzen. Ihre Lebensweise als Flechte ist obligat. In der ersten Hälfte des 20. Jahrhunderts begannen einige Systematiker, den Flechtenpilzen Namen zu geben, um ihrer Natur als Symbiosepartner gerecht zu werden. Eine große Taufaktion! Die Pilze der Flechtengattung *Cladonia* wurden *Cladoniomyces* genannt usw. Inzwischen gibt es aber internationale Übereinkünfte darüber, dass der Name, den man einer Flechte gegeben hat, grundsätzlich als Name für den betreffenden Flechtenpilz gilt. Diese Regelung bereitet nur geringe nomenklatorische Schwierigkeiten, z. B. dann, wenn ein Pilz mit verschiedenen Fotobionten, z. B. mit einem Cyanobakterium oder einer Grünalge, Flechten zu bilden vermag, die äußerlich sehr verschieden sind und auch als unterschiedliche Flechtenarten beschrieben wurden. Doch solche Fälle sind selten.

Die Flechten müssen jeweils dort in das System der Pilze eingeordnet werden, wo der Flechtenpilz systematisch hingehört. Daraus folgt, dass es Flechten als systematische Gruppe gar nicht gibt, weil Pilze verschiedener Gruppen als Flechten leben. Da sich aber die geschlossene Darstellung der Flechten als Organisationstyp für einen Gesamtüberblick über die Organismenwelt als vorteilhaft erwiesen hat, nehmen viele Systematiker Kompromisse in Kauf. In manchen

Systemen tauchen Flechten daher zweimal auf, einmal der Übersichtlichkeit wegen als geschlossene Gruppe und ein zweites Mal bei den Pilzen, wo diese hingehören. Diese Behandlung verwirrt mehr, als sie klärt. In ihrer Gesamtheit können die Flechten nur als ökologisch, physiologisch und morphologisch definierte Gruppe behandelt werden, d. h. so, wie es auch mit der Mykorrhiza geschieht, als besondere Lebensweise verschiedener Organismen. Systematisch werden die Fotobionten als Algen bzw. Cyanobakterien eingeordnet, das geschieht ohnehin, weil sie auch frei lebend vorkommen, und die Pilze als Pilze im System der Pilze.

Wir sollten hierbei aber stets bedenken, dass wir bei der Lichenisierung mit einem Vorgang konfrontiert werden, der uns vor Augen führt, dass die Synthese heterogenetischer Organismen zu neuen Lebensformen führen kann, wobei – wie bei der Endosymbiose der Mitochondrien und Plastiden (vgl. Abschn. 1.1) – durch Gentransfer auch neu organisierte Genome entstehen können.

Beschäftigen wir uns zunächst mit den speziellen Beziehungen zwischen den Fotobionten und Mykobionten (Abb. 4.26). In einfach gebauten Flechten ist das Zusammenleben noch locker. Manche Cyanobakterien, die an der Flechtenbildung beteiligt sind, besitzen Schleimhüllen. Wenn die Pilzhyphen in diese Hüllen eindringen und sich von den Bestandteilen des Schleimes ernähren, so kann es bereits zur Flechtenbildung kommen. In den meisten Fällen jedoch legen sich die Pilze direkt an die Zellwand der Fotobionten an. Man spricht bei diesen Kontakthyphen von Appressorien. Eine besondere Form dieser Appressorien sind die Umklammerungshyphen. Bei ihnen handelt es sich um Pilzfäden, die, dicht an der Wand des Fotobionten liegend, diesen teilweise umwachsen. Wenn die Hyphen in die Zellwand des Fotobionten eindringen, die Wand aber nicht voll durchwachsen, spricht man von Impressorien. Wird schließlich die Fotobiontenzellwand völlig durchdrungen, kann es über deren äußere Plasmamembran, das Plasmalemma, zum Stoffaustausch kommen. Es sind auch Fälle bekannt, in denen die Hyphen in den Protoplasten der Fotobiontenzelle eindringen, also das Plasmalemma durchwachsen, man nennt sie intramembranöse bzw. intrazelluläre Haustorien (Saughyphen).

Die Ausbildung der Kontaktstellen zwischen Mykobionten und Fotobionten kann als eine Entwicklungsreihe angesehen werden: loses Hyphenwachstum im Schleim → direkter Zellkontakt durch Appressorien → Klammerhyphen → Impressorien → intramembranöse Haustorien → intrazelluläre Haustorien.

Die Frage, welcher der beiden Flechtenpartner aus der Symbiose größeren Vorteil zieht, ist nicht richtig gestellt, weil sie zu sehr von menschlichem Wertdenken geprägt ist und dem Leben ganz allgemein zu viel Richtung und Zweck unterstellt. Keiner der beteiligten Partner könnte z. B. allein im Hochgebirge auf Felsen oder in trockenen Wüsten auf

Pilzhyphen im Algenschleim und Cyanobakterien

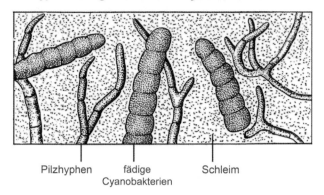

Pilzhyphen   fädige   Schleim
Cyanobakterien

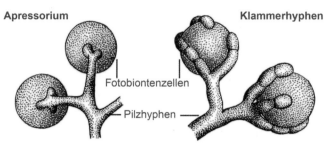

Apressorium   Klammerhyphen

Fotobiontenzellen

Pilzhyphen

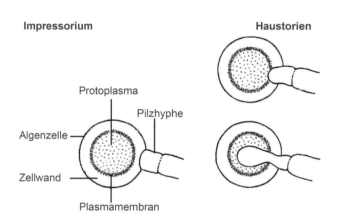

Impressorium   Haustorien

Protoplasma

Pilzhyphe

Algenzelle

Zellwand

Plasmamembran

Abb. 4.26 Kontaktstellen zwischen Myko- und Fotobionten

heißem Gestein siedeln, keiner könnte formationsbildend in Tundren wachsen – beides ist nur durch die symbiotische Lebensweise beider Organismen möglich geworden. Freilich, wenn wir die frei lebenden Algen an für sie günstigen Biotopen mit denen der Flechte vergleichen, so erkennen wir, dass Letztere auf einiges verzichten müssen. Formen, die sich frei lebend sexuell oder durch Zoosporen fortpflanzen können, vermehren sich in der Flechte nur noch ungeschlechtlich durch Teilung. Der Flechtenpilz hingegen ist zur Sexualität befähigt; er durchläuft seine ganze Entwicklung wie nicht lichenisierte Pilze. Aus diesem Blickwinkel könnten wir die Fotobionten vieler Flechten schon als Sklaven der Pilze ansehen. Insgesamt repräsentieren die Flechten jedoch eine ganz neue Qualität mit neuen Potenzen, durch die auch die Fotobionten „Vorteile" haben, zu-

mindest ist die Existenz einer viel größeren Anzahl ihrer Individuen ermöglicht worden, als dies ohne die Symbiose der Fall wäre. Lebensräume mit extremen Bedingungen, Felsen, Nischen auf der Borke von Bäumen, übermäßig besonnte Böden und andere vegetationsfeindliche Standorte, sogar Dauerfrostböden, die nur kurzzeitig an der Oberfläche auftauen, können den Flechten als Lebensgrundlage dienen. In dieser Fähigkeit, als Pioniere der Vegetation extreme Standorte zu besiedeln, darin besteht auch die große ökologische Bedeutung der Flechten.

Wie stark das Leben der Partner einer Flechte aufeinander abgestimmt ist, beweist uns besonders der eng gekoppelte Stoffwechsel. Flechten bilden sekundäre Stoffwechselprodukte, die keiner der Partner allein produzieren kann. Wir sprechen von Flechtensäuren oder Flechtenstoffen, die unter anderem bei ihrem Leben in großen Höhen mit intensiver UV-Bestrahlung eine Rolle spielen.

Gewissermaßen in Übereinstimmung mit der neuen Lebensqualität der Flechten hinsichtlich der Ernährung, des Stoffwechsels und der Stoffproduktion gegenüber den einzelnen beteiligten Organismen haben sie auch neue Formen und Gestalten hervorgebracht, die allein weder vom Pilz noch vom Fotobionten gebildet werden können. Besonders, wenn mehrzellige, fädige Algen an der Flechtenbildung beteiligt sind, treten uns diese in den Flechten häufig in sehr abgewandelter Form entgegen. Frei lebende Asco- und Basidiomyceten bilden im Substrat, das sie als Nahrungsgrundlage durchwachsen, ein verzweigtes Myzel aus Hyphen. Ganz anders wachsen sie als Partner in der Flechtensymbiose. Hier entstehen kompakte Lager (Flechtenthalli) mit sehr unterschiedlichen Strukturen. Oft werden anfallende Rinden- und Markschichten gebildet; und in besonderen Fotobiontenschichten sind die autotrophen Zellen eingebaut.

Wenn wir den Flechtenthallus unter diesem Gesichtspunkt betrachten, lassen sich ungeschichtete Thalli, in denen die Fotobionten regellos eingelagert sind, sogenannte homöomere Thalli, und geschichtete oder heteromere Thalli unterscheiden.

Die heteromeren Flechten weisen im Querschnitt meist außen Rindenschichten auf, die aus fest verflochtenen und oft verklebten Hyphen bestehen. Hier ist die fädige Hyphenstruktur nicht mehr nachweisbar; es entsteht der Eindruck eines pflanzlichen Gewebes. Wir sprechen, wie bei vergleichbaren Strukturen in den Fruchtkörpern der Pilze, von Scheingewebe (Pseudoparenchym). Die Flechtenthalli sind mit Rhizoiden – das sind Pilzhyphen, die Wurzelfunktionen übernehmen – oder auch mit Strängen von verflochtenen Rhizoiden oder Haftscheiben im bzw. am Substrat verankert.

Der Flechtenthallus ist als morphologische Anpassung des Pilzmyzels an die generell oberirdische Lebensweise zu verstehen, die durch das Zusammenleben mit den autotrophen Fotobionten vorteilhaft wurde. Während sich bei der

Mykorrhiza gerade das weitschweifende Wachstum der Myzelien als vorteilhaft erweist, vollzieht sich bei der Flechtenbildung eine Zusammenballung zu kompakten Strukturen, die – z. B. bei den Blattflechten – in auffallender Weise an pflanzliche Strukturen, nämlich an Blätter, erinnern, obwohl hier keinerlei Homologie vorliegt.

Nach der Ausbildung des Thallus der Flechten unterscheidet man verschiedene Wuchsformen (Abb. 4.27). Diese beruhen auf morphologischen Merkmalen, die nicht zwangsläufig verwandtschaftliche Beziehungen widerspiegeln, aber neben den wichtigen Merkmalen der Fruchtkörper auch eine gewisse Bedeutung für die Systematik der Flechten haben, und zwar besonders dann, wenn die Entwicklung und der innere Bau der Thalli mit berücksichtigt werden.

Wenn – wie schon geschildert – der Fotobiont Schleim absondert und der Mykobiont in und von solchen Schleimschichten lebt und wenn dieses Zusammenleben zu charakteristischen Formen geführt hat, sprechen wir von Gallertflechten. Die Thalli dieser Flechten sind ungeschichtet (homöomer). Es kann aber vorkommen, dass sich auf der dem Licht ausgesetzten Oberseite der Gallertflechten die Fotobiontenzellen konzentrieren. Es kommen auch strauchige oder blattähnliche Gallertflechten vor, die den Blatt oder Strauchflechten mit heteromeren Thalli ähneln.

Einfach gebaut und in der Regel ebenfalls ungeschichtet sind auch die Krustenflechten. Bei ihnen handelt es sich um oft nur hauchdünne, flächige Gebilde, die dem Substrat aufgewachsen sind. Krustenflechten bilden Überzüge auf verschiedenen Unterlagen, z. B. auf Gestein, auf der Borke von Bäumen oder auf dem Boden. Die gesteinsbewohnenden Flechten können dem Substrat aufsitzen (epilithische Flechten) oder sogar in die oberflächlichen Gesteinsschichten eindringen (endolithische Flechten). Sie sind dann oft nur an der Verfärbung des Gesteins zu erkennen. Solche Flechten schaffen sich selbst ihre Lebensgrundlage, indem sie die Gesteinsoberfläche für Wasser passierbar machen, das sie dann nutzen können. Ihr Vorkommen ist ein bedeutender Faktor der biologischen Verwitterung von Gesteinen. Die Fähigkeit, Gestein durch Ausscheidungen aufzulösen, ermöglicht den endolithischen Krustenflechten, in manche Gesteine bis nahezu 2 cm tief eindringen zu können.

Die Blattflechten bilden randlich am Thallus blattartige, flache und deutlich geschichtete Lappen (Loben). Sie weisen sowohl auf der Ober- als auch auf der Unterseite eine Rindenschicht auf. Dieser dorsiventrale Bau der Blattflechten erinnert an die Blattorgane der Pflanzen, aber es liegt auch hier keine Homologie vor.

Von den typischen Blattflechten gibt es nahtlose Übergänge zu den Nabel- und Becherflechten. Die Nabelflechten sind ebenfalls deutlich dorsiventral gebaut, aber nur an einer Stelle, dem sogenannten Nabel, am Substrat angeheftet. Die Becherflechten besitzen meist einen horizontalen Thallusteil, der aus blattartigen Loben besteht. Darauf entwickeln

sich auffallende vertikale Abschnitte, die oft becherförmig bzw. pokalartig aussehen und am Rand flache Fruchtkörper, Apothecien, ausbilden. Diese für die Fruktifikation der Flechten bedeutenden vertikalen Thallusteile werden als Podetien bezeichnet.

Durch ihren radiären Bau, ihre allseitige Umrindung und die damit verbundene zylinderförmige Anordnung der Fotobiontenschichten sind Strauchflechten von den Blattflechten stets gut zu unterscheiden. Strauchflechten sind nicht dorsiventral gebaut, obwohl der Flechtenthallus mitunter abgeflacht ist. Aufrecht wachsende Blattflechten, wie das Isländische Moos (*Cetraria islandica*), kann man durch den dorsiventralen Bau stets von Strauchflechten unterscheiden, die meist runde Thallusabschnitte haben und ebenfalls einen aufrechten Wuchs erkennen lassen. Enge Beziehungen zu den Strauchflechten weisen Bandflechten und Bartflechten auf.

Die Bartflechten wachsen meist als Aufsitzer (epiphytisch) in luftfeuchten Verhältnissen. Der Thallus hängt vom Substrat herab, der innere Bau ist dem der aufrechten Strauchflechten ähnlich. Auch die Bandflechten sind nicht dorsiventral gebaut, sie haben aber flache, bandförmige Thallusabschnitte. Wie die Bartflechten wachsen sie ebenfalls häufig epiphytisch und hängen vom Substrat herab.

Wie schon erwähnt, können sich die Fotobionten der Flechtensymbiose meist nur vegetativ durch Teilung vermehren. Sexuelle Fortpflanzung ist auch den Arten nicht möglich, die als frei lebende Organismen einen sexuellen Zyklus zu durchlaufen vermögen. Bei einigen Grünalgen kann es jedoch im Flechtenthallus ausnahmsweise zur Vermehrung durch unbewegliche oder durch begeißelte Mitosporen (Zoosporen) kommen.

Im Gegensatz dazu werden von den Flechtenpilzen sowohl Mitosporen als auch Meiosporen gebildet. Zwar sind bei einigen Flechtenarten auch beim Pilz keine Sexualität und keine Fruchtkörperbildung nachgewiesen (imperfekte Flechten), aber in der Regel kommt es zur Sexualität, zur Fruchtkörperentwicklung und damit verbunden zur Ausbildung von Meiosporen.

Wenn wir den Flechtenthallus als Entsprechung des Myzels nicht lichenisierter Pilze betrachten, so muss auch die gesamte Fruchtkörperentwicklung auf dem Thallus so ablaufen wie bei nicht lichenisierten Pilzen auf dem Myzel. Bei den Ascomycetenflechten (*Ascolichenes*) sind die Hyphen des Thallus haploid. Die Ascogone entstehen im Thallus. Ihre Trichogynen überragen die Thallusoberfläche oder, bei locularer Fruchtkörperentwicklung, den bereits vorgebildeten Fruchtkörper. Die Befruchtung geschieht durch vom Wind bewegte männliche Keimzellen, sogenannte Spermatien (vgl. Tab. 6.4, Spermatiogamie)

Etwa 99 % aller Flechtenpilze gehören zu den Ascomyceten. Sie bilden auch ähnliche Ascocarpien wie die nicht lichenisierten Schlauchpilze. Häufig kommen Apothecien

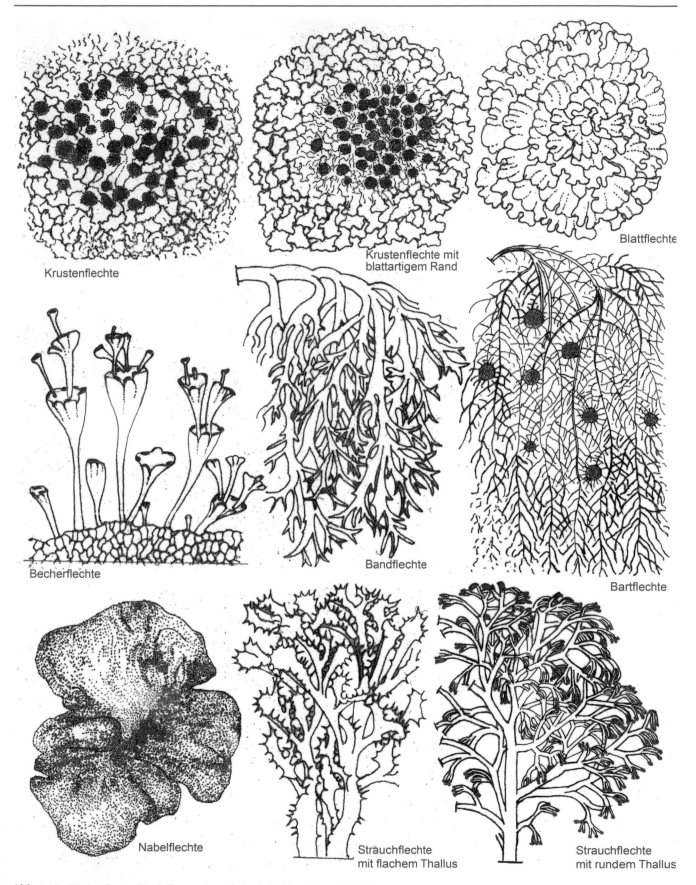

Abb. 4.27 Die häufigsten Wuchsformen (morphologische Typen) von Flechten

vor, aber auch Perithecien und verschiedene loculare Frucht-körpertypen treten auf. Die Fruchtkörper, in vielen Fällen ohne Fotobionten und ausschließlich vom Pilz gebildet, sind in sehr unterschiedlicher Weise mit anderen Thallusteilen verbunden, in denen die autotrophen Fotobiontenzellen lie-gen. Manche Apothecien haben einen vom Thallus gebildeten farbigen Rand, mitunter gelangen auch Fotobiontenzellen in die Fruchtkörper und werden regelmäßig eingebaut. Es kön-nen sogar Fotobiontenzellen bis ins Hymenium eindringen, sodass einige von ihnen dann gemeinsam mit den Ascosporen des Mykobionten verbreitet werden. Das ist aber sehr selten der Fall. Meist werden die Ascosporen – wie bei nicht licheni-sierten Pilzen – ohne Fotobiontenzellen vom Wind verbreitet.

Die Apothecien der Flechten sind entweder rein pilzlich – z. B. sind es in der Gattung *Baeomyces* gestielte, helvelloide Apothecien – oder sie sind auf verschiedene Art und Weise mit dem Thallus eng verbunden. Da die Flechtenkunde (Lichenologie) zunächst unabhängig von der Mykologie be-trieben wurde, sind auch terminologisch unterschiedliche Bezeichnungen für die Teile der Apothecien geprägt wor-den. Die anatomischen Bezeichnungen für die Apothecien der Flechten, die unmittelbar dem Thallus aufsitzen, sind in Abb. 4.28 zusammenfassend dargestellt, ein Beispiel daraus ist die Gelbflechte (*Xanthoria parietina*; Abb. 4.29).

Bei den wenigen Flechten, deren Mykobiont zu den Ba-sidiomyceten gehört (*Basidiolichenes*), wird der Flechten-thallus von dikaryotischen Hyphen aufgebaut. Diese entwickeln bei den lichenisierten Blätterpilzen aus dem Ver-wandtschaftskreis der Gattung der Nabelinge (*Omphalina*) fotobiontenfreie, rein pilzliche Fruchtkörper auf unschein-baren dünnen Krustenthalli, sodass die Flechtennatur erst vor wenigen Jahrzehnten entdeckt wurde. Bei der Gattung *Multiclavula* (Abb. 4.30) entstehen rein pilzliche, keulen-

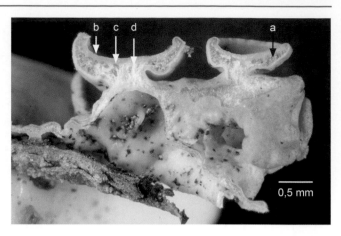

Abb. 4.29 Lecanorine Apothecien der Gelbflechte (*Xanthoria parie-tina*) im Schnitt; (**a**) Fotobiontenschicht im Thallus und im Lagerrand der umschlossenen Apothecien; (**b**) Hymenium; (**c**) Subhymenium der Apothecien; (**d**) Basis des Apotheciums

Abb. 4.30 Schmieriges Holzkeulchen (*Multiclavula mucida*), eine Basidiomyceten-Flechte mit keulenförmigen Holothecien und hauch-dünnem, krustigen, grünen Thallus auf einem morschen Tannenstamm (*Abies alba*) in einem mitteleuropäischen Bergmischwald

förmige Holothecien, bei einigen tropischen *Basidiolichenes* kommen hymenientragende Schichten an konsolenförmigen Thalli vor. Die Basidiosporen werden wie die Ascosporen der *Ascolichenes* vom Wind verbreitet.

Von den auskeimenden Hyphen muss dann eine neue Flechte aufgebaut werden; dazu sind natürlich geeignete Algen bzw. Cyanobakterien erforderlich. Die Synthese von Flechten aus Myzelien von Flechtenpilzen und geeigneten Fotobionten ist ein sehr komplizierter Vorgang, der unter Laborbedingungen in Kultur große Schwierigkeiten bereitet. Die experimentelle Flechtensynthese gelang aber bereits in vielen Fällen.

Unabhängig von diesem Zyklus, der mit der Neusynthese von Flechten verbunden ist, haben sich verschiedene Möglichkeiten der gemeinsamen Vermehrung von Foto- und Mykobionten eines Flechtenthallus herausgebildet. Am ein-fachsten geschieht die vegetative Flechtenvermehrung durch

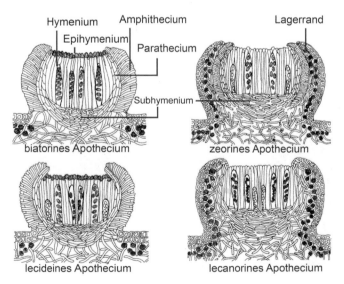

Abb. 4.28 Verschiedene Formen von Apothecien heteromerer Flech-ten

Bruchstücke des Thallus. Besonders bei Trockenheit sind Flechtenthalli oft sehr brüchig, z. B. können durch Tritte von Tieren oder herabstürzende Äste Teile von Strauchflechten abbrechen und vom Wind verweht werden. Wichtiger sind jedoch morphologisch festgelegte Vermehrungs- und Verbreitungseinheiten, besonders die Soredien und die Isidien. Bei den Soredien handelt es sich um kleine kugelige Gebilde, die aus wenigen von Pilzhyphen umsponnenen Fotobiontenzellen bestehen.

Sie werden an bestimmten Abschnitten des Flechtenthallus, den Soralen, gebildet (Abb. 4.31). Dort ist die Rinde

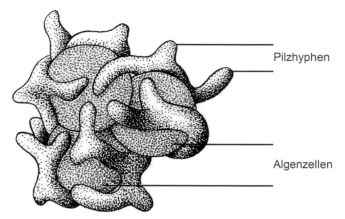

Abb. 4.31 Soredium – von Pilzhyphen umwachsene Fotobiontenzellen

des Thallus aufgerissen, die Oberfläche der Flechte wirkt an diesen Stellen durch massenhaft gebildete Soredien mehligstaubig. Verbreitet werden die Soredien vom Wind. Isidien sind kleine stiftförmige Thallusabschnitte, die sich bei der Reife vom Thallus lösen. Durch sie kann die Umgebung eines Flechtenthallus besiedelt werden, wohingegen die Soredien der Fernverbreitung dienen.

Es gibt neben der Fragmentation, den Soredien und den Isidien weitere morphologisch definierte vegetative Vermehrungs- und Verbreitungseinheiten bei den Flechten (Abb. 4.32), durch die in manchen Fällen die sexuelle Fortpflanzung des Pilzes und die Neusynthese von Flechten überflüssig wurden, sodass Arten vorkommen, die keine Fruchtkörper bilden.

Die Blastidien sind abgerundete präformierte Abschnitte, die sich von Thallusrändern ablösen. Abgeflachte Teile, die ähnlich entstehen, werden Phyllidien genannt. Als Schizidien bezeichnet man flache abgespaltete Thallusteile der Oberfläche mancher Flechten.

Während bei der Mykorrhiza die Pilze Anschluss an komplizierte autotrophe Pflanzen gefunden haben, von ihnen profitieren und selbst von ihnen genutzt werden, machen sich die Pilze in der Flechtensymbiose kleine autotrophe Organismen zunutze und entwickeln sich in einer den Pflanzen in mancher Hinsicht vergleichbaren Weise. Sie sind gemeinsam mit ihren Partnern autotrophe Elemente der Ökosysteme geworden, können mit Pflanzen konkurrieren und als Kompo-

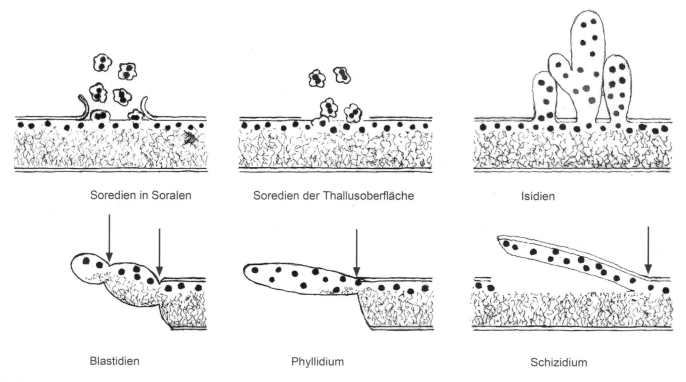

Abb. 4.32 Schematische Darstellung der wichtigsten Formen vegetativer Vermehrungs- und Ausbreitungseinheiten von Flechten; Pfeile: präformierte Bruchstellen

nenten von Pflanzengesellschaften auftreten oder vom Licht abhängige Flechtengesellschaften bilden. Eine derartige Einnischung in terrestrische Lebensräume ist den Pilzen nur in dieser Symbioseform gelungen (Abb. 4.33 und 4.34).

Besonders erstaunlich ist die Tatsache, dass die Lichenisierung von Pilzen Lebensformen hervorgebracht hat, die in mehreren Fällen zur Besiedlung von Standorten geführt haben, welche zu den extremsten terrestrischen Lebensräume unserer Erde gehören: extrem heißes Gestein in Wüstengebieten, arme nackte Sandstandorte über Permafrost, schwermetallreiches Gestein in Gebirgen (Abb. 4.35) und dergleichen. Aufgrund derartiger Eigenschaften sind manche Arten als Zeigerorganismen auch für bestimmte Umweltfaktoren geeignet. Andererseits sind manche Flechten vor allem wegen ihrer Empfindlichkeit gegen Luftverschmutzung als Bioindikatoren geeignet.

Abb. 4.33 Bunter Erdflechtenverein, eine charakteristische Flechtengesellschaft auf nacktem Gipsboden mit *Toninia sedifolia* (schwarzgraue Lager), *Psora decipiens* (rotbraune Schuppen) und *Fulgensia fulgens* (gelbgrüne Lager)

Abb. 4.34 Flechtengesellschaft auf einem sonnenexponierten, verkieselten, metamorphen Stein in einer zentralasiatischen Halbwüste mit *Xanthoria elegans* (goldgelbe Kruste), *Rhizoplaca chrysoleuca* (mit rosa Apothecien) und anderen

Abb. 4.35 *Lecidea decipiens*, eine Krustenflechte mit goldbraunem Thallus und schwarzen Apothecien auf stark schwermetallhaltigem Gestein

4.4   Ohne Tod kein Leben – saprotrophe Pilze

4.4.1   Saprotrophie – das Recycling der Natur

Mykorrhizae und Flechten sind die wohl bekanntesten der überwiegend mutualistischen Symbiosen, an denen Pilze beteiligt sind. Es könnten viele weitere betrachtet werden, z. B. Hefepilze im Verdauungstrakt pflanzenfressender Säugetiere oder in den Myzetomen von Schaumzikaden. Wir haben aber auch gesehen, dass es Überschneidungen zu parasitischen Verhältnissen gibt. Ähnliche Überschneidungen kommen auch zwischen Parasiten und den Bewohnern toter organischen Substanzen, den Saprobionten, vor. Einige Beispiele müssen uns genügen, um die enorme Vielfalt saprotropher Lebensweisen von Pilzen zu erahnen.

Bis ins 16. Jahrhundert hinein vertraten viele Wissenschaftler die Auffassung, Pilze seien nur Wasser- oder Schaumgebilde, entstanden aus der überflüssigen Feuchtigkeit der Erde oder der Bäume als Produkte der Fäulnis, des Vergehens organischer Substanzen. Später, als die Pilze bereits allgemein zu den Lebewesen, meist zu den Pflanzen, gezählt wurden, spielten sie in den Vorstellungen über die Urzeugung von Organismen noch lange eine Rolle. Man glaubte wenigstens von einigen Pilzen, z. B. von schimmelartigem Bewuchs verschiedener Substrate, dass diese Organismen bei der Fäulnis stets neu entstünden. Erst durch THEODOR SCHWANN (1810–1882) und LOUIS PASTEUR

(1822–1895), die stichhaltige Beweise lieferten, wurden im 19. Jahrhundert die Auffassungen von der Urzeugung endgültig überwunden und es setzte sich die Erkenntnis durch, dass alle lebenden Organismen stets aus „Keimen" ihrer eigenen Art hervorgehen.

Die Zählebigkeit falscher Anschauungen über die Pilze beruht zu einem großen Teil auf ihrer geheimnisvoll anmutenden Lebensweise. Wo andere Organismen sterben, inmitten von Fäulnis und Verwesung, da erscheinen Pilze, deren Struktur doch so ganz andersartig ist, als wir es von Tieren oder Pflanzen gewöhnt sind. Klarheit darüber, was Pilze sind und warum wir viele von ihnen gerade dort antreffen, wo andere Organismen verfaulen oder verrotten, ließ sich verständlicherweise erst mit der generellen Aufklärung der Vorgänge des Stoffabbaus, der Fäulnis, der Zersetzung oder Verrottung erreichen.

Hierbei zeigte sich, wie so oft auf den verschlungenen Wegen menschlicher Erkenntnisse, dass gerade das Gegenteil von dem richtig ist, was man geglaubt hatte: Die Pilze sind nicht das Produkt jener Destruktionen organischer Stoffe, sondern ein Teil ihrer Ursache! Sie leben vom Tod der anderen, von deren stofflicher Basis. Wie einfach und plausibel erscheint dies, wenn man sich vergegenwärtigt, wie verworren der Weg zu dieser Erkenntnis gewesen ist! Aber das ist auch heute noch so: Bei allem, was wir nicht wissen, müssen wir auch das scheinbar Unmögliche als möglich in Betracht ziehen. Nicht den kleinsten Anhaltspunkt für eine Erklärung dürfen wir aus dem Auge verlieren, wenn wir die richtigen Zusammenhänge ergründen und beweisen wollen.

Die Ernährungsweise der Lebewesen, denen tote Organismen, tote organische Substanzen als Nahrungsgrundlage dienen, haben wir im Überblick pilzlicher Lebensweisen als „saprotroph" (vgl. Abschn. 4.1) bezeichnet. Aus ökologischer Sicht nennen wir sie Destruenten oder Reduzenten, weil sie diese Stoffe abbauen und damit am Stoffkreislauf – an der Mineralisation organischer Substrate – beteiligt sind. Wir können bei den saprotrophen Organismen saprophytische und saprophage Organismen unterscheiden. Saprophyten sind saprotroph lebende Pflanzen oder pflanzenähnlich lebende Organismen wie die filamentösen Pilze, die ihre Nahrung osmotroph über Membranen direkt aus dem Substrat aufnehmen. Saprophage (tote Substanzen fressende) Organismen, wie viele Tiere, nehmen die toten organischen Substanzen als Partikel auf. Für sehr viele Pilze und Bakterien ist das saprophytische Leben charakteristisch.

Es gibt hierbei ein terminologisches Problem. Manche Mykologen lehnen den Begriff „Saprophyten" für die Pilze ab. Die Endung „-phyten" bedeutet „Pflanzen". Da aber die Pilze erwiesenermaßen nicht mit Pflanzen verwandt sind, lehnt man auch diesen Begriff für die Pilze ab und verwendet ausschließlich den Überbegriff „saprotroph". Saprotroph leben aber auch viele Tiere. Wir lehnen daher den Begriff „Saprophyth"

nicht generell für die Pilze ab, da die osmotrophe Nahrungsaufnahme pflanzenähnlich ist. Der Begriff „saprophytisch" hat zudem seinen Ursprung bei den Pilzen; er wurde von DE BARY (1831–1888) speziell für Pilze geprägt.

4.4.2 Saprotrophe Bodenpilze

Zahlreiche Pilze leben saprophytisch von den toten organischen Bestandteilen der Böden. Ihre Myzelien durchwachsen den Boden, sie sind als Humusbewohner von den Eigenschaften der Böden abhängig. Es gibt von nahezu bodenvagen (unempfindlich gegenüber dem pH-_Wert des Bodens) Arten bis hin zu hoch spezialisierten Sippen bestimmter Bodenarten, etwa von Kalkböden, sauren Moorböden und dergleichen, eine ganze Palette abgestufter Abhängigkeiten von den edaphischen Faktoren.

Zu den bodenbewohnenden (terrestrischen), saprophytischen Großpilzen gehören z. B. Champignons (*Agaricus*-Arten), auch so begehrte Speisepilze wie der Wiesenchampignon (*Agaricus campestris*; Abb. 4.36), der Anischampignon (*Agaricus arvensis*) oder der Zuchtchampignon (*Agaricus bisporus*). Einige Arten wurden als Speisepilze in Kultur genommen, denn es ist gar nicht so schwierig, für diese Pilze optimale Lebensbedingungen zu schaffen. Auch die organischen Bestandteile äußerst vegetationsfeindlicher Standorte sind manchen saprophytischen Pilzen zugänglich. Die Fruchtkörper des Stadtchampignons (*Agaricus bitorquis*) vermögen selbst zwischen Pflastersteinen zu erscheinen, ja es sind sogar Fälle bekannt, wo dünne Asphaltdecken von den Fruchtkörpern dieser Art durchbrochen wurden.

Abb. 4.36 Wiesenchampignon (*Agaricus campestris*), ein weitverbreiteter terrestrischer Saprophyt in einem beweideten Steppenrasen in Sibirien

Abb. 4.37 Schopftintling (*Coprinus comatus*), ein terrestrischer Saprophyt nährstoffreicher Böden

Abb. 4.38 Rosablättriger Helmling (*Mycena galericulata*), ein saprophytischer Bewohner morschen Holzes und rohhumusreicher Waldböden

Der Schopftintling oder Spargelpilz (*Coprinus comatus*; Abb. 4.37) ist ebenfalls in Siedlungsgebieten des Menschen weit verbreitet. Man findet ihn unter anderem häufig auf Schutthalden. Nicht immer lassen sich bodenbewohnende (terrestrische) Saprophyten problemlos von ektotrophen Mykorrhizapilzen unterscheiden, die ihre Nährstoffe wenigstens teilweise von lebenden Pflanzen beziehen. In diesem Bereich gibt es auch Übergangsformen, fakultative ektotrophe Mykorrhizapilze, die unter Umständen auch vollständig saprophytisch leben können.

Übergangsformen gibt es auch zwischen den terrestrischen Saprophyten und den saprophytischen Bewohnern spezieller Substrate, die z. B. im Boden verborgen sind oder auf dem Boden liegen, wie verholzte Zweige, tote Früchte, alte Laubreste, abgestorbene Wurzelreste usw. Manche Arten können fakultativ terrestrisch in Böden mit hohem Humusanteil oder auf Holz leben. Einige Blätterpilze, z. B. der Graublättrige Schwefelkopf (*Hypholoma capnoides*) oder der Rosablättrige Helmling (*Mycena galericulata*; Abb. 4.38), sind normalerweise Holzbewohner.

In der montanen Region der Gebirge jedoch, wo die anfallenden Pflanzenteile nur unvollständig abgebaut werden und eine Tendenz zur Torfbildung besteht, können diese Arten als Bodenpilze auftreten. Auch der Rötliche Holzritterling (*Tricholomopsis rutilans*) ist meistens ein Holzbewohner, kann unter bestimmten Bedingungen auf dem Boden wachsen, ohne Kontakt mit Holz zu haben.

Besonders in der Endphase der Zersetzung vieler Pflanzenteile – man denke z. B. an Zapfen, Ästchen oder Nadeln – sind terrestrische Pilze oft in der Lage, diese Substrate zu besiedeln. Andere Arten ernähren sich gleichermaßen vom Bodenhumus, gehen aber auch regelmäßig auf Holzsubstrate im Boden über, so beispielsweise die Gemeine Hundsrute (*Mutinus caninus*) und die Stinkmorchel (*Phallus impudicus*).

Ebenfalls eine Zwitterstellung zwischen Bodenpilzen und Substratspezialisten nehmen manche Streuzersetzer ein. Man findet sie entweder auf wenig bis stark zersetzten Teilen der Bodenauflagen, wie Zweigen, Blättern und Nadeln, oder auf dem Boden. Zu ihnen gehören z. B. verschiedene Helmlinge (*Mycena*-Arten). Dass solche Übergangsformen auftreten, ist nicht verwunderlich, wenn man die Kontinuität des Substratabbaus bedenkt. Weil unsere Kenntnisse über die Substratbindung saprophytischer Pilze größtenteils auf Beobachtungen der Fruchtkörper beruhen, müssen wir ohnehin davon ausgehen, dass die nicht fruktifizierenden Myzelien mehr Substrate in einem früheren Stadium der Zersetzung besiedeln, als wir aus den hervorgebrachten Fruchtkörpern schließen können. Bei molekularbiologischen Untersuchungen wurde nachgewiesen, dass z. B. im Holz durchaus mehr als die zehnfache Artenzahl an Pilzen vorkommen kann, als durch die Fruchtkörper nachweisbar waren.

4.4.3 Von mancherlei Spezialisten

Organische Stoffe anzugreifen und nutzbar zu machen ist den Pilzen oft nur dank sehr spezifischer Fähigkeiten ihres Stoffwechselsystems möglich. Dies trifft besonders für die Anfangsphasen des Stoffabbaus zu, in denen noch manche

Schutzeinrichtung der lebenden Organismen gegen den Angriff von außen wirksam ist. Betrachten wir z. B. unsere Waldbäume. Das gefährdete Holz der Stämme ist durch die Borke geschützt. Hier sind Korkstoff (Suberin) und Gerbstoffe eingelagert, die beide für Pilze giftig sind. Das Kernholz mancher Bäume ist ebenfalls durch Substanzen geschützt, die auf Pilze als Gift wirken. Mancher Kernholzspezialist unter den holzzersetzenden Pilzen muss daher ganz besondere Leistungen vollbringen, um diese Barriere zu überwinden.

Wir wissen, dass der Abbau organischer Stoffe generell nur durch bestimmte Enzyme möglich ist. Solche Stoffe müssen von den saprophytischen Pilzen synthetisiert und ins Substrat abgegeben werden. Es kann nicht verwundern, dass es dabei zur Herausbildung von Spezialisten kommt, die nur ganz bestimmte – anderen unzugängliche – Substrate abbauen können. Ebenso verständlich ist es, dass oft sehr viele verschiedene Arten saprophytischer Lebewesen durch einen einzigen autotrophen Organismus Nahrung finden können. Stellen wir uns eine alte Buche vor, die alljährlich ihr Laub abwirft und deren Wurzeln und Zweige absterben. Da gibt es saprophytische Pilze und Bakterien, die das Falllaub abbauen, andere Arten bemächtigen sich des oberirdischen Fallholzes, wieder andere leben vom unterirdischen Wurzelholz oder bauen totes Holz in Stammhöhlen ab (Abb. 4.39). Manche Arten sind auf die Früchte oder die abgefallenen Blüten usw. spezialisiert.

Das Spezialistentum der Saprophyten erregt unter Naturfreunden oft Erstaunen. Findet man z. B. in einem Kiefernwald bei einer Pilzwanderung im Mai die häufigen Zapfenrüblinge oder Nagelschwämme (*Strobilurus stephanocystis*

Abb. 4.39 Wolliger Scheidling (*Volvariella bombycina*) in einer Stammhöhle eines liegenden Pappelstammes (*Populus* spp.)

oder *Strobilurus tenacellus*), so wirkt es für Unkundige oft wie Hellseherei, wenn man voraussagt, dass diese Pilzchen auf unterirdischen Kiefernzapfen sitzen. Nadelholzzapfen sind Substrat für eine recht große Anzahl von spezialisierten Pilzen (Tab. 4.2). Weitere Spezialisten sind in Tab. 4.3 und 4.4 aufgeführt.

Unter den saprophytischen Pilzen sind auch die Torfmoosbewohner. Torfmoose (*Sphagnum*-Arten) haben die Eigenschaft, aufrecht zu wachsen, sich zu verzweigen und basal abzusterben, ohne dass es zu einer Verankerung der Pflänzchen im Boden kommt. Durch hohe Feuchtigkeit, reiche Bildung von Biomasse und einen niedrigen pH-Wert an den Standorten der meisten Torfmoose werden die organischen Stoffe nur unvollständig abgebaut, was Torfbildung zur Folge hat. Die *Sphagnum*-Spezialisten wachsen an den absterbenden basalen Teilen dieser Moospflänzchen, einem Substrat, das für eine ganze Reihe von Blätterpilzen die wichtigste Nahrungsgrundlage ist. Schon bei einigen Namen kommt die Bindung an Torfmoose zum Ausdruck, so beim Torfmoosrötling (*Entoloma sphagneti*), beim Torfmoosna-

Tab. 4.2 Auf Nadelholzzapfen spezialisierte saprophytische Pilze

Pilzart/Erscheinungszeit	Standorte
Fichtenzapfenbecherling (*Rutstroemia bulgarioides*) Schneeschmelze bis Mai	oberflächlich und feucht liegende Fichtenzapfen
Fichtenzapfengallertkreisling (*Ombrophila janthina*) Juni bis Septembe	oberflächlich und naß liegende Fichtenzapfen
Zapfenschuppenbecherling (*Ciboria rufofusca*) April bis Mai	oberflächlich und feucht liegende Zapfenschuppen der Weißtanne
Ohrlöffelstacheling (*Auriscalpium vulgare*) Juli bis November, ganzjährig erhalten	oberirdische und unterirdische Kiefernzapfen (Waldkiefer, Schwarzkiefer) an trockenen bis mäßig feuchten Standorten
Fichtenzapfenrübling (*Strobilurus esculentus*) Spätherbst bis Juni	selten oberirdische, meist unterirdische Fichtenzapfen an trockenen bis feuchten Standorten
Bitterer Zapfenrübling (*Strobilurus tenacellus*) Spätherbst (milder Winter) bis Juni	selten oberirdische, meist unterirdische Zapfen von Wald-, Schwarz- oder Bergkiefer an trockenen bis feuchten Standorten
Milder Zapfenrübling (*Strobilurus stephanocystis*) Spätherbst (milder Winter) bis Juni	selten oberirdische, meist unterirdische Zapfen von Wald-, Schwarz- oder Bergkiefer an trockenen bis feuchten Standorten
Mäuseschwanz (*Baeospora myosura*) August bis Winter	häufig oberirdische, oft auch unterirdische Fichtenzapfen, weniger häufig Kiefern- und Zedernzapfen an mäßig feuchten bis nassen Standorten

Tab. 4.3 Auf tote Frucht- und Blütenteile von Gehölzen spezialisierte Becherlinge

Art	Substrat
Kastanienschalenbecherling (*Rutstroemia echinophila*)	alte Fruchtbecher (Cupulae) der Eßkastanie
Weidenkätzchenbecherchen (*Pezizella amenti*)	abgefallene Weiden- und Pappelkätzchen
Blasses Erlenbecherchen (*Pezizella alniella*)	abgefallene Schuppen von Grünerlenzapfen
Kätzchenbecherling (*Ciboria amentacea*)	abgefallene Erlen- und Weidenkätzchen
Erlenzapfenweichbecherling (*Mollisia amenticola*)	abgefallene Erlenzapfen

Tab. 4.4 Auf tote Pflanzenteile spezialisierte Becherlinge

Art	Substrat
Eichenblattbecherling (*Rutstroemia sydowiana*)	tote Blattstiele oder Mittelrippen von Eichenblättern (*Quercus*-Arten)
Rosaweißer Stengelbecherling (*Hymenoscyphus rhodoleucus*)	tote Schachtelhalmstengel (*Equisetum*-Arten)
Sumpfdotterblumenbecherling (*Botryotinia calthae*)	faulende Sproßachsen der Sumpfdotterblume (*Caltha palustre*)
Schüsselförmiges Kugelbecherchen (*Heterosphaeria patella*)	tote Sproßachsen von Doldenblütlern ((Apiaceae)

beling (*Omphalina sphagnicola*), beim Moorzärtling (*Psathyrella sphagnicola*) oder beim Torfmooshäubling (*Sumpfhäubling*). Die häufigsten Torfmoosbewohner in Europa, das Sumpfgraublatt (*Tephrocybe palustre*) und der Sumpfhäubling (*Galerina paludosa*) bilden in Hoch- und Zwischenmooren oder auf *Sphagnum*-Decken von Schwingrasen oft sogar einen auffallenden Pilzaspekt. Viel beachtet werden auch die auf Früchte (bzw. auf Fruchtstände, Fruchtbecher, Kätzchen usw.) der Laubgehölze spezialisierten Arten. Für viele dieser Arten gibt es hinsichtlich der Substrate nur einen relativ geringen Spielraum; andere vermögen dagegen sehr unterschiedliche Substrate anzugreifen. Zu den weitverbreiteten Arten mit begrenzten Besiedlungsmöglichkeiten gehören unter anderen viele Ascomyceten der Ordnung *Helotiales* (inoperculate Discomyceten), die kleine, mitunter aber recht intensiv gefärbte Apothecien oft in großer Anzahl bilden.

Manche dieser Arten sind sehr häufig und bei gezielter Suche mit großer Wahrscheinlichkeit anzutreffen, z. B. die Kätzchenbecherlinge (*Ciboria amentacea*), die von Februar bis März in Erlenbeständen auf den abgefallenen Erlen-

kätzchen des Vorjahres wachsen. Es sei jedoch darauf hingewiesen, dass man Pilzarten, die man auf diesen Substraten findet, ohne mikroskopische Untersuchung und Benutzung von Spezialliteratur nicht exakt bestimmen kann.

Auf speziellen Fruchtsubstraten kommt es auch zur Vergesellschaftung von Pilzen, die dann gemeinsam fruktifizieren. Häufig findet man beispielsweise auf den Fruchtbechern (Cupulae) der Buche den winzigen Weißen Haarbecherling (*Dasyscyphus virgineus*) gemeinsam mit der Buchenfruchtschalen-Holzkeule (*Xylaria carbophila*). Eine sehr weit verbreitete Art, der Fruchtschalenbecherling (*Helotium fructigenum*), kommt dagegen auf mehreren Substraten vor; er findet sich z. B. auf Buchen- und Eichenfruchtbechern sowie auf Hainbuchenfrüchten und Haselnüssen.

Auch auf krautigen Pflanzen begegnen uns spezialisierte Saprophyten, einige sind in Tab. 4.4 zusammengestellt. In diesem Zusammenhang sei noch darauf hingewiesen, dass es auch sehr viele Arten gibt, die man im Gelände für Saprophyten halten kann, die aber ursprünglich – mitunter nur als Anamorphen – parasitisch lebten, deren Fruchtkörper dann aber auf den abgetöteten Pflanzenteilen erscheinen (vgl. Abschn. 4.5.4, hemibiotrophe Parasiten). Hierzu gehören z. B. viele *Mycosphaerella*-Arten, aber auch so bekannte Pilze wie der Runzelschorf des Ahorns (*Rhytisma acerinum*), viele Becherlinge der Ordnung *Helotiales*, beispielsweise *Sclerotinia*-, *Monilinia*-, *Stromatinia*-Arten und viele andere.

Man findet z. B. im Xerothermrasen im Frühjahr die gestielten Weißwurzbecherlinge (*Stromatinia rapulum*) auf alten, zu Sclerotien umgebildeten Rhizomen der Duftenden Weißwurz (*Polygonatum odoratum*). Diese Rhizome wurden vorher vom Pilz abgetötet und dann als Substrat genutzt. Ähnlich verhält es sich mit dem bekannten, weitverbreiteten Anemonenbecherling (*Dumontinia tuberosa*). Dieser Pilz wird meist als Parasit von Buschwindröschen (*Anemone nemorosa*) betrachtet. Allerdings sind die Beziehungen zu den Pflanzen, mit denen er stets gemeinsam auftritt, unklar. Da der Pilz in Kultur sehr rasch und problemlos auf Malzagar Sclerotien bildet, kann man bei ihm auf saprophytische oder symbiotische Lebensweise schließen. Die Sclerotien des Pilzes, aus denen die Fruchtkörper im Frühjahr wachsen, haben niemals direkten Kontakt zu den Rhizomen der Anemonen.

Zu charakteristischen Gesellschaften saprophytischer Pilze kommt es auf alten Brandstellen. Aufgrund der Konkurrenz- und Nährstoffverhältnisse, möglicherweise auch des Mikroklimas, wachsen einige Arten bevorzugt an diesen Standorten, manche sind sogar ausschließlich von Brandstellen bekannt. Man spricht von anthracophilen – oder auch karbophilen oder pyrophilen – Pilzen. Die Artenzusammensetzung der Pilzassoziationen auf Brandstellen ist unter anderem von der Lage der Brandstelle an feuchten, trockenen, schattigen oder besonnten Stellen abhängig. Auch das Substrat, z. B. der Anteil von Holzkohle oder Asche und die

Art des verbrannten Materials, z. B. Laub- oder Nadelholz, können für die Artenkombination der Pilze auf Brandstellen von Bedeutung sein. Wie auf tierischen Exkrementen und auf Holzsubstraten ist auch auf Brandstellen eine zeitliche Aufeinanderfolge unterschiedlicher Artengruppen (Sukzession) zu beobachten.

Wir wollen nur ein paar charakteristische Arten erwähnen. Einige für Brandstellen typische Becherlinge gehören zur Ordnung der *Pezizales* (operculate Discomyceten). Am bekanntesten ist der Gemeiner Kohlenbecherling (*Geopyxis carbonaria*). Nach diesem Pilz wurde auch eine auf Brandstellen vorkommende Pilzgesellschaft als *Geopyxidetum carbonariae* beschrieben. Weiterhin sind auf Brandstellen anzutreffen: der Holzkohlenbecherling (*Plicaria anthracina*), der Brandstellen-Kotling (*Ascobolus carbonarius*), der Haarige Brandstellenbecherling (*Anthracobia macrocystis*), der Düstere Brandstellenbecherling (*Anthracobia maurilabra*) und der Gesäumte Brandstellenbecherling (*Anthracobia melanoma*). Auch die Wellige Wurzelorchel (*Rhizina undulata*), die in Koniferenpflanzungen als Wurzelparasit auftreten kann, fruktifiziert sehr häufig auf Brandstellen, ebenso gehören einige Blätterpilze zu den typischen Brandstellenbewohnern, unter anderen das Brandstellengraublatt (*Tephrocybe anthracophila*), der Kohlenschüppling (*Pholiota carbonaria*), der Kohlenleistling (*Geopetalum carbonarium*) und der Kohlennabeling (*Myxomphalina maura*). Diese Blätterpilze sind auch von anderen Standorten bekannt, doch finden sie auf den Brandstellen günstige Bedingungen und kommen hier oft massenhaft zur Fruchtkörperbildung. Eine unauffällige Erscheinung unter den Brandstellenpilzen ist der Brandstellenkugelpilz (*Strattonia carbonaria*). Die massenhaft erscheinenden winzigen Perithecien erreichen einen Durchmesser von etwa 0,4 mm. Das Ostiolum, die porenartige Fruchtkörperöffnung, sitzt auf einer flachen Papille und die Perithecien sind ins Substrat, meist kohlehaltige Asche, eingesenkt, wodurch eine scheinbar fein granulierte Oberfläche entsteht.

Eine weitere ökologische Gruppe von saprophytischen Pilzen hat sich auf tierische Exkremente spezialisiert – die fimicolen oder koprophilen Pilze. Unter ihnen gibt es bedeutende Unterschiede in Bezug auf die Abhängigkeit vom Substrat. Zum einen sind Arten bekannt, die sich auf den Kot von Pflanzenfressern oder von Fleischfressern spezialisiert haben, zum anderen Pilze, die überwiegend, aber nicht ausschließlich Exkremente besiedeln. Manche Arten, die man lange Zeit als obligate Kotbewohner angesehen hat, wurden später auch auf gedüngten Böden gefunden. Wir bezeichnen sie als semikoprophil.

Gut untersucht sind die Sukzessionen koprophiler Pilze. Man kann schon mit einfachen Mitteln entsprechende Studien durchführen, indem man das Substrat vom Standort entnimmt und die Pilze in feuchten Kammern zur Fruktifikation kommen lässt. Nacheinander – je nach dem Grad

Tab. 4.5 Einige auf tierische Exkremente spezialisierte Becherlinge

Art	Substrat
Borstiger Kotbecherling (*Lasiobolus furfuraceus*)	Kot von Hasen, Pferden, Rehen u.a.
Kleiiger Kotbecherling (*Ascobolus furfuraceus*)	Kot von Rindern (Kuhfladen)
Grüngelber Kotbecherling (*Ascobolus crenulatus*)	Kot von Rehen, Hunden, Ziegen u.a.
Kohlkotbecherling (*Ascobolus brassicae*)	Kot von Füchsen, Hunden, Mäusen u.a.
Schwefelgelber Kotbecherling (*Pseudombrophila theioleuca*)	Kot von Hasen, Rehen, Schafen u.a.
Körniger Kotbecherling (*Copropia granulata*)	Kot von Rindern (Kuhfladen)

der Zersetzung des Substrats – erscheinen Fruchtkörper anderer Arten in regulärer Folge. Unter den Mykologen haben sich einige auf die Bearbeitung derartiger Pilze spezialisiert. Es ist erstaunlich wieviel Neues dadurch entdeckt wurde. Bisher völlig unbekannte Arten wurden vom Kot exotischer Tiere beschrieben. Auch Schleimpilze bilden auf diesen Substraten mitunter ihre winzigen Sporocarpien.

Von den koprophilen Ascomyceten gehören viele zu den *Pezizales*. Einige dieser Becherlinge sind in Tab. 4.5 zusammengestellt.

Ein gut bekannter, für Kreuzungsexperimente verwendeter koprophiler Ascomycet ist *Sordaria fimicola*, eine Art mit unauffälligen, winzigen dunklen Perithecien. Bei der Porenscheibe (*Poronia punctata*) werden auf Pferdedung dunkle Perithecien in oberseits hellen, scheibenförmigen Stromata gebildet, die zunächst Conidien abschnüren. Sie sind durch ihre endozoochore Ausbreitung der Ascosporen perfekt an die koprophile Lebensweise angepasst (vgl. Abschn. 3.3.2, Abb. 3.16). Die Art galt in der zweiten Hälfte des 20. Jahrhunderts in Mitteleuropa als ausgestorben, obwohl sie in Steppengebieten Osteuropas noch immer häufig blieb. Um die Jahrhundertwende tauchte sie in Mitteleuropa wieder auf, und zwar auf Pferdemist von „Öko"-Gestüten – ein Beispiel, dass auch die Qualität des Substrats für das Auftreten koprophiler Pilze von Bedeutung sein kann.

Bei den koprophilen Blätterpilzen ist meist eine viel geringere Spezialisierung festzustellen als bei den Ascomyceten. Zahlreiche Arten sind semikoprophil, z. B. einige Düngerlinge (*Panaeolus*-Arten), Tintlinge (*Coprinus*-Arten) oder der Halbkugelige Träuschling (*Stropharia semiglobata*). Nur wenige kennen wir ausschließlich von Exkrementen, wie den Schneeweißen Tintling (*Coprinopsis niveus*; Abb. 4.40).

Auf Gebirgsmatten, aber auch in tieferen Lagen kommt es auf Pferde- oder Kuhmist oft zu einer auffallenden Pilz-

Abb. 4.40 Ringdüngerling (*Panaeolus semiovata*) auf Elefantenkot im tropischen Grasland von Sri Lanka

Abb. 4.41 Schneeweißer Tintling (*Coprinopsis niveus*) auf verrottetem Pferdedung einer stadtnahen Koppel

assoziation mit dem Glockendüngerling (*Panaeolus sphinctrinus*) und dem Halbkugeligen Träuschling (*Stropharia semiglobata*). Hier sind auch einige der genannten Ascomyceten vertreten. Der auffallende Ringdüngerling (*Panaeolus semiovatus*; Abb. 4.41) ist auf manchen Viehweiden massenhaft anzutreffen. Er besiedelt auch noch relativ trocken liegende Exkremente in kontinental beeinflussten Gebieten der Erde.

Bei all den erwähnten Substraten, die von saprophytischen Pilzen besiedelt werden, fallen uns zunächst nur die Arten auf, die große Fruchtkörper bilden. Die mikroskopischen Pilze bleiben unserem Auge verborgen. Nur manchmal, wenn z. B. die Anamorphen ausgedehnte Rasen bilden, können wir die fruchtkörperlosen Pilze mit bloßem Auge wahrnehmen. Um in die ökologischen Beziehungen auf den von Saprophyten besiedelten Substraten tiefer einzudringen, müssen wir die Organismen mit experimentellen mikrobiologischen Methoden erfassen, d. h., isolieren, in Kultur nehmen und bestimmen.

Bei den fruchtkörperlosen Pilzen auf Exkrementen machen die zu den Jochpilzen (Zygomyceten) gehörenden *Pilobolus*-Arten eine Ausnahme. Man kann sie schon mit bloßem Auge erkennen, und mit einer Lupe lässt sich bereits Erstaunliches entdecken. Die Übersetzung des Gattungsnamens *Pilobolus* lautet „der Hutschleuderer“. Man kann bei diesen Pilzen, für die sich die Bewegungsphysiologen schon lange Zeit interessieren, tatsächlich mit einiger Geduld eine Schleuderbewegung feststellen. Am günstigsten ist es, wenn man die Pilze auf vorsichtig zu transportierenden Substraten, wie etwa Hasen- oder Kaninchenkot, sucht, sie samt Substrat in ein möglichst glattwandiges Glasgefäß legt und feucht hält. Die Pilze bilden auf dem Kot lange, mit bloßem Auge wahrnehmbare Trägerhyphen, bei denen sich an den Spitzen bald dunkel gefärbte Köpfchen zeigen – die einzelligen Sporenbehälter (Sporocyten) dieser Pilze, in denen endogen die Mitosporen entstehen. Bei der weiteren Entwicklung lässt sich gut erkennen, dass die Trägerhyphe unter der Sporocyte auffallend aufgetrieben ist. Diese Anschwellung übertrifft schließlich den Durchmesser der Sporocyte. Dieses Vesikel (Bläschen) dient der erwähnten Schleuderbewegung. Bei der Reife orientiert sich die Längsachse des oberen Teils der Trägerhyphe in Richtung des Lichteinfalls. Schließlich wird die gesamte Sporocyte durch einen Druckmechanismus bis zu 2 m weit abgeschossen. Im Versuch bleibt sie am Glasdeckel des Gefäßes kleben, in der Natur hängt sich der schleimige Sporenbehälter meist an Pflanzenteile an und bleibt dann durch Eintrocknen des Schleimes fest haften. Dadurch erhöht sich die Chance, dass die gesamte Sporocyte mit den Pflanzenteilen von den Weidetieren gefressen wird. Die Sporen werden dann im Darm der Tiere freigesetzt. All diese Pilze sind eindrucksvolle Beispiele für die Anpassung an die Lebensweise auf tierischen Exkrementen durch endozoochore Sporenausbreitung: Nach dem Absetzen des Kotes befinden sich die Sporen bereits wieder im geeigneten Substrat, und der Pilz kann sofort mit dem Abbau beginnen, bevor sich Nährstoffkonkurrenten auf dem Substrat einstellen.

Wir haben uns mit den vielfältigen Substraten beschäftigt, die von Pilzen besiedelt werden können: mit Pflanzenresten, Moosen, Brandstellen, Exkrementen. Danach scheint auch der Gedanke, dass Pilze vielleicht selbst Substrat für andere Pilze sein können, gar nicht so abwegig, wenn wir die großen

Mengen von Biomasse betrachten, die alljährlich von Pilzen gebildet werden und die auch wieder abgebaut werden müssen. Und tatsächlich gibt es Pilze, die sich als Saprophyten – die Parasiten sollen erst später behandelt werden – auf Pilze spezialisiert haben. Wir wollen nur einige wenige Beispiele herausgreifen.

Einige kleine sclerotienbildende Rüblinge (*Collybia tuberosa* und verwandte Arten) bevorzugen abgestorbene Fruchtkörper von Täublingen und Milchlingen. Man ist erstaunt, wenn man diese hellen, fast weißen Pilzchen in dichten Gruppen, mitunter beinahe einen kleinen Rasen bildend, auf dem Waldboden findet und erkennt, dass sie auf einer räumlich begrenzen, undefinierbaren, meist schwärzlichen Masse wachsen. Beim genauen Betrachten erkennt man schließlich, dass dieses schwarze Substrat die Reste des Fruchtkörpers eines Täublings oder Milchlings sind.

Ein anderes Beispiel für saprophytisches Wachstum von Pilzen auf den Resten anderer Pilze sind die ausdauernden derben Stromata mancher perithecienbildender Pilze. Der Brandfladen oder Brandkrustenpilz (*Ustulina deusta*), aber auch andere verwandte Arten, wie das Bucheneckenscheibchen (*Diatrype disciformis*) oder das Brandschwarze Kugelkissen (*Melanomma pulvis-pyrius*), bleiben als derbe Reste längst abgestorbener Fruchtkörper noch lange am Holz oder den Holzresten nachweisbar erhalten, welche sie als lebende Pilze besiedelten. Auf diesen alten Fruchtkörperruinen sind einige Pustelpilze – ebenfalls perithecienbildende Arten – spezialisiert. Der Aufsitzende Pustelpilz (*Nectria episphaeria*) und die verwandte Art *Nectria purtonii* bilden rote bis rotorangefarbene Perithecien, die sich kontrastreich von den schwarzen abgestorbenen Substraten abheben. Sie sind sehr klein, und man muss schon ein wenig Bescheid wissen, um hier die Zusammenhänge zu erkennen: Ein kleiner, schwarzer Rest am Holz und darauf die nur etwa 0,2 mm großen roten Kugeln der *Nectria*-Art, das ist gerade noch mit einem geübten Auge zu finden. Für die Bestätigung eines Fundes braucht man dann schon eine Lupe, und zur exakten Bestimmung ist ein Mikroskop mit Messeinrichtung erforderlich.

Ein Naturfreund kann noch allerlei mehr an einem scheinbar so bedeutungslosen alten Baumstumpf entdecken. Allerdings bedarf es dazu einer wichtigen Voraussetzung: der Liebe zum Detail. Wenn wir uns die Welt der Pilze erschließen wollen, können wir sie überall finden. Je mehr wir von ihr wissen, umso deutlicher tritt uns immer Neues vor Augen. Und wir brauchen dazu auch nicht auf den Herbst zu warten oder weit zu gehen! Einiges von den Spezialisten unter den Saprophyten haben wir uns angesehen, aber noch vieles mehr könnten wir ergründen. Verstehen wir das Gesagte als Anregung. Der Pilzfreund kann noch genügend anderes in der Natur selbst erkunden.

Bevor wir uns den Parasiten zuwenden, müssen wir auf eine sehr wichtige Gruppe überwiegend saprophytischer Pilze zu sprechen kommen, die wenigstens teilweise fakultativ zum Parasitismus überleiten können: Pilze, die an Holz wachsen.

4.4.4   Holz als Lebensspender

Bei Exkursionen in Mooren kann man oft in feuchten Erlen- oder Birkenbruchwäldern aufrechte tote Baumstämme sehen, die über und über mit pilzlichen Fruchtkörpern besetzt sind. Wenn man gezwungen ist, sich von Bult zu Bult zu bewegen, um nicht hüfttief zu versinken, sucht man nicht selten Halt an den Stämmen. Dann kann es leicht passieren, dass solch ein toter Stamm bricht und zerbröckelt. Schon mancher Biologe hat auf diese Weise ein unfreiwilliges Moorbad genommen. Was dem Holz die Festigkeit nahm, waren Pilze, die sich auf das Leben im Holz spezialisiert haben. Wir nennen sie holzzerstörende, holzverzehrende (xylophage) oder besser holzbewohnende (lignicole) Pilze).

Es sei – schon im Vorfeld unserer Ausführungen über Parasiten – betont, dass die Holzbewohner, die lebende Bäume oder Sträucher befallen, in gesundes Holz eindringen oder auch Bäume zum Absterben bringen können, fast immer fakultativ in bestimmten Lebensabschnitten parasitisch zu leben vermögen. Dass diese Pilze auch saprophytisch leben können, wird schon dadurch bewiesen, dass sie an abgestorbenen Bäumen noch lange auf totem Holz Fruchtkörper hervorbringen und auf künstlichen Nährböden meist sehr gut wachsen und oft problemlos zur Fruchtkörperbildung gebracht werden können. Man bezeichnet solche fakultativen Parasiten auch als „Saproparasiten". Da an lebenden Gehölzen ebenfalls sehr viel tote Substanz vorhanden ist, überwiegt auch bei parasitischer Lebensweise am Gehölz zeitweise die saprophytische Komponente der Ernährung. Wir müssen uns vor Augen halten, dass die überwiegenden Bestandteile des Holzes – auch am lebenden Baum – aus toten Zellwandsubstanzen, aus Lignin, Cellulose und Hemicellulose, bestehen. Viele holzbewohnende Pilze leben demnach überwiegend auch an lebenden Gehölzen saprophytisch von bereits abgestorbenen Substanzen. Ohne Zweifel vermögen allerdings einige Arten auch lebende Zellen zu schädigen oder abzutöten. Sie befallen das Kambium, den Bast oder lebende Bestandteile des Abschlussgewebes und können unter Umständen Gehölze zum Absterben bringen. Solche fakultativen Parasiten ernähren sich aber nicht unmittelbar von den lebenden Zellen, sondern töten diese erst ab, ehe sie das Holz nutzen oder zu durchdringen vermögen. Wir sprechen von sogenannten Perthophyten oder Nekrophyten. Das Vermögen der fakultativ perthophytischen Lebensweise ist bei Holzbewohnern weit verbreitet.

Nach dem Erscheinungsbild der Holzzersetzung lassen sich lignicole Pilze grob in Erreger von Braunfäule und von Weißfäule gliedern. Bei der Braunfäule, auch Rotfäule oder

Destruktionsfäule genannt, ist hauptsächlich die Cellulose vom Abbau betroffen. Die verbleibenden Lignine sind für die rotbraune Farbe des würfelig zerbröckelnden Holzes verantwortlich. Die Reste des braunfaulen Holzes lassen sich leicht mit der Hand zerbrechen. Wenn tote Baumstämme nach einem hohen Grad des Holzabbaus durch Braunfäuleerreger noch aufrecht stehen, werden sie brüchig und können in der Endphase mühelos umgestoßen werden.

Bekannte Erreger von Braunfäule sind die *Serpula*-Arten, zu denen der Hausschwamm gehört, verschiedene Saftporlinge (*Spongiporus*-Arten), der Birkenporling (*Piptoporus betulinus*), der Eichenwirrling (*Daedalea quercina*), der Rotrandige Baumschwamm oder Fichtenporling (*Fomitopsis pinicola*, Abb. 4.42), der Kiefernbraunporling (*Phaeolus schweinitzii*; Abb. 4.43), der Leberpilz (*Fistulina hepatica*), der Schwefelporling (*Laetiporus sulphureus*; Abb. 4.44) und viele andere.

Im Gegensatz zur Braunfäule ist die Weiß- oder Korrosionsfäule durch den etwa gleichmäßigen Abbau von Lignin und Cellulose gekennzeichnet. Die Cellulosereste bleiben in der Regel etwas länger erhalten als die Lignine, sodass die Reste des Holzes hell, oft rein weiß werden, die Längsfaserigkeit bleibt zunächst erhalten; häufig ist das weißfaule Holz feucht.

Typische Erreger von Weißfäule sind unter anderem verschiedene Trameten (*Trametes*-Arten), die gestielten Porlinge (*Polyporus*-Arten; Abb. 4.45), die Borstenscheiblinge (*Hymenochaete*-Arten), die Schillerporlinge (*Inonotus*-Arten; Abb. 4.46), Feuerschwämme (*Phellinus*-Arten), Lackporlinge (*Ganoderma*-Arten), der Zunderschwamm (*Fomes*

fomentarius; Abb. 4.47) und viele andere Porlinge. Auch manche holzbewohnende Blätterpilze, wie die Hallimasch-Arten (*Armillaria*-Arten; Abb. 4.48) zahlreiche Schüpplinge (*Pholiota*-Arten), Seitlinge (*Pleurotus*-Arten) und viele andere sind Weißfäulepilze.

Eine besondere Form der Weißfäule ist die Waben- oder Lochfäule. Durch Unterschiede im Ligninabbau kommt es in begrenzten Regionen, die anfangs durch Cellulosebestandteile weiß aussehen, zur Bildung von Löchern. Typische Lochfäule finden wir z. B. an Eichenholz, das von einem Basidiomyceten, dem Mosaikschichtpilz (*Xylobo-*

Abb. 4.43 Rotrandiger Baumschwamm (*Fomitosis pinicola*), ein häufiger Braunfäuleerreger an Nadel- und Laubholz; im Bild an einem Fichtenstumpf (*Picea abies*)

Abb. 4.42 Schwefelporling (*Laetiporus sulphureus*) an einem Weidenstamm einer grundwassernahen Parkanlage; optimale Wachstumsphase der Fruchtkörper (26.5.2015); durch Braunfäule verursachter Zusammenbruch des Stammes (6.4.2021)

Abb. 4.44 Kiefernbraunporling (*Phaeolus schweinitzii*), ein häufiger Braunfäuleerreger besonders an Kiefernholz (*Pinus sylvestris*); im Bild an unterirdischem Wurzelholz von *Pinus sylvesris*

Abb. 4.45 Durch den Erlenschillerporling (*Inonotus radiatus*) verursachte Weißfäule an einem frisch umgestürzten Schwarzerlenstamm (*Alnus glutinos*); (**a**) abgestorbene Fruchtkörper; (**b**) altes, feuchtes weißfaules Holz; (**c**) frisch aufgebrochenes weißfaules Holz mit Myzelmatten an den Bruchstellen

Abb. 4.46 Zunderschwamm (*Fomes fomentarius*), ein häufiger Weißfäuleerreger an Laubholz; im Bild an einem Birkenstamm (*Betula pubescens*)

Abb. 4.47 Von dem Weißfäule-Erreger *Polyporus squamosus* (Schuppiger Porling) üppig befallener Bergahorn (*Acer pseudoplatanus*)

lus frustulatus), abgebaut wird. Auch bei machen Feuerschwämmen (*Phellinus* spp.) kommt diese auffallende Fäule vor

Eine auf den unteren Teil von Stämmen konzentrierte Holzzerstörung bezeichnet man als Stockfäule; hier spielen saprophytische und parasitische Lebensweise der Pilze eine Rolle. Der in der Forstwirtschaft gefürchtete Gemeine Wurzelschwamm (*Heterobasidion annosum*; Abb. 4.49) zerstört basales Stammholz durch Lignin- und Celluloseabbau, ist also definitionsgemäß ein Weißfäulepilz. Das zersetzte Holz zeigt jedoch eine rotbraune Färbung. Für diese Stockfäule ist unter anderem eine Stickstoffanreicherung im Holz ausschlaggebend.

Es gibt holzzerstörende Pilze, Braun- oder Weißfäuleerreger, die sich beim Holzabbau auf das Kernholz der Stämme konzentrieren und die sogenannten Kernfäulen verursachen. Zu ihnen gehören der Schwefelporling (*Laetiporus sulphureus*), der Leberpilz (*Fistulina hepatica*) und der Zottige Schillerporling (*Inonotus hispidus*).

Wenn Holz im Wasser liegt oder sehr feucht gelagert ist, kann dies zum langsamen Abbau führen, u. a. durch Ana-

Abb. 4.48 Dunkler Hallimasch (*Armillaria ostoye*), ein häufiger nadel- und selten auch laubholzbewohnender Erreger von Weißfäule; im Bild am Fuß einer lebenden Hainbuche (*Carpinus betulus*)

Abb. 4.49 Gemeiner Wurzelschwamm (*Heterobasidion annosum*); ein gefährlicher Erreger der Stockfäule

morphen von Ascomyceten und eine große Anzahl diverser Myzelien von ganz verschiedenen Asco- und Basidiomyceten, wobei am Holz keine Fruchtkörper erscheinen. Hierbei wird die Faserstruktur zerstört; es kommt zur Aufhellung und Erweichung des Holzes. Diese Erscheinung, die im

Gegensatz zu Weiß- und Braunfäule langsam voranschreitet, bezeichnet man als Moderfäule. Dass manche holzzerstörenden Pilze auch verbautes Holz anzugreifen vermögen, ist hinreichend bekannt – man denke nur an den berüchtigten Hausschwamm. Damit berühren diese Pilze auch Bereiche unseres täglichen Lebens.

Für die Forstwirtschaft und die holzverarbeitende Industrie ist es wichtig, dass die Weiß- und Braunfäuleerreger das Holz besonders rasch abbauen, wenn die natürliche Feuchte des geschlagenen Holzes ca. 35–70 % beträgt (Optimum für das Wachstum der Pilze). Die maximal für das Pilzwachstum zuträgliche Holzfeuchte liegt bei ca. 90 %, abhängig von der Pilzart. Frisch geschlagene Stämme werden daher rasch geschält und zur Trocknung geschützt gelagert. Ist das nicht möglich, können die geschälten Stämme einige Zeit im Freien gelagert und mit Wasser besprüht werden, sodass eine ständig erhöhte Holzfeuchte den Angriff dieser Holzpilze verhindert (Abb. 4.50).

Holzbewohnende Pilze gibt es in vielen Verwandtschaftskreisen der Echten Pilze. Zahlreiche Ascomyceten, z. B. die Holzkeulen (*Xylaria*-Arten) und andere Arten perithecienbildender Pilze (*Diatrype*-Arten, *Hypoxylon*-Arten, *Nectria*-Arten usw.), aber auch Becherlinge (*Peziza*-Arten), sind auf Holz angewiesen. Die auffallendsten Holzpilze jedoch sind fruchtkörperbildende Basidiomyceten. Neben vielen Blätterpilzen treten hier vor allem Porlinge in Erscheinung. Nicht wenige von ihnen bilden mehrjährige Fruchtkörper, die beachtliche Ausmaße erreichen können.

Immer wieder wird bestaunt, dass sich die Fruchtkörper mancher mehrjährigen Porlinge bei einer Lageveränderung des Substrats wieder mit dem Wachstum ihres Hymenophors zur Schwerkraft der Erde hin orientieren. Die Röhren werden in vertikaler Richtung ausgebildet. Wenn solche mehrjährigen Fruchtkörper an einem aufrecht stehenden Stamm erscheinen und dann mit diesem zu Boden stürzen, kommt es beim Weiterwachsen zu jenen viel beachteten geotropisch

Abb. 4.50 Besprühung von Fichtenstämmen zur Erhöhung der Holzfeuchte, um den Angriff von Rot- und Weißfäuleerregern zu verhindern

Abb. 4.51 Geotropisch positives Wachstum des Hymenophors beim Rotrandigen Baumschwamm (*Fomitopsis pinicola*) an einem gestürzten Fichtenstamm; die Hymenophore stellen nach dem Fall des Stammes ihr Wachstum ein, die Poren werden mit verharzenden Hyphen verschlossen (**a**); die krustigen Hutoberseiten bleiben unverändert (**b**); an den wachstumsaktiven ehemaligen Seitenflächen entstehen neue Fruchtkörperkonsolen mit fertilen, geotropisch positiv wachsenden Hymenophoren (**c**) und verkrustenden Oberseiten (**d**)

verformten Fruchtkörpern. Ganz besonders häufig kommt dies beim EchtenZunderschwamm (*Fomes fomentarius*) und beim Rotrandigen Baumschwamm (*Fomitopsis pinicola*) vor (Abb. 4.51).

Die holzzerstörenden Großpilze fruktifizieren in der Regel oberflächlich, sodass die Fruchtkörper gut auffindbar sind. Das Substrat, das diese Pilze bewohnen, ist räumlich klar umgrenzt. Es kann sich z. B. um einen liegenden Stamm oder einen Stumpf, aber auch um abgefallene Äste oder verbautes Holz handeln. Diese Gegebenheiten bilden eine geradezu ideale Voraussetzung für pilzsoziologische Studien an den Holzzerstörern. Man weiß dank der Fruchtkörper, welche Myzelien im Substrat gemeinsam vorkommen, miteinander wachsen, miteinander konkurrieren oder sich gegeneinander abgrenzen.

Im Laufe der Zeit hat sich eine umfassende Methodik der Erfassung und Bewertung holzzerstörender Pilze und Pilzgesellschaften herausgebildet. Diese Arbeitsweise spielte stets eine gewisse Pionierrolle für die Pilzsoziologie. Theoretische Konzeptionen über Pilzgesellschaften wurden in vielen Fällen zuerst bei den Holzbewohnern entwickelt, dann modifiziert und auch in anderen Bereichen angewendet. Einige Grundzüge der Soziologie der Holzpilze wollen wir daher näher betrachten.

Der Pilzbesatz eines Holzsubstrats hängt von verschiedenen Faktoren ab. Wichtig ist die Art des Holzes. Manche Pilze sind z. B. auf Nadelholz, andere auf Laubholz spezialisiert. Auch der Zersetzungsgrad des Holzes ist von Bedeutung; auf frischem Holz wachsen oft andere Arten als auf stark zersetztem Holz. Schließlich spielt noch der Standort eine wesentliche Rolle. Nasses oder feuchtes Holz

wird von anderen Pilzen besiedelt als trocken liegendes. Nicht unwichtig für die Pilze ist auch, ob sich das Substrat in einer schattigen oder sonnigen Lage befindet. Dass sich großklimatische Unterschiede auch im Pilzbesatz widerspiegeln können, ist selbstverständlich. Zum einen verhalten sich manche Arten innerhalb ihres Areals nicht einheitlich, zum anderen stimmen Arealgrenzen von Holzzerstörern nicht zwangsläufig mit denen von Gehölzen überein. Die Buckeltramete (*Trametes gibbosa*) ist z. B. in Mitteleuropa meist auf Buchenholz zu finden. In Osteuropa, wo keine Buchen vorkommen, wächst sie auf dem Holz der Winterlinde. In mitteleuropäischen Gebirgen werden Fichtenstämme und -stümpfe beispielsweise von der Vielgestaltigen Tramete (*Antrodia heteromorpha*) und vom Nördlichen Porling (*Climacocystis borealis*) abgebaut. Außerhalb des natürlichen Fichtenareals fehlen diese Pilze fast vollkommen. Ihre Rolle beim Abbau von Fichtenstümpfen, z. B. in den Forsten des Flachlandes Mitteleuropas, wird von anderen Arten übernommen.

Wir sehen aus diesen Beispielen, dass pilzsoziologische Studien nicht von pilzgeografischen und pflanzengeografischen Fragen getrennt werden können.

Doch kommen wir zunächst zur Sukzession der Holzzerstörer. Frisches Holz ist noch mit allerlei Barrieren für viele Pilze ausgestattet. Es wird nur langsam und von wenigen Arten besiedelt. Wir sprechen von der Initialphase der Holzzerstörung. Diesem Abschnitt folgt die Optimalphase, eine Zeitspanne mit relativ stabilen Verhältnissen, in der das Holz lange Zeit für viele Arten genügend Nährstoffe enthält. Schließlich erschöpft sich der Nährstoffgehalt, der für manche Holzzerstörer wichtig ist. Sie verschwinden, und das Holz wird allmählich zu Humus abgebaut. In dieser Finalphase der Holzzerstörung treten mitunter schon einige Pilze auf, die auch auf humusreichen Böden wachsen. Natürlich lassen sich Initial-, Optimal- und Finalphase nicht immer scharf trennen. Aber dieses Einteilungsprinzip bietet gute Möglichkeiten der Charakterisierung und spiegelt gewisse Gesetzmäßigkeiten der zeitlichen Abfolge des Pilzbesatzes auf Holz wider.

Betrachten wir z. B. Buchenstämme. Nach dem Fall eines Stammes herrschen noch Pilze vor, die bereits am lebenden Stamm Fruchtkörper bildeten, wie der Zunderschwamm (*Fomes fomentarius*) oder der Knotige Schillerporling (*Inonotus nodulosus*). Auf der Borke erscheinen dann bald die Rötliche Kohlebeere (*Hypoxylon fragiforme*), der Rotpustelpilz (*Nectria cinnabarina*) und der Spaltblättling (*Schizophyllum commune*), während wir im Geäst liegender Buchen noch das Bucheneckenscheibchen (*Diatrype disciformis*) finden, das die Korkschicht der Äste, das Periderm, durchbricht. Von den Blätterpilzen gehören der Buchenschleimrübling (*Mucidula mucida*; Abb. 4.52) und der Goldfellschüppling (*Pholiota aurivella*) zu den Erstbesiedlern.

Abb. 4.52 Buchenschleimrübling (*Mucidula mucida*) an einem lebenden Buchenstamm (*Fagus orientalis*, Orientbuche), eine Art der Initialphase der Holzerstörung

Die Optimalphase ist durch die Ablösung größerer Partien der Borke gekennzeichnet. Während der Gemeine Buchenkreisling (*Neobulgaria pura*) noch auf der Borke erscheint und deren Zerfallsstadium anzeigt, wächst auf dem entrindeten Holz oft der Pfriemliche Hörnling (*Calocera cornea*). Charakteristisch für den weiteren Verlauf der Optimalphase ist das Vorkommen vieler Porlinge. Einige Arten der Initialphase kommen auch noch in der Optimalphase vor, treten aber allmählich zurück und weichen den neu hinzukommenden Pilzen, wie dem Schmetterlingsporling (auch Schmetterlingstramete; *Trametes versicolor*), dem Striegeliger Schichtpilz (*Stereum hirsutum*), dem Birkenblättling (*Lenzites betulina*), dem Flachen Lackporling (*Ganoderma applanatum*) und als typischer Art der Optimalphase der Buckeltramete (*Trametes gibbosa*). Wenn die Stämme frei und relativ trocken liegen, treten auch der Nördlicher Zinnoberschwamm (*Pycnoporus cinnabarinus*) und die Striegelige Tramete (*Trametes hirsuta*) an Buchenstämmen auf, während *Trametes gibbosa* fehlt.

Für die Finalphase ist wiederum ein Zurückgehen vieler dieser Arten kennzeichnend; andere halten sich jedoch, bis der Stamm nahezu erdbodengleich geworden ist. Lange behauptet sich z. B. der Flache Lackporling. Die günstigsten Bedingungen bestehen in dieser Phase für Arten des morschen Holzes, wie den Brandfladen oder Brandkrustenpilz (*Ustulina deusta*), den Birnenstäubling (*Lycoperdon pyriforme*) oder den Rehbraunen Dachpilz (*Pluteus cervinus*). Häufig kommen noch weitere Blätterpilze vor, die auf morschem Holz allgemein verbreitet sind und deren Fruchtkörper auch auf der Erde neben dem Holz erscheinen können, z. B. der Ansehnlicher Flämmling (*Gymnopilus junonius*), das Stockschwämmchen (*Kuehneromyces mutabilis*), der Rosablättrige Helmling (*Mycena galericulata*), der Winterhelmling (*My-*

cena tintinnabulum), der Rillstielige Helmling (*Mycena polygramma*), der Grünblättrige Schwefelkopf (*Hypholoma fasciculare*), der Ziegelrote Schwefelkopf (*Hypholoma sublateritium*) und viele andere. Der Zunderschwamm (*Fomes fomentarius*) kann von der Initialphase bis zur Finalphase vorkommen. Manchmal durchwächst er ganze Buchenstämme und erscheint mit zahlreichen Fruchtkörpern (Abb. 4.53).

So findet man bisweilen an etwas in den Boden eingesenkten Stämmen basal schon die für die Finalphase charakteristischen Arten, während sich oberseits, an relativ trocken liegenden Ästen, noch Arten der Optimalphase halten konnten (Abb. 4.54).

Abb. 4.53 Umgestürzter Buchenstamm (*Fagus sylvatica*) in der beginnenden Finalphase des Holzabbaus; auffallend sind abgestorbene kleine krüppelige Zunderschwämme, das Holz ist überwiegend feucht und größtenteils von Weißfäule geprägt

Abb. 4.54 Der Nördliche Zinnoberschwamm (*Pycnoporus cinnabarinus*) in der Optimalphase des Holzabbaus eines Birkenstammes (*Betula pendula*)

Es liegen Sukzessionsstudien über den Pilzbesatz von sehr vielen Holzarten vor. Manchmal kann indirekt auf die Sukzession geschlossen werden, indem man den Zeitpunkt des Absterbens eines Baumes bestimmt und dann die Pilzflora an unterschiedlich lange abgestorbenen Hölzern vergleicht. Hierfür bieten sich z. B. die Stubben von Schlagflächen an, Es konnten aber auch sehr wertvolle Direktstudien über den Pilzbesatz bestimmter Substrate durch Dauerbeobachtung erarbeitet werden. Für Naturfreunde eröffnet sich hier ein weites Betätigungsfeld. Je nach der Lage des Holzes können unterschiedliche Bedingungen dominieren und mitunter einzelnen Arten zur Dominanz verhelfen.

Für derartige Studien über charakteristische Vergesellschaftungen von Pilzen sind die Holzbewohner vor allem wegen der räumlichen Begrenzung des Substrats ebenso geeignet wie die Pilze auf Exkrementen oder auf Brandstellen. Auf solchen Standorten gibt es auch beachtenswerte Ansätze für ein pilzsoziologisches System. Insgesamt sind aus Mitteleuropa etwa 30 Gesellschaften holzzerstörender Pilze beschrieben worden.

4.5   Leben auf Kosten von Leben – die Parasiten

4.5.1   Vielfältige Strategien des Überfalls

Man kann in naturnahen Wäldern beobachten, dass neben zusammengebrochenen, über und über mit Fruchtkörpern von Pilzen besetzten Stämmen alter Bäume auch die Stämme lebender, meist alter Bäume bereits mit den großen Konsolen holzzerstörender Porlinge besetzt sind – ein Zeichen des nahenden Todes. Damit wird offensichtlich, dass lebende Bäume bereits zur Lebensgrundlage der Pilze geworden sind: Sie wurden von Pilzen befallen, z. B. konnten die Holzbewohner über Astwunden ins Kernholz eindringen. Wir haben schon besprochen, dass es gar nicht so leicht ist, Parasiten von Saprophyten zu unterscheiden.

Ganz allgemein versteht man unter Parasitismus ein Zusammenleben zweier artverschiedener Organismen in direktem Kontakt, wobei einer von ihnen, meist der kleinere, einen Teil seiner Lebensgrundlage – in fast allen Fällen sind es Nährstoffe – vom anderen bezieht. Wir sprechen vom Parasiten und vom Wirt. In vielen Fällen erleidet der Wirt durch den Parasiten Schaden, was sich oft in Krankheitserscheinungen zeigt. Parasiten sind also häufig, aber nicht immer krankheitserregende (pathogene) Organismen.

Wenn wir diese sehr allgemeine Auffassung vom Parasitismus etwas näher betrachten, werden sofort Probleme deutlich. Bei der Charakterisierung der Lebensweise der Pilze hatten wir Saprotrophie und Parasitismus im Wesentlichen physiologisch erklärt und vom Leben auf lebenden oder toten organischen Stoffen gesprochen. An lebenden Pflan-

zen, vor allem an Gehölzen, finden sich aber sehr viele tote organische Substanzen. Auch bei Tieren gibt es Vergleichbares – man denke nur an Haare, Federn und Ähnliches. Ein holzbewohnender Pilz vermag durch rein saprophytisches Leben an toten Holzteilen einen alten, lebenden Baum nicht nur zu schädigen, indem er auf dessen Kosten lebt, sondern er kann ihm sogar den entscheidenden Todesstoß versetzen und ihn zu Fall bringen, obgleich er „nur" dessen tote Bestandteile, z. B. das Kernholz, abgebaut hat.

Wir können den Parasitismus in all seiner Vielfalt bei Tieren und Pflanzen nicht umfassend behandeln; deshalb wollen wir einer Klassifizierung folgen, die überwiegend physiologisch begründet und für Pilze gut geeignet ist. Wenn Pilze lebende Organismen befallen, aber nicht in die lebende Substanz, das Protoplasma, des Wirtes einzudringen vermögen, sondern erst lebende Teile des Wirtes durch Ausscheidungen zum Absterben bringen müssen, um eindringen zu können, dann sprechen wir von Perthophyten. Diese stellen wir den biotrophen Parasiten gegenüber, die von der lebenden organischen Substanz existieren. Sie ernähren sich vom Protoplasma des Wirtes. Man kann bei ihnen verschiedene Typen unterscheiden: Die hemibiotrophen Parasiten sind nur eine gewisse Zeit imstande, lebende Substanz zu nutzen, und bringen dann die befallenen Zellen oder den ganzen Organismus zum Absterben. Holobiotrophe und metabiotrophe Parasiten beziehen ihre Nährstoffe vollständig oder phasenweise von der lebenden Substanz des Wirtes. Auch wenn durch ihre Lebensweise Teile des Wirtes absterben oder der Wirt vollständig zugrunde geht, vermögen sie nicht von der toten organischen Substanz zu leben. Das Lebende selbst ist die unmittelbare Grundlage ihrer eigenen Existenz. Die holobiotrophen Parasiten leben in allen ihren Entwicklungsphasen biotroph. Zum Lebenszyklus der metabiotrophen Parasiten gehören auch saprotrophe Entwicklungsabschnitte; diese Parasiten können aber ihren vollständigen Zyklus nur durchlaufen, wenn sie die biotrophen Phasen durchleben.

Unter diesen Gesichtspunkten betrachtet, sind unsere Holzzerstörer an lebenden Bäumen wahrscheinlich durchweg fakultative Perthophyten. Möglicherweise leben sie in manchen Fällen ausschließlich saprophytisch im Holz, aber wenn sie das Umbrechen der Bäume verursachen, wirken sie wie Parasiten. Diese Lebensweise wird auch in der allgemeinen Definition des Parasitismus erfasst. Es wird für diese Erscheinung auch der Begriff Saproparasiten verwendet. Sie leben physiologisch als Saprophyten, effektiv als Parasiten, d. h. auf Kosten und zum Schaden des Wirtes. Der Begriff ist allerdings nicht eindeutig, weil er mitunter auch im Sinne der fakultativ biotrophen Parasiten benutzt wird. Von obligaten Parasiten wollen wir bei denjenigen sprechen, die nur bei perthophytischer oder biotropher Ernährung lebensfähig sind. Vermögen sich die Organismen aber auf saprophytisches Leben umzustellen oder wenigstens unter bestimmten Umständen saprophytisch zu leben, dann sind sie fakultative Parasiten. Biotrophe Parasiten können durchaus fakultative Parasiten sein. In der Medizin sind z. B. sehr viele fakultativ parasitische Pilze als Verursacher lebensgefährlicher Krankheiten bekannt. Darin liegt sogar ein ganz bedeutendes medizinisches und hygienisches Problem, denn die Erreger vieler Pilzkrankheiten (Mykosen) von Menschen und Tieren können in der Umgebung ihrer Wirte als Saprophyten leben oder überdauern.

Die parasitischen Pilze werden auch noch nach verschiedenen anderen Gesichtspunkten charakterisiert und benannt. So ist die Stelle, an der ein Parasit den Wirt befällt, ausschlaggebend dafür, ob man ihn als Endo- oder als Ektoparasiten bezeichnet. Endoparasiten leben im Inneren des Wirtes, Ektoparasiten außen. Aber auch hier gibt es bei den Pilzen Probleme. Die beiden Bezeichnungen stammen aus der Zoologie und werden hauptsächlich für tierische Parasiten an oder in tierischen Wirten benutzt. Wenn wir aber an die Vielfalt pflanzlicher Organismen denken, an Algen, plectenchymatische Strukturen usw., so lässt sich innen und außen gar nicht immer leicht unterscheiden. Der Terminus Endoparasit ist dann nur für Parasiten eindeutig, die vollständig im Plasma, meist im Inneren von Zellen (intrazellulär), leben. Nach der Art und Weise des Eindringens in den Wirt kann man von Wundparasiten, Alters- oder Schwächeparasiten sprechen. Dies geschieht stets im Hinblick auf andere Formen des Eindringens von Parasiten und wird zur Charakterisierung spezieller Leistungen oder Fähigkeiten einzelner Arten, mitunter auch für ökologische Artengruppen benutzt.

Wir haben schon bei der Behandlung der Symbiosen und der saprophytischen Lebensweise der Pilze gesehen, dass es fließende Übergänge zum Parasitismus gibt. Ganz unmöglich ist es aber, die Vielfältigkeit parasitischer Lebensweise von Pilzen erschöpfend darzustellen. Wir müssen uns auf einige Beispiele beschränken und wollen nur solche Erscheinungen behandeln, die wir in der Natur häufig beobachten können und die viele Menschen schon aus eigener Erfahrung kennen.

4.5.2   Rost und Brand – falsche Vergleiche

Eine gewisse Ähnlichkeit lässt sich hier tatsächlich erkennen: ein Haus mit verbranntem Dachstuhl und eine Gerstenähre, die statt der Früchte nur noch Achse und Spelzenreste aufweist und dazwischen – verkohlten Holzresten ähnlich – schwarzes Pulver enthält. Wenn wir diese Krankheit der Pflanze als Brand bezeichnen und den Erreger als Brandpilz, so erscheint das zunächst als ein recht treffender Vergleich. Auch bei den Rostpilzen lässt sich ein solcher Vergleich anstellen. Wenn auf der Oberfläche eines deformierten Blattes, z. B. einer Ackerkratzdistel, zahlreiche Pusteln aufbrechen und rostbraunes Pulver hervorquillt, kann das schon an ein Auto erinnern, dessen Lackfläche von Rost durchbrochen wird.

Aber trotz dieser äußerlichen Ähnlichkeiten wirken die Rost- und Brandpilze ganz anders, als ihr Name vermuten lässt. Lassen wir einen Brand ungelöscht oder bekämpfen wir den Rost am Auto nicht, so wird das Material vernichtet. Die Erreger der Rost- und Brandkrankheiten jedoch zerstören ihre Wirtspflanzen in der Regel nicht: Die befallenen Pflanzen werden zwar geschädigt, aber nicht vernichtet – sie werden als Grundlage des Lebens der Parasiten gebraucht.

Beide Gruppen von Pilzen sind obligate Pflanzenparasiten (Phytoparasiten). Die Rostpilze leben als holobiotrophe, die Brandpilze als metabiotrophe Parasiten, in den allermeisten Fällen auf Blütenpflanzen. Sehr viele Arten können an Kulturpflanzen beträchtliche Schäden anrichten und zu enormen Ernteverlusten, zu Qualitätsverlusten und dergleichen führen.

Befassen wir uns zunächst mit den Rosten. Aufgrund ihres überaus komplizierten Lebenszyklus hat man erst in der zweiten Hälfte des 19. Jahrhunderts entdeckt, dass äußerlich völlig verschiedene Krankheitsbilder auf zum Teil ganz unterschiedlichen Pflanzenarten von ein und demselben Pilz verursacht werden können. Mit anderen Worten: Es gibt Entwicklungsstadien einer einzigen Art, die an verschiedenen Pflanzen unterschiedliche Krankheitsbilder hervorrufen. Man hat diese Entwicklungsstadien der Parasiten zunächst für verschiedene Arten, sogar für Arten unterschiedlicher Gattungen gehalten. Erst künstliche Infektionsversuche brachten endgültige Klarheit und deckten die erstaunliche Tatsache des Wirtswechsels vieler Rostpilze auf. Dieser Wirtswechsel ist ein Prinzip der Individualentwicklung der Rostpilze. Er kommt bei sehr vielen, aber nicht bei allen Arten vor. Innerhalb mehrerer Verwandtschaftskreise lässt sich nachweisen, dass fehlender Wirtswechsel als Rückbildung in der Entwicklung zu verstehen ist.

Da sich die Entwicklungsstadien eines wirtswechselnden Rostpilzes auf den beiden Wirtspflanzen, die oft als Zwischenwirt und Hauptwirt bezeichnet werden, in morphologischer, physiologischer und cytologischer Hinsicht voneinander unterscheiden und jedes der beiden Stadien durch Keimung einzelliger Sporen eingeleitet wird, müssen diese Stadien als zwei qualitativ verschiedene Generationen angesehen werden. Während wir hier aus parasitologischer oder phytopathologischer Sicht vom Wirtswechsel sprechen, ist dieses Geschehen aus dem Blickwinkel der Individualentwicklung des Pilzes gleichzeitig ein Generationswechsel. Die zwei qualitativ verschiedenen Myzelien auf Haupt- und Zwischenwirt lösen einander in gesetzmäßiger Folge ab, wie wir das auch vom Generationswechsel anderer Organismen, beispielsweise der Farne, kennen.

Es ist aber wichtig, dass der Generationswechsel der Rostpilze nur teilweise mit dem gleichfalls vorkommenden Kernphasenwechsel zusammenfällt. Während z. B. bei den Farnen die eine Generation haploid, die andere diploid ist, kommt bei den Rostpilzen eine überwiegend haploide Generation vor, die mit der Dikaryotisierung endet, und eine zweite, ausschließlich dikaryotische Generation (vgl. hierzu Abschn. 2.3; Abb. 2.12). Um diesen Verhältnissen der Kernphasen terminologisch gerecht zu werden, verwenden wir statt Haupt- und Nebenwirt besser die Begriffe Haplonten- und Dikaryontenwirt.

Betrachten wir die Entwicklung eines wirtswechselnden Rostpilzes zunächst am Beispiel einer weitverbreiteten Art, des Rispenrostes (*Puccinia poarum*). Dessen häufigster Haplontenwirt ist der Huflattich (*Tussilago farfara*), während als Hauptwirt mehrere Rispengräser (*Poa*-Arten) infrage kommen, z. B. die Wiesenrispe (*Poa pratensis*). Wenn die haploiden Basidiosporen auf Huflattichblättern keimen, dringen die Keimhyphen ins Innengewebe (Mesophyll) ein. Sie bilden ein haploides interzelluläres Myzel, das mit Haustorien in die lebenden Zellen einzudringen vermag und sich auf Kosten der Wirtspflanze mit Nahrung versorgt. Es lebt, wie auch die anderen Stadien des Pilzes, biotroph. Auf der Blattunterseite bildet dieses Myzel unter der Epidermis krugförmige plectenchymatische Behälter, sogenannte Spermogonien, die im Inneren mit palisadenförmig angeordneten Zellen ausgekleidet sind. Von diesen werden winzige Keimzellen, es sind männliche Befruchtungszellen, sogenannte Spermatien, abgeschnürt. Am Scheitel der Spermogonien wachsen haarähnliche Hyphen aus, die Periphysen, und durchdringen die Epidermis. Sie umgeben randlich eine kleine Öffnung, aus der die Spermatien ins Freie gelangen.

Außerdem wachsen bei der Reife weitere Hyphen aus der Öffnung des Spermogoniums heraus. Sie werden länger als die Periphysen, sind klebrig und dienen dem Auffangen von Spermatien.

Die haploiden Myzelien der Roste sind in der Regel heterothallisch, d. h., es kommen verschiedene Kreuzungstypen vor. Die Spermatien eines Myzels können nicht auf den Empfängnishaaren eines Spermogoniums des gleichen Myzels die Befruchtung einleiten, sondern sind nur auf den Empfängnishaaren eines Myzels vom entgegengesetzten (konträren) Kreuzungstyp funktionstüchtig. Man benutzt meist die Zeichen (+) und (−) für unterschiedliche Kreuzungstypen. Zur Befruchtung sind nur (+)-Spermatien auf (−)-Empfängnishaaren in der Lage und umgekehrt. Beide Kreuzungstypen fungieren als Empfänger und Spender von Spermatien, sind also männlich (zellkernabgebend) und weiblich (zellkernaufnehmend) zugleich. Die Befruchtung muss wechselseitig erfolgen. Wenn ein Spermatium des konträren Kreuzungstyps auf ein Empfängnishaar gelangt, kommt es zur partiellen Wandauflösung und zum Übertritt des Spermatienkerns in die Empfängnishyphe.

Die Übertragung der Spermatien aus den oft dicht beieinander stehenden Spermogonien geschieht nicht nur durch Luftbewegung, sondern oft mithilfe von Flüssigkeitströpfchen, die aus den Spermogonien austreten. Es gibt Arten, bei denen der Vorgang, den wir als Spermatiogamie bezeichnen,

durch Insekten unterstützt wird. In solchen Fällen bilden die Spermogonien im Bereich der Empfängnishaare Geruchsstoffe aus, die sogar der Mensch wahrnehmen kann. Beim Ackerkratzdistelrost (*Puccinia punctiformis*) duften die Spermogonien wie Kleeblüten, und im Verwandtschaftskreis des Erbsenrostes (*Uromyces pisi* s. l.), dessen Spermogonien auf Wolfsmilcharten (*Euphorbia*-Arten) gebildet werden, gibt es Sippen, deren Spermogonien süßlich riechen, aber auch solche mit Camembert-Geruch. Die Insekten, z. B. Ameisen und kleine Käfer, übertragen die Spermatien beim Verzehren der klebrigen Substanzen am Scheitel der Spermogonien.

Die auffallende Ähnlichkeit der Spermatiogamie bei manchen Rostpilzen mit dem Bestäubungsvorgang bei den Blütenpflanzen ist nur äußerlich – es handelt sich nicht um homologe Erscheinungen. Während bei den Blütenpflanzen der Pollen übertragen wird, der den männlichen Meiosporen entspricht, von denen die eigentlichen, d. h. die zur Befruchtung befähigten Zellen (Spermazellen), erst gebildet werden, sind Spermatien der Rostpilze bereits die Befruchtungszellen selbst. Die Ähnlichkeit beruht allein auf der Notwendigkeit der Übertragung, durch die sich die Anpassung an Wind oder Tiere als Übertragungsprinzip ergeben hat. Es sei in diesem Zusammenhang daran erinnert, dass auch bei der Sporenverbreitung, z. B. bei den „Pilzblumen", solche Anpassungserscheinungen zu rein äußerlichen Ähnlichkeiten mit den Blütenpflanzen geführt haben (vgl. Abschn. 3.4.3.6).

Wenn bei der Befruchtung männliche Kerne in die Empfängnishyphen gelangt sind, verbleiben sie nicht hier, sondern wandern im Myzel durch die Septenpori in besondere Zellen, die subepidermal angelegt wurden – in unserem Beispiel, bei *Puccinia poarum*, an der Unterseite von Huflattichblättern. Es handelt sich um Gruppen palisadenförmig dicht nebeneinanderliegender, zunächst einkerniger Zellen. Diese Zellgruppen sind ihrerseits in runden Lagern angeordnet. Dadurch entstehen auch äußerlich sichtbare kreisförmige Anschwellungen. Wenn die Kerne der Spermatien in diesen Zellen ankommen, verbinden sie sich mit den Zellkernen jeweils zu Kernpaaren und leiten die Dikaryophase im Entwicklungszyklus ein (Abb. 4.55). Die beiden Kerne eines solchen Kernpaares (Dikaryons) teilen sich fortan nur noch gemeinsam. Es kommt zu den typischen gekoppelten (konjugierten) Kernteilungen, die für die Dikaryophase der Echten Pilze charakteristisch sind. Die Palisadenzellen, die zunächst vom haploiden Myzel gebildet wurden, sind jetzt dikaryotisch; sie entsprechen den Zygoten anderer Pilze, z. B. dem befruchteten Ascogon der Ascomyceten.

In der weiteren Entwicklung kommt es zu raschen Teilungen der Kernpaare. Die Zellen werden zu basalen Zellen einer komplizierten dikaryotischen Struktur, indem sie zur Blattoberfläche, also der unteren Epidermis der Huflattich-

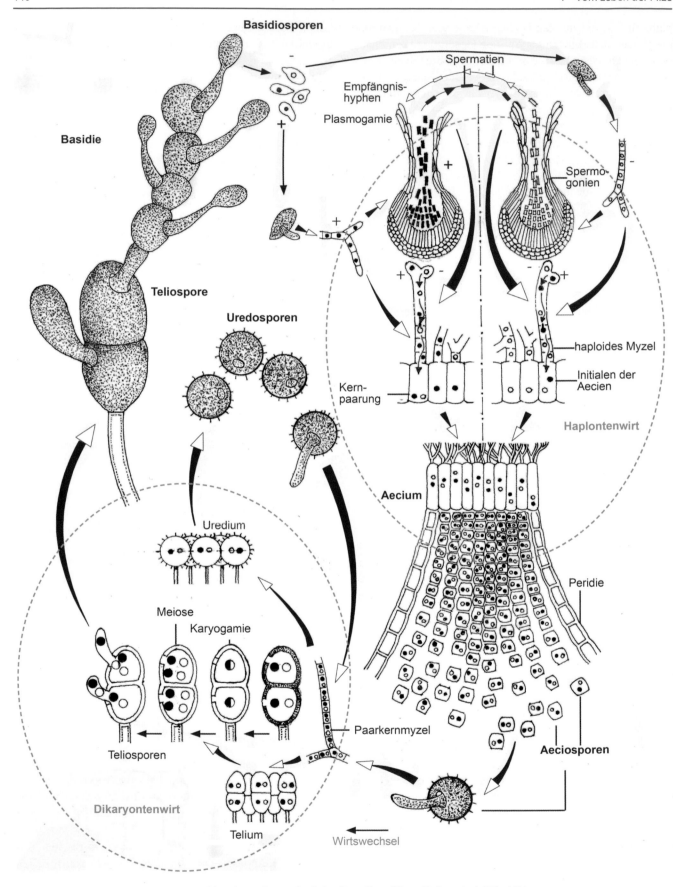

Basidiosporen

Spermatien

Empfängnis-
hyphen

Plasmogamie

Basidie

Spermo-
gonien

Teliospore

haploides Myzel

Uredosporen

Initialen der
Aecien

Kern-
paarung

Haplontenwirt

Aecium

Peridie

Uredium

Meiose

Karyogamie

Teliosporen

Paarkernmyzel

Aeciosporen

Telium

Dikaryontenwirt

Wirtswechsel

Abb. 4.55 Vollständiger Entwicklungszyklus eines wirtswechselnden Rostpilzes (Heter-Euform (vgl. Tab. 4.7))

blätter hin, stets neue Zellen bilden. Es entstehen Zellketten, die Epidermis wird von diesen durchbrochen. Bei *Puccinia poarum* bleiben die Randzellen jeder Zellgruppe fest aneinander haften, während die zentralen Zellen zu Sporen werden. Jede zweite Zelle wird zu einer dikaryotischen Spore; die Zellen zwischen ihnen sterben ab. Es entstehen lange Zeit aneinanderhaftende, durch die Zwischenzellen anfangs verklebte Sporenketten.

Die Randzellen verdicken ihre Wände und wandeln sich zu einer Hülle; bei der Reife finden wir kleine schüsselförmige, auffallend orange gefärbte Gebilde, in deren Innerem das Sporenpulver entsteht. Man hat diese Gebilde, die wie winzig kleine, in runden Gruppen stehende Becherlinge aussehen, früher unter dem Gattungsnamen *Aecidium* beschrieben. Wir benutzen diesen Namen noch heute, bezeichnen aber in allen Fällen, wo der Entwicklungszyklus des Rostpilzes bekannt ist, die morphologische Struktur als Aecidium. Aecidien sind demnach becherförmige Behälter mit dikaryotischen Mitosporen im Entwicklungszyklus mancher Rostpilze. Diese Sporen, sogenannte Aecidiosporen, können sich nur auf dem Dikaryontenwirt weiterentwickeln, in unserem Beispiel also auf Gräsern der Gattung *Poa*. Wenn sie auf ein geeignetes Gras gelangen und dort zur Keimung kommen, sind die Keimhyphen infektiös, dringen ins Gewebe ein und bilden ein dikaryotisches Myzel.

Dieses Myzel bildet schon sehr bald auf dem befallenen Gras neue Sporenlager; in unserem Beispiel werden unter der Epidermis von Blättern und Halmen Lager einzelliger, ebenfalls dikaryotischer, auf Stielchen stehender Sporen von brauner Farbe und feinstacheliger Oberfläche angelegt. Die rasch heranwachsenden Sporen durchbrechen bald während der Streckung der Trägerhyphen die Epidermis, sodass kleine Lager mit rostig braunen Sporen entstehen. Sie werden Uredosporen oder Urediniosporen, die Lager Uredien oder Uredosporenlager genannt. Auch diese Bezeichnungen gehen auf einen alten Gattungsnamen zurück, der noch gegenwärtig in Gebrauch ist: die Anamorph-Gattung *Uredo*. Sie umfasste, bevor man den Wirtswechsel und die Vielgestaltigkeit der Sporenformen der Rostpilze erkannte, die Uredien sehr vieler Arten, aber in keinem Fall andere Sporenformen. Heute verwendet man den Namen noch für solche Uredien, deren Zugehörigkeit zu anderen Sporenformen unklar ist. In den gemäßigten Zonen, also auch in Mitteleuropa, werden die Uredosporen oft als Sommersporen bezeichnet, weil sie während der Vegetationsperiode in rascher Folge und in großer Menge erscheinen. Sie sind für das epidemische Auftreten vieler Rostpilze verantwortlich. Diese Sporen sind nur auf dem spezifischen Dikaryontenwirt („Hauptwirt") entwicklungsfähig, bei *Puccinia poarum* also lediglich auf Rispenarten (*Poa* spp.) Bei anderen Arten z. B. bei *Puccinia graminis* oder *Puccinia coronata*, werden die Uredien auf Getreide gebildet. Wenn die vom Uredo befallenen Wirtspflanzen massenhaft vorkommen, z. B. das Getreide auf den

großen Schlägen, kann sich die rasche Bildung der Uredosporen als nicht zu unterschätzendes wirtschaftliches Problem erweisen.

Die Uredien und Uredosporen sind eine Anamorphe im Entwicklungszyklus der Rostpilze, also gewissermaßen eine Einrichtung zur raschen Ausbreitung dikaryotischer Myzelien auf möglichst viele Wirtspflanzen.

Außer den Uredosporen werden von diesem dikaryotischen Myzel noch andere Sporen gebildet, nämlich die Teliosporen oder Teleutosporen. Sie stehen bei *Puccinia poarum* auf Stielen, sind aber zweizellig. Jede Zelle enthält zunächst ein Kernpaar (Dikaryon). Die Teliosporen werden vom dikaryotischen Myzel auf einer bestimmten Entwicklungsstufe der Wirtspflanze gebildet. In unseren Breiten entstehen sie bei vielen Rostpilzarten im Herbst, wenn sich der Stoffwechsel der Pflanze auf die Winterruhe einstellt und oberirdische Teile bzw. die gesamte Pflanze abzusterben beginnen. Die Teliosporen werden daher auch als Wintersporen bezeichnet. Sie bilden sich zwischen den Uredosporen in den Uredien oder in gesonderten Lagern, den Telien oder Teleutosporenlagern. Die Teliosporen sind meist dickwandig, besitzen deutliche Keimporen und können bei vielen Arten, wie auch bei *Puccinia poarum*, den Winter überdauern. In den Zellen der Teliosporen kommt es zur Verschmelzung der beiden Kerne des Dikaryons, zur Karyogamie. Es entsteht in jeder Zelle ein diploider Kern, der sich in der Regel nicht mitotisch teilt. Der Karyogamie folgt die Meiose, spätestens beim Auskeimen der Zellen der Teliosporen, sodass vier haploide Kerne entstehen. Die Teliosporen lösen sich mitunter nicht von den Resten der Pflanzen, auf denen sie entstanden sind. Sie können zu Boden fallen, verdriften und der Verbreitung dienen. Sie keimen in unseren Breiten meist nach Überwinterung. Es gibt allerdings auch Fälle, wo sie nicht überwintern, sondern sofort keimen. Dann überwintern meist die Myzelien in den Wirtspflanzen. Auch andere Sporenformen, Aecidiosporen oder Uredosporen, können bei manchen Arten den Winter überdauern.

Die aus den Zellen der Teliosporen wachsenden Keime werden zu Basidien (Ständer der Meiosporen, vgl. Abschn. 2.2). Jede Zelle einer Teleutospore ist somit das Vorstadium einer Basidie, eine Probasidie. Die meiotischen Kerne in den Basidien sind durch Querwände voneinander getrennt, d. h., von den Rostpilzen werden septierte Basidien (Phragmobasidien) gebildet. Die haploiden Basidiosporen entstehen an langen Sterigmata, die aus den Zellen der Basidien herauswachsen. Die Basidiosporen können sich nur zu haploiden Myzelien entwickeln, wenn sie auf der geeigneten Wirtspflanze des Haplontenwirtes zur Keimung kommen, in unserem Beispiel also auf Huflattich. Damit ist der komplizierte Entwicklungszyklus mit fünf verschiedenen Formen frei werdender Keimzellen (Basidiosporen, Spermatien, Aecidiosporen, Uredosporen, Teliosporen), mit Generationswechsel, Wirtswechsel und Kernphasenwechsel geschlossen.

Bei den Rostpilzen sind allerdings in diesem Zyklus der Individualentwicklung sehr viele Abwandlungen realisiert. Häufig kommt es zu Reduktionen, aber es gibt auch frappierende strukturelle Unterschiede bei den einzelnen Familien, Gattungen und Arten. Wir können hier nur auf einige wenige Besonderheiten aufmerksam machen.

Man kann auf dem Großen Wiesenknopf (*Sanguisorba officinalis*) in Mitteleuropa selten, in Osteuropa dagegen häufig einen auffallenden Rostpilzbefall beobachten. An deformierten Abschnitten von Blättern, Blattstielen oder Sprossachsen entstehen ausgedehnte leuchtend orange Sporenlager. Es sind den Aecidiosporen vergleichbare dikaryotische, sich in Ketten entwickelnde Sporen. Ähnliches findet man auf verschiedenen Rosengewächsen, aber auch auf anderen Pflanzen, z. B. auf dem Waldbingelkraut (*Mercurialis perennis*). Diese Sporenlager werden nicht von einer schüsselartigen Hülle begrenzt, sondern bestehen nur aus einem Polster basaler Zellen, die Sporenketten bilden. Man bezeichnet sie als Caeomata (Singular Caeoma). Noch auf-

fallendere, den Aecidien homologe Formen finden wir bei den Blasenrosten, wo die Hülle eine derbe, sackartige Struktur besitzt.

Da dieser großen Unterschiede wegen früher– verständlicherweise – verschiedene Pilzgattungen beschrieben wurden, die sich erst später als den Aecidien homologe Strukturen verschiedener Rostpilze erwiesen haben, musste man einen einheitlichen, zusammenfassenden Namen für den Entwicklungsabschnitt im Leben der Roste prägen, der die erste Form dikaryotischer Sporen hervorbringt. Um nicht mit den alten Gattungsnamen in Konflikt zu geraten, verwendet man für alle diese Strukturen den Namen Aecium und für alle diese in Ketten gebildeten dikaryotischen Sporen, die nach der Dikaryotisierung aus den Basalzellen dieser Aecien entstehen, die Bezeichnung Aeciosporen (Abb. 4.56 und 4.57, Tab. 4.6).

Die alten Gattungsnamen *Aecidium*, *Caeoma*, *Peridermium* und *Roestelia* werden auch noch heute benutzt, wenn man Aecien benennen will, von denen man andere Sporenformen nicht kennt. Wenn der Entwicklungszyklus aber be-

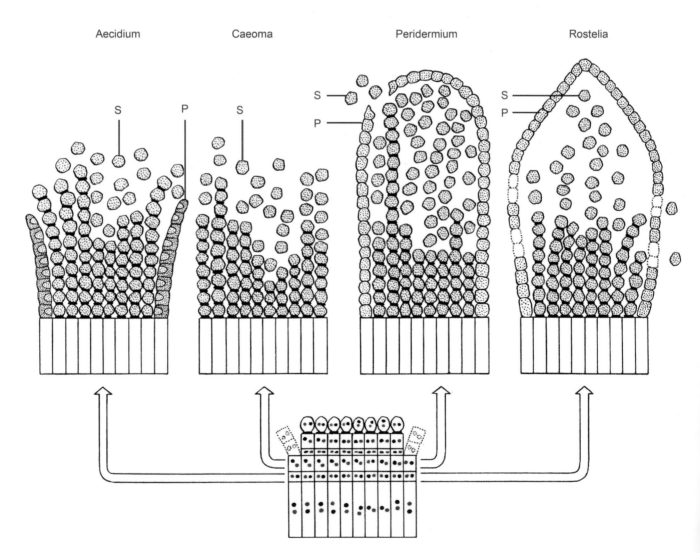

Abb. 4.56 Schematische Darstellung der verschiedenen Typen der Aecien von Rostpilzen; S – Sporenketten; P – Peridie

2 mm

Abb. 4.57 Aecien vom Aecidium-Typ des Rostpilzes *Ochropsora sorbi* auf Buschwindröschen (*Anemone nemorosa*); bei dieser Art mit weißen Aecien sind befallene Blätter etwas langstieliger (Pfeile) als unbefallene

Tab. 4.6 Merkmale der Typen der Aecien von Rostpilzen

Typen (gleichzeitig Namen von Anamorph-Gattungen)	Hülle (Pseudoperidie) des Aeciums	spezielle Bezeichnung der Aeciosporen	Beispiele von Rostpilz-Gattungen, bei denen der Typ vorkommt
Aecidium	zunächst halbkugelig, bald an der Spitze aufreißend und becher- bis schüsselförmig	Aecidiosporen	*Puccinia, Uromyces, Tranzschelia*
Caeoma	fehlend	Caeomasporen	*Melampsora, Phragmidium, Xenodochus*
Peridermium	sack- bis blasenförmig, unregelmäßig aufreißend (Blasenroste)	Peridermiosporen (wenig gebräuchlich)	*Cronartium, Chrysomyxa, Coleosporium*
Roestelia	hornförmig, randlich aufreißend, zerschlitzt oder gitterartig durchbrochen (Gitterroste)	Roesteliosporen (wenig gebräuchlich)	*Gymnosporangium*

kannt ist und man die Art mit all ihren Entwicklungsstadien benennen will, wird der Name benutzt, der für die Telien und die Teliosporen gilt, er bezeichnet die Teleomorphe und damit die Holomorphe, d. h. alle Formen im Entwicklungszyklus eines Rostpilzes.

Bleiben wir, um einen Eindruck von der Mannigfaltigkeit der Rostpilze zu bekommen, beim Rost auf dem Wiesenknopf. Neben den Caeomasporen bildet dieser Pilz ohne Wirtswechsel auffallend schwarze Sporenlager. Den Caeomasporen folgen bei dieser Art unmittelbar die Teliosporen. Uredosporen werden nicht ausgebildet. Untersucht man ein wenig von dem schwarzen Sporenpulver unter dem Mikroskop, so kann man auf kurzen Stielchen sitzende braune vielzellige Sporen feststellen. Jede von ihnen besteht aus einer fünf- bis meist über zehnzelligen, in manchen Fällen bis zu 30-zelligen Kette. Diese Teliosporen können bis über 300 μm lang werden und sind bereits mit starker Lupenvergrößerung wahrnehmbar. Ihre Zellen runden sich gegeneinander etwas ab, sodass die Sporen rasch in kleine Bruchstücke oder Einzelzellen zerfallen können.

Während bei der artenreichen Gattung *Puccinia* in der Regel zweizellige, nicht zerfallende Teliosporen auf kurzen Stielen gebildet werden, kommt es bei anderen Rostpilzen zu beträchtlichen Abweichungen. Mit den Merkmalen der Teliosporen sind ganz wesentliche Prinzipien der systematischen Gliederung der Rostpilze verbunden.

Der Rostpilz auf dem Wiesenknopf mit seinen vielzelligen Teliosporen gehört zur Gattung *Xenodochus*. In der Gattung *Phragmidium* begegnen uns drei- bis achtzellige, selten bis 13-zellige Teliosporen, während bei *Uromyces* einzellige Teliosporen vorhanden sind.

Wenn man ein Telium der Gattung *Gymnosporangium* auf Wacholder (*Juniperus*-Arten) findet, so glaubt man zunächst, es handele sich um einen Gallertpilz. Die Teliosporen haben bei dieser Gattung lange, verschleimende Stiele, so dass bis zu 2 cm lange, hornförmige oder lappenförmige, gelbbraune Strukturen entstehen. Beim Mikroskopieren kann man feststellen, dass diese Gebilde allein aus Teliosporen und ihren z. T. über 1,5 cm langen, hyalinen Stielen bestehen. In den Gattungen *Triphragmium* und *Nyssopsora* kommen dick-

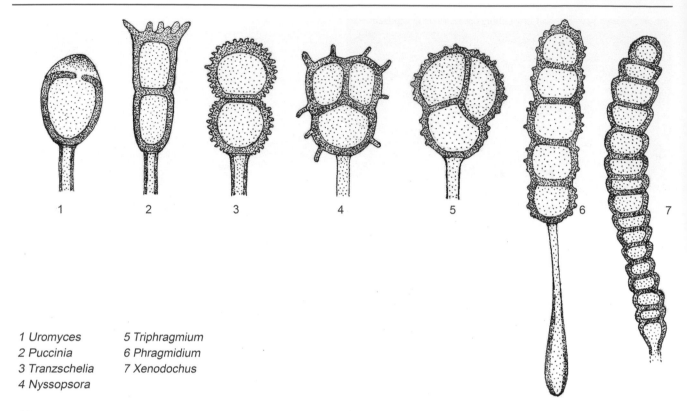

1 Uromyces   5 Triphragmium
2 Puccinia   6 Phragmidium
3 Tranzschelia   7 Xenodochus
4 Nyssopsora

Abb. 4.58 Frei werdende Teliosporen verschiedener Rostpilzgattungen

wandige, dreizellige Teliosporen vor. In Abb. 4.58 sind einige Beispiele frei werdender Teliosporen verschiedener Rostpilzgattungen zusammengestellt.

Ganz im Gegensatz zu dem starken Hervortreten der Telien mit frei werdenden Teliosporen bleiben diese bei anderen Gattungen im Gewebe der Wirtspflanzen verborgen. Bei *Thekopsora*-Arten bilden sich die Teliosporen in den Epidermiszellen der Wirtspflanzen, und nur die auskeimenden Basidien dringen nach außen. Ähnlich ist es bei den meist dreizelligen Teliosporen der Gattung *Hyalopsora*. Bei *Coleosporium* werden die Teliosporen unter der Epidermis angelegt; sie bilden sich durch das Hervorbringen von Querwänden direkt zu Basidien um, dann durchbrechen die langen, sporentragenden Stielchen der Basidiosporen (Sterigmen) die Epidermis.

Die Beispiele ließen sich beliebig fortsetzen, denn es sind sehr viele Rostpilze eingehend untersucht worden, weil manche von ihnen als Erreger von Pflanzenkrankheiten in der Land- und Forstwirtschaft große Bedeutung haben.

Die Reduktion einzelner Sporenformen kann zu starken Abwandlungen des beschriebenen vollständigen Entwicklungszyklus mit Wirts-, Generations- und Kernphasenwechsel führen. Für die verkürzten Zyklen werden von den Phytopathologen spezielle Termini benutzt (Tab. 4.7) Im Extremfall entstehen nur noch Teliosporen und Basidiosporen. Wir sprechen dann von Mikroformen der Rostpilze bzw. von mikrozyklischen Rosten. Durch solche

Vereinfachungen des Entwicklungszyklus konnten sich manche Arten z. B. an die kurzen Vegetationsperioden von Hochgebirgspflanzen anpassen.

Es können alle Formen der Keimzellen von Rosten (Sporenformen oder Spermatien) von solchen Reduktionen im Entwicklungszyklus betroffen sein. Bei manchen mikrozyklischen Rosten kann die Haplophase überwiegen, die Dikaryotisierung findet dann erst vor der Teliosporenbildung statt. Es kann aber auch die Dikaryophase dominieren, dann kommt es frühzeitig nach dem Befall zur Dikaryotisierung durch Somatogamie zwischen haploiden Myzelien.

Als Beispiel für einen reduzierten Zyklus soll uns ein bekannter, wirtschaftlich bedeutsamer Rostpilz dienen: der Birnengitterrost (*Gymnosporangium sabinae*; Abb. 4.59). Bei dieser Art werden auf dem Dikaryontenwirt keine Uredosporen ausgebildet. Es ist eine demizyklische Art mit Wirtswechsel (Heteropsis-Form, vgl. Tab. 4.7). Die Teliosporen erscheinen im Frühjahr auf den Zweigen vom Stinkwacholder (*Juniperus sabina*), die Stiele der Teliosporen verschleimen, sodass gallertpilzähnliche, schleimige Massen mit randständigen zweizelligen Teliosporen entstehen. Diese keimen sofort mit vierzelligen Basidien aus und bilden die Basidiosporen, die unmittelbar noch im April/Mai die austreibenden Blätter des Haplontenwirtes, meist Kultursorten von Birnen (*Pyrus communis*), befallen. Jede Basidiospore kann bis zu sechsmal hintereinander eine sekundäre Spore bilden (repetitive Sporenkeimung), sodass sich die Chance,

Tab. 4.7 Lebenszyklen und Entwicklungsformen von Rostpilzen

Zyklus / Form	Spermogonien 0	Aecien I		Uredien II	Telien III
makrozyklisch					
Heter-Euform	+	+	<>	+	+
Aut-Euform[1]	±	+		+	+
demizyklisch					
Heter-Opsisform	+	+	<>	-	+
Aut-Opsisform[2]	±	+		-	+
brachyzyklisch					
Brachyform	+	-		+	+
endozyklisch					
Endoform[3]	+	+		-	-
hemizyklisch					
Hemiform	-	-		+	+
mikrozyklisch					
Mikroform[4]	±	-		-	+

+ kommt vor; - fehlt; ± kommt vor oder fehlt; - kommt nicht vor; <> Wirtswechsel
[1] bei Fehlen von 0 auch als Kataform bezeichnet
[2] bei Fehlen von 0 auch als Katopsisform bezeichnet
[3] Basidienbildung auf morphologischen Aeciosporen („funktionelle Teliosporen")
[4] bei regulärem Vorkommen von 0 auch als Hypoform, bei fehlendem Ruhestadium der Teliosporen auch als Leptoform bezeichnet

auf ein Birnenblatt zu gelangen, erhöht. Die Basdiosporen bilden in den Birnenblättern haploide Myzelien, welche das typische Befallsbild verursachen, große scharfrandige gelbe bis rötliche Blattflecken. Dieses Stadium kann so intensiv sein, dass es zum Blattfall, auf alle Fälle aber zur Schädigung der Birnbäume kommt. Im Bereich der Flecken entwickeln sich blattoberseits die Spermogonien und viel später, im August /September, die Aecien auf polsterförmigen Tumoren der Blattunterseite. Die Aecien sind als gitterstabähnliche aufreißende Rostelien ausgebildet – daher der Name „Gitterrost". Die Aeciosporen sind schließlich in der Lage, den Dikaryontenwirt, also den Wacholder, im Bereich des sommerlichen Zuwachses zu befallen. Der Dikaryont bleibt dauerhaft (perennierend) auf dem Dikaryontenwirt und verursacht tumorartige Wucherungen des Holzes und mäßige Schäden durch das Absterben alter, langjährig befallener Partien des Astwerks.

Manche mikrozyklische Rostpilze rufen Krankheitsbilder hervor, die denen einiger Brandpilze ähneln. Während die Sporenlager der Rostpilze oft nur als kleine Pusteln ausgebildet sind, gibt es auch einige Arten mit ausgedehnten Lagern gestieler Teliosporen auf deformierten Pflanzenteilen, z. B. bei *Puccinia dentariae*, einem mikrozyklischen Rost der Zwiebelzahnwurz (*Dentaria bulbifera*). Es werden ausschließlich die dunklen Teliosporen gebildet, sodass die Sporenlager dunkel, oft nahezu schwarz aussehen und an Lager von Brandpilzen erinnern. Im Gegensatz dazu gibt es Brandpilze, z. B. *Schizonella melanogramma* auf Seggen (*Carex*-Arten), deren Sporenlager nur pustelförmig ausgebildet sind und lange von der Epidermis bedeckt bleiben. Sie erinnern an Telien von Rostpilzen. Im Gelände gibt es

also in einigen Fällen durchaus Probleme, sicher zu entscheiden, ob man Rost- oder Brandpilze vor sich hat. Sowohl in ihren mikroskopischen Merkmalen als auch in ihrem Entwicklungszyklus unterscheiden sich die Rost- und Brandpilze jedoch grundlegend.

Die Brandpilze gehören wie die Rostpilze zu den Ständerpilzen (*Basidiomycota*). Viele von ihnen haben ebenfalls als Phytoparasiten wirtschaftliche Bedeutung. Zahlreiche Brandpilzarten können Kulturpflanzen befallen und zu erheblichen Schäden führen (s. Tab. 4.8 und Tab. 4.9). Während die Rostpilze als holobiotrophe Parasiten in ihrer Ernährung vollständig auf Wirtspflanzen angewiesen sind, leben die meisten Brandpilze abschnittsweise saprotroph. Der Generationswechsel ist bei ihnen streng an den Kernphasenwechsel gebunden (Abb. 4.60). Bei den allermeisten Arten ist der Haplont ein hefeartiges Sprosszellenstadium. Obligat parasitisch lebt nur das dikaryotische Myzel der Brandpilze. Sie sind demnach obligate, metabiotrophe Phytoparasiten.

Der Befall durch Brandpilze ruft im Gewebe der Wirtspflanzen häufig Deformationen hervor. Viele Arten haben ein relativ enges Wirtsspektrum. Bei der Reife kann das Myzel in der Wirtspflanze in dunkle Brandsporen zerfallen, oder es werden Sporenballen gebildet.

Die Morphologie der Sporen, ihre Ornamentierung sowie die Anzahl und Lage der Zellen in den Sporenballen gehören zu den wichtigsten Merkmalen für die Systematik der Brandpilze. In Abb. 4.61 sind für einige Brandpilzgattungen charakteristische Sporen und Sporenballen vorgestellt.

Die Sporen bzw. die fertilen Zellen der Sporenballen sind zunächst dikaryotisch, später kommt es in ihnen, wie bei den

Abb. 4.59 Birnengitterrost (*Gymnosporangium sabinae*). (a) Telien an einem geschädigten Zweig von *Juniperus sabina*; unten ungequollen, oben gequollen. (b) Vollständig gequollene Telien, teils mit Basidiosporenpulver belegt. (c) Zweizellige Teliospore, obere Zelle ungekeimt, untere Zelle mit ausgekeimter vierzelliger Basidie (eine Zelle bedeckt), Sterigmata und einer Basidiospore. (d) Basidiosporen; oben aus-keimend und ungekeimt; repetitive Keimung einer Basidiospore mit Sekundärspore. (e) Oberseite befallener Birnenblätter mit Blattflecken und Nestern von Spermogonien. (f) Aufsicht auf die Spermogonien: Die herausragenden Empfängnishaare sind in Flüssigkeitströpfchen eingebunden. (g) Keulenförmiges Aecium vom Roestelia-Typ mit gitterartig aufreißender Peridie auf einem Tumor der Blattunterseite

Tab. 4.8 Erscheinungsbilder einiger wirtschaftlich wichtiger Schadpilze unter den Rostpilzen

Art	die Kulturpflanzen schädigendes Stadium	andere Entwicklungsstadien
Blasenrost der Waldkiefer (*Cronartium asclepiadeum*)	Peridermien an jungen Stämmen und Zweigen, die Rinde durchbrechend, mehrjährig, auf Waldkiefer (Pinus silvestris)	Uredien und Telien auf Pflanzen verschiedener Familien (z. B. Enzian- und Hahnenfußgewächse)
Blasenrost der Weymouthskiefer (*Cronartium ribicola*)	Peridermien wie bei *Cronartium asclepiadeum* auf fünfnadeligen Kiefern; Uredien und Telien auf Johannisbeerblättern, besonders auf der Schwarzen Johannisbeere (*Ribes nigrum*)	keine; beide Entwicklungsstadien auf Kulturpflanzen
Zuckerrübenrost (*Uromyces betae*)	Spermogonien, weiße Aecidien, pustelförmige Uredien und Telien auf Zuckerrüben, Runkelrüben und Mangold (*Beta*-Arten)	keine; ohne Wirtswechsel
Bohnenrost (*Uromyces phaseoli*)	Spermogonien, weiße Aecidien, pustelförmige, mitunter zusammenfließende Uredien und Telien auf Blättern, auch auf Sproßachsen und Früchten von Bohnen (*Phaseolus*-Arten)	keine; ohne Wirtswechsel
Braunrost des Weizens (*Puccinia triticina*)	braune, gestreckte Uredien auf der Blattoberseite, ähnliche schwarzbraune Telien auf der Blattunterseite, auf Halmen und Blattscheiden von Weizen (*Triticum*-Arten), aber auch auf Hafer, Roggen, Gerste u.a. Gräsern (Poaceae)	Spermogonien und Aecidien auf Wiesenraute (*Thalictrum*-Arten)
Gelb- oder Streifenrost des Getreides (*Puccinia glumarum*)	Uredien auf beiden Blattseiten, auf Blattscheiden und Halmen, gestreckt, linienförmig zusammenfließend, gelbbraun, Telien bedeckt bleibend, schwarzbraun, besonders auf Weizen (*Triticum*-Arten), aber auch auf Roggen, Gerste und Gräsern (Poaceae)	keine; wahrscheinlich eine Hemiform
Kronenrost des Getreides (*Puccinia coronata*)	Uredien meist auf der Blattoberseite, kurz, gestreckt, orangegelb, Telien blattunterseits, klein, braun, punkt- bis strichförmig; Teliosporen oben mit Fortsätzen (»Krone«), auf Hafer (*Avena*-Arten), aber auch auf anderen Getreidearten und Gräsern (Poaceae)	Spermogonien und Aecidien auf Faulbaum und Kreuzdorn (*Frangula alnus*, *Rhamnus*-Arten)
Schwarzrost des Getreides (*Puccinea graminis*)	Uredien gelb- bis dunkelbraun, länglich, oft bis 1 cm lang, besonders an Blattscheiden, aber auch auf beiden Blattseiten und an den Halmen, Telien oft aus den Uredien hervorgehend, schwarzbraun, besonders an Blattscheiden und Halmen, dort lange Streifen bildend; auf Getreidearten und anderen Gräsern (Poaceae)	Spermogonien und Aecidien auf Sauerdorn (*Berberis*-Arten), selten auch auf Mahonie (*Mahonia aquifolium*)

Tab. 4.9 Erscheinungsbilder einiger wirtschaftlich wichtiger Schadpilze unter den Brandpilzen

Art	Befallsbild
Weizenflugbrand (*Ustilago tritici*)	Brandlager in Blütenständen, diese bis auf die Blütenstandsspindel zerstörend, Brandlager während der Blüte erscheinend, pulverig stäubend; Embryoinfektion; auf Weizen (*Triticum*-Arten)
Gerstenflugbrand (*Ustilago nuda*)	Brandlager wie beim Weizenflugbrand; Embryoinfektion; auf Gerste (*Hordeum*-Arten)
Schwarzbrand der Gerste (*Ustilago nigra*)	Brandlager kompakt, nach der Blüte erscheinend, stäubend; Keimlingsinfektion; auf Gerste (*Hordeum*-Arten)
Haferflugbrand (Ustilago avenae)	Brandsporen in Fruchtknoten und Spelzen, zur Blütezeit erscheinend, Brandlager pulverig stäubend; Keimlingsinfektion; auf Hafer (*Avena*-Arten)
Maisbeulenbrand (*Ustilago zeae*)	Brandsporen an verschiedenen Teilen, meist in Fruchtständen, oft in über 10 cm großen tumortartigen Gallen, nach der Blüte erscheinend, Brandlager pulverig stäubend; Infektion von Keimlingen und Jungpflanzen; auf Mais (*Zea mays*)
Stein- oder Stinkbrand des Weizens (*Tilletia caries*)	Brandsporen in zerstörten Früchten (Brandbutten) unter der verhärteten Fruchtwand, nicht an den Spelzen, Sporenfreisetzung durch Risse, nach der Blüte erscheinend, nicht stäubend; Keimlingsinfektion; auf Weizen (*Triticum*-Arten), selten auf Roggen (*Secale*-Arten) und anderen Gräsern (Poaceae)
Hirsebrand (*Sporisorium sorghi*) (= *Sphacelotheca sorghi*)	Brandsporen, die Blüten zerstörend, zunächst als 3-10 mm lange, umhüllte hornartige Gebilde, nach der Blüte erscheinend, später stäubend; Keimlingsinfektion; auf Rispenhirse (*Sorghum*-Arten)

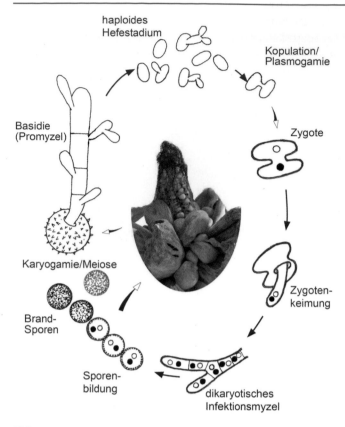

Abb. 4.60 Typischer Entwicklungzyklus der Brandpilze am Beispiel des Maisbeulenbrands (*Ustilago zeae*)

Teliosporen der Rostpilze, zur Kernverschmelzung (Karyogamie). Die Brandsporen keimen wie die Teliosporen der Rostpilze unter Meiose aus. Oft entstehen typische Phragmobasidien, also vierzellige Basidien mit einem haploiden Kern je Zelle. Mitunter tritt ein unregelmäßig geformter Keimschlauch auf; dann ist die Zellenzahl manchmal nicht konstant. Manche Autoren sprechen deshalb von einem Promyzel, auch die Bezeichnung Ustidium ist in Gebrauch. Bei der Familie *Tilletiaceae* werden meist unseptierte Basidien (Holobasidien) gebildet. Ein ganz wesentlicher Unterschied zu den Rostpilzen besteht darin, dass die Basidien bzw. Promyzelien keine Basidiosporen hervorbringen, in denen die durch die Meiose entstandenen Kerne enthalten sind, sondern dass von den Basidienzellen Sprosszellen gebildet werden, in die Abkömmlinge der haploiden meiotischen Kerne einwandern. Dieser Vorgang ist keine normale Basidiosporenbildung, sondern die Einleitung der saprotrophen Sprosszellenphase im Entwicklungszyklus der Brandpilze. Die Kerne teilen sich also nach der Meiose unter Mitose und bilden sofort die ersten Zellen des Haplonten. Es entstehen auch keine Sterigmen. Die Homologie (Gleichartigkeit) zwischen den Basidien der Brandpilze und denen anderer Basidiomyceten besteht demnach nur noch darin, dass hier die Meiose nach der Verschmelzung der Kerne des Dikaryons stattfindet.

Die Sprosszellen, die von der Basidie bzw. vom Promyzel oder Ustidium abfallen, sprossen ihrerseits. Es entsteht das haploide, saprotrophe Hefestadium. Sprosszellen des

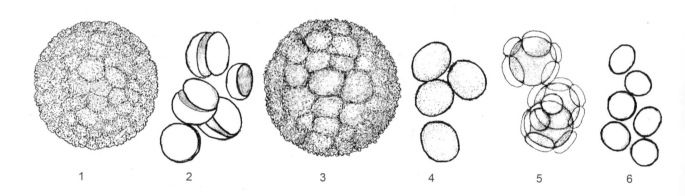

1 Glomosporium   4 Sporisorium
2 Schizonella   5 Urocystis
3 Thecaphora   6 Ustilago

Abb. 4.61 Für einige Brandpilzgattungen charakteristische Brandsporen und Sporenballen

kontrāren Kreuzungstyps können sich unter günstigen Bedingungen – wenn sie dicht beieinander liegen – vereinen, indem es zur Ausbildung einer Kopulationsbrücke kommt. Bei diesem Befruchtungsvorgang handelt es sich um eine Somatogamie (vgl. Tab. 6.4), denn jede Zelle des Haplonten ist zur Vereinigung (Kopulation) befähigt. Zur Unterscheidung von der Somatogamie zwischen Hyphen (Hyphogamie) verwendet man dafür auch die Bezeichnung Sporidiogamie.

Der Befruchtungsvorgang ist sehr variabel. Neben der schon erwähnten Zygotenbildung zwischen verschiedenen Sprosszellen kommt es auch zur Ausbildung von Kopulationsbrücken zwischen den Zellen der Basidie oder zur Kopulation zwischen Basidienzellen und Sprosszellen des kontrāren Paarungstyps (Abb. 4.62). Schließlich gibt es im Extremfall noch die Kernpaarbildung der meiotischen Kerne sofort nach der Meiose. Dabei keimen die Brandsporen zwar unter Meiose, aber unmittelbar danach entstehen wieder dikaryotische Hyphen. Der Haplont ist in solchen Fällen oftmals fakultativ vollständig reduziert, und wir haben einen dikaryotischen Entwicklungszyklus mit einem „gametischen" Kernphasenwechsel (vgl. Abschn. 2.3; Abb. 2.12) vor uns, d. h., die haploide Phase ist auf die Zellen beschränkt, die wieder miteinander verschmelzen, wobei nur in der Basidie, dem Keim der Brandsporen, haploide Kerne vorkommen. In dieser Form des Zyklus tritt uns die Dikaryophase bei Pilzen am ausgeprägtesten entgegen. Ähnliches haben wir bei den seltenen Fällen von bereits dikaryotischen Basidiosporen bei einigen wenigen Rostpilzen vor uns.

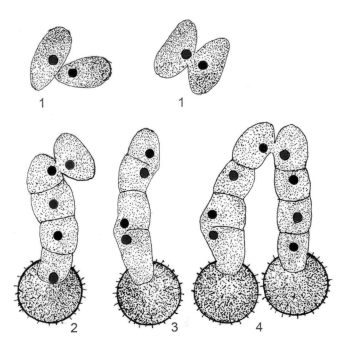

Abb. 4.62 Diverse Modi der Kopulation von Sprosszellen und Zellen des Ustidiums; Kopulation zwischen: 1 – Sprosszellen („Sporidiogamie"); 2 – Sprosszelle und Zelle des Ustidiums; 3 – Zellen des Ustidiums; 4 – Zellen zweier Ustidien und gleichzeitig den Zellen eines Ustidiums; rote und schwarze Kerne symbolisieren die beiden Paarungstypen

Viele Brandpilze fallen in der Natur durch die streng an bestimmte Pflanzenteile, z. B. an Blüten, Blütenstände, Blätter usw., gebundene Brandsporenbildung auf (Abb. 4.63). Oft ist der Befall mit extremen Missbildungen verbunden, er kann aber auch unauffällig sein.

Infiziert werden die Wirtspflanzen meist im Keimlingsalter. Es kommt aber auch vor, dass Brandsporen auf der Narbe der Wirtspflanzen auskeimen, z. B. beim Gerstenflugbrand (*Ustilago nuda*). Nach Kopulation von Zellen der Promyzelien (Ustidien) kann dann, wie geschildert, ohne Hefestadium das dikaryotische Myzel gebildet werden und dringt wie der Pollenschlauch in die Samenanlage vor und kann dann bereits in die Embryonen der heranwachsenden Samen eindringen. Während des Wachstums der infizierten Keimlinge wächst das dikaryotische Myzel des Pilzes mit, ohne sichtbare Schäden zu verursachen. Erst wenn die Teile der Wirtspflanze gebildet werden, in denen sich die Brandsporen bilden können, kommt es zur Entfaltung des Pilzes und zum typischen Krankheitsbild.

Ein sehr auffallender Brandpilz ist der Maisbeulenbrand (*Ustilago zeae*; Abb. 4.64). Er ruft an verschiedenen Teilen des Maises, am häufigsten aber an den Fruchtständen, sehr markante, tumorartige Deformationen hervor, die bei der Reife fast vollständig in schwarzes Brandsporenpulver zerfallen. In unreifem Zustand können derartige „Maisbeulen" zu Speisezwecken verwendet werden.

Eine sehr bemerkenswerte Brandpilzerkrankung finden wir an Nelkengewächsen (*Caryophyllaceae*). Hier werden die Brandsporen in den Staubbeuteln (Antheren) der Wirtspflanzen gebildet. Statt des hellen Blütenstaubs entsteht dann dunkel violettbraunes Sporenpulver des Pilzes. Dieser Antherenbrand (*Microbotryum violaceum*; Abb. 4.65) verursacht eine ganz erstaunliche Erscheinung. Wenn nämlich bei zweihäusigen (diözischen) Wirtspflanzen, z. B. bei der Weißen Lichtnelke (*Silene alba*), der Pilz eine weibliche Pflanze befallen hat, bildet diese neben dem Fruchtknoten auch Staubblätter aus, was bei gesunden weiblichen Pflanzen niemals der Fall ist. Die Brandsporen entwickeln sich dann wiederum ausschließlich in den Antheren.

Auch bei vielen mitteleuropäischen Nutzpflanzen treten wichtige Rost- und Brandpilze auf; einige Befallsbilder sind in den Tab. 4.8 und Tab. 4.9 vorgestellt. Man versucht heute, viele der von Rost- und Brandpilzen verursachten, wirtschaftlich wichtigen Pflanzenkrankheiten durch chemische Bekämpfung, Bodenentseuchung, Saatgutbeizung und Resistenzzüchtung zu beherrschen, damit diese früher gefährlichen Krankheiten nicht mehr zu jenen verheerenden Ernteausfällen führen, wie wir sie noch in der ersten Hälfte 20. Jahrhunderts zu verzeichnen hatten. Die Bekämpfung führte vor allem bei einigen Brandpilzen zum Rückgang, sogar zur vollkommenen Ausrottung mancher Arten, u. a. der Stein- oder Stinkbrände (*Tilletia* spp.).

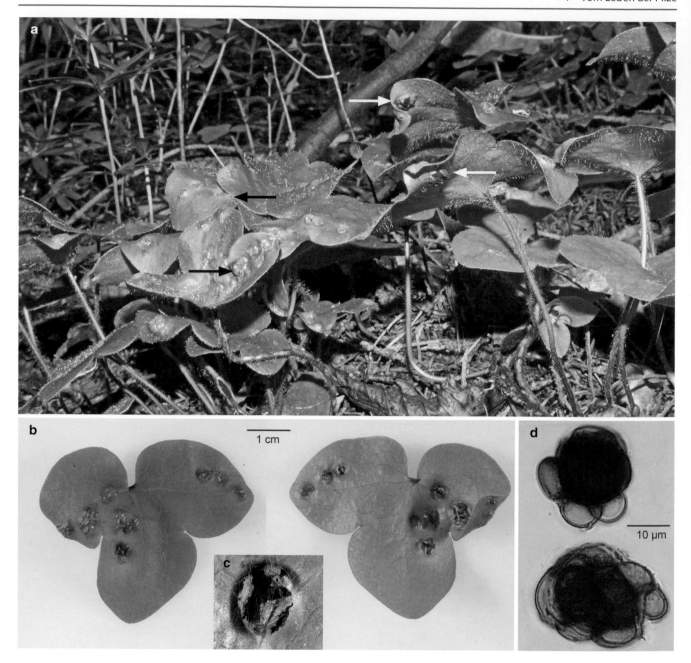

Abb. 4.63 Der Brandpilz *Urocystis syncocca* bildet auf Blättern des Leberblümchens (*Hepatica nobilis*) flache Beulen, an denen sich die Brandsporenlager entwickeln; (**a**) befallener Bestand von *Hepatica no-* *bilis* (Pfeile: Blattunterseiten); (**b**) Blattoberseite und -unterseite; (**c**) subepidermal angelegtes, bereits aufgerissenes Sporenlager; (**d**) Sporenballen

Abb. 4.64 Maisbeulenbrand (*Ustilago zeae*); deformierter Fruchtstand

Abb. 4.65 Vom Antherenbrand (*Microbotryum violaceum*) befallene Weiße Lichtnelke (*Silene alba*)

4.5.3 Vom Himmel gefallen – der Mehltau

Am Waldrand, wo sich neben Liguster und Schlehen auch junge Eichen angesiedelt haben, kann man mitunter einen auffallenden weißen Belag auf den Eichenblättern im Unterholz beobachten. Die zuletzt gebildeten Blätter sehen verkrüppelt aus, im Spätsommer wird dadurch die Ausbildung der Winterknospen behindert. Auch auf Wiesen, wenn sich z. B. die kräftigen Bärenklaudolden entfalten, hat es häufig den Anschein, als sei das satte Dunkelgrün der Blätter dieser Pflanzen unter einem dicht anliegenden Schleier verborgen; man könnte tatsächlich denken, die Pflanzen seien mit Mehl bestäubt worden. Der Name „Mehltau" ist deshalb für das Erscheinungsbild dieser Krankheiten eine treffende Bezeichnung (Abb. 4.66 und 4.67).

Aber nicht nur Eichen und viele andere Wildpflanzen, sondern auch Kulturpflanzen können solche Symptome zeigen. Schon in früheren Zeiten erkannten Bauern, besonders die Winzer, dass der Mehltau den Pflanzen nicht zuträglich ist, sondern im Gegenteil großen Schaden verursachen kann. Bis in die Neuzeit hinein glaubte man noch, dass dieser Mehltau als böses „Omen" vom Himmel falle. Der Name „Tau"

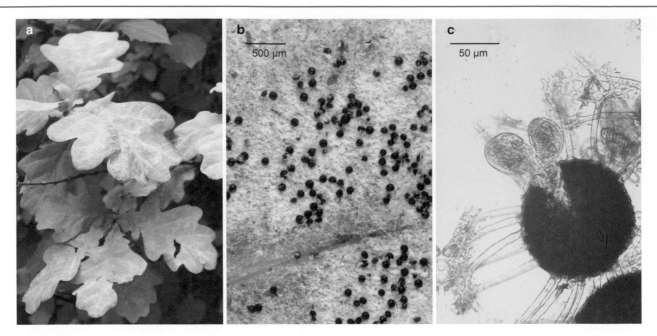

500 μm

50 μm

Abb. 4.66 Eichenmehltau (*Erysiphe alphitoides*) am bodennahen Austrieb einer Stieleiche (*Quercus robur*); (**a**) Befallsbild; (**b**) Cleistothecien; (**c**) aufplatzendes Cleistothecium, hier mit zwei Asci, in denen sich die Sporen befinden

100 μm

Abb. 4.67 Der polyphage Mehltau *Podosphaera xanthii* auf Blättern eines Purpurglöckchens (*Heuchera* sp.); (**a**) Befallsbild; (**b**) Myzelfilz; (**c**) Cleistothecien

deutet noch immer auf diese Vorstellung hin. Später, als man schon erkannt hatte, dass Parasiten für das Krankheitsbild des Mehltaus verantwortlich sind, wurde als Erreger ein Pilz angenommen, den man systematisch in die Nähe des Köpfchenschimmels stellte. In unserer Zeit hat sich dieser *Mucor erysibe* der frühen Autoren als eine stattliche Ordnung von Ascomyceten mit etwa 600 gut kenntlichen Arten entpuppt: die Echten Mehltaupilze (*Erysiphales*).

Alle Arten der Gruppe sind holobiotrophe Pflanzenparasiten, deren Myzel meist oberflächlich auf den befallenen Pflanzenteilen wächst. Bei einigen Gattungen lebt es überwiegend im Bereich der Interzellularräume des Mesophylls, besonders im Schwammparenchym von Blättern. Die Pilze dringen mit Haustorien, kleinen, verschieden gestalteten Saughyphen, in lebende Zellen der Wirte ein und ernähren sich ausschließlich von dem, was sie der lebenden Substanz der Wirtspflanzen entnehmen können. Die Hyphen sind hell, das Myzel wirkt zunächst wie ein spinnwebartiger weißer Belag auf den Wirtspflanzen. Sehr rasch und meist auch reichlich können Anamorphen (Nebenfruchtformen oder imperfekte Stadien) am Myzel entstehen. Von besonderen Trägerhyphen werden Conidien abgeschnürt (Abb. 4.68).

Die rasche und reichliche Conidienbildung ist Ursache dafür, dass Echte Mehltaupilze sich schnell vermehren und ausbreiten können; sie ist für das epidemische Auftreten in Monokulturen, z. B. auf Getreide, verantwortlich. Die Conidien entwickeln sich in rascher Folge (sukzedan) auf einfachen, reichlich vorhandenen Conidienträgern, sodass der äußerliche Eindruck des Mehltaus, der auffallend weiße Belag, von den Conidien mitbestimmt wird. Manche Mehltauarten waren lange Zeit nur durch ihre conidienbildenden Stadien (Anamorphen) bekannt. Diese wurden in verschiedenen Anamorph-Gattungen untergebracht, die meisten in der Gattung *Oidium*. Hier werden von der conidiogenen Zelle, die direkt dem Myzel entspringt, Ketten von Conidien gebildet. Beim *Ovulariopsis*- und *Oidiopsis*-Typ sitzen die conidiogenen Zellen auf sterilen Stielzellen, nicht direkt auf dem Myzel; der Conidienträger ist also komplizierter gebaut als beim *Oidium*-Typ. Während die Conidienträger von *Ovulariopsis* auf oberflächlichem Myzel entstehen, drängen sich die von *Oidiopsis* durch die Spaltöffnungen der Wirtspflanzen, weil sich das Myzel hauptsächlich im Inneren des Blattes befindet. Die Anamorphen lassen klare Beziehungen zu den Teleomorphen erkennen.

Neben dieser ungeschlechtlichen Fortpflanzung der Mehltaupilze gibt es auch Sexualität, Fruchtkörperbildung und Meiosporen. Dadurch kann es zu Neukombinationen der genetischen Informationen kommen. Die rasche Ausbildung neuer biologischer Typen, die sich in ihren infektiösen Eigenschaften anders verhalten als die Ausgangsformen, ist besonders für die Resistenzzüchtung von Kulturpflanzen problematisch. Sie hängt bei den Mehltaupilzen mit der sexuellen Fortpflanzung zusammen.

Der Fruchtkörperbildung geht jeweils eine Befruchtung voraus, und zwar verschmelzen zwei an der Spitze von kurzen Hyphenästen befindliche (apikale) Zellen, wobei eine von ihnen als Kernspender fungiert und in der anderen ein Dikaryon (Kernpaar) entsteht. Die beiden Zellen sind dem Ascogon und der Androgamocyte anderer Ascomyceten homolog. Der Stielzelle des befruchteten Ascogons entwachsen Zellen, die sich eng an das befruchtete Ascogon anlegen. In rascher Folge bildet sich eine mehrschichtige Hülle, und nach Kern- und Zellteilungen entstehen aus dem Ascogon die Asci, in denen je ein Dikaryon zu einem diploiden Kern verschmilzt und unter Meiose Ascosporen bildet. Die Fruchtkörper bleiben bis zur Sporenreife geschlossen, eine präformierte Öffnung fehlt; es handelt sich also um Cleistothecien (vgl. Abschn. 3.3.3, Abb. 3.17 und Abb. 3.18), die meist zwischen 100 und 200 μm groß werden.

Die Echten Mehltaupilze parasitieren auf Blütenpflanzen. Die einzelnen Arten sind oft stark spezialisiert, meist auf bestimmte Familien, Gattungen oder sogar Artengruppen einer einzigen Gattung. Daneben gibt es polyphage Arten, die auf vielen Pflanzenarten mehrerer Familien leben können. In solchen Fällen kommt es oft zu einer biologischen Spezialisierung. Es bilden sich wie bei den Rost- und Brandpilzen Kleinsippen, die nur in ihrem Infektionsverhalten, nicht aber in ihrer Morphologie unterschiedlich sind. Man kann sie deshalb nicht unter dem Mikroskop, sondern nur durch Infektionsversuche erkennen. Diese Differenzierungstendenz bereitet den Systematikern große Schwierigkeiten, und so ist es nicht verwunderlich, dass es

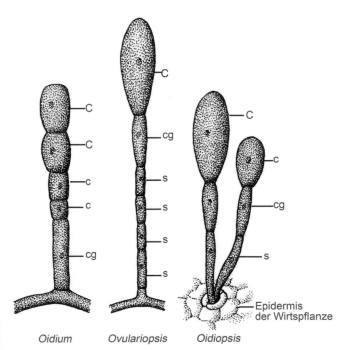

Abb. 4.68 Verschiedene Formen der Anamorphen Echter Mehltaupilze; s – Stielzelle; cg – conidiogene Zelle; c – Conidie

bei der Abgrenzung der Arten auch beträchtliche Meinungs-verschiedenheiten gibt.

Wir hatten einleitend auf die auffallende Erscheinung des Eichenmehltaus (*Erysiphe alphitoides*) und des Mehltaus auf Bärenklau (*Erysiphe heraclei*) aufmerksam gemacht. Doch gibt es auch unter den Arten, die unsere Kulturpflanzen befallen, sehr markante Krankheitsbilder.

Einer der am besten untersuchten Echten Mehltau-pilze ist die auf Gräsern und auch auf Getreidearten vor-kommende Art *Blumeria graminis*. Sie ist unschwer zu er-kennen. Auf jungen Blättern und Blattscheiden zeigt sich zunächst ein weißer Belag aus Myzel und Conidien, der bald zu einem dichten Myzelfilz heranwächst. Im Zentrum der Befallsherde kommt es durch die Ausbildung eines se-kundären, leicht pigmentierten Myzels zu einer Verfärbung ins Bräunliche. Bei Reife entwickeln sich an solchen Stel-len, ins Myzel eingesenkt, die schwarzen Cleistothecien. Da der Pilz für die Landwirtschaft außerordentlich bedeut-sam ist, wurde er genau studiert. Man bekämpft ihn gegen-wärtig am wirksamsten durch Resistenzzüchtung. Zur Ent-wicklung des Pilzes auf dem Getreide wurde ermittelt, dass in den Monaten Juni und Juli die meisten Conidien gebildet werden. In den beiden folgenden Monaten, also zur Ernte-zeit des Getreides, treten die Ascosporen als Verbreitungs-einheiten in Erscheinung, aber in viel geringerem Maße als die Conidien.

Der Echte Mehltau des Weines oder Rebenmehltau (*Er-ysiphe necator*) erscheint schon im Mai nach dem Austrieb der Weinstöcke und befällt besonders die Blätter. Es kann im Laufe des Sommers zu Masseninfektionen kommen; in solchen Fällen sind auch Triebe und junge Früchte be-troffen, die dann unter Umständen vertrocknen. Starker Be-fall kann Blattnekrosen und Laubfall zur Folge haben. Die Anamorphe, bekannt unter dem Namen *Oidium tuckeri*, tritt sehr reichlich auf. In Weinbaugebieten mit intensiver Be-wirtschaftung wird der Mehltau chemisch bekämpft und ist unter Kontrolle. Früher brachte er in Verbindung mit anderen Krankheiten, vor allem mit dem Falschen Mehltau des Wei-nes (*Plasmopara viticola*; Abb. 4.69) und mit der Reblaus, in manchen Gegenden den Weinbau zum Erliegen.

Von großer wirtschaftlicher Bedeutung ist auch *Golovi-nomyces cichoracearum*, ein Echter Mehltaupilz, der be-sonders auf Korbblütengewächsen (*Asteraceae*) vorkommt, aber auch auf Pflanzen anderer Familien übergehen kann. Man muss diesen Pilz als eine Sammelart verschiedener mehr oder weniger deutlich differenzierter Kleinsippen an-sehen. Dieser polyphage Verwandtschaftskreis neigt zur Ausbildung spezialisierter Varietäten, die mitunter auch morphologische Unterschiede von allerdings geringer Be-ständigkeit erkennen lassen. Von diesen Pilzen können viele Zierpflanzen, z. B. Astern, Chrysanthemen und Flocken-blumen, befallen werden, aber auch im Gemüsebau führt die Art zu Problemen. So befällt sie beispielsweise Kopfsalat,

Abb. 4.69 Durch den Echten Mehltau des Weines (*Erysiphe necator*) verursachtes Verkrüppeln heranwachsender Früchte

Schnittsalat, Cichorie (Endivie) und Schwarzwurzel. In die engste Verwandtschaft von *Golovinomyces cichoracearum* gehört auch *Golovinomyces orontii* (= *Erysiphe polyphaga*), ein Mehltau, der unter anderem auf Nachtschattengewächsen wie Tabak, Tomate und Kartoffel, auf Kürbisgewächsen (Abb. 4.70) wie Gurken, Melonen und Kürbissen, aber auch auf vielen anderen Pflanzen parasitiert.

Im Obstbau spielen einige Mehltauarten als Schädlinge ebenfalls eine Rolle. Sie gehören in die Gattung *Podosphaera*, in der Mehltaupilze zusammengefasst werden, die nur einen einzigen Ascus je Cleistothecium bilden. *Podosphaera leu-cotricha* parasitiert insbesondere an Apfelbäumen. Er führt zu Missbildungen von Blüten, jungen Trieben und Blättern. Weiterhin kommt es zu Myzel- und Cleistothecienbildung auf normal entwickelten Blättern nach einer Sekundärinfektion durch Conidien der primär infizierten Triebe. Die Früchte können insofern direkt in Mitleidenschaft gezogen werden, als auf ihrer Oberhaut Schädigungen auftreten, die eine Quali-tätsminderung bedeuten; außerdem bleiben Früchte stark be-fallener Bäume stets kleiner. Auf Pflaumen, Aprikosen und

Abb. 4.70 *Golovinomyces orontii* auf Speisekürbis (*Cucurbita pepo*); besonders bei Trockenheit bilden sich dichte Mehltaurasen, die zum Absterben älterer Blätter führen

anderen *Prunus*-Arten parasitiert *Podosphaera tridactyla*. Besonders an Aprikosen können die Schäden beträchtlich sein. *Podosphaera mors-uvae* schädigt Stachelbeersträucher so stark, dass es zu frühzeitigem Laubfall und zum Absterben der Sträucher kommen kann. *P. pannosa* ist an Rosen, *P. macularis* an Hopfen von wirtschaftlicher Bedeutung. Nach der Ausbildung der Appendices der Cleistothecien wurden früher einige dieser Arten, die myzelartige, nicht dichotom verzweigte Anhängsel besitzen, als *Sphaerotheca*-Arten geführt. Die *Podosphaera*-Arten, die früher im Obstbau beträchtliche Ernteausfälle verursachten, sind im Intensivobstbau durch chemische Bekämpfung unter Kontrolle gebracht worden, können aber besonders im „ökologischen" Anbau noch immer bedeutende Schäden verursachen.

4.5.4 Vielerlei Schmarotzertum

Mit den Rost-, Brand- und Mehltaupilzen haben wir drei wichtige Gruppen von Pilzen kennengelernt, die parasitisch auf Pflanzen leben. Die Phytopathologie, die Lehre von den Pflanzenkrankheiten und deren Bekämpfung, muss sich aber mit allerlei weiteren Pilzen abmühen, die sich nicht so rasch zu erkennen geben wie die Vertreter dieser drei Gruppen. Dazu gehören z. B. die fruchtkörperlosen Ascomyceten der Ordnung *Taphrinales*. Sie bilden in der Haplophase, ähnlich den Brandpilzen, ein Hefestadium und rufen Krankheiten wie die Blattkräuselkrankheit des Pfirsichs (*Taphrina deformans*; Abb. 4.71) hervor.

Auch pathogene Anamorphen, deren Teleomorphen erst später entstehen, wenn die befallenen Pflanzenteile abgestorben sind, oder die keine Teleomorphen ausbilden (imperfekte Stadien, imperfekte Pilze) kommen häufig vor. Die artenreichste Ordnung der Ascomyceten sind die *Dothideales*. Ihre Fruchtkörper, meist perithecienähnliche Pseudot-

Abb. 4.71 Durch die Blattkräuselkrankheit (*Taphrina deformans*) missgebildete Pfirsichblätter

hecien, entstehen locular. Diese Ordnung umfasst unter anderen die Gattungen *Mycosphaerella* und *Venturia*, zu denen sehr viele phytopathogene Arten gehören. Allein die Gattung *Mycosphaerella* umfasst ca. 800 Arten. Ihre Anamorphen gehören in so wichtige Anamorph-Gattungen wie *Septoria*, *Cercospora*, *Ramularia*, *Ascochyta*, die jedem Phytopathologen bekannt sind.

Auffallende Befallsbilder werden durch Ascomyceten der Ordnung *Phacidiales* hervorgerufen, z. B. die Teerfleckenkrankheit des Ahorns (durch *Rhytisma acerinum*; Abb. 4.72) oder des Adlerfarns (durch *Cryptomycina pteridis*; Abb. 4.73). In vielen Fällen leben diese Ascomyceten hemiparasitisch, wobei die Anamorphen biotroph parasitieren, während sich die Teleomorphen auf den abgestorbenen Wirtsgewebe entwickeln. Das trifft für zahlreiche Schadpilze von Kulturpflanzen zu, so z. B. für die Fruchtfäule von Äpfeln (Abb. 4.74) oder für den Grauschimmel von Erdbeeren (Abb. 4.75).

Neben den beschriebenen Gruppen phytoparasitischer Ascomyceten samt ihren Anamorphen gibt es noch wei-

Abb. 4.72 Teerfleckenkrankheit oder Runzelschorf des Ahorns (*Rhytisma acerinum*) auf Blättern des Bergahorns (*Acer pseudoplatanus*); (**a**) Bildung der Blattflecken (Stromata) im Sommer aus pilzdurchwachsenem Blattgewebe; (**b**) Stromata (Pfeile) auf welken, abgefallenen Blättern im Herbst; (**c**) geöffnete, ins Stroma eingebettete Fruchtkörper (gestreckte Apothecien bzw. Lirellen) mit sporulierendem Hymenium (Pfeile)

Abb. 4.73 Teerflecken (schwarze Stromata) *von* (*Cryptomycina pteridis*) auf der Unterseite der Wedel des Adlerfarns (*Pteridium aquilinum*)

tere pilzliche Erreger von Pflanzenkrankheiten. Sie gehören z. T. zu den Zygomyceten (Jochpilze), einige auch zu Pilzen, die in bestimmten Lebensphasen eine Geißelstruktur auszubilden vermögen. Sowohl unter den Flagellatenpilzen (*Chytridiomycetes*, *Hyphochytridiomycetes*) und den Algenpilzen (*Oomycetes*) als auch unter den Schleimpilzen (*Myxomycota* s. l.), die mit den Protozoen (Urtierchen) verwandt sind, kommen Phytoparasiten vor, zum Teil wirtschaftlich bedeutsame Krankheitserreger von Nutzpflanzen. Es sei hier nur an so wichtige Krankheiten wie den Kartoffelkrebs (*Synchytrium endobioticum*), die Kraut- und Knollenfäule der Kartoffeln (*Phytophthora infestans*), die auch die Kraut- und Fruchtfäule der Tomaten verursacht, oder an die Kohlhernie (*Plasmodiophora brassicae*) erinnert. Unter den Falschen Mehltaupilzen (Familie *Peronosporaceae*; Abb. 4.76) gibt es weitere problematische Phytoparasiten. Viele von ihnen können Kulturpflanzen befallen.

Die Oomyceten erinnern in ihren Befallsbildern oft an Echte Mehltaupilze und werden als Falsche Mehltaupilze bezeichnet, gehören aber nicht zu den Echten Pilzen (vgl. Abschn. 6.2.2).

Der Name *Oomycetes* nimmt auf ein für diese Pilze charakteristisches Merkmal Bezug – die Bildung von unbeweglichen Eizellen. Die Oomyceten besitzen ein querwandloses, allenfalls sekundär gegliedertes Myzel, das bei allen untersuchten Arten diploid ist. Haploid sind nur die in Oogonien entstehenden Eizellen und die männlichen Kerne der männlichen Gamocyten (Androgamocyten), die sich den Oogonien bei der Befruchtung meist zur Kernübertragung anlegen. Bei manchen Oomyceten werden die männlichen Gamocyten von den jungen Oogonien durchwachsen und die Eizellen dabei befruchtet. Jede befruchtete Eizelle wird zu einer mikroskopisch auffälligen, oft ornamentierten Dauerzygote (Hypnozygote), die in der phytopathologischen Literatur meist Oospore (Eispore) genannt wird. Am Myzel entstehen bei den Oomyceten Zellen, in denen sich begeißelte Mitsporen (Zoosporen) entwickeln. Bei den phytoparasitischen Arten sind diese sporenbildenden Zellen (Sporocyten) zu

Abb. 4.74 Fruchtfäule der Äpfel (*Monilia fructigena*); (**a**) befallene Frucht; (**b**) Conidienlager; (**c**) Conidien

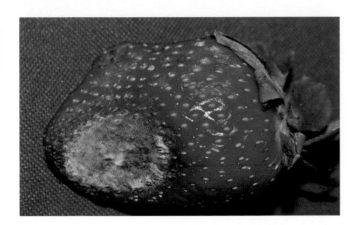

Abb. 4.75 Grauschimmel der Erdbeeren (*Botrytis cinerea*), befallene Frucht

conidienähnlichen Verbreitungseinheiten geworden, die in manchen Fällen noch Zoosporen bilden, oft aber direkt mit Hyphen auskeimen, sodass sie auch funktionell den Conidien der Echten Pilze gleichen. Sie werden als Cytoconidien bezeichnet, in der phytopathologischen Literatur nennt man sie fast durchgehend Conidien.

Das parasitische Myzel der Falschen Mehltaupilze lebt interzellulär in Blatt- oder Sprossachsengewebe der Wirtspflanze. Die Träger der Cytoconidien (bzw. Zoosporocyten) wachsen meist aus den Spaltöffnungen der Wirtspflanzen heraus. Auf diese Weise entsteht ein mehltauartiger Belag, der – manchmal mit Missbildungen verbunden – auf die ganze Pflanze übergreifen kann oder lokal begrenzt bleibt. Er lässt sich nicht vollständig abwischen wie der Belag der meisten Echten Mehltaupilze, deren Myzel in der Regel oberflächlich wächst; denn am Befallsbild des Falschen Mehltaus ist auch das interzelluläre Myzel beteiligt.

Sehr häufig findet man in Mitteleuropa den Falschen Mehltau *Peronospora parasitica* auf Hirtentäschel (*Capsella bursa-pastoris*). Ernst zu nehmende Krankheiten werden von Falschen Mehltaupilzen auch an Zwiebeln verursacht, und zwar durch *Peronospora destructor*, ebenso – durch *Peronospora farinosa* – an Rüben, Spinat und anderen Gänsefußgewächsen (*Chenopodiaceae*). An Salat (*Lactuca*-Arten) und einigen anderen Korbblütengewächsen (*Asteraceae*) tritt *Bremia lactucae* auf und am Wein (*Vitis*-Arten) *Plasmopara viticola*.

Der Falsche Mehltau des Weines wurde im 19. Jahrhundert aus Amerika nach Europa eingeschleppt und richtete verheerende Schäden im Weinbau an, bevor man ihn durch chemische Bekämpfung in Schach zu halten lernte. *Peronospora tabacina* erregt den Falschen Mehltau – auch Blauschimmel genannt – des Tabaks. Dieser Pilz wurde ebenfalls aus Amerika, der Heimat des Tabaks, eingeschleppt und hat sich erst in der zweiten Hälfte des 20. Jahrhunderts in Europa und Asien ausgebreitet.

Verwandt mit den Falschen Mehltaupilzen (*Peronosporaceae*) sind auch die Arten der Familie *Phytophthoraceae*, von denen die meisten als fakultative Pflanzenparasiten leben. *Phytophthora infestans*, der Erreger der Kraut- und Knollenfäule der Kartoffel, stammt gleichfalls aus Amerika und kommt seit Anfang des 19. Jahrhunderts in Europa vor; heute ist er in allen Kartoffelanbaugebieten der Erde verbreitet. Wie bei den Falschen Mehltaupilzen werden auch bei den *Phytophthora*-Arten die Sporocyten an verzweigten Trägern gebildet, die aus den Spaltöffnungen herauswachsen, und vom Wind verbreitet. Sie keimen bei günstiger Temperatur mit Zoosporen, sonst mit Hyphen aus. *Phytophthora infestans* führt an lagernden Kartoffelknollen zu den als Braunfäule bezeichneten Schäden, die sich zunächst als oberflächlich graue, leicht eingesenkte Flecken zeigen und für die später eine Braunfärbung des Speichergewebes der Kartoffelknollen charakteristisch ist.

Abb. 4.76 *Peronospora alsinearum*, Falscher Mehltau auf Vogelmiere (*Stellaria media*); (**a**) Bestand der Wirtspflanze mit befallenen (Pfeile) und gesunden Trieben; (**b**) befallener Spross mit deformierten Blättern und Infloreszenzen; Pfeil – feiner Bewuchs durch Cytoconidienträger auf deformierter Blattunterseite; (**c**) gesunder Spross

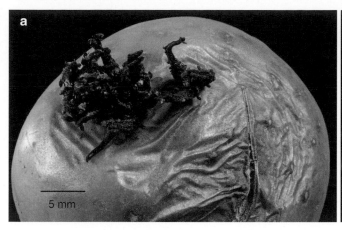

Abb. 4.77 Kraut- und Knollenfäule der Kartoffel(*Solanum tuberosum*) im Wintervorrat von Speisekartoffeln; (**a**) äußerliches Befallsbild; (**b**) aufgeschnittene Knolle mit braunem, matschigem Fruchtfleisch und

Myzel des Parasiten; die jungen Austriebe sind durch den Pilz vernichtet und gebräunt

Abb. 4.78 Weißer Rost (*Albugo candida*); Cytoconidienlager an der Blattunterseite der Einjährigen Mondviole (*Lunaria annua*)

Das Myzel dieses Pilzes lebt an den wachsenden Pflanzen zwischen den Zellen, in die dann Haustorien eindringen und befallene Blätter und Sprossachsen rasch zum Absterben bringen. Diese Kraut- und Knollenfäule der Kartoffeln (Abb. 4.77) kann gebietsweise epidemisch auftreten und hat sogar, z. B. in Irland in den Jahren 1845–1847, durch Missernten im Kartoffelanbau eine Hungersnot ausgelöst, die zu einer Auswanderungswelle nicht gekannten Ausmaßes in die USA führte.

Auch die Weißen Roste (*Albuginaceae*) gehören zu den Oomyceten. Bei den Pilzen der Gattung *Albugo* werden unter der Epidermis der Wirtspflanzen die Sporocyten in Ketten angelegt. Die Befallsstellen sind durch weiße Pusteln gekennzeichnet; häufig kommt es auch zu beträchtlichen Deformationen. Später wird die Epidermis durchbrochen, und es entstehen Sporocytenlager, die an Rostpilzbefall erinnern, jedoch nie bräunlich oder orange gefärbt sind wie die Sporenlager der Rostpilze. Es gibt etwa 30 *Albugo*-Arten, die alle biotrophe Phytoparasiten sind. *Albugo candida* (Abb. 4.78) parasitiert auf vielen verschiedenen Kreuzblütengewächsen, unter anderem auf Kohl und Meerrettich. Häufig kommt diese Art auch auf Hirtentäschel (*Capsella bursa-pastoris*) vor und kann dann mit dem Falschen Mehltaupilz *Peronospora parasitica* eine Mischinfektion verursachen. Auch auf Fuchsschwanz (*Amaranthus*-Arten) kann es zu gemischtem Befall von Falschem Mehltau (*Peronospora amaranthi*) und dem Weißem Rost (*Albugo amaranthi*) kommen.

So wie beim Hirtentäschel nach dem Befall durch Oomyceten Missbildungen auftreten, können auch andere Pflanzen bei Pilzbefall solche Reaktionen zeigen. Wenn unregelmäßige Tumoren gebildet werden, spricht man manchmal von „Krebs", so z. B. beim Kartoffelkrebs, der von *Synchytrium endobioticum*, einem Vertreter der Flagellatenpilze, verursacht wird, oder bei der Kohlhernie, die der parasitische Schleimpilz *Plasmodiophora brassicae* an Kohl, Raps und anderen *Brassica*-Arten hervorruft. In beiden Fällen leben die Parasiten jedoch intrazellulär. Sie treten nur noch als nackte, zellwandlose Protoplasten in Erscheinung, die in den deformierten, meist hypertrophierten (übergroßen) Zellen des Tumorgewebes parasitieren.

Wir wollen uns nun noch einem phytoparasitischen Ascomyceten zuwenden, der in der freien Natur sehr oft zu beobachten ist. An sehr vielen Gräsern, besonders häufig z. B. am Blauen Pfeifengras (*Molinia caerulea*), kann man statt der Grasfrüchte („Grassamen") auffallende purpurschwarze Gebilde entdecken, die aus der Rispe, Ährenrispe oder aus dem ährigen Blütenstand herausragen. Früher waren solche Mutterkörner, wie man diese Erscheinung bezeichnet, auch im Getreide sehr häufig. Besonders in den Fruchtständen des Roggens kam es oft zu großen, sehr auffälligen Mutterkörnern (Abb. 4.79 und 4.80).

Diese Gebilde werden nicht nur von einem Pilz verursacht, sondern sie sind selbst ein Teil des Pilzes. Gebildet werden sie von dem Ascomyceten *Claviceps purpurea* und einigen verwandten Arten, deren Ascosporen oder Conidien die Narben der Gräser zur Blütezeit infizieren. Die auskeimenden Hyphen wachsen in den Fruchtknoten ein, zerstören dort alle pflanzlichen Strukturen und bauen ein

Abb. 4.79 Mutterkorn in einer Rispe des Blauen Pfeifengrases (*Molinia caerulea*)

dichtes Hyphengeflecht plectenchymatischen Charakters auf, an dem reichlich Conidien gebildet werden. Außerdem wird eine süßlich riechende und schmeckende Flüssigkeit („Honigtau") abgesondert, sodass die Conidien auch von Insekten aufgenommen und verbreitet werden. Während die Pilzzellen des Plectenchyms außen Conidien abschnüren, bildet sich dicht unter der Oberfläche bald eine Schicht derbwandiger, pigmentierter Zellen, die später als Oberfläche des Mutterkorns in Erscheinung treten. Bei den Mutterkörnern handelt es sich demnach um Sclerotien, das sind plectenchymatisch und pseudoparenchymatisch aufgebaute und mit einer festen Rinde umgebene Dauerorgane des Pilzes. Sie ragen oft hornartig aus den Blütenständen der Gräser heraus. Ihre Größe ist sehr unterschiedlich und hängt unter anderem von der Blütengröße der Wirtspflanzen ab.

Wenn diese Sclerotien auf den Boden gefallen sind und feucht liegen, keimen sie mit auffallenden keulenartigen Gebilden aus, die in ein Stielchen und in ein Köpfchen gegliedert sind. Diese kopfigen Keulchen sind gelbbraun bis purpurfarben, aber stets heller als die Sclerotien, aus denen sie hervorgehen. Je nach der Größe der Mutterkörner ist ihre Anzahl unterschiedlich. Es kann eine Keule erscheinen, aber es können auch viele, bei großen Mutterkörnern bis über 20 Keulen hervorbrechen. Im Köpfchen der Keulen befinden sich dann die winzigen Fruchtkörper, kleine Perithecien, in denen die Asci mit je acht langen, fadenförmigen Ascosporen gebildet werden, die dann rasch in Sekundärsporen zerfallen.

Die Mutterkörner sind besonders wegen ihres Gehalts an Alkaloiden bekannt. Es wurden mehr als 30 Indolalkaloide mit Ergotingerüst aus den Sclerotien isoliert. Diese giftigen Stoffe führten häufig zu Massenvergiftungen, weil die Substanz der Mutterkörner bei der Verarbeitung des Getreides ins Mehl geriet und das Gift so ins Brot gelangte. Als Folge der Vergiftung treten Durchfall, Erbrechen, Gefäßkrämpfe und Benommenheit auf; in manchen Fällen führten die Vergiftungen sogar zum Absterben von Gewebspartien und zu Verkrüppelung der Extremitäten. Die Krankheitserscheinungen werden als „Ergotismus", „Sankt-Antonius-Feuer", „Übel des Irrlichts", „heiliges Feuer" oder „Kriebelkrankheit" bezeichnet.

Richtig dosiert und aufbereitet können die Alkaloide in der Therapie, z. B. gegen Migräne und Gefäßkrankheiten, aber auch in der Gynäkologie bei der Geburtshilfe eingesetzt werden. Man hat sie bis vor wenigen Jahrzehnten ausschließlich aus Sclerotien gewonnen, die ihrerseits von speziell dafür angelegten und maschinell mit *Claviceps*-Sporen infizierten Roggenfeldern geerntet wurden. Der Ertrag an Sclerotien lag bei 200–500 kg je Hektar.

All diese Beispiele zeigen, dass die parasitische Lebensweise auf Pflanzen unter den Pilzen viel weiter verbreitet ist, als man gewöhnlich annimmt. Sie lässt sich einerseits nicht scharf von der saprophytischen Lebensweise trennen, wie wir bei den Holzzerstörern sahen und die fakultativen Para-

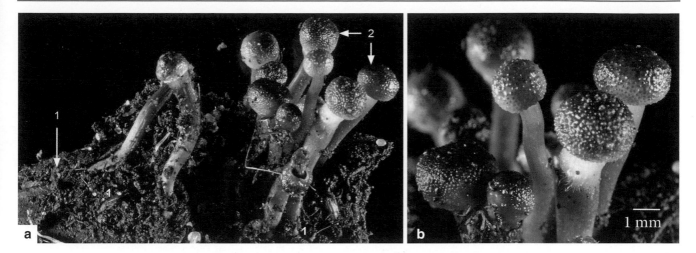

Abb. 4.80 Gekeimtes, sehr großes, mit Erdresten behaftetes Mutterkorn von Roggen (**a**); 1 – Mutterkorn; 2 – gestielte Stromata; (**b**) vergrößerte Stromata mit den Ostioli der eingesenkten Perithecien

siten zeigen, andererseits gibt es fließende Übergänge von mutualistischen Symbiosen zu parasitischen Verhältnissen. Die Welt der Pilze eröffnet uns einen Blick in die vielfältigen Vernetzungen, Beziehungen und Zusammenhänge, die zwischen den Organismen auf unserer Erde vorkommen.

4.5.5 Verborgene Gefechte – Pilze kämpfen gegen Pilze

Nachdem wir nun wissen, dass viele Pilze lebende Pflanzen als Lebensgrundlage nutzen, setzt es uns sicherlich nicht in Erstaunen, dass die Entwicklung des Parasitismus auch zu Pilzen geführt hat, die auf Kosten anderer Pilze leben (mykoparasitische Pilze). Es gibt für diese Lebensweise sehr viele Beispiele, von denen wir einige betrachten wollen.

Allgemein bekannt ist unter den Pilzfreunden die parasitische Lebensweise des Schmarotzerröhrlings oder Parasitischen Röhrlings (*Xerocomus parasiticus*) auf Kartoffelbovisten (*Scleroderma* spp; Abb. 4.81). Die beiden beteiligten Basidiomyceten erregen durch ihre verhältnismäßig großen Fruchtkörper immer wieder die Aufmerksamkeit von Naturfreunden. Die Fruchtkörper des Schmarotzerröhrlings, die denen der Ziegenlippe (*Xerocomus subtomentosus*) etwas ähneln, entwickeln sich meist direkt an Fruchtkörpern des Dickschaligen Kartoffelbovists (*Scleroderma citrinum*). Sie bilden häufig an deren Basis zunächst Primordien aus, die als kleine Knötchen an den noch unreifen Kartoffelbovisten erscheinen. Es gibt aber auch Fälle, wo keine so deutliche Bindung zwischen den Fruchtkörpern des Wirtes und denen des Parasiten bestehen. Die Röhrlinge wachsen dann entweder dicht bei Kartoffelbovisten oder – sehr selten – auch auf dem Waldboden. Bei terrestrischem Wachstum der Fruchtkörper besteht eine holobiotrophe parasitische Beziehung zwischen den Myzelien.

Abb. 4.81 Mehrere Fruchtköper des Parasitischen Röhrlings (*Xerocomus parasiticus*) an der Basis von Dickschaligen Kartoffelbovisten (*Scleroderma citrinum*)

Beim Parasitischen Scheidling (*Volvariella surrecta*), der in erster Linie auf den Fruchtkörpern der Nebelkappe (*Clitocybe nebularis*) oder des Keulenfußtrichterlings (*Clitocybe clavipes*) parasitiert, und bei den Zwitterlingen (*Asterophora*-Arten), die auf Fruchtkörpern von Täublingen oder Milchlingen wachsen, liegen die Verhältnisse ähnlich. Allerdings können diese Arten auf den abgestorbenen Fruchtkörpern ihrer Wirtspilze noch saprophytisch weiterleben und zur Sporulation kommen, also hemibiotroph leben. Die Fruchtkörper der Parasiten erscheinen bereits, wenn der Wirtspilz noch unversehrt lebt; es kommt dann oft zu Deformationen der befallenen Wirtspilze. Die Parasiten gelangen auch noch zur Reife, wenn die Fruchtkörper des Wirtspilzes bereits abgestorben sind und faulen. Offensichtlich wird das Absterben durch den Befall beschleunigt. Die Sclerotienrüblinge (*Collybia tuberosa* s. l.) hingegen findet man in saprotrophen Kolonien auf den schwarzen Resten von Täublingen und Milch-

Abb. 4.82 Der parasitische Beschleierte Zwitterling (*Nyctalis parasitica*) auf Fruchtkörpern vom Dichtblättrigen Schwarztäubling (*Russula densifolia*); (**a**, **b**) verschiedene Fruktifikationsorte des Parasiten

Abb. 4.84 Goldschimmel (*Hypomyces chrysospermus*) auf abgetötetem Fruchtkörper eines Rotfußröhrlings (*Xerocomus* sp.)

Abb. 4.83 Beschleierter Zwitterling (*Nyctalis parasitica*); in braunes Chlamydosporenpulver zerfallende Hüte der Zwitterlinge auf faulenden Täublingsresten

lingen (*Lactarius* spp.), die kaum noch als Pilze zu erkennen sind (Abb. 4.82 und 4.83).

Auch verschiedene Jochpilze und Ascomyceten kommen parasitisch auf Pilzfruchtkörpern vor. Sehr bekannt ist z. B. der Goldschimmel (*Hypomyces chrysospermus*), besonders seine Anamorphe (*Sepedonium chrysospermum*). Der Pilz befällt lebende Fruchtkörper von Röhrlingen und Röhrlingsverwandten (Abb. 4.84). Besonders häufig kann man ihn z. B. auf Rotfußröhrlingen (*Xerocomus chrysenteron*, *Xerocomus pruinatus*) oder auf Kahlen Kremplingen (*Paxillus involutus*) finden. Das zunächst weißliche parasitische Myzel bildet bald sehr reichlich dickwandige, goldgelbe Sporen, sie werden als Chlamydosporen bezeichnet. Dadurch kommt es zu jener auffallenden goldgelben Färbung des Parasiten.

Die Fruchtkörper des Wirtes werden oft völlig durch- und überwachsen und so bis zur Unkenntlichkeit verändert. Der Parasit kann seine Entwicklung abschließen, wenn die befallenen Fruchtkörper schon abgestorben sind; die kleinen Perithecien entwickeln sich im Myzel auf den toten Fruchtkörpern der Wirtspilze.

Eine Überraschung ganz besonderer Art erleben manche Pilzsammler, denen der Edelreizker (*Lactarius deliciosus*) und verwandte Arten am Herzen liegen. Man findet nämlich mitunter Exemplare, die oberseits ganz normal aussehen, bei denen man aber nach dem Ernten feststellt, dass ihnen die Lamellen fehlen. Die Hutunterseite ist über und über mit kleinen, fast kugeligen Perithecien des parasitischen Ascomyceten *Hypomyces lateritius* besetzt. Die Hüte sind derbfleischig geworden, oft kommt es durch den Parasitenbefall auch zu Deformationen an den Fruchtkörpern der Wirtspilze. Die verwandte parasitische Art *Hypomyces luteovirens* ruft ein ganz ähnliches Befallsbild auf Täublingen hervor, oft auf den Fruchtkörpern des Wechselfarbenen Speitäublings oder Gebrechlichen Täublings (*Russula fragilis*; Abb. 4.85). Hier nimmt die Hutunterseite mit den Perithecien auffallend grüne Farbtöne an. Abb. 4.86 zeigt ein Beispiel für *Hypomyces aurantius*, den Orangegelben Schmarotzerpustelpilz.

Wie bei den phytopathogenen Pilzen finden wir auch unter den mykopathogenen Arten, also denen, die auf anderen Pilzen Krankheiten hervorrufen, Anamorphen, deren Teleomorphen unbekannt sind oder überhaupt nicht gebildet werden (imperfekte Pilze). Relativ häufig sieht man z. B. völlig missgebildete Fruchtkörper des Violetten Rötelritterlings (*Lepista nuda*). Manchmal ist noch ein Stiel vorhanden, der Hut jedoch deformiert; mitunter findet man auch stiellose deformierte Knollen, die sich noch am Geruch und an der Farbe als Violette Rötelritterlinge erkennen lassen. Mikroskopisch sind verzweigte Conidienträger mit meist gestreckten Conidien zu sehen. Es handelt sich hier um einen imperfekten Pilz (*Harziella capitata*), der durch seine parasitische Lebensweise die Deformation der lebenden *Lepista*-Fruchtkörper verursacht.

Ähnlich können die Befallsbilder eines anderen häufigen imperfekten mykopathogenen Pilzes aussehen, dessen Teleomorphe unbekannt ist: Es sind völlig deformierte, bis faustgroße pilzliche Knollen mit einem rosafarbenen Schimmer. Im Bruch rötet die Substanz der Knollen ein wenig. Wenn in der Nähe normale Fruchtkörper von Perlpilzen (*Amanita rubescens*) häufig vorkommen, ahnt der geübte Beobachter schon, dass es sich um deformierte Perlpilze handeln könnte. Der Parasit, *Mycogone rosea*, tritt auch an einigen anderen Blätterpilzen auf (Abb. 4.87).

Ein besonders erstaunliches Beispiel für den Parasitismus eines Pilzes auf einem anderen finden wir beim Alabaster-Kernling (*Tremella encephala*; vgl. Abb. 3.30). Bis vor wenigen Jahrzehnten wurde angenommen, dass dieser Gallertpilz nur außen gallertig sei, in der Mitte jedoch einen andersfarbigen, meist weißen, fleischigen, derben Kern enthalte und dadurch im Gegensatz zu anderen Gallertpilzen beim Trocknen wenig schrumpfe. Dieser „Kern" im Inneren der Fruchtkörper verfärbt sich im Schnitt orangerötlich und wurde auch Alabasterkern genannt. Er erwies sich jedoch als deformierter, auch anatomisch völlig umgestalteter Fruchtkörper eines anderen Basidiomyceten, des Rötenden Schichtpilzes (*Stereum sanguinolentum*). *Tremella encephala* bildet also halbkugelige, außen

Abb. 4.85 Grüner Schmarotzerpustelpilz (*Hypomyces viridis*), ein mykoparasitischer Ascomycet auf dem Wechselfarbenen Speitäubling (*Russula fragilis*)

Abb. 4.86 Orangegelber Schmarotzerpustelpilz (*Hypomyces aurantius*) auf der Hutoberseite eines absterbenden alten Fruchtkörpers des Kastanienbraunen Porlings (*Polyporus badius*); Pfeile – die ca. 200–300 μm großen Perithecien

Abb. 4.87 Von *Mycogone rosea* befallener und stark deformierter Perlpilz (*Amanita rubescens*) im Längsschnitt; (**a**) deformierter Stiel; (**b**) deformierter Hut; (**c**) deformiertes Hymenophor

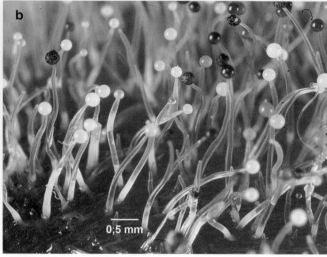

Abb. 4.88 Der Jochpilz *Spinellus fusiger* auf Hüten von *Mycena viridimarginata* (Grünschneidiger Helmling); (**a**) Naturaufnahme, (**b**) Sporocyten auf lang gestielten Trägern

meist hirnartig gewundene Holothecien, in deren Mitte als nahrungsspendender Kern ein „versklavter" Fruchtkörper des Wirtspilzes zu finden ist.

Mykoparasitische Pilze können auch von wirtschaftlicher Bedeutung sein. So bereitet z. B. in der Champignonzucht der Mehlschimmel oder Gelbschimmel Probleme. Die Krankheit der Kulturchampignons wird durch den imperfekten Pilz *Myceliophthora lutea* hervorgerufen, dessen Hyphen die Champignonhyphen umspinnen und mit Haustorien in diese eindringen. Es entstehen polsterförmige Schimmelkissen auf den Champignon-Kulturbeeten. Der Parasit bildet mitotisch zahlreiche dickwandige Sporen (Chlamydosporen) und schädigt das Champignonmyzel unter Umständen sehr stark, was zu erheblichen Ertragsausfällen führt. In manchen Regionen der Erde, besonders in tropischen, kann diese Krankheit so problematisch werden, dass die Kultur von *Agaricus bisporus*, dem weltweit häufigsten Kulturchampignon, aufgegeben werden musste – besonders, wenn die modernen Sterilisationsmethoden der Gebäude und des Substrats bei Intensivkulturen noch nicht angewendet wurden. Abhilfe schuf manchmal die Ersatzkultur von *Agaricus bitorquis*, dem Stadtchampignon, der weniger anfällig gegen den Mykoparasiten ist.

Ein besonders imposantes Beispiel für Mykoparasitismus findet man bei Helmlingen (*Mycena* spp.), die von dem Jochpilz *Spinellus fusiger* (Abb. 4.88) befallen sind. Dieser parasitische Jochpilz bildet auf haarförmigen Sporocytenträgern runde Sporenköpfchen, ähnlich denen der Köpfchenschimmel-Arten (*Mucor* spp.), wodurch befallene Helmlinge wie bestachelte Gnome erscheinen, ehe sie verfaulend zusammenbrechen.

Mit diesen Beispielen ist das weite Feld der mykoparasitischen Pilze bei Weitem noch nicht erschöpft. Außer-

ordentlich vielfältig ist z. B. auch der Parasitismus von Pilzen auf lichenisierten Pilzen, also auf Flechten. Es können sich spannende „Krimis" abspielen, wenn z. B. Flechten im Verlaufe der stammesgeschichtlichen Entwicklung zu Parasiten wurden, weil sie ihre autotrophen Partner verloren haben. Derartige delichenisierte Pilze leben meist parasitisch auf anderen Flechten und fressen sich in deren Thallus ein. Sie leben oft von der organischen Substanz der Fotobionten des Wirtes (vgl. Abb. 4.25).

4.5.6   Parasiten der Parasiten – Hyperparasitismus

Die parasitische Lebensweise von Pilzen auf anderen Pilzen führt in einigen Fällen bis zum Hyperparasitismus. So bezeichnet man das Parasitieren auf anderen parasitischen Organismen. Wir wollen uns auf einen einzigen Fall beschränken, der auf unseren Kenntnissen über die Mehltaupilze (vgl. Abschn. 4.5.3) aufbaut. Die biotrophen Mehltaupilze, die als Parasiten an Blütenpflanzen Krankheiten erregen, werden ihrerseits von Pilzkrankheiten nicht verschont. Dass Larven und auch Imagines von Marienkäfern, besonders der gelben, schwarz punktierten Art *Thea vigintiduopunctata*, den Myzelrasen von Mehltaupilzen gehörig abzuweiden vermögen, ist vielen Phytopathologen bekannt. Sogar junge Fruchtkörper können von den Tieren verzehrt werden. Diese Käfer findet man oft an Stellen mit reichem Mehltaubefall, z. B. an Waldrändern mit Eichen. Dass es aber neben diesen vom Mehltau lebenden Konsumenten auch wirkliche Parasiten gibt, ist weniger bekannt.

Manchmal, wenn man einen Mehltaubefall im Stereomikroskop nach Cleistothecien untersucht, fällt auf, dass stellenweise das Myzel verschwunden oder nur schwach ausgebildet ist. Am Rand solcher Stellen sind die Hyphen des Mehltaupilzes hier und da mitunter etwas aufgetrieben und ein wenig ins Bräunliche verfärbt. Wir haben hier die conidienbildenden Pycnidien des Mehltauparasiten vor uns. Die Hyphen des Hyperparasiten wachsen im Inneren der Mehltauhyphen. An deren Enden oder auch in deren Mitte bildet der Hyperparasit dann aus kleinen Zellen mehrschichtige Pycnidien aus. Die Hyphenwand des Mehltaupilzes dehnt sich an diesen Stellen und platzt schließlich auf. Die Pycnidien und auch die Conidien des Hyperparasiten sind sehr unregelmäßig geformt, die Conidien gestreckt, oft nahezu spindelig, selten fast rund.

Dieser Mehltauparasit ist eine Anamorphe, die man unter dem Namen *Ampelomyces quisqualis* führt. Der Pilz kann auch saprophytisch leben, ist also ein fakultativer Hyperparasit. Mit seinen intrazellulären Hyphen kann der Pilz auch in junge Fruchtkörper eindringen, dort die Zellen des Mehltaupilzes zerstören und seine sporenführenden Pycnidien ausbilden. Quetscht man einen solcherart befallenen Fruchtkörper, so quellen statt der Mehltauasci oder der Ascosporen die Conidien des Hyperparasiten heraus.

Es gibt noch zahlreiche weitere Hyperparasiten, auf den parasitischen Rostpilzen, auf parasitischen Algenpilzen (Oomyceten) oder auf parasitischen Jochpilzen (Zygomyceten).

Wir wollen es bei den wenigen Beispielen als Hinweise auf die wahre Vielfalt belassen.

4.5.7 Schonungsloser Kampf – auch gegen Mensch und Tier

Parasitische Pilze können nicht nur Pflanzen und andere Pilze befallen. Es gibt auch viele Arten aus ganz verschiedenen Verwandtschaftskreisen von Pilzen, die sich obligat oder fakultativ auf lebenden Tieren oder Menschen zu ernähren vermögen. Solche Pilze spielen in der Veterinär- und Humanmedizin eine ganz wichtige Rolle. Es handelt sich bei ihnen jedoch nicht nur um unangenehme und schwer zu bekämpfende, aber nicht akut lebensgefährdende Parasiten von Nägeln oder Hautpartien, sondern es gibt auch Erreger gefährlicher Endomykosen, die nicht selten tödlich enden können.

Wir wollen uns mit der medizinischen Mykologie hier nur kurz beschäftigen, denn dieser Wissenschaftszweig im Grenzbereich von Mykologie, Mikrobiologie und Medizin ist ein viel zu umfassendes und kompliziertes Gebiet, als dass es in einem kurzen Überblick verständlich dargestellt werden könnte. Es sei nur darauf aufmerksam gemacht, dass verschiedene Mykosen (Pilzkrankheiten), die von fakultativ pathogenen Pilzen hervorgerufen werden, seit Jahren zahlenmäßig an Bedeutung gewinnen. In Verbindung mit Krankheiten wie Krebs, Immunschwäche, Diabetes mellitus usw. steigt der Verbrauch an Cytostatika, cytotoxischen Medika-

menten, Corticosteroiden und Antibiotika. Durch deren Einsatz wird manchen Mykosen Vorschub geleistet.

Zum Teil ist der Anstieg der diagnostizierten Mykosen aber auch nur auf die besseren Untersuchungsmöglichkeiten zurückzuführen. Auf jeden Fall hat man in der Vergangenheit die Pilze in ihrer medizinischen Bedeutung oft unterschätzt.

Die erwähnten Hautkrankheiten werden durch die parasitische Lebensweise sogenannter Hautpilze (Dermatophyten) hervorgerufen. Es handelt sich um Ascomyceten (z. B. *Arthroderma*- und *Nannizzia*-Arten) und besonders um deren Anamorphen, beispielsweise Arten der Anamorph-Gattungen *Trichophyton*, *Microsporum* und *Epidermomyces*. Je nach der Art des Erregers werden Haut, Haare oder Nägel einzeln oder kombiniert befallen. In Mitteleuropa leiden allein etwa 40 % der männlichen und 30 % der weiblichen Bevölkerung an Hautmykosen im Fußbereich („Fußpilze"). Die Hyphen der Dermatophyten breiten sich vor allem in der Epidermis der Haut aus, besonders häufig an Körperstellen mit erhöhter Feuchtigkeit, z. B. zwischen den Zehen. Manche Arten befallen zusätzlich Nägel oder Haare, die durch die Fähigkeit der Pilze, Hornsubstanz abzubauen, stark in Mitleidenschaft gezogen werden können. Bei manchen Dermatomykosen kommt es in der Epidermis zu Bläschenbildungen und zu einem bogen- oder kreisartigen Fortschreiten des Befalls, wobei sich die Haut rötet und man häufig Brennen und Juckreiz verspürt. Nicht selten wird die Erkrankung chronisch. Je nach Art des Erregers kommen oberflächliche und tiefe Dermatomykosen vor. Chronische Hautmykosen können zusätzlich großflächige allergische Hautausschläge zur Folge haben.

Zu Infektionen kommt es entweder durch Ansteckung von Wirt zu Wirt oder durch die Diasporen der Hautpilze. Manche Arten leben auf keratinhaltigen Substraten im Boden, einige können neben Menschen auch Tiere befallen. Viele Hautpilze sind sehr widerstandsfähig; ihre Conidien oder Teile der Myzelien können in Hautschuppen eingeschlossen sehr lange in der Umgebung ihrer Wirte überleben.

Obwohl chronisch verlaufende Dermatomykosen für die Betroffenen eine schwere Belastung sein können, gibt es noch gefährlichere Pilzerkrankungen beim Menschen. Parasitische Pilze befallen auch innere Organe und Muskelbereiche. Häufig sind Schleimhäute des Genitalbereichs oder der Atem- und Verdauungswege betroffen, von wo aus die Erreger über die Blut- oder Lymphwege in weitere Gewebe und Organe eindringen. Derartige Endomykosen (innere Pilzkrankheiten) gehören zu den gefürchteten Infektionskrankheiten, denn sie nehmen häufig einen schweren Verlauf und enden möglicherweise tödlich. Die oft recht unspezifischen Krankheitsbilder erschweren zudem die Diagnose.

Der imperfekte Pilz *Coccidioides immitis* wächst als Bodensaprophyt in Form von Hyphen, die in Arthrosporen zerfallen. Eingeatmet bildet der Pilz im Körper zunächst ungegliederte, nahezu kugelige vielkernige Strukturen (Sphärulen) von meist 20–50 μm Durchmesser, in denen sich viele einkernige Sporen ausbilden. Der Pilz kann eine relativ gutartige Lungenerkrankung verursachen, die an eine grippale Infektionskrankheit erinnert. Es ist jedoch nicht auszuschließen, dass es durch die Sporenbildung auch zur Erregerstreuung im Körper kommt. Der Verlauf der Mykose führt dann zu schweren Lungenerkrankungen mit Kavernenbildung. Die Krankheit ist besonders in den USA und in Mexiko verbreitet. Neben Menschen können auch Haustiere, besonders Hunde und Pferde, betroffen sein.

Auch durch *Aspergillus*-Arten kann es zu Erkrankungen der Lunge kommen, die einer bakteriellen Lungenentzündung ähneln, aber einer ganz anderen Therapie bedürfen.

Hefeartige imperfekte Sprosspilze, besonders *Candida*-Arten, rufen verschiedene Erkrankungen des Menschen hervor, so die sehr verbreitete, meist durch *Candida albicans* verursachte und als Soor bekannte Mykose bei Säuglingen, die zu grauweißen Belägen auf den Schleimhäuten der oberen Atemwege, der Speiseröhre, aber auch innerer Organe führen kann und die erhebliche Ernährungsstörungen zur Folge hat.

In den Tropen ist der sogenannte Madurafuß eine verbreitete Verletzungsmykose. Durch eine Verletzung mit Holzsplittern oder Dornen kann es zur Pilzinfektion im subkutanen Gewebe des Fußes kommen. Befallene Partien schwellen stark an, dann folgen eitrige Entzündungen und Fistelbildungen. Schließlich werden auch Bänder und Knochen angegriffen, und es entstehen stark deformierte Klumpfüße.

Obgleich bei der Erforschung und Produktion von Antimykotika (Medikamente gegen Pilze) in den letzten Jahren bedeutende Fortschritte erzielt wurden, ist die Behandlung vieler Pilzkrankheiten des Menschen nach wie vor sehr problematisch. In manchen Fällen wird den Mykosen auch durch mangelhafte hygienische Bedingungen Vorschub geleistet. So entwickeln sich möglicherweise Gehörgangmykosen, wenn sich pathogene Pilze zunächst saprophytisch in stark verschmutzten Gehörgängen ansiedeln können. Hyphen mancher *Aspergillus*-Arten können in die Haut eindringen. Das Wachstum mancher Anamorphen kann im Bereich des Ohres, im Gehörgang oder im Mittelohrbereich so intensiv sein, dass unter Umständen sogar sporulierende Myzelien entstehen. Problematisch sind auch Mischinfektionen durch Pilze und Bakterien, weil hier gegebenenfalls die Bekämpfung des einen Erregers für den anderen bessere Existenzbedingungen schafft.

Auch bei Tieren spielen Pilzkrankheiten eine große Rolle. Fische, Lurche und andere in Feuchtbiotopen lebende Tiere können unter Umständen von im Wasser lebenden Pilzen der Gattungen *Saprolegnia*, *Achlya*, *Aphanomyces* und anderen Vertretern der Algenpilze (*Oomycetes*) befallen werden. Diese Arten kommen meist saprophytisch an toten Organismen vor, dringen aber bei Verletzungen lebender Tiere auch

in diese ein. *Saprolegnia parasitica*, auch Wasserschimmel genannt, kann bei Fischen, z. B. bei Aquarienfischen, aber auch bei der Intensivhaltung von Forellen, Lachsen usw., zu beträchtlichen Ausfällen führen. *Aphanomyces astaci*, der Erreger der Krebspest, vernichtete binnen weniger Jahrzehnte nahezu die gesamten europäischen Vorkommen des früher sehr geschätzten Edelkrebses (*Astacus astacus*). Die amerikanischen Flusskrebse erwiesen sich dagegen als resistent und breiteten sich kurz nach der Epidemie aus.

Oft von Naturfreunden bewunderte Tierparasiten sind die Kernkeulen, die auffallende Fruktifikationen auf den von ihnen abgetöteten Tieren hervorbringen. Es handelt sich um Ascomyceten der Gattung *Cordyceps* s. l. die mit der bereits beschriebenen Gattung *Claviceps* (Mutterkornpilze) verwandt ist.

Die *Cordyceps*-Arten parasitieren entweder auf unterirdischen Fruchtkörpern von Pilzen, z. B. *Cordyceps capitata* und *Cordyceps ophioglossoides* auf Fruchtkörpern der Hirschtrüffeln (*Elaphomyces* spp.), oder sie befallen Insektenlarven. Hat eine Raupe die Sporen des Parasiten mit der Nahrung aufgenommen, keimen diese aus, und der Pilz gelangt in die Körperflüssigkeit des Tieres. Die Tiere leben danach mit ihrem Parasiten, bis ein bestimmter Entwicklungsabschnitt erreicht ist. Dann sterben die Tiere entweder als Raupen oder – wie bei *Cordyceps militaris*, einer Art, die in den Raupen von Großschmetterlingen lebt – während der Puppenruhe. Auf dem getöteten Tier, das oft noch äußerlich verhärtet, entwickeln sich dann gestielte keulenförmige Stromata aus pilzlichem Flechtgewebe, die bei manchen Arten, z. B. bei *Cordyceps gracilis*, im oberen Teil kopfig, bei anderen, wie bei *Cordyceps militaris*, apical verschmälert sind. Der Stiel dieser Keulen bleibt steril, während sich in den oberen Teilen die eigentlichen Fruchtkörper – ins Plectenchym eingesenkte, kleine, helle Perithecien – in Vielzahl bilden (Abb. 4.89). Die Perithecien wirken wie kleine

Abb. 4.89 *Cordyceps* sp.; sklerifizierte Schmetterlingsraupe mit zahlreichen *Cordyceps*-Stromata („Sammelfruchtkörper"), die vor der Perithecienbildung Conidien gebildet haben

Kerne, die mit ihren Mündungen, den Ostioli, die Oberfläche der Keulen punktiert erscheinen lassen. Auf diese Struktur ist die Bezeichnung Kernkeulen zurückzuführen. Die gesamte Fruktifikation stellt demnach ein Stroma dar, in dem sehr viele kleine Fruchtkörper vereinigt sind. Das Gebilde wird auch als Sammelfruchtkörper bezeichnet. Auf großen Raupen können mehrere Stromata entstehen, aber mitunter bricht auch nur ein einziges aus den Resten des Tieres hervor. Besonders reizvoll ist die erwähnte, auch in Mitteleuropa vorkommende Art *Cordyceps militaris*, die Typus-Spezies der Gattung *Cordyceps*. Durch die feste Puppenhülle sind die toten, unterirdischen Tiere äußerlich kaum verändert. Die hervorbrechenden Stromata des Pilzes weisen eine leuchtend orangerote Farbe auf. In den besonders insektenreichen Tropen ist die Gattung *Cordyceps* breit entfaltet. Insgesamt gibt es etwa 100 Arten, manche von ihnen bilden ihre Stromata auch auf den abgestorbenen Imagines, den voll entwickelten Insekten.

Weithin bekannt ist *Cordyceps sinensis* der chinesische „Raupenpilz" (Abb. 4.90), der im Hochland von Tibet heimisch ist und in Südostasien als Wirtschaftsfaktor eine wichtige Rolle spielt. Besonders in China werden dem Pilz in der Volksmedizin wunderbare Heilkräfte zugesprochen. Er wird als „Vitalpilz" oder „Heilpilz" in allen möglichen Formen als Extrakt, Kapseln, Pulver etc. gehandelt. Derartige mystische Vorstellungen von wundersamer Heilwirkung beruhen z. T. auf der alten medizinischen Signaturenlehre und auf dem naturphilosophischen Gedankengut der Verwandlung von Tieren in pflanzliche Organismen. Molekularbiologische Studien haben ergeben, dass sich die Gattung *Cordyceps* in drei Gruppen gliedert, wobei die auf Hirschtrüffeln (*Elaphomyces* sp.) wachsenden Arten als Gattung *Elaphocordyceps* abgetrennt werden.

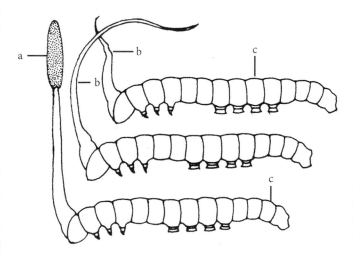

Abb. 4.90 *Cordyceps sinensis*, der in Nepal, Bhutan und im Hochland von Tibet verbreitete hoch begehrte Raupenpilz bildet in der Regel nur ein Stroma pro Raupe; (**a**) Raupe mit intaktem Stroma des Pilzes; (**b**) Raupen mit beschädigten Stromta; (**c**) Raupen mit beschädigten Stromata

Ähnlich den Kernkeulen leben auch andere Pilze, die zu den Anamorph-Gattungen *Isaria* und *Paecilomyces* gehören. Sie bilden aber keine Fruchtkörper, sondern vermehren sich ausschließlich durch Conidien. Die Beziehungen zwischen diesen Anamorphen zu den Teleomorphen ist nicht in jedem Fall geklärt.

Es gibt bereits Versuche, solche insektenpathogenen Pilze für die biologische Schädlingsbekämpfung im Pflanzenschutz einzusetzen. Dabei werden Diasporen der Pilze zusammen mit Chemikalien ausgebracht, welche die Tiere schwächen und für den parasitischen Pilz anfälliger machen.

Wenn wir die Tierparasiten unter den Pilzen betrachten, so fällt uns auch bei ihnen auf, dass zwischen den Tieren und den Pilzen bisweilen eine Koevolution stattgefunden hat. So sind z. B. alle Arten – insgesamt etwa 60 – der Klasse *Trichomycetes* (Fadenpilze), einer isolierten Gruppe der Echten Pilze (*Eumycota*), Insektenparasiten oder Kommensalen. Sie haben einen sehr reduzierten Vegetationskörper und nehmen hinsichtlich der Substanzen ihrer Zellwände eine isolierte Stellung ein. Es wurden bei ihnen Polygalactosamin und Galactan gefunden, während sonst bei den Echten Pilzen Chitinwände vorherrschen.

Ähnliche Entwicklungen ganzer Verwandtschaftskreise von Insektenparasiten gibt es auch bei den Ascomyceten. Hier handelt es sich beispielsweise um die etwa 2000 Arten der Ordnung *Laboulbeniales*, die ausschließlich auf Insekten parasitieren, größtenteils sehr wirtsspezifisch sind und einen reduzierten, wenigzelligen Vegetationskörper (Thallus) aufweisen, an dem umhüllte Asci entstehen, welche primitiven Perithecien gleichen. Sie leben besonders als Ektoparasiten von Käfern.

Auch unter den Jochpilzen (Klasse *Zygomycetes*) gibt es weitverbreitete Insektenparasiten. Wir wollen hier einen bekannten Vertreter etwas näher betrachten, den Erreger des sogenannten Fliegenschimmels. In Gebäuden, wo die Fensterscheiben selten oder nie geputzt werden, sieht man manchmal tote Fliegen, mit ihrem Kopf zum Glas hin geneigt, den Hinterleib etwas abgestreckt und wie mit Mehl bestäubt. Auch auf dem Glas um die Fliege herum ist weißer Sporenstaub vorhanden. Dieses Bild ist charakteristisch für eine Krankheit der Stubenfliege, die durch den Jochpilz *Entomophthora muscae*, den Fliegenschimmel oder Fliegenmörder, hervorgerufen wird. Untersucht man das weiße Pulver an und neben den Fliegen, so stellt man fest, dass es aus farblosen, vielkernigen Zellen von nahezu kugeliger Gestalt besteht (Abb. 4.91 und 4.92). Wir haben in ihm die zu Sporen zurückgebildeten Sporocyten vor uns, sogenannte Cytoconidien. Sie sind den Sporocyten des Köpfchenschimmels oder denen von *Pilobolus*, dem Hutschleuderer, homolog. Auch diese Sporocyten werden von Trägern, an denen sie sich apikal einzeln entwickeln, fortgeschleudert. Die Träger wachsen aus dem Hinterleib der toten Tiere aus. Wird nun eine vorbeifliegende oder an der Scheibe Nahrung suchende

Abb. 4.91 Durch den Befall mit Fliegenschimmel (*Entomophthora muscae*) abgetötete Stubenfliege (*Musca domestica*)

gesunde Fliege von solch eines abgeschleuderten Cytoconidiums getroffen und bleibt diese zwischen den Haaren des Insekts hängen, so kann es zur Infektion kommen. Das vielkernige Cytoconidium keimt mit einer Hyphe aus, und diese wächst über die Tracheen des Tieres in dessen Körper hinein. Darin entsteht aber kein unseptiertes Myzel wie bei den meisten Jochpilzen, sondern es werden kurze isolierte Hyphenabschnitte, sogenannte Hyphenkörper, gebildet und mit der Körperflüssigkeit im Tier transportiert. Nach dem Absterben des befallenen Tieres, das die beschriebene charakteristische Stellung einnimmt, entwickelt sich aus den Hyphenkörpern querwandloses Myzel, und durch die Tracheen des Hinterleibs wachsen dann die Träger der Cytoconidien heraus. Im Inneren des Tieres werden vom Pilz nach der Kopulation an speziellen Hyphenästen sporenähnliche Zygoten (Hypnozygoten) für die Überdauerung des Pilzes gebildet.

Die Gattung *Entomophthora* (Insektentöter) umfasst rund 150 teilweise hoch spezialisierte Insektenparasiten. Auch bei diesen Pilzen ist man bemüht, sie für die Bekämpfung schädlicher Insekten zu nutzen.

Den *Entomophthorales* stehen die ebenfalls tierparasitischen *Zoopagales* (Insektenbürger) nahe. Auch sie sind in ihrer Ernährung auf Tiere angewiesen. Manche leben, wie auch einige Flagellatenpilze, wiederum als Endoparasiten im Inneren der Wirtstiere, mitunter intrazellulär in einzelligen Protozoen, z. B. in Amöben. Andere haben ein Bodenmyzel, an dem durch Absonderung entsprechender Substanzen kleine Bodentiere kleben bleiben, die dann mithilfe von Haustorien angegriffen, abgetötet und zur

Abb. 4.92 Durch *Entomophthora* spec. abgetötete Fliege; der Hinterleib ist aufgetrieben, die Cytosporenträger wachsen massenhaft zwischen den Segmenten hervor (Pfeil)

Nahrungsaufnahme durchwachsen werden. Bei solchen Pilzen stoßen wir auf Formen des Übergangs von Endoparasiten zu den „räuberischen Pilzen".

Wer zum ersten Mal etwas von „fleischfressenden Pflanzen" hört und sich in seiner Fantasie vielleicht märchenhafte Ungeheuer vorstellt, ist oft enttäuscht, wenn er die kleinen Blättchen des Sonnentaus zu Gesicht bekommt, an denen winzige Insekten kleben, die den Pflanzen als Nahrung dienen. Bei näherer Betrachtung pflanzlicher Tierfallen, etwa der Kannenpflanzen, des Wasserschlauchs oder des Sonnentaus, setzt aber doch bald das große Staunen über die außergewöhnlichen Formen der Anpassung ein, zu denen Jahrmillionen der Evolution geführt haben und die das Leben in extremen Situationen unterstützen oder sogar erst ermöglichen.

Was uns dabei eigentlich verwundert, ist die Tatsache, dass eine für Tiere charakteristische Eigenschaft, der Beutefang, von Organismen „aufgegriffen" wurde, denen man gemeinhin nur zutraut, dass sie ihre grünen Blätter zum Licht hin entfalten und „friedlich" den Boden als Nahrungsquelle nutzen. Dass sich auch im Reich der Pilze die Lebensform des Beutefangs und des Verzehrens der Nahrung herausgebildet hat, ist aber gar nicht so merkwürdig, ja es ist im Gegenteil sogar viel einleuchtender als bei Pflanzen, denn diese sind ja in der Regel durch ihre Fotosynthese nicht auf organische Stoffe angewiesen. Bei den Pilzen hingegen ist das Erschließen organischer Quellen ein Lebensprinzip.

Ernährungsphysiologisch sind die räuberischen Pilze Perthophyten oder hemibiotrophe Parasiten, die sich nicht wie die Endoparasiten in ihre Opfer „einschleichen", sondern die Opfer regelrecht festhalten (Abb. 4.93). Neben einfachen klebrigen Pilzfäden gibt es auch klebrige Netze und als höchste Form dieser Lebensweise mechanisch wirkende (kontraktile) Fallen ohne Klebesubstanz, sich zusammenziehende Ringe oder Schlingen. Klebrige Fangnetze oder klebrige Fangknoten sind unter den Bodenpilzen am weitesten verbreitet. Als Opfer der räuberischen Pilze kommen mitunter Bodentiere von ganz beachtlicher Größe und Beweglichkeit in Betracht, z. B. Älchen (Nematoden) oder Springschwänze (Collembolen). Neben einigen Jochpilzen (*Zygomycetes*) sind die meisten räuberischen Pilze imperfekte Formen (Anamorphen) von Ascomyceten, z. B. der Form-Gattungen *Arthrobotrys* oder *Dactylaria*. Auch bei den Basidiomyceten gibt es Anamorphen, die Bodentieren nachstellen können, z. B. in der fruchtkörperbildenden Gattung *Hohenbuehelia*.

Die Arten, die ihre Beute durch das Zusammenziehen von Ringen oder Schlingen fangen, reagieren auf mechanische Reize. Ihre Fangorgane liegen im Boden wie die Schlingen eines Wilderers im Jagdgebiet. Manche Nematoden haben als Schädlinge von Nutzpflanzen Bedeutung. Ihren Parasiten, auch den räuberischen Pilzen, kommt deshalb eine besondere Bedeutung im Gleichgewicht der Ökosysteme zu. Es ist jedoch bisher nicht gelungen, diese Pilze in größerem Umfang mit Erfolg zur biologischen Schädlingsbekämpfung einzusetzen.

Die Beispiele pilzlicher Tierparasiten zeigen, dass diese Lebensweise von Pilzen nichts Außergewöhnliches ist. Auch hier gibt es Übergänge zum Saprophytismus und zu mutualistischen Symbiosen. Bei den oben erwähnten Trichomyceten (Fadenpilzen) finden wir z. B. Arten, die im Darm der Tiere zwar von der tierischen Nahrung leben, aber nicht die lebende Substanz der Wirtstiere angreifen. Wir bezeichnen diese Lebensform als Kommensalismus und die so lebenden Organismen als Kommensalen (Tischgenossen, Mitesser). Kommensalen sind niemals pathogen. Physiologisch gesehen stellen sie Saprophyten dar, da sie von toter organischer Substanz leben.

Es gibt auch mutualistische Symbiosen, also „Lebensgemeinschaften im direkten Kontakt zum gegenseitigen Vorteil", zwischen Pilzen und Tieren. In erster Linie sind hier Pilze zu nennen, die in den Verdauungswegen der Tiere leben und sich wie Kommensalen von der Nahrung des Tieres ernähren, aber zugleich durch den enzymatischen Aufschluss

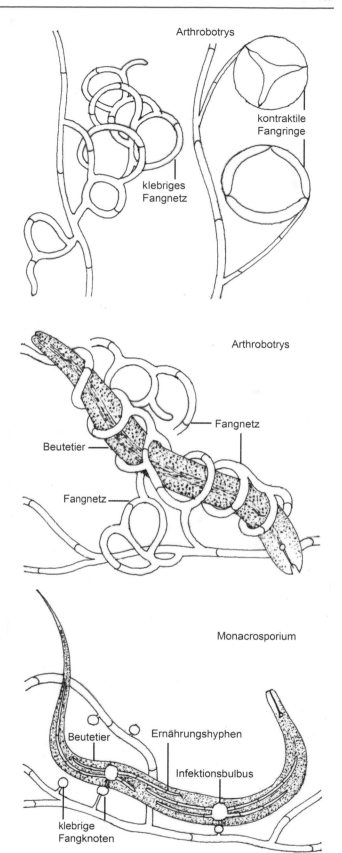

Abb. 4.93 Schematische Darstellung der Fangorgane räuberischer Pilze

der Nahrung für die Ernährung der Tiere von Bedeutung sind. Zu ihnen gehören einzellige Sprosspilze, die häufig gemeinsam mit Bakterien im Darm von Pflanzenfressern leben. Bei Insekten, die Pflanzensaft saugen oder sich anderweitig einseitig ernähren, sind Anhangsorgane des Darmes bekannt, in denen symbiotische Mikroorganismen leben, so auch Pilze, und zwar ebenfalls meist hefeartige, sprossende Einzeller. Sie sind unter anderem für die Versorgung der Tiere mit Wirkstoffen, beispielsweise mit Vitaminen der B-Gruppe, unentbehrlich. Man spricht bei diesen Organen von Myzetomen. Weit verbreitet sind sie z. B. bei den mitteleuropäischen Schaumzikaden, bei denen Myzetome als orangefarbene Flecken auf der Unterseite des Abdomens im Gegenlicht durchschimmern. Die Fortpflanzung der symbiotischen Pilze auf die Nachkommen der Insekten kann bereits im Ovar durch Übertragung von Sprosszellen auf die Eier eingeleitet werden.

Für hoch spezialisierte Anpassungen durch Kooperationen zwischen Tieren und Pilzen gibt es viele Beispiele. Allgemeinsprachlich werden sie unter dem Symbiose-Begriff subsummiert, obgleich kein unmittelbares Zusammenleben mit stofflichem Austausch wie bei den Symbiosen im enger definierten Sinne besteht.

Betrachten wir als Beispiel den immensen Einfluss auf die morphologische Differenzierung der staatenbildenden Blattschneiderameisen (Abb. 4.94). Die „riesige" Königin neben blattschneidenden, transportierenden, das Blattmaterial zerkleinernden oder die Pilzgärten pflegenden Arbeiterinnen sind morphologisch ihren Diensten angepasst. Die von den Ameisen auf dem Blattmaterial kultivierten Pilze sind filamentöse Basidiomyceten mit Spitzenwachstum der Hyphen. Die Pflegerinnen der Pilzgärten beißen die Spitzen der Hyphen ab, sodass vom Myzel knötchenartige Gebilde (Gongylidien) gebildet werden, die als Nahrung für die Ameisenlarven und anderweitig geschäftige Arbeiterinnen genutzt wird. Die Fruchtkörperbildung wird durch diese „Pflege" verhindert. Geht aber ein Ameisenstaat z. B. durch eine Seuche zugrunde oder wird stark geschwächt erscheinen oft die Fruchtkörper auf den verlassenen Nestern.

Es gibt viele weitere Beispiele für Assoziationen von Tieren und Pilzen, bei denen Tiere „gelernt" haben, die Pilze zu nutzen, z. B. sind mehrere Tausend Arten von Pilzmücken

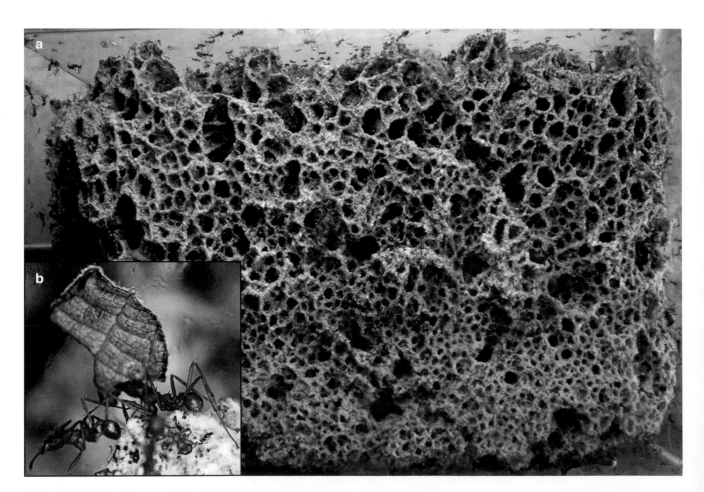

Abb. 4.94 Teil des Nestes von Blattschneiderameisen (*Atta sextens*) aus Brasilien (Ausstellungskultur). (**a**) Einblick in die Struktur des Nestes mit Brut- und Abfallkammern, das an einer Glaswand errichtet wurde; (**b**) Transport-Arbeiterinnen mit einem abgeschnittenen, segelartig getragenen Fragment eines *Rubus*-Blattes. (Fotos Luis Wirsching)

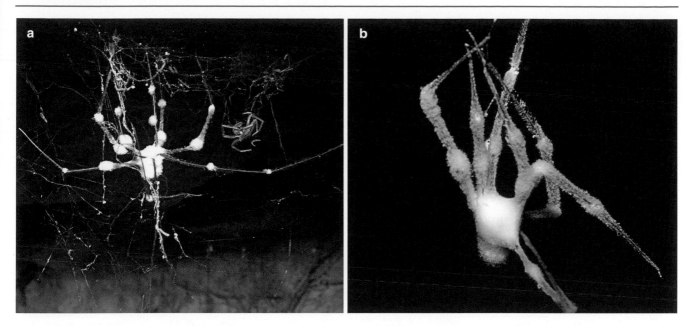

Abb. 4.95 Weaver lichen (Kanker) overgrown by sterile mycelia (Zygomycetes?) in humid basement rooms (**a** and **b** different developmental stages)

(*Mycetophilidae*) für ihre ontogenetische Entwicklung teils obligat an Pilze gebunden. Ähnliches trifft auch für die mehrere Tausend Arten von Pilzkäfern (*Erotylidae*) zu. Diese Spezialgebiete im Grenzbereich von Zoologie und Mykologie wollen wir nur andeuten, um die ungeheure Mannigfaltigkeit der Lebensräume und „Lebensstrategien, bei denen Pilze ein Rolle spielen, nicht unerwähnt zu lassen.

Dass Pilze auch fakultativ von vielen Tieren als Nahrungsquelle genutzt werden können, weiß jeder Speisepilzsammler, wenn er die Fraßstellen von Schnecken aus seinen Steinpilzen schneidet oder von Eichhörnchen abgefressene Reste von Märzschnecklingen findet.

In manchen Fällen findet man von Pilzmyzel überwachsene Tiere, bei denen nicht zu erkennen ist, ob der Pilz als Parasit das Tier befallen hat oder ob erst das verendete Tier vom Pilz durchwachsen wurde (Abb. 4.95). Für die Bestimmung der oft sehr artenreichen Tiergruppen und der oft hoch spezialisierten Pilze ist Spezialliteratur notwendig.

4.6 Pilze, überall Pilze

4.6.1 Ökologische Nischen der Pilze

Wir sehen an all diesen Beispielen die nahezu unerschöpfliche Vielfalt der Lebensformen und Vielgestaltigkeit von Pilzen, ihre Einnischung in das Gefüge der Natur, das zu den scheinbar friedlichen Gleichgewichten einer blühenden Gebirgswiese oder eines regentriefenden äquatorialen Urwalds geführt hat. Symbiosen, Parasitismus und Kooperationen aller Couleur, tödliches Gift und heilsame Antibiotika liegen dicht beieinander.

Lebensnotwendige Kooperationen sind von Pilzgärten der Ameisen und Termiten bis hin zur Mannigfaltigkeit enger Lebensgemeinschaften und der Besiedlung extremer Lebensräume in ökologischen Nischen der Pilze Ursache dafür, dass wir diesen Organismen, als Gesamtheit gesehen, „überall" begegnen.

Wohin wir auch schauen, sei es auf edlen Käse, auf frisches Brot vom Bäcker oder auf den Stolz mancher Hausfrauen zum Weihnachtsfest, den Stollen – Pilze waren auch hier zu unserem Nutzen im Spiel. Oder denken wir an den Sekt, den wir bei festlichen Anlässen genießen. Auch an seinem Geschmack und Alkoholgehalt haben Pilze ihren Anteil.

Die unangenehmen Seiten der Pilze zeigen sich dagegen in gefährlichen Vergiftungen, verdorbenen Nahrungsmitteln, verschimmeltem Tierfutter, sogar an zerstörten Gemälden, aber auch im lästigen Hausschwamm an einer feuchten Zimmerdecke, im Grauschimmel auf den Erdbeeren, in Missernten auf dem Kartoffelacker oder in den gefährlichen, sogar tödlichen inneren Pilzkrankheiten oder im ständig juckenden Fußpilz.

In nahezu allen Ökosystemen kommt den Pilzen als Saprophyten, als Symbionten, als Kommensalen oder Parasiten eine Rolle zu. Sie sind wichtige Zerstörer und Zersetzer organischer Stoffe, sie verursachen viele Krankheiten von Pflanzen und Tieren – kurzum, sie begegnen uns ständig im täglichen Leben und beeinflussen unser Handeln in vielerlei Hinsicht.

Betrachten wir die Vielfalt eines pilzreichen Ökosystems etwas näher, z. B. einen Wald Abb. 4.96).

Überall – von den Baumkronen bis in den Boden – sind Pilze anzutreffen: als Sporen in der Luft, als Parasiten an und

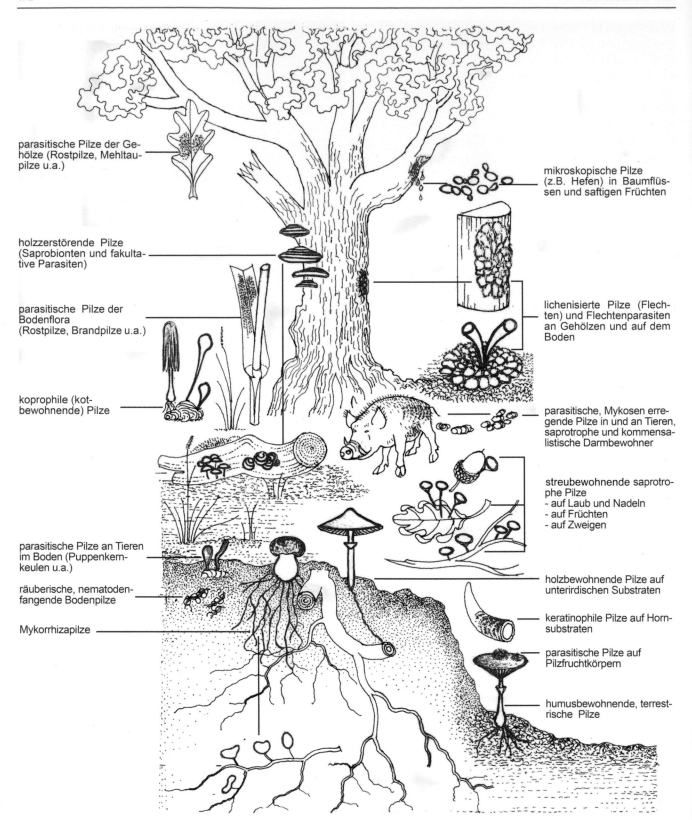

parasitische Pilze der Gehölze (Rostpilze, Mehltaupilze u.a.)

holzzerstörende Pilze
(Saprobionten und fakultative Parasiten)

parasitische Pilze der
Bodenflora
(Rostpilze, Brandpilze u.a.)

koprophile (kot-
bewohnende) Pilze

parasitische Pilze an Tieren
im Boden (Puppenkern-
keulen u.a.)

räuberische, nematoden-
fangende Bodenpilze

Mykorrhizapilze

mikroskopische Pilze
(z.B. Hefen) in Baumflüs-
sen und saftigen Früchten

lichenisierte Pilze (Flechten) und Flechtenparasiten
an Gehölzen und auf dem
Boden

parasitische, Mykosen erre-
gende Pilze in und an Tieren,
saprotrophe und kommensa-
listische Darmbewohner

streubewohnende saprotro-
phe Pilze
- auf Laub und Nadeln
- auf Früchten
- auf Zweigen

holzbewohnende Pilze auf
unterirdischen Substraten

keratinophile Pilze auf Horn-
substraten

parasitische Pilze auf
Pilzfruchtkörpern

humusbewohnende, terrest-
rische Pilze

Abb. 4.96 Die wichtigsten ökologischen Nischen von Pilzen im Ökosystem Wald

in Tieren, im Blätterdach der Bäume als Phytoparasiten, als epiphytische Saprophyten, an der Borke, im Stamm, überall auf dem Boden sowie an Kräutern und Gräsern. In Gemeinschaft mit Algen konkurrieren sie als Flechten mit autotrophen Pflanzen um den Lichtgenuss. Mit den Wurzeln der Pflanzen vermögen sie in tiefe Bodenschichten einzudringen. Pilze leben viel weniger auffällig als Pflanzen oder Tiere. Das ist wohl auch der Grund dafür, dass ihre Bedeutung gemeinhin unterschätzt wird.

4.6.2   Gespenstische Erscheinungen – leuchtende Pilze

Wer nachts den Wald durchstreift, bei einer Rast die Lampe löscht oder wer bei völliger Dunkelheit sein Zelt verlässt und im Wald durch abgefallenes Laub schlurft, kann oftmals bemerken, dass es am Boden allerlei schwach leuchtendes Material gibt, leuchtende kleine Holzstöckchen oder verrottende Blattreste. Leuchtkäfer, die im Volksmund auch als „Glühwürmchen" oder „Johanniswürmchen" bezeichnet werden, hat wohl jeder Naturfreund schon irgendwann um die Mittsommerwende beobachten können. Was sich aber bei Bewohnern der Tiefsee alles an lebensnotwendigen Leuchtsignalen der Organismen dieses ewig dunklen Lebensraumes entwickelt hat, lässt schon erahnen, dass es neben dem von einzelligen Algen verursachten Meeresleuchten oder den Leuchtbakterien an toten Fischen noch viele andere Effekte gibt, die noch immer im Verborgenen liegen. Derartige Leuchterscheinungen, die von lebenden Organismen ausgehen, bezeichnet man als Biolumineszenz. Die Ursache liegt im Ablauf chemischer Reaktionen im lebenden Organismus, speziell unter Beteiligung des Enzyms Luciferase. Auch bei Pilzen sind Leuchteffekte schon lange bekannt.

Während wir bei vielen Erscheinungen auf der morphologischen Ebene oder aus physiologischer Sicht nachvollziehen können, welcher Selektionsvorteil zur Ausbildung eines Merkmales eine Rolle gespielt hat, sodass wir nachträglich einen „Sinn" der Erscheinung zu erkennen meinen – bei den leuchtenden Pilzen wird das nicht gelingen. Wie andere Merkmale auch, entstehen die für uns sichtbaren

Leuchteffekte im Stoffwechselprozess zufällig und bleiben erhalten, ohne „Nutzen" oder „Schaden".

Die ersten Arbeiten über die Fluoreszenz an Pilzen wurden schon im 19. und frühen 20. Jahrhundert durchgeführt. Inzwischen sind ca. 400 fluoreszierende Pilzarten bekannt.

Bereits im Jahr 1901 berichtete ein Greizer Gymnasialprofessor über ein beeindruckendes Leuchten des Myzels an Fichtenstümpfen, die mit Hallimasch (*Armillaria* spp.) befallen waren: „An der Straße, die von Greiz nach dem idyllisch gelegenen Ida-Waldhaus führt, waren an einem Waldschlag, der von hallimaschkranken Fichten bestanden war, Wurzelstöcke ausgerodet und in Klaftern aufgeschichtet worden. Da das von dem Hallimaschpilz befallene Holz regelmäßig leuchtet, bieten derartige Schläge in finsterer Nacht einen prächtigen Anblick, und die Passanten ziehen öfter mit den leuchtenden Holzstücken vom Waldhaus nach Greiz heimwärts, was dem Beschauer wie ein gespenstischer Laternenzug erscheint."

Weltweit sind ca. 75 Arten leuchtender Pilze bekannt. In Europa sind es nur wenige. Am bekanntesten sind die holzbewohnenden Hallimasch-Arten, der Winterhelmling (*Mycena tintinnabulum*) und der Bluthelmling (*Mycena haematopus*), bei denen das Myzel während bestimmter Wachstumsphasen im durchwachsenen Holzsubstrat leuchtet. Beim Ölbaumpilz (*Omphalotus illudens*) leuchten die Fruchtkörper. Vom Herben Zwergknäueling (*Panellus stipticus*) sind Isolate aus dem östlichen Nordamerika in Umlauf, deren Fruchtkörper eine deutlich grüne Lumineszenz aufweisen und im Eigenlicht fotografiert werden können, während dieser Effekt bei Stämmen dieser Art aus Eurasien nicht vorkommt (Abb. 4.97).

Neben der Biolumineszenz ist die Fluoreszenz, das Leuchten bestimmter Stoffe nach Anregung mit langwelliger ultravioletter Strahlung von ca. 365 nm, bei den Pilzen eine weitverbreitete Erscheinung. Nur während der Bestrahlung, wenn das Pilzmaterial das ultraviolette Licht absorbiert, wird sichtbares Licht emittiert, dessen Farbe charakteristisch für bestimmte Inhaltsstoffe ist. Nach Abschalten der UV-Lichtquelle erlischt auch die Leuchterscheinung, die am besten in vollkommen dunklen Räumen zu beobachten ist. Unterschiede im Fluoreszenzlicht können u. a. als differen-

Abb. 4.97 Kulturform des Herben Zwergknäuelings (*Panellus stipticus*); (**a**) bei Tageslicht; (**b**) im Eigenlicht

zierende Merkmale von Bedeutung für die Pilzbestimmung sein, z. B. ist das Fluoreszenzlicht vom Grünblättrigen Schwefelkopf (*Hypholoma fasciculare*) grün, während der Graublättrige Schwefelkopf (*Hypholoma capnoides*) unter gleichen Bedingungen keine Fluoreszenz aufweist. Besonders prächtige Farben kommen bei den Täublingen (*Russula* spp.) oder bei vielen Schleierlingen (*Cortinarius* spp.) vor. Eine besonders kräftig gelbgrüne Fluoreszenz beim Gelben Muschelseitling (*Sarcomyxa serotinus*) ist auf das Vorkommen von Riboflavin zurückzuführen (Abb. 4.98).

Da die Fluoreszenz auf bestimmte Inhaltsstoffe zurückzuführen ist, hat es sich bewährt, aus Fruchtkörpern oder Fruchtkörperteilen in definierten Lösungsmitteln, z. B. 50 -protzentigem Ethanol, Inhaltsstoffe zu extrahieren und dann zu untersuchen, ob und wie die Lösungen fluoreszieren. Es kann z. B. vorkommen, dass bei manchen Pilzen die

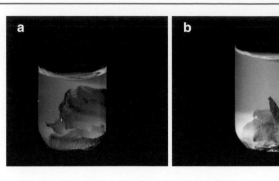

Abb. 4.99 *Cortinarius bulliardii* (Feuerfüßiger Gürtelfuß); Fluoreszenz der Alkoholextrakte aus Hut (**a**) und Stiel (**b**)

Extrakte aus Hut und Stiel unterschiedliche Fluoreszenzfarben emittieren, so bei dem Schleierling *Cortinarius bulliardii*, bei dem die Lösung aus dem Hut blaues, die aus dem Stiel gelbgrünes Licht emittiert (Abb. 4.99).

Dies ist ein Hinweis auf unterschiedliche Inhaltsstoffe in diesen Fruchtkörperteilen und kann, auch wenn die fluoreszierenden Stoffe unbekannt sind, als Merkmal für die Bestimmung von Arten genutzt werden.

Der für die Fluoreszenz verantwortliche Stoff löst sich in der Regel innerhalb weniger Minuten, sodass man die Fluoreszenzfarbe schnell ermitteln kann. Auch für getrocknetes Pilzmaterial kann diese Methode der Merkmalsbestimmung angewendet werden. Es genügen mitunter schon wenige Milligramm, um Lösungen der fluoreszierenden Stoffe zu erhalten.

Auch bei den Flechten werden Merkmale der Fluoreszenz als Bestimmungshilfe genutzt. Weitergehende quantitative Untersuchungen sind mit einem Fluoreszenzspektrometer in Kombination mit chromatografischen Methoden möglich. Durch Isolation der fluoreszierenden Stoffe und anschließende Strukturanalyse entstehen Brücken von einfachen Fluoreszenzanalysen zur Naturstoffchemie und Chemotaxonomie der Pilze.

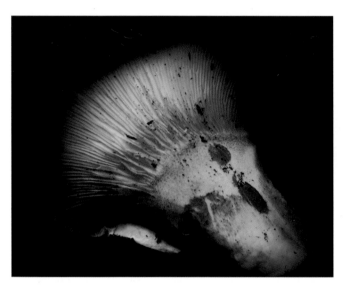

Abb. 4.98 Fluoreszenz beim Gelben Muschelseitling (*Sarcomyxa serotinus*)

Vom Nutzen und Schaden der Pilze

5

5.1 Strategie des Siegers

Befassen wir uns in den folgenden Abschnitten noch einmal anhand markanter Beispiele mit dem Nutzen von Pilzen aus der Sicht der Menschen und auch mit den Schäden, die von ihnen verursacht werden. Ergänzen wir das, was wir bereits aus den vorangestellten Kapiteln über die Bedeutung der Pilze für den Menschen wissen; hierfür wählen wir Beispiele aus, die nicht so offensichtlich erkennen lassen, dass Pilze die Ursache der Erscheinungen sind (Kap. 4).

Pilze können uns sehr viel Schaden, aber auch viel Nutzen bringen. Wir wissen um die Krankheitserreger unter ihnen, wir kennen die von Pilzen verursachten riesigen Ernteverluste und die daraus folgenden Hungersnöte; aber uns sind natürlich auch große Industriezweige bekannt, die dem Menschen pilzliche „Leistungen" nutzbar machen – man denke hier nur an die Arzneimittel, die mithilfe von Pilzkulturen industriell gewonnen werden.

Seit es im vorigen Jahrhundert, vor allem durch die Arbeiten von Louis Pasteur (1822–1895), gelang, Mikroorganismen zu isolieren, die durch Gärung Stoffe umsetzen können und z. B. Alkohol, Milchsäure, Buttersäure oder Essigsäure erzeugen, begann ein neuer Abschnitt in der Entwicklung der Menschheit. Zwar haben sich Menschen schon vor Jahrtausenden manche pilzlichen oder bakteriellen Aktivitäten zunutze gemacht, aber es war unbekannt, dass diese Mikroben Organismen sind, man hielt sie für anorganische Agenzien. Damit fehlte die Voraussetzung für eine gezielte technische Nutzung. In der modernen Biotechnologie spielen die Pilze jedoch eine wichtige Rolle. Es gibt große Sammlungen lebender Pilzkulturen, die umfassendsten in den Niederlanden, in England, in den USA und in Kanada. Alljährlich werden sehr viele neue Isolate getestet, d. h., man prüft ihre Tauglichkeit für technische Verfahren. Solche Kulturen von Pilzen sind unerlässlich, will man sich deren „Leistungen" zu unserem Wohle bedienen und den Erfolg dieser Bemühungen nicht dem Zufall überlassen.

Das trifft sogar für die Verwendung der Pilze als Nahrungsmittel zu. Längst sind Hotels und Gaststätten nicht mehr von den Pilzernten im Wald abhängig; sie haben feste Verträge mit den Betrieben, die Speisepilze kultivieren oder konservieren, und werden kontinuierlich beliefert.

Im Jahre 1928 machte der schottische Arzt und Professor für Bakteriologie Alexander Fleming (1881–1955) eine mikrobiologische Beobachtung, die zu einer neuen Qualität der Therapie bakterieller Erkrankungen führte. Auf einer Petrischale, die mit sterilisiertem Nährmedium gefüllt und mit krankheitserregenden Bakterien (Staphylokokken) bewachsen war, kam es im Umkreis einer Pilzkolonie, wie sie als Verunreinigung sehr rasch in solche Kulturen geraten kann, zu einer Hemmung des Bakterienwachstums. Fleming zog aus dieser Beobachtung die richtige Schlussfolgerung: Der Pilz – es handelte sich um den Pinselschimmel *Penicillium notatum* – hatte in das Kulturmedium Substanzen abgesondert, die das Bakterienwachstum hemmten bzw. verhinderten. Schon ein Jahr später wurde filtrierter „Schimmelsaft" erstmals mit Erfolg therapeutisch bei einer durch Bakterien verursachten Stirnhöhlenvereiterung eingesetzt, und schon zwölf Jahre später gelangen Isolierung und Stabilisierung des wirksamen Stoffes, den man – nach der Gattung *Penicillium* – Penicillin nannte.

Das bedeutete die Einleitung eines neuen Zeitalters in der Medizin: Die Antibiotika waren entdeckt, Stoffe, die von Mikroorganismen gebildet werden und die man wirksam gegen andere Mikroorganismen einsetzen kann. In unserer Zeit sind die Antibiotika bei manchen Menschen schon ein wenig in Misskredit geraten, weil durch ihren Einsatz resistente Bakterienstämme entstehen können und sich manche Antibiotika in Lebensmitteln auch auf die Mikrobenwelt im menschlichen Körper auszuwirken vermögen. Trotzdem sind Antibiotika aus unserem Leben heute nicht mehr wegzudenken, kennen wir doch gegenwärtig nahezu 5000 verschiedene Antibiotika, von denen sich allerdings nur etwa 100 im Handel befinden. Sie werden in erster Linie von Pilzen gebildet, hauptsächlich von Arten der Anamorph-Gattungen

© Springer-Verlag GmbH Deutschland, ein Teil von Springer Nature 2022
H. Dörfelt et al., *Die Welt der Pilze*, https://doi.org/10.1007/978-3-662-65437-8_5

Penicillium (Pinselschimmel), *Aspergillus* (Gießkannenschimmel) und *Cephalosporium*.

Es gibt aber auch Bakterien, vor allem die sogenannten „Strahlenpilze" (Actinomyceten), aus denen wirksame Antibiotika isoliert werden konnten. Diese Stoffe sind in der Natur Mittel des Konkurrenzkampfes der Mikroben. Wenn z. B. ein Stück Brot verschimmelt oder ein anderer Speiserest verdirbt, kommt es unter den Mikroben zu harten Kämpfen um diese Nahrungsquellen. Das trifft selbstverständlich auch für alle anderen Substrate zu, die von Saprophyten erobert werden. Die Antibiotika gehören zu den wirksamsten Waffen, die es einem Mikroorganismus ermöglichen, Konkurrenten auszuschalten, und sie werden im Kampf auf Leben und Tod mit Erfolg eingesetzt. Dass ihre Entdeckung vor allem für die Bekämpfung von Mikroorganismen ganz neue Perspektiven eröffnete und in dieser Hinsicht binnen weniger Jahre einen grundlegenden Wandel in der Medizin zur Folge hatte, ist verständlich. Wie machtlos stand man dagegen doch vorher vielen Infektionen durch manche Bakterien gegenüber! Tuberkulose, Kindbettfieber und sogar Angina waren lebensgefährlich und konnten allzu oft nicht besiegt werden.

Doch Antibiotika setzt man heute nicht nur in der Medizin ein. Sie werden auch als Futtermittelzusatz, im Pflanzenschutz oder bei der Lebensmittelkonservierung und selbstverständlich auch in sehr vielfältiger Weise in der Forschung benötigt. Von den aus Pilzen stammenden Antibiotika beherrschen die Penicilline und Cephalosporine mit 20.000 t im Jahr die Weltproduktion, die insgesamt etwa 25.000–30.000 t umfasst. Hergestellt werden diese Stoffe industriell in Produktionsbehältern (Fermentern), die bis zu 100.000 l Flüssigkeit fassen und mit Rührwerken und definierten Kulturflüssigkeiten arbeiten. Mit dem Einsatz der Antibiotika haben wir uns die Siegesstrategie einiger Pilze nutzbar gemacht. Es ist uns gelungen, etwas vom Mechanismus ihres Durchsetzungsvermögens zu ergründen, das wir oft beklagen, wenn uns Ernteverluste, verschimmelte Vorräte oder böse Pilzkrankheiten zu schaffen machen. Wir können dieses Durchsetzungsvermögen heute sogar gezielt für unsere Gesundheit einsetzen. Was Pilze in Jahrmillionen ihrer Evolution gegen andere Organismen entwickelt haben, das faszinierende Prinzip, selektiv Feinde zu schädigen oder zu töten, das dient jetzt den Menschen.

5.2 Schlimme Überraschungen

Wir wissen, dass Pilze giftig sein können, und wir kennen viele Geschichten – schon aus der Antike sind sie überliefert –, in denen von Menschen die Rede ist, die Giftpilzen zum Opfer fielen.

Aber die Gefahren sind gebannt: Es gibt Aufklärung, Pilzberater, Marktkontrollen. Wir können lernen, Giftpilze zu erkennen.

Viel heimtückischer sind da manche Kleinpilze. Schimmel beispielsweise, der einen scheinbar harmlosen Überzug über ein Nahrungsmittel gebildet hat, lässt sich leicht abwischen. Und damit kann man sich unter Umständen gefährliche Vergiftungen zuziehen denn sehr viele Pilze geben giftige Stoffe in das Substrat ab. Wir sprechen von Mykotoxinen, Substanzen, die für Menschen und viele Tiere giftig sind. Man kennt mehr als 300 Mykotoxine, die zu etwa 25 Strukturtypen organischer Verbindungen gehören! Sie können Schäden an Leber, Galle, Nieren und Gehirn bewirken und Ursache von Tot- und Missgeburten, von Blutungen und Tumorbildungen sein.

Eine besonders häufige Gruppe von Mykotoxinen sind die Aflatoxine, die von imperfekten Pilzen, von *Penicillium*- und *Aspergillus*-Arten, z. B. von *Aspergillus flavus*, gebildet werden. Gelangen sie durch verdorbene Lebensmittel in den menschlichen Körper, können sie unter anderem Blutungen und Krebs hervorrufen. Besonders wirksam ist das Aflatoxin B_1, das in der Leber zu einem gefährlichen Derivat, dem Aflatoxinepoxid, umgewandelt wird. Dieser Stoff vermag mit Kernsäuren zu reagieren und wirkt in hohem Maße krebserregend. Aflatoxine wurden unter anderem in verschimmelten Lebens- und Futtermitteln, z. B. in Erdnüssen, Getreideerzeugnissen, Pressrückständen von Ölfrüchten, Futtergetreide und Käse, in toxischen Konzentrationen gefunden. Man sollte also einen Schimmelrasen auf Lebensmitteln nicht sorglos abwischen und dann weiteressen.

Aber nicht nur Futter- und Nahrungsmittel werden von Pilzen angegriffen. Die allgegenwärtigen Anamorphen, die wir oft als Schimmel bezeichnen, können weit mehr Substrate als ihre Lebensgrundlage nutzen, als wir gewöhnlich annehmen. Man kennt Schädigungen von Arzneimitteln und Kosmetika, von Cellulosematerialien, z. B. Holz, Papier und Textilien. Auch Farbüberzüge können angegriffen, sogar Gemälde zerstört werden. Glas können Pilze zwar nicht als Nahrungsgrundlage nutzen, aber es kann unter besonderen Bedingungen, beispielsweise in den Tropen, zur Pilzbesiedlung von Schmutzpartikeln auf den Linsen – etwa von Fotoobjektiven – kommen. Die Ausscheidungen der Pilze greifen das Glas schließlich an und machen die Linsen unbrauchbar. Viele synthetische Stoffe widerstehen den Pilzen, aber Zusätze wie Weichmacher können von Pilzen abgebaut werden; dies kann Verfärbungen von Nylongeweben zur Folge haben. Auch Leder und Gummi sind nicht gegen Schädigungen durch Pilze gefeit. Sogar hoch konzentrierte Chemikalien, z. B. Fixierbäder, können durch Pilzwachstum unbrauchbar werden. Selbst durch Pilzwachstum verursachte Kurzschlüsse in elektrischen Anlagen sind bekannt geworden.

Die Art *Cladosporium resinae*, als „Kerosinpilz" bekannt, vermag auch noch bei geringsten Wasservorkommen zu gedeihen. Sie ist beispielsweise schon aus Ölheizungen isoliert worden und hat als Bodenpilz die Fähigkeit, Substrate zu nutzen, die anderen Pilzen unzugänglich bleiben, z. B. pflanzliche Öle, Terpene und Wachse. Das Vermögen, aliphatische Kohlenwasserstoffe abzubauen, in Form der Sporen auch in reinem Kerosin zu überleben und darüber hinaus Abkühlung auf −40 °C und Erhitzung auf +80 °C zu überleben, ermöglichen diesem Pilz sogar das Leben in Flugzeugtanks, wo er Filter und Leitungen verstopfen kann. Die ausgeschiedenen Stoffwechselprodukte, besonders die organischen Säuren, können Korrosionsschäden am Aluminium verursachen. Ähnliche Schäden, durch viele andere Pilze herbeigeführt, sind an den unterschiedlichsten Stoffen gefunden worden.

Das Beispiel von *Cladosporium resinae* zeigt uns, zu welch extremen Leistungen manche Pilze fähig sind und welch abwegige Lebensgrundlage sie sich zu erobern vermögen.

Es gibt mitunter auch erstaunliche Überraschungen bei der Besiedlung extremer Lebensräume: Beispielsweise erwies sich das sterile Myzel eines Basidiomycten, das auf unverarbeiteter Bitumenmasse für den Straßenbau wuchs, nach den Sequenzen der ITS-Region als Art der Gattung *Sistotrema*, zu der normalerweise Holzbewohner gehören (Abb. 5.1).

Die Fähigkeiten mancher Pilze, solch extreme Substrate zu besiedeln, kann jedoch auch genutzt werden. Bekanntlich haben wir mit manchen Abfallprodukten viele Probleme; schwer abbaubare Stoffe häufen sich in den Deponien. Hier sind wirksame Mittel vonnöten! Bei den Versuchen, Pilze beim mikrobiellen Abbau umweltbelastender Stoffe einzu-

setzen, zeichnet sich schon mancher Erfolg ab. Dies betrifft auch radioaktiv belastete Substrate.

5.3 Zähes Leben

Wir haben bei den holzzerstörenden Pilzen gesehen, dass einige Arten als fakultative Perthophyten in der Lage sind, lebende Bäume anzugreifen, und dass diese Lebensweise mit erheblichen Schäden in der Forstwirtschaft verbunden sein kann. Nun wollen wir uns noch speziell mit Holzzerstörern beschäftigen, die von sehr großer wirtschaftlicher Bedeutung sind, weil sie auch an verbautem Holz beträchtliche Schäden verursachen können. Viele Arten erregen eine Moderfäule, die im Gegensatz zur Braun- und Weißfäule des Holzes (vgl. Abschn. 4.4.4) langsam wirksam ist, wenn das Holz feucht ist; z. B. haben diese Pilze in Bergwerken, wo die Stollen mit Holzstämmen oder Balken ausgesteift waren, schon zu gefährlichen Schädigungen geführt. Aber auch in Kellerräumen besteht bei der üblichen Feuchtigkeit stets die Gefahr, dass Pilze das verbaute Holz angreifen und zerstören.

Eine Art ist ganz besonders zum Holzabbau befähigt, und sie hat den Menschen nicht nur in der Vergangenheit große Probleme bereitet, sondern ist auch heute noch ein gefürchteter Schädling – der Hausschwamm (Abb. 5.2). Was diesen Pilz von anderen Holzzerstörern unterscheidet und ihn in die Lage versetzt, in Gebäuden so verheerend zu wirken, ist seine besondere Leistungsfähigkeit hinsichtlich seines Wasserhaushalts. Der Echte Hausschwamm (*Serpula lacrymans*) dringt in Holz ein, wenn genügend Feuchtigkeit für die Sporenkeimung und die Frühstadienentwicklung vorhanden ist. Hat er sich aber einmal festgesetzt, dann vollbringt er Erstaunliches. Er vermag auch bei einer sehr geringen Feuchtigkeit im Holz auszukommen. Hier nutzt er hauptsächlich die Cellulosebestandteile. Beim Abbau der Cellulose wird unter anderem Wasser frei, das er für seine Entwicklung verwerten kann. Der Hausschwamm erregt eine sogenannte Trockenfäule, und nichts kann ihn aufhalten, sich in das Holz von Gebäuden einzufressen. Er bildet bis 1 cm dicke Stränge aus differenzierten Hyphen. Diese Rhizomorphen sind komplexe Wasserleitungssysteme. Sie können Mauerwerk durchwachsen, in noch unbefallenes Holz eindringen und auch allerorts ihre effusen Fruchtkörper bilden.

Wenn sich die Fruchtkörper des Hausschwammes am Putz oder an einer Ziegelmauer entwickeln, dann sind sie über solche Rhizomorphen mit dem Myzel im Holz verbunden. Oft wurde schon die Zerstörung ganzer Gebäudekomplexe bis zur völligen Unbewohnbarkeit bekannt. Zahlreiche Gebäude mussten wegen Hausschwammbefalls abgerissen werden, wenn tragende Elemente vom Pilz angegriffen waren. In vielen Fällen könnte zwar das Ausbauen der Holzteile und deren Ersatz durch imprägniertes Holz Rettung bringen, doch die Kosten dafür würden oft die von Abriss und Neubau

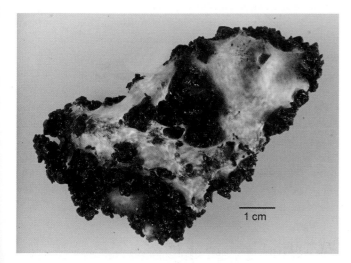

Abb. 5.1 Steriles Basidiomyceten-Myzel auf Bitumenmasse für den Straßenbau

1 cm

Abb. 5.2   Echter Hausschwamm (*Serpula lacrymans*); (**a**) Fruchtkörper an im Keller gelagertem Holz; (**b**) Rhizomorphen im Mauerwerk

übersteigen. Eine Sanierung erfordert die Beratung durch Sachkundige. In der Vergangenheit haben oft ganz spezielle Beratungsstellen den Kampf gegen den Hausschwamm aufgenommen und koordiniert.

Besonders in feuchten Räumen kann der Pilz von den Dielen aus auch auf die Möbel übergreifen. Solche stark befallenen Räume sollten, besonders bei Fruchtkörperbildung und schlechter Belüftung, auch von denen gemieden werden, die Wert auf unkonventionelles Wohnen legen. Der rege Stoffwechsel des Pilzes ist mit Ausscheidungen von gasförmigen, schädlichen Stoffwechselprodukten verbunden, u. a. wird das giftige Kohlenmonoxid gebildet. Die massenhafte Sporenbildung kann zudem allergische Reaktionen auslösen.

Im Verhältnis zum Hausschwamm sind andere in Gebäuden lebende Pilze relativ harmlos. Sie benötigen feuchteres Holz, und die Sanierung lässt sich durch Entfernung des befallenen Holzes, bei geringem Befall auch schon durch dessen Trockenlegung, erreichen.

Besonders markant sind die Fruchtkörper des Veränderlichen Becherlings oder Wachsbecherlings (*Peziza varia*), die auch auf dem Putz über dem Holz erscheinen können. In der freien Natur kommen sie besonders häufig auf feucht liegendem Holz vor, z. B. in Auwäldern. Darüber hinaus sind der Weiße Porling (*Antrodia sinuosa*), der Braune Kellerschwamm (*Coniophora puteana*), mehrere Tintlinge, unter anderem der Haustintling (*Coprinus domesticus*), an verbautem Tannen- und auch Fichtenbalken auch der Rosenrote Baumschwamm (*Fomitopsis rosea*) und eine gehörige Anzahl weiterer Arten holzbewohnender Pilze an verbautem Holz in Gebäuden bekannt geworden.

In unseren Wohnungen können natürlich auch andere Pilze, also nicht nur Holzzerstörer, wachsen. Feuchte Tapeten, verschmutzte feuchte Ecken unter Badewannen und ähnliche Plätze bieten gute Wachstumsmöglichkeiten, besonders für Ascomyceten mit kleinen Fruchtkörpern und

für Anamorphen. *Aspergillus*- und *Penicillium*-Arten, die häufig in Wohnräumen erscheinen und rasch zur Sporulation kommen, können die Ursache für asthmatische Allergien beim Menschen sein. *Pyronema domestica* tritt an Wänden oder auf Tapeten auf; er fällt durch seine zusammenfließenden rosaroten Apothecien auf. Besonders nach Wassereinbrüchen in Gebäuden erscheint dieser Pilz häufig; ebenso ist er unter tropfenden Wasserleitungen oder Toilettenspülkästen zu finden. Viele Pilze wachsen ständig in unserer Umgebung, beispielsweise in der Erde der Zimmerpflanzen. Wir werden täglich mit ihren Sporen konfrontiert. Normalerweise werden ihre Keime abgewehrt, auch wenn sie unter Umständen parasitisch leben können. Liegt aber durch andere Erkrankungen eine Schwächung des Immunsystems vor – dies kann z. B. für alte Menschen zutreffen –, können sich die Keime mancher Pilze zu Krankheitskeimen entwickeln. Der Pilz „schlägt zu", es kommt zur Mykose. Diese Tatsache ist auch der Grund für das Verbot in manchen Seniorenheimen und Krankenhäusern, Zimmerpflanzen in Erdkultur zu halten.

Pilze sind in unserer täglichen Umgebung durchaus nichts Außergewöhnliches. Öffnet man auch nur kurzzeitig eine sterile Petrischale mit einem geeigneten Nährboden, so hat man mit großer Sicherheit Pilzkeime aufgefangen, die sich dann auf der Platte entwickeln und bestimmt werden können. Das Auffangen mit Agarplatten und Bestimmen der Keime, die sich in der Luft befinden, wird zunehmend in der Arbeitshygiene praktiziert. Von enormer Bedeutung ist dies in Arbeitsbereichen, wo Pilzsporen zu allergischen Reaktionen führen können. Wir hatten bereits das Asthma bronchiale erwähnt; aber es gibt zahlreiche weitere allergische Erkrankungen, die unter Namen wie Käsewäscherlunge, Paprikaspalterlunge, Pilzzüchterlunge (Allergie bei Arbeiten in Kulturen des Austernseitlings), Farmerlunge usw. bekannt sind und die alle durch massenhaftes Auftreten von Pilzsporen verursacht werden.

5.4 Leistung entscheidet

„Ich brauche das wie die Luft zum Atmen", sagt manch einer, der seine Gartenarbeit, seinen Sonntagsspaziergang, seine Zimmerpflanzen, seine Pilzgänge oder andere Hobbys besonders liebt. Wir alle benötigen aber die Luft zum Atmen, damit in unseren Körperzellen mithilfe von Sauerstoff Kohlenhydrate abgebaut werden und Energie freigesetzt wird. Aber gilt das wirklich für alle Lebewesen? Keineswegs! – Es gibt tatsächlich noch einige andere Möglichkeiten der Energiegewinnung, und die bekannteste ist die einiger Pilze. Sie können, ohne Sauerstoff aufzunehmen, Gärung verursachen, worunter wir die Energiegewinnung durch Mikroben unter anaeroben Bedingungen (ohne Luftsauerstoff) verstehen. Am wichtigsten ist die alkoholische Gärung. Nach der Summenformel

$C_6H_{12}O_6$	$\rightarrow$	$2\,C_2H_5OH$	$+$	$2\,CO_2$
Zucker	$\rightarrow$	Alkohol	$+$	Kohlendioxid

kann Zucker umgesetzt werden, wobei die lebensnotwendige Energie freigesetzt wird. Die Gärungsprodukte (hier Alkohol und Kohlendioxid) sind für die Mikroben unbedeutend, diese brauchen zum Leben die Energie. Wir treffen die alkoholische Gärung vor allem bei Hefepilzen an. Das sind fruchtkörperlose, als Einzeller lebende Pilze, deren Zellen sich durch Sprossung vermehren. Sie bilden also keine Hyphen, sondern es kommt bei ihnen nach einer mitotischen Kernteilung zur Lockerung von Molekülbindungen in der Zellwand und zur Ausstülpung der Mutterzelle. So entsteht eine „Knospe", in die einer der Tochterkerne einwandert (Abb. 5.3).

Danach entwickelt sich die Tochterzelle bis zur Normalgröße und löst sich von der Mutterzelle, deren Zellwand wieder geschlossen wird. Dabei verbleibt an der Mutterzelle eine Sprossnarbe, die sich durch eine etwas abweichende Wandstruktur nachweisen lässt. Während sich in Flüssigkeiten die Zellen nach der Sprossung voneinander trennen, können sie auf festen Medien beieinander liegen bleiben und aneinander haften; es entstehen sogenannte Sprossmyzelien oder Pseudomyzelien.

Die Lebensweise in Form von Einzelzellen ermöglicht es den Hefen, flüssige Substrate, in denen die Zellen passiv bewegt werden, gut zu durchsetzen und die gelösten Stoffe optimal auszunutzen. In der Natur finden wir Hefen z. B. in faulenden Früchten und in flüssigen pflanzlichen Ausscheidungen. Die Leistungen, die diese Pilze vollbringen, wurden bereits in früheren Zeiten von Menschen in Anspruch genommen, vor allem bei der Herstellung von Nahrungsmitteln und Getränken.

Eine der bekanntesten Hefen ist der „Zuckerpilz", *Saccharomyces cerevisiae*. Er bewirkt die erwähnte alkoholische

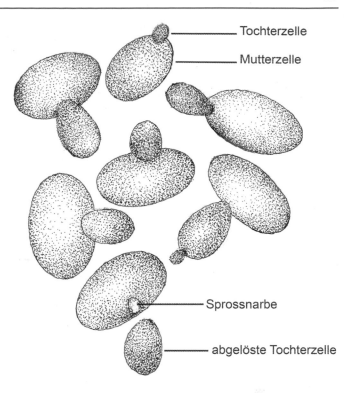

Abb. **5.3** Schematische Darstellung der Sprosszellenbildung von Hefen bzw. Hefestadien dimorpher Pilze

Gärung und wird noch heute zur Herstellung von Bier, Wein, Sekt usw. genutzt. Durch Züchtung hat man Rassen mit ganz spezifischem Leistungsvermögen erhalten. Es gibt Rassen mit einem diplontischem Entwicklungszyklus (vgl. Abb. 2.11), sogar tetraploide Stämme mit ganz spezifischem Leistungsvermögen. Auch die bekannte Backhefe ist eine besondere Züchtung von *Saccharomyces cerevisiae*. Bei ihr dient das entstehende Kohlendioxid zur Auflockerung der Backwaren. Wenn man ein Stück Hefe kauft, bekommt man unzählbar viele einzellige, zusammengepresste Organismen. Durch vorsichtige Trocknung werden die Lebensäußerungen so stark vermindert, dass diese Zellen lange lebensfähig bleiben und bei Befeuchtung wieder zu ihrem normalen Dasein zurückfinden. Während bei der Alkoholherstellung und beim Backen die Produkte der Gärung, nämlich Alkohol oder Kohlendioxid, genutzt werden, kann zu anderen Zwecken auch die Hefe selbst verwertet werden. Dies geschieht vor allem in Form der Futterhefen, zu deren Produktion man Abprodukte, z. B. Sulfitablaugen, Kohlenwasserstoffe aus Erdöl, Substratreste aus industriellen Fermentationen usw., verwendet. Futterhefen sind sehr eiweißreich und vielseitig verwertbar.

Sehr beliebt ist es bei Gartenfreunden, Wein oder weinähnliche Getränke im häuslichen Kleinbetrieb durch Gärung von Fruchtsäften in Glaskolben herzustellen. Bei optimalen Bedingungen – Zuckergehalt des Gärgutes und Raumtemperatur – erzielen versierte Hobbywinzer eine erstaunliche Qualität der Getränke (Abb. 5.4).

Abb. 5.4 Durch intensive Gärung in zuckerhaltigen Fruchtsäften entsteht durch rasche Sprossungen ein Gärschaum (**a**), der vorwiegend aus Sprosszellen der Hefe (**b**) besteht

Noch vieles andere wäre hier zu nennen. So werden besonders in Ostasien durch Pilzfermentation begehrte Nahrungsmittel aus pflanzlichen Produkten hergestellt, man denke nur an Shoyu, eine inzwischen auch in anderen Gebieten der Erde beliebte Sojasoße. Aber auch an der Käseherstellung sind neben Bakterien – insbesondere bei der Reifung einiger Käsesorten, wie Camembert oder Brie – spezielle Pilzarten als Oberflächenbewuchs beteiligt, z. B. *Penicillium roqueforti, Penicillium camemberti* u. a. Gemeinsam mit den notwendigen Bakterien für die Reifung von Käse werden die Pilzstämme oft schon als Reinkulturen der Kesselmilch zugesetzt.

Sogar die Fähigkeit, Holz abzubauen, wurde als willkommene pilzliche Leistung in den Dienst des Menschen gestellt. Nach gleichmäßiger Beimpfung von Holzstämmen mit Holzzerstörern, z. B. mit dem Schmetterlingsporling (*Trametes versicolor*), der das Lignin des Holzes teilweise abbaut, kommt es zur Erweichung des Holzes. Ständig kontrolliert, wird der Prozess rechtzeitig unterbrochen. Auf diese Weise erhält man das sogenannte Mykoholz (Pilzholz), das in der Bleistiftindustrie, aber auch anderweitig benötigt wurde.

5.5 Delikat, aber nicht ungefährlich – von Gift- und Speisepilzen

5.5.1 Waidgerechte Pilzjagd

Wenn wir von Nutzen und Schaden der Pilze sprechen, dürfen wir natürlich das Naheliegendste nicht vergessen, ihre Bedeutung für uns als Nahrungsmittel. Bis in früheste Kulturkreise gibt es Zeugnisse, dass wild wachsende Pilze zur menschlichen Ernährung genutzt wurden und dass es zu tödlichen Pilzvergiftungen gekommen ist (vgl. Abschn. 1.2). Bis in die Gegenwart ist das Pilzesammeln mancherorts aus Nahrungsnot und vielerorts auch als nutzbringendes Naturerlebnis weitverbreitet und nach wie vor kommt es alljährlich noch immer zu tödlichen Pilzvergiftungen.

Welch herrliches Erlebnis ist es doch, wenn man am Rand eines Waldweges plötzlich ein paar prächtige Steinpilze erblickt! Es gibt viele Menschen, die solche Freude empfinden; immer mehr suchen das Naturerlebnis, die Erholung vom Alltag in Wäldern und auf Wiesen, wobei nebenher noch eine selbst erbeutete Köstlichkeit der Natur abgerungen und nach Hause gebracht wird. Die vielen volkstümlichen Namen für den Steinpilz oder Herrenpilz zeugen auch von diesem Erlebnis der Pilzjagd: *cep, bun mushroom* (englisch), *zhu tui mo* (chinesisch), *eckhoorntjesbrood* (holländisch) *cèpe de Bordeaux* (französisch), *porcino* (italienisch), *Belyj grib* (russisch), *hřib hnědý* (tschechisch) – das ließe sich fortsetzen!

Aber die Speisepilze wurden nicht zu allen Zeiten nur aus reiner Lust am Finden gesucht. In manchen Gegenden bedeuteten sie früher für viele Menschen eine Überlebenschance, wenn es Missernten gab und Hunger das Leben trübte. Es gab limitierende Erlaubnisscheine für Speisepilzsammler und Vorschriften für den Kauf auf Bauernmärkten, auch „Schwarzmärkte" mit großen Gefahren für Pilzvergiftungen, die ganze Familien auslöschten. So ist es wohl auch kein Wunder, dass sich im Laufe der Jahrhunderte ein breites Volkswissen über den Wert der verschiedenen Pilze angesammelt hat. Immer neue Erfahrungen kamen hinzu, die an die folgenden Generationen weitergegeben wurden. Selbstverständlich haben sich dabei auch manche Voreingenommenheit, manch falsche Vorstellung erhalten. So sammeln z. B. zahlreiche Menschen nur Steinpilze, Maronenröhrlinge und Pfifferlinge, mögen andere Arten auch als noch so wertvoll empfohlen werden. Hier erweist sich die Tradition einfach als zu stark.

Dass man in verschiedenen Gegenden die Pilze nicht in gleicher Weise beurteilt, kann man auch an manchen volkstümlichen Pilznamen erkennen. Solch eine unterschiedliche Einstellung lassen beispielsweise die Bezeichnungen Schusterpilz oder Hexenpilz für *Boletus erythropus* erkennen; in dem einen drückt sich eine positive Bewertung aus, in der anderen spiegelt sich Ablehnung wider.

Die Tatsache, dass in manchen Pilzen Giftstoffe enthalten sind, hält zahlreiche Menschen völlig davon ab, Pilze zu essen. Und schon in früheren Zeiten haben viele Botaniker und Ärzte aus dem gleichen Grund ganz allgemein vom Pilzgenuss abgeraten, was nicht verwundert, gehören doch die Beschreibungen von schlimmen Vergiftungsfällen zu den ältesten Überlieferungen vom Wissen über die Pilze. Für uns ist es jedenfalls wichtig zu wissen, dass nur die Kenntnis der giftigen und essbaren Arten vor Pilzvergiftungen schützen kann. Es gibt keine allgemeinen Erkennungszeichen für Giftpilze, wie das früher angenommen wurde und zum Teil trotz großer Bemühungen der Pilzaufklärung bis heute geglaubt wird. Verfärbungen von Silber oder Zwiebeln beim Kochen bzw. rote Farben und bleicher Rand an Fruchtkörpern sind keine Merkmale von Pilzgiften! Solche Zeichen gehören ebenso ins Reich der Legende wie die frühere Vorstellung, dass Pilze, von giftigen Schlangen angehaucht, selbst giftig werden oder dass Pilze, die neben Schlangenhöhlen und faulenden Substanzen wachsen, giftig seien.

Pilzsammler sollten also stets um eine sichere Artenkenntnis bemüht sein; dies aber erfordert intensive Beschäftigung mit den Merkmalen und ihrer Variabilität, vor allem jedoch viel Anschauung in der Natur selbst. Kein Pilzbuch kann Erfahrung ersetzen!

Manche Speisepilze gehören zu den begehrtesten und teuersten Nahrungsmitteln der Welt. Wir brauchen nur an die nur wenige Zentimeter hohen, noch geschlossenen jungen Fruchtkörper der Zuchtchampignons (*Agaricus bisporus*, vgl. Abschn. 5.5.4) zu denken, die in den besten Restaurants zu delikaten Gerichten gereicht werden, oder an manche Trüffeln, z. B. die Périgordtrüffeln (*Tuber nigrum*), die seit der Antike als Delikatesse empfohlen werden.

Andererseits gehören manche Pilze zu den gefürchtetsten Feinden des Menschen. Sind sie einmal einem Gericht beigemischt, geben sich viele der heimtückischen und noch immer allzu oft todbringenden Giftpilze durch nichts zu erkennen. Die gefährlichsten unter ihnen, einige Knollenblätterpilze, sind so wohlschmeckend wie edle Speisepilze. Und gerade das macht sie besonders gefährlich. Schon geringe Mengen können lebensbedrohende Vergiftungen hervorrufen. Was da mitunter im Wald wächst, von Kindern aufgefunden und gekostet werden könnte, das müsste, wäre es ein Handelsobjekt, nach den Bestimmungen über den Umgang mit giftigen Stoffen in Labors und Apotheken stets unter Verschluss aufbewahrt werden!

So zeigen sich bei der Beurteilung des Wertes der Pilze scharfe Kontraste, vergleichbar den Gegensätzen von klarem Quellwasser im Gebirge und verdorbenem Abwasser oder von wertvollen Kunstwerken und kommerziellem Kitsch.

Auf diesen Unterschieden beruhten auch die ersten Prinzipien einer Systematisierung der Pilze. Die Einteilung in Gift- und Speisepilze ist uralt und lässt sich bis in Zeiten zurückverfolgen, in denen es Naturwissenschaften in unserem Sinne noch gar nicht gegeben hat. Noch in der Neuzeit, z. B. bei CLUSIUS (vgl. Abschn. 1.2), finden wir die Gliederung in Gift- und Speisepilze als wichtigstes systematisches Prinzip. In der populären Pilzliteratur spielen Gift- und Speisepilze noch heute die wichtigste Rolle – ein Zeichen für das breite Interesse der Bevölkerung.

Die essbaren Arten von ähnlichen Giftpilzen („Doppelgängern") zu unterscheiden ist nicht immer einfach, etwa den giftigen Tigerritterling (*Tricholoma pardalotum*) vom essbaren Erdritterling (*Tricholoma terreum*) oder den giftigen Pantherpilz (*Amanita pantherina*) vom essbaren Grauen Wulstling (*Amanita excelsa*). Deshalb ist allen Pilzfreunden zu empfehlen, sich eingehend mit den Pilzen zu befassen. Die Gelegenheit dafür bieten gute Pilzausstellungen, Pilzwanderungen unter sachkundiger Führung und in Verbindung damit solide, umfassende Literatur.

So verständlich der Wunsch mancher Naturfreunde ist, ohne viel Aufwand möglichst gründliche Kenntnisse zu erwerben – bei der vielschichtigen Materie unserer Pilze ist das leider nicht möglich. Die Gift- und Speisepilze sind ein zu großer Komplex, als dass man ihn nebenbei völlig beherrschen könnte. Es ist viel einfacher, von einem bestimmten Territorium unserer Breiten, z. B. von Deutschland, alle Blütenpflanzen kennenzulernen als alle fruchtkörperbildenden Großpilze – von den übrigen ganz zu schweigen.

Natürlich sollte sich jeder Pilzfreund erst einmal einen Grundstock an Artenkenntnis erarbeiten und diesen dann alljährlich erweitern. Aber man stößt bald an Grenzen, selbst wenn man mit Lupenmerkmalen arbeitet. Tieferes Eindringen erfordert neben den makroskopischen Merkmalsanalysen auch mikroskopische Studien, oft sogar einfache oder komplexere chemische Analysen und Experimente. Man merkt sehr rasch, dass die Fruchtkörper der Pilze sehr variabel sein können und viel weniger sichere Merkmale aufweisen, als wir sie etwa im Blütenbau bei Samenpflanzen finden. Wichtig ist es in jedem Fall, auch den eigenen Bestimmungsergebnissen kritisch gegenüberzustehen und stets bemüht zu sein, das Typische einer Art auch unter extremen Bedingungen herauszufinden. So wie ein guter Botaniker nicht nur die Bäume und Kräuter im blühenden Zustand kennt, sondern auch die Keimlinge und die Holzgewächse im Winter sicher zu unterscheiden weiß, so muss auch der Pilzkenner Entwicklungsstadien der Fruchtkörper zuordnen können und vor allem mit der im Vergleich zu den Pflanzen viel stärkeren Variabilität der Makromerkmale fertig werden. Die Bestimmung fruchtkörperbildender Pilze erfordert stets auch sachkundige Arbeit im Gelände. Nicht nur aus der Begleitflora und anderen Merkmalen des Standortes lassen sich wichtige Bestimmungshinweise ableiten, sondern auch die Fruchtkörper selbst bedürfen der genauen Betrachtung an der Fundstelle. Nach Möglichkeit sollten Fruchtkörper aller Entwicklungsstadien für die Bestimmung mitgenommen werden. Aber das ist gar nicht einfach, wenn verschiedene und ähnliche Arten an einem Wuchsort gemeinsam vorkommen. In solchen Fällen muss man durch genaue Vergleiche die Übergangsformen und das Zusammengehörige erkennen. Und dafür ist schon ein gewisses Talent, vor allem aber viel Übung im Beobachten erforderlich.

Wie der Jäger das Verhalten des Wildes kennen muss, um das richtige Tier zur richtigen Zeit erlegen zu können, so sollte auch der Pilzsammler etwas von den Eigenheiten seiner „Opfer" verstehen, wenn er reiche „Beute" nach Hause bringen möchte. Es ist nicht allein Glück oder Zufall, ob eine Pilzjagd erfolgreich verläuft. Erst die Kenntnisse über die Wuchsorte der Pilze, die Faktoren der Landschaft und des Klimas, die in ihrem Zusammenwirken für das Wachstum der Fruchtkörper von großer Bedeutung sind, führen zum Erfolg. Der Kenner versteht es, zur günstigsten Zeit am rechten Ort zu sein.

Früher, als die Jagd privilegierten Kreisen der Bevölkerung vorbehalten war, wurde das Pilzesammeln bisweilen als die „Jagd des kleinen Mannes" bezeichnet. Und tatsächlich gibt es hier einige Ähnlichkeiten; man denke nur an die Stimmungen, an das Naturerlebnis vor Sonnenaufgang im Wald, wenn die Siedlungen der Umgebung noch in tiefem Schlaf liegen. Es ist aber auch die Freude, der Natur etwas abgewinnen zu können, was sie uns nicht ohne Weiteres zu überlassen bereit ist.

Ein Pilzkenner und versierter Sammler durchstreift manche Teile des Waldes erst gar nicht, in denen ein Gelegenheitssammler lange und erfolglos nach Pilzen sucht. Er besitzt das Gespür für die Wuchsorte der Pilze – empirische Kenntnisse, Erfahrungen; denn Stück um Stück hat sich ihm auf zahllosen Pilzjagden das Gefüge der Standorte eingeprägt. Vieles, wovon er sich beim Sammeln intuitiv leiten lässt, was ihm an einem Standort eine erfolgreiche Jagd verheißt, ist unzählige Male erprobt, hat sich immer wieder als richtig erwiesen.

Wenn solche Empirie beim Pilzesuchen mit fundiertem Wissen, z. B. über den Zeigerwert der Pflanzen am Standort oder über die Bodenansprüche der Pilze, verknüpft werden kann, dann kommt es bisweilen zu jenen erstaunlichen Erfolgen, die von Außenstehenden mit Ehrfurcht bewundert werden und die wie Hellseherei anmuten. Und manch einer fragt sich insgeheim, wie es wohl möglich sei zu wissen, dass gerade an dieser oder an jener Stelle solche prächtigen Rotkappen stehen.

Es gibt nicht wenige, mitunter sogar leidenschaftliche Pilzsammler, die Pilze eigentlich gar nicht essen mögen. Daran erkennt man, dass die Freude an der Natur, das erfolgreiche Jagderlebnis für viele Pilzfreunde zumindest eine ebenso große Rolle spielen wie die Pilze selbst.

Betrachten wir aus dieser Sicht unsere Pilzstandorte an einigen ausgewählten Beispielen und versuchen wir uns ein wenig von der Faszination der Pilzjagd vor Augen zu führen.

Es sei die schönste Zeit des Jahres, meinen viele, wenn sich das zartgrüne Blätterdach des Buchenwaldes zu schließen beginnt, wenn Anemonen, Lerchensporn, Lungenkraut und all die anderen Frühlingsblumen in den Laubwäldern und Gebüschen ihre volle Blütenpracht entfaltet haben. Für die Bewohner der waldreichen Landschaften ist dies eine vertraute Erscheinung. Und doch wird jeder immer wieder neu tief berührt.

In dieser Zeit beginnt auch die neue Saison für all die Pilzfreunde, die Verpeln und Morcheln (Abb. 5.5) zu ihrer Beute erkoren haben. Unter den Ascomyceten, deren Fruchtkörper im Frühjahr erscheinen, sind Speise-, Spitz- und Käppchenmorcheln (*Morchella esculenta*, *M. conica*, *M. gigas*), aber auch Runzel- und Fingerhutverpeln (*Verpa bohemica*, *V. digitaliformis*) von den essbaren Arten die trächtigsten Speisepilze.

Besonders in reich gegliederten Landschaften, wo Wälder, Gebüsche, Wiesen, Ackerflächen, Bachtäler, Hänge, Hohlwege und Wallhecken einander rasch ablösen, gibt es genügend Standorte für diese begehrten und delikaten Frühjahrspilze. Die Verpeln und Morcheln meiden kühlfeuchte Gebiete; zur Nadelwaldregion der Gebirge hin werden sie seltener. In sommerwarmen Landschaften, z. B. dort, wo Weinbau möglich ist, finden sie optimale Bedingungen.

Die Verpeln lieben dichte Haine, Gebüsche und Vorwälder, sie bevorzugen warme Kalk- und Basaltböden. Aber sie kommen auch in Pappelpflanzungen, sogar in Parks, Gärten und auf Friedhöfen vor. Wo genügend Substrat aus abgefallenen Blättern, Zweigen und humosem Boden liegen blieb, kann sich das Myzel entwickeln. An ähnlichen Standorten finden wir auch die Morcheln, die manchmal mit Verpeln gemeinsam auftreten. Auf einer Pilzwanderung im Frühjahr finden wir selten nur eine einzige Art dieser Früh-

Abb. 5.5 Spitzmorcheln (*Morchella conica*), ein begehrter, wohlschmeckender Speisepilz des Frühjahrs (Vorsicht! Nicht in großen Mengen verzehren!)

jahrsboten unter den Speisepilzen, obwohl die Verpeln in der Regel etwas früher als die Morcheln erscheinen. Die Spitzmorcheln haben eine breite ökologische Amplitude. Immer wieder hört man vom Vorkommen auf Höfen, im Schutt abgerissener Häuser oder an ähnlichen vom Menschen stark beeinflussten Standorten.

Je nach Landschaft und Witterung kann die „Morchelzeit" beträchtlich schwanken. Ende April sind in manchen Gegenden die Verpeln schon verschwunden, während Morcheln noch bis weit in den Mai hinein zu finden sind.

Die zartfleischigen, wohlschmeckenden Morcheln kommen selten gemeinsam mit der giftigen Frühjahrslorchel (*Gyromitra esculenta*) vor. Dieser Giftpilz – er wurde bis in die 1920er-Jahre als Speisepilz geführt und sogar in den Handel gebracht – wächst vorzugsweise bei Kiefern. In sandigen Kiefernforsten tritt er zur Morchelzeit manchmal in Massen auf.

Der Fortgeschrittene unter den Pilzsammlern sucht im Frühjahr noch weitere Verwandte der morchel- und becherlingsartigen Pilze (*Pezizales*), deren Formen- und Farbenvielfalt jeden Naturfreund faszinieren können. An Morchelstandorten wachsen der Hochgerippte Becherling (*Helvella acetabulum*), in Laub- und Nadelwäldern mehrere braune Becherlingsarten (*Peziza*-Arten) und direkt an Laubholzresten der prächtige Zinnoberrote Kelchbecherling (*Sarcoscypha coccinea*; Abb. 5.6).

Wenn auch keine dieser Arten giftig ist, so lohnt es doch kaum, sie als Speisepilze zu sammeln. Zu mühsam ist die Ernte der nicht sehr großen Becherlinge.

In den lichten Gebüschen und Trockenwäldern auf Kalkboden, sogar im Mosaik aus Trockenrasen und Gebüschen, finden wir zur Morchelzeit den besonders prächtigen, aber giftigen Kronenbecherling (*Sarcosphaera coronaria*), der zunächst kugelig gestaltet ist, dann aber unregelmäßig sternförmig aufreißt, wodurch seine violette Innenseite freigelegt

wird, an der sich das Hymenium entwickelt hat. Dieser Becherling ist eine charakteristische Art trockener Vegetationstypen auf Kalkböden und zudem ein prächtiger Frühjahrsschmuck.

Im Mai, noch in der Morchelzeit, gibt es bereits weitere lohnende Objekte für die Pilzjagd. In Liebhaberkreisen hört man dann bald die Frage, ob sie schon erschienen sind, jene wohlschmeckenden und seit Jahrhunderten als Speisepilze begehrten Maipilze (*Calocybe gambosa*). Der erste Schub der Fruchtkörperbildung im Mai, dem diese Pilze ihren Namen verdanken, bringt meist eine reiche Ernte, während sie danach bis in den Herbst hinein nur noch vereinzelt fruktifizieren. Die Maipilze mit ihren blassen Farben und dem charakteristischen Mehlgeruch meiden wie die Morcheln und Verpeln das kühle Gebirgsland. Es sind Laubwaldpilze. Ihre Massenverbreitung erreichen sie im Areal der Eichen-Hainbuchen-Wälder und der wärmeren Buchenwaldgesellschaften. Hier besiedeln sie sehr viele Waldtypen, auch Mischwälder oder krautreiche, reine Kiefernforste, die auf Laubwaldstandorten angepflanzt wurden. Sogar waldnahes Grünland gehört zu den Standorten dieser begehrten Speisepilze.

Die meisten ektotrophen Mykorrhizapilze (vgl. Abschn. 4.2.2) bilden vorzugsweise im Herbst ihre Fruchtkörper. Dies lässt sich auf die jahreszeitliche Rhythmik des Nährstoffaustauschs zwischen den Mykorrhizapartnern zurückführen. Von dieser Regel gibt es aber zahlreiche Ausnahmen; so erscheinen mitunter schon im Mai Fruchtkörper typischer Mykorrhizapilze des Spätsommers und des Herbstes, z. B. Steinpilze (*Boletus edulis* s. l.) oder Birkenrotkappen (*Leccinum versipelle*).

Ganz anders verhält sich z. B. der Märzschneckling (*Hygrophorus marzuolus*; Abb 5.7), ein Mykorrhizapilz, der in süd- und mitteleuropäischen Gebirgsländern hauptsächlich bei Nadelgehölzen vorkommt, besonders bei Tannen und Fichten.

Abb. 5.6 Zinnoberroter Kelchbecherling (*Sarcoscypha coccinea*), ein holzbewohnender Frühjahrspilz feuchter Laubwaldbiotope

Abb. 5.7 Märzschneckling (*Hygrophorus marzuolus*), ein essbarer, im Frühjahr fruktifizierender Mykorrhizapilz

Er wächst in mäßig feuchten Wäldern und erscheint in Südeuropa meist unmittelbar nach der Schneeschmelze im März, in Mitteleuropa im April oder Mai. Man braucht einige Erfahrung, um die kräftigen, gedrungenen Fruchtkörper zu finden. Oft schieben sie die Erde oder den Rohhumus nur ein wenig hoch, und man entdeckt sie zuerst dort, wo Eichhörnchen oder andere Tiere bereits Fruchtkörper ausgegraben und Reste unverzehrt liegen gelassen haben. In manchen Alpenländern gelangt der Märzschneckling als Marktpilz zum Verkauf; gegenwärtig wird er aber, wie so manche andere Mykorrhizapilze, seltener und bedarf – wenigstens am Rand seines Areals – des Schutzes. Die nördlichsten Funde der Art in Deutschland stammen aus dem Harz, dem Thüringer Gebirge, dem Vogtland und dem Erzgebirge. Hier ist der Pilz durch Eutrophierung stark gefährdet.

In Nadelwäldern und Mischwäldern mit Nadelholzanteil wachsen im Frühjahr die Nagelschwämme oder Zapfenrüblinge (*Strobilurus*-Arten), und zwar auf feucht liegenden, sich zersetzenden Zapfen. Besonders die kleinen, schmackhaften Fichtenzapfenrüblinge (*Strobilurus esculentus*) können mitunter so reichlich fruktifizieren, dass sie trotz des mühsamen Einsammelns am Ende doch ein Pilzgericht ergeben.

Für viele Naturfreunde ist verrottendes Holz eine Quelle des Naturerlebens. Da können zoologisch Interessierte auf manch seltenes Insekt stoßen, auch wachsen an ihm die Sporenfrüchte der mit den Urtierchen verwandten Schleimpilze, oder man findet das Holz durch Pilzmyzelien weiß, rot, braun oder auffallend spangrün gefärbt. Ein beinahe aufregendes Erlebnis ist es, wenn man nachts im Wald an einem morschen Baumstumpf zum ersten Mal leuchtendes Holz entdeckt. Auch dieses gespenstige Schimmern wird von holzabbauenden Pilzen verursacht, zu denen z. B. die bekannten Hallimasch-Arten (*Armillaria mellea*; s. Abb. 5.13) und der büschelig wachsende Winterhelmling (*Mycena tintinnabulum*) gehören.

Von den Holzpilzen, die große Fruchtkörper bilden, sind mehrere Arten als gute Speisepilze bekannt. Einige von ihnen lassen sich bereits im Frühjahr reichlich ernten. Manche Arten sind mit ihrer Fruktifikation deutlich an das Winterhalbjahr gebunden. Sie setzen während der Frostperioden zwar mit der Fruchtkörperbildung aus, haben aber im Herbst, besonders im Spätherbst, und dann wieder im zeitigen Frühjahr ein deutliches Optimum. Zu diesen Arten gehört der Winterrübling oder Samtfußrübling (*Flammulina velutipes*; Abb. 5.8). In naturnahen Auwäldern, wo reichlich totes Laubholz anfällt, treffen wir ihn regelmäßig an. Seine büschelig wachsenden, prächtig goldgelben Fruchtkörper brechen – oft bis in Mannshöhe – aus toten alten Stämmen und Ästen hervor, wachsen aber auch an Stümpfen sehr vieler Laubgehölze, selbst in Gärten an Obstbäumen oder in den Städten an Stümpfen von Straßenbäumen.

Abb. 5.8 Samtfußrüblinge (*Flammulina velutipes*), ein schmackhafter Winterpilz

Abb. 5.9 Vom Austernseitling (*Pleurotus ostreatus*) stark befallener Stammgrund einer bereits geschädigten Pappel in einem Auwald

Wie der Austernseitling (*Pleurotus ostreatus*; Abb. 5.9), der ebenfalls im Herbst und im Frühjahr seine Fruchtkörper bildet, ist auch der Winterrübling in der Lage, über Stammwunden lebende Bäume zu befallen. Austernseitlinge bevorzugen Altholz, tote alte Laubholzstämme, beispielsweise von Buchen. Als Wundparasiten sind sie auch an einzeln stehenden Bäumen in luftfeuchten Gebieten zu finden; in submontanen Buchenwäldern können sie sich zu Massenpilzen entwickeln.

Erwähnt werden soll auch der Graublättrige Schwefelkopf (*Hypholoma capnoides*), eine weitere Art mit jenem typischen Spätherbst-Frühjahrs-Rhythmus der Fruktifikation. Besonders lohnend ist die Suche nach diesem Pilz in den Fichtenforsten der Gebirgs- und Hügelländer. An den Fichtenstümpfen mancher Kahlschläge kommt es mitunter, z. B. von September bis Dezember sowie im April und Mai, zur Massenentwicklung von Fruchtkörpern, die dann trotz ihrer bescheidenen Größe zu einer lohnenden Pilzernte führen können.

Manche Holzbewohner unter den Speisepilzen erscheinen auch dann, wenn durch Trockenheit oder andere missliche Umstände Bodenpilze ausbleiben. Die meisten von ihnen bilden bereits im Frühjahr erste Fruchtkörper und wachsen dann bis in den Herbst hinein. Bekannt und begehrt sind die Stockschwämmchen (*Kuehneromyces mutabilis*), die an Laub-, selten auch an Nadelholz in oft dichten Fruchtkörperrasen vorkommen. Schwefelporlinge (*Laetiporus sulphureus*) und Schuppige Porlinge (*Polyporus squamosus*) bilden mitunter hoch am Stamm oder sogar im Geäst lebender Laubbäume ihre stattlichen Fruchtkörper. Sie sind aber auch an Stümpfen und liegenden toten Stämmen zu finden. Diese beiden Arten sind in vielen Waldtypen, aber auch an Einzelbäumen außerhalb von Wäldern, z. B. an Straßenbäumen, häufig anzutreffen. Richtig zubereitet liefern junge Fruchtkörper schmackhafte und reichliche Pilzmahlzeiten. Die sehr auffallenden, leuchtend gelben Schwefelporlinge sind auch an Obstbäumen, z. B. an Pflaumen- und Süßkirschbäumen, eine allgemeine Erscheinung an Alleen oder an alten Hochstämmen auf Streuobstwiesen. Sie künden vom Ende der Bäume, denn sie bauen recht intensiv das Kernholz ab, sodass Windbruch absehbar ist.

Es gibt auch Holzpilze, die im Hinblick auf die Erscheinungszeit der Fruchtkörper oder die Substratwahl eine wesentlich engere Amplitude haben oder doch deutliche ökologische Schwerpunkte erkennen lassen. Wenn im Juni/Juli in den Auwäldern der Frühjahrsaspekt mit dem Blütenmeer von Gelbem Windröschen und Lerchensporn längst vorüber ist und die dominierenden hohen Stauden dem Wald ihr Gepräge geben, findet man auf den oft reichlich durchfeuchteten und bemoosten liegenden Ulmenstämmen, an deren Absterben auch der parasitische Ascomycet *Ceratocystis ulmi* mitgewirkt hat, häufig die Fruchtkörper des Rillstieligen Seitlings (*Pleurotus cornucopiae*). Morsche, bereits zersetzte Stämme sind mit dichten Rasen bedeckt; aber auch an wenig zersetzten, noch aufrechten Stämmen brechen die Fruchtkörper bis in die Höhe von einigen Metern und zum Teil aus der noch anhaftenden Borke hervor. In einer Zeit also, die in unseren Breiten relativ wenige Speisepilze bietet, kann man an solchen Fundstellen oft so reichlich Speisepilze sammeln, dass ein einziger Haushalt die Ernte kaum zu bewältigen vermag.

Viele unserer terrestrischen Speisepilze beginnen im Frühsommer zögernd mit ihrer Fruktifikation, steigern sich zum Herbst hin und erreichen Ende August/Anfang Oktober vor den ersten Nachtfrösten ihren Höhepunkt. Man kann diesen Rhythmus, der natürlich von den speziellen Bedingungen eines jeden Jahres modifiziert wird, bei den Mykorrhizapilzen, aber auch bei vielen saprophytischen Arten beobachten. Er hängt mit dem Rhythmus der Stoffkreisläufe zusammen, mit der Aktivität der Bodentiere und dergleichen.

Auf den Wiesen finden wir mehrere Champignonarten. Der Wiesenchampignon (*Agaricus campestris*), ein schon seit Jahrhunderten begehrter Speisepilz, wächst besonders in mäßig beweidetem Grasland, aber auch auf Äckern und in kontinentalen beweideten Steppenrasen. Champignonwiesen werden nach Feuchteperioden bei einsetzender Sommerwärme von den Kennern ganz gezielt abgesucht. Dabei kam es besonders in der Nachkriegszeit zu einer regelrechten Sammelkonkurrenz, wenn sich mehrere Interessenten im Halbdunkel des frühen Morgens mit ihren Körben auf der Weide begegneten.

Die besonders trächtigen Anisegerlinge (*Agaricus arvensis* und verwandte Arten) wachsen teils im Grünland, teils in Wäldern. Sie sind wie die meisten Champignons schmackhafte Speisepilze, wenn die Fruchtkörper nicht zu alt eingesammelt werden. Die Unterseiten der Hüte sollten noch durch den Ring verschlossen und die Lamellen noch nicht gebräunt, sondern noch zartrosa gefärbt sein.

Auch wenn auf den Wiesen die Champignons ausbleiben, kann man in vielen Fällen essbare Pilze finden, so z. B. die zähstieligen kleinen Nelkenschwindlinge (*Marasmius oreades*), die nur mit den oberen Stielenden geerntet werden. Sie sind etwas mühsam zu sammeln, gelten aber als wohlschmeckende Speisepilze, besonders wenn sie jung sind, d. h., wenn sie noch halbkugelige Hüte und zarte Stiele haben. Die Nelkenschwindlinge haben einen weiten Lebensbereich. Sie wachsen im mesotrophen, gedüngten Grasland und sind ebenso in Trocken- und Halbtrockenrasen sowie an Wegrändern und auf Parkrasen zu finden. Auf mageren Wiesen erscheinen sie oft in „Hexenringen“, bei denen in der Zone der Fruchtkörperbildung häufig eine deutliche Förderung des Graswuchses festzustellen ist.

Der zum Herbstanfang hin gesteigerte Fruchtkörperansatz trifft auch für die meisten Mykorrhizapilze zu. Nur wenige von ihnen, z. B. der Perlpilz (*Amanita rubescens*; Abb. 5.10) und der Graue Wulstling (*Amanita excelsa*), haben ihr Opti-

Abb. 5.10 Perlpilz (*Amanita rubescens*) ein wohlschmeckender, in Laub- und Nadelwäldern häufig vorkommender Mykorrhizapilz

mum beim ersten Schub der Fruktifikation im Juni oder Juli. Pilzkenner wissen dies und suchen dann ihre „Fleckchen" in Fichten- oder Kiefernforsten auf, wo sie diese Pilze manchmal in großen Mengen sammeln können.

Die Fichten- und Kiefernforste, jene vom Menschen geschaffenen monotonen Waldtypen, stehen in ihrer Artenvielfalt meist weit hinter den naturnahen Wäldern zurück. Aber in solchen Forsten treten oft einige wenige Arten in Massen auf. Die Phase der Massenentwicklung von Pfifferlingen (*Cantharellus cibarius*), Steinpilzen (*Boletus edulis*), Butterpilzen (*Suillus luteus*), Perlpilzen (*Amanita rubescens*), Sandpilzen oder Sandröhrlingen (*Suillus variegatus*) und vielen anderen in den Kiefernschonungen des Flachlandes ist in den von eiszeitlichen Sand- und Moränenböden geprägten Landschaften die einträglichste Pilzzeit des Jahres.

Auch in den Fichtenforsten der Gebirgslagen gibt es solche Pilzzeiten; sie werden z. B. durch die Massenentwicklung der Fruchtkörper von Maronenröhrlingen (*Xerocomus badius*), Steinpilzen (*Boletus edulis*) oder Flockenstieligen Hexenpilzen (*Boletus erythropus*; Abb. 5.11), die man auch als Schusterpilze bezeichnet, gekennzeichnet. Pilzkenner wissen, dass es auch vom Alter der Bäume abhängt, wie reichlich die Fruchtkörper gebildet werden, und dass die Ursache für Massenentwicklungen von Fruchtkörpern in dichten Schonungen jüngerer Bäume nicht allein in der erschwerten Zugänglichkeit dieser Pilzstandorte zu suchen ist.

Ein anderes gutes Jagdrevier für Pilzfreunde sind die Lärchenpflanzungen, ganz besonders jene auf mäßig feuchten Standorten im Gebirge und im Gebirgsvorland. Hier dominiert der Goldröhrling (*Suillus grevillei*); aber auch die Hohlfußröhrlinge (*Boletinus cavipes*) und später im Jahr die Lärchenschnecklinge (*Hygrophorus lucorum*) bringen nicht selten gute Erträge an Speisepilzen.

In den Buchenwäldern gehören Steinpilze, Perlpilze und Pfifferlinge zu den begehrtesten Mykorrhizapilzen. Es gibt

Abb. 5.12 Sehr ansehnliche und ergiebige Fruchtkörper des Frauentäublings (*Russula cyanoxantha*)

aber hier noch viele andere Arten, essbare Schleierlinge (*Cortinarius*-Arten), viele Milchlinge (*Lactarius*-Arten) und Täublinge (*Russula*-Arten), die versierte Pilzkenner zu schätzen wissen. Von besonderem Wert ist z. B. der gut kenntliche Frauentäubling (*Russula cyanoxantha*; Abb. 5.12), der prächtige Fruchtkörper bildet.

Von den Speisepilzen, die an Holz wachsen, sind einige Arten auf den Herbst beschränkt, beispielsweise die Hallimasch-Arten (*Armillaria mellea* agg.; Abb. 5.13), die mancherorts als Handelspilze Bedeutung haben und besonders wegen ihres massenhaften Auftretens einen der wichtigsten Abschnitte der Pilzsaison bestimmen. Die Hallimaschzeit kann in manchen Jahren rasch vorüber sein und wenig Ertrag bringen; ein andermal erscheinen dicht aufeinander in mehreren Schüben kaum zu bewältigende Fruchtkörpermassen. Bei diesen Pilzen handelt es sich um mehrere spezialisierte Kleinarten, deren Systematik noch nicht völlig geklärt ist und deren Variabilität die Bestimmung erschwert. Im Speisewert sind sie einander ähnlich. Man findet den Hallimasch in allen möglichen Waldtypen: in Nadelholzforsten, wo er mitunter als Forstschädling gefürchtet wird, ebenso wie in feuchten oder trockenen Laubwäldern. Die Fruchtkörper können in dichten Rasen alte Stümpfe bedecken oder – oft meterhoch – aus toten oder lebenden Stämmen hervorbrechen oder auf Wurzelholz scheinbar terrestrische Fruchtkörperbüschel bilden (Abb. 5.13).

Zu den Arten, die im Herbst auf Holz erscheinen und mancherorts als Speisepilze dienen, gehören auch einige Schüpplinge (*Pholiota*-Arten). Mancherorts werden der Sparrige Schüppling (*Pholiota squarrosa*) und der Hoch-

Abb. 5.11 Flockenstieliger Hexenpilz (*Boletus erythropus*) am Rand eines bodensauren Fichtenforstes

Abb. 5.13 Honiggelber Hallimasch (*Armillaria mellea*), scheinbar terrestrisches Fruchtkörperbüschel in einem Parkrasen über einer toten Birkenwurzel

Abb. 5.14 Der Frostschneckling (*Hygrophorus hypothejus*), ein Mykorrhizapilz von Kiefern, erscheint oft in großen Massen nach ersten Herbstfrösten

thronende oder Goldfellschüppling (*Pholiota aurivella*) gern gesammelt, obgleich ihr Speisewert umstritten ist. An Stümpfen und am Fuße lebender Stämme ist der Sparrige Schüppling in vielen Wäldern und auch außerhalb des Waldes ein häufiger Pilz. Er besiedelt viele Laubholzarten und kommt im Gebirge auch nicht selten an Fichten vor. Der Hochthronende Schüppling ist ein Laubholzbewohner, er bevorzugt Buchen. Hier erscheinen die Fruchtkörper oft in mehreren Metern Höhe an Stammwunden oder brechen aus größeren Ästen hervor. Besonders im Flachland, wo Rotbuchen an grundwassernahen Standorten wachsen, aber auch in luftfeuchten submontanen Lagen ist dieser Pilz häufig. Wenn es an anderen Pilzen mangelt und eine Exkursion mit einem Pilzmahl enden soll, ist es für sportliche Pilzsammler ein besonderes Erlebnis, einige kräftige Büschel dieses Pilzes aus dem Geäst eines alten Baumes zu holen.

Im Herbst, wenn sich die ersten Boten des Winters bemerkbar machen, die Tage deutlich kürzer werden und die Morgenstunden schon empfindlich kühler sind, ist die Saison der Pilzfreunde noch immer nicht zu Ende. In den Laubwäldern werden Nebelkappen (*Lepista nebularis*) und Violette Rötelritterlinge (*Lepista nuda*) von manchen Sammlern aufgespürt. Obwohl der Wert dieser Arten, besonders der Nebelkappen, umstritten ist, werden sie von vielen gern gesammelt, nicht zuletzt, weil sie oft sehr reichlich erscheinen. Wenn das bunte Herbstlaub bereits zu fallen beginnt und in Buchenwäldern der Waldboden seine charakteristische goldbraune Farbe erhält, entfaltet sich hier ein herbstlicher Pilzaspekt, dem die ungenießbaren Herkuleskeulen (*Clavariadelphus pistillaris*) und die Nebelkappen (*Lepista nebularis*) das Gepräge geben.

Auf den Wiesen, auf Weiden und in lichten Wäldern kommt gebietsweise häufig ein kräftiger und ergiebiger Speisepilz vor, der Violettstielige Rötelritterling (*Lepista*

personata); und unter Kiefern bringen die Frostschecklinge (*Hygrophorus hypothejus*; Abb. 5.14) nochmals eine reiche Ernte. In den Fichtenforsten der Gebirge ist um diese Zeit der Schneeritterling (*Tricholoma portentosum*) mancherorts häufig.

Uns sollen diese Beispiele genügen. Die Vielfalt ist schier unerschöpflich, doch nichts als die eigene Aktivität kann uns das Erlebnis des Sammelns zuteilwerden lassen, und nichts als eigenes Bemühen vermag uns die notwendige Kenntnis über Pilzarten zu vermitteln.

Wir haben gesehen, dass zu allen Jahreszeiten und in allen Landschaften Pilze anzutreffen sind. Sie aufzuspüren und ihre Eigenheiten zu ergründen macht die Pilzjagd zu einem der beliebtesten Hobbys vieler Naturfreunde. Erfahrene Pilzsucher aber wissen natürlich, was unter den kleinen, in den Forsten eingestreuten Birken oder bei den Erlen am Bach zu erwarten ist. Sie kennen ihre Stellen, wo unter Kiefern Edelreizker (*Lactarius deliciosus*) wachsen oder wo in den Gebirgswäldern die schmackhaften Schwarzkopfmilchlinge (*Lactarius lignyotus*), die man „Essenkehrer" oder „Mohrenköpfe" nennt, zu finden sind oder wo man die Trompetenpfifferlinge (*Cantharellus tubaeformis*) – auch „Trompeterle" genannt – antreffen kann. Wenn ein Pilz mehrere, oft von Dorf zu Dorf verschiedene volkstümliche Bezeichnungen hat, ist es auch ein Zeichen seiner Beliebtheit. Immer wieder ist es ein einprägsames Erlebnis, wenn man der Eigenheit einer Art auf die Spur gekommen ist.

5.5.2 Gefahren im Hinterhalt – die Giftpilze

Wir kennen farbenprächtige, aber giftige Beeren oder Blüten, auch giftige Schlangen, vor denen wir unsere Kinder warnen. Zahlreiche Geschichten von schlimmen Vergiftungen kursieren unter den Menschen. Es mögen oft Legenden sein, doch ist sicherlich manches Wahre in ihnen enthalten. An erster Stelle stehen in solchen Berichten die Giftpilze. Dabei offenbart sich zwar nicht wenig Volkswissen, aber auch viel Unkenntnis und Irrglaube.

Wenden wir uns zunächst den Pilzen zu, von denen wir wissen, dass uns ihr Genuss Schaden zufügt, ja sogar tödlich sein kann, weil in der Substanz dieser Pilze Giftstoffe enthalten sind. Zu den gefährlichsten Giftpilzen Europas gehören einige Knollenblätterpilze oder Wulstlinge (*Amanita*-Arten). Ihre weißen Lamellen sind nur mit der Unterseite des Hutes verwachsen, also nicht am Stiel angeheftet. Der Grüne Knollenblätterpilz (*Amanita phalloides*; Abb. 5.15) und einige verwandte Arten, der Frühlingsknollenblätterpilz (*Amanita verna*) und der Kegelige Knollenblätterpilz (*Amanita virosa*) enthalten gefährliche Giftstoffe, zyklische Peptide aus Aminosäuren. Sie wurden, je nach ihrer Grundstruktur, als Phallotoxine, Virotoxine und Amatoxine bezeichnet (vgl. Abb. 5.16 und 5.17). Man hat in den letzten Jahrzehnten diese Giftstoffe auch in manchen Häublingen nachgewiesen, z. B. im Nadelholzhäubling (*Galerina marginata*), der mit dem Stockschwämmchen verwechselt werden kann, und in manchen Schirmlingen gefunden, z. B. im Fleischbräunlichen Schirmling (*Lepiota brunneoincarnata*) und im Fleischrötlichen Schirmling (*Lepiota helveola*).

Das Vorkommen von Knollenblätterpilz-Giften im Nadelholzhäubling, der dem essbaren, gerne als Speisepilz gesammelten Stockschwämmchen (*Pholiota mutabilis*) ähnelt, verursachte in den vergangenen Jahrzehnten schwere Vergiftungen. Beide Arten haben hygrophane Hüte, braune Farben überwiegen, beide können büschelig wachsen. Die Fruchtkörper des Nadelholzhäublings sind meist kleiner, an

der Stielbasis brüchiger und das Velum partiale ist hinfälliger als beim Stockschwämmchen (Abb. 5.18).

Die Knollenblätterpilz-Gifte sind Zellgifte, die vorrangig Leberzellen schädigen. Krankheitssymptome treten erst nach einer Latenzzeit von sechs bis 24 Stunden auf. Nach mehrtägigen Brechdurchfällen kommt es zu Bauchkoliken sowie wässrigen und blutigen Durchfällen. Weitere Kennzeichen sind Blutdruckabfall, Pulsanstieg, Wadenkrämpfe und Schockerscheinungen. Schließlich kann nach Gelbfärbung der Haut und Blutgerinnungsstörungen nach vier bis sieben Tagen der Tod durch Leberversagen unter furchtbaren Qualen eintreten. Viele tragische Fälle von Knollenblätterpilz-Vergiftungen sind bekannt geworden. Besonders in Hungerszeiten, wenn sich Pilzvergiftungen häufen, sind schon ganze Familien ausgelöscht worden.

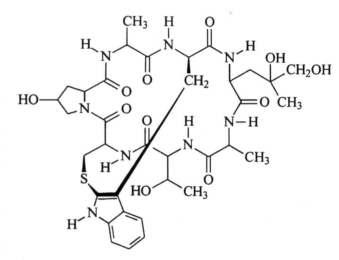

Abb. 5.16 Strukturformel von Phalloidin, einem der wichtigsten Pilzgifte des Grünen Knollenblätterpilzes (*Amanita phalloides*) und einiger anderer Giftpilze

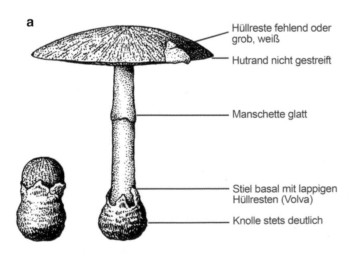

a

Hüllreste fehlend oder grob, weiß

Hutrand nicht gestreift

Manschette glatt

Stiel basal mit lappigen Hüllresten (Volva)

Knolle stets deutlich

Hutfarben: grün mit feiner brauner Radialfaserung oder rein weiß
Geruch: angenehm pilzartig, im Alter süßlich, honigartig
Trama: weiß, nicht verfärbend

b

Abb. 5.15 Grüner Knollenblätterpilz (*Amanita phalloides*); (**a**) wichtige makroskopische Bestimmungsmerkmale, (**b**) Naturaufnahme

Abb. 5.17 Strukturformel von α-Amanitin, einem der wichtigsten Pilzgifte des Grünen Knollenblätterpilzes (*Amanita phalloides*), einiger anderer *Amanita*-Arten, einiger Schirmlinge (*Lepiota*-Arten), z. B. des Fleischbraunen Schirmlings (*Lepiota brunneo-incarnata*) sowie einiger Häublinge (*Galerina*-Arten), z. B. des Nadelholzhäublings (*Galerina marginata*)

Der Grüne Knollenblätterpilz wurde über viele Jahrzehnte noch bis ins 20. Jahrhundert nicht klar vom Gelben Knollenblätterpilz (*Amanita citrina*; Abb. 5.22) unterschieden. Letzterer enthält keines der gefährlichen Knollenblätterpilz-Gifte und wird wie auch der in seiner Morphologie ähnliche, aber dunkel gefärbte Porphyrbraune Knollenblätterpilz oder Porphyrbraune Wulstling (*Amanita porphyria*; Abb. 5.23) als schwach giftige Art eingestuft.

Auch die Fliegenpilze (Abb. 5.20), der gewöhnliche Rote Fliegenpilz (*Amanita muscaria*) und der im Gebirge vorkommende braunhütige Königsfliegenpilz oder Braune Fliegenpilz (*Amanita regalis*), sind giftig; sie enthalten vor allem Ibotensäuren (Abb. 5.19). Bei diesen Stoffen handelt es sich um psychisch wirksame Gifte (s. u.).

Nach einer Latenzzeit von 15 Minuten bis vier Stunden treten Schläfrigkeit, Sehstörungen, Schwindelgefühl, Halluzinationen und andere Rauschzustände auf, mitunter kommt cs zu Schreikrämpfen, Wutausbrüchen oder irrem Tanzen. Persönlichkeitsgefühl und Zeitgefühl gehen teilweise verloren; in

Abb. 5.18 *Kuehneromyces mutabilis* (Stockschwämmchen) (**a** und **b**), *Galerina marginata* (Nadelholzhäubling) (**c** und **d**), beide an Laubholz; die Pfeile in den Bildern (**b**) und (**d**) verweisen auf wichtige Merkmale,

das stabilere Velum partiale und die derbfaserigere Stielbasis beim Stockschwämmchen

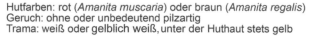

Abb. 5.19 Strukturformel der Ibotensäure, eines psychisch wirksamen Giftes der Fliegenpilze (*Amanita muscaria, Amanita regalis*) und des Pantherpilzes (*Amanita pantherina*)

schweren Fällen tritt tiefe Bewusstlosigkeit ein. Atemstillstand und Kreislaufversagen können schließlich zum Tod führen. Meist klingen jedoch die Vergiftungserscheinungen nach einigen Stunden wieder ab. Ähnliche, aber meist schwerer verlaufende Vergiftungen kommen nach dem Genuss des Pantherpilzes *(Amanita pantherina;* Abb. 5.21) vor, der ebenfalls Ibotensäuren enthält. Sowohl in Fliegen- als auch in Pantherpilzen sind noch weitere Gifte enthalten.

Der Gelbe Knollenblätterpilz (*Amanita citrina*; Abb. 5.22) enthält keinen der gefährlichen Giftstoffe. Es wurde Bufote-

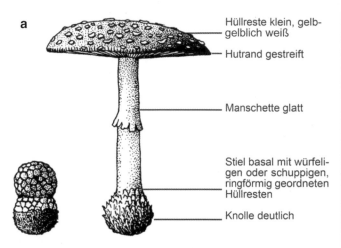

Hutfarben: rot (*Amanita muscaria*) oder braun (*Amanita regalis*)
Geruch: ohne oder unbedeutend pilzartig
Trama: weiß oder gelblich weiß, unter der Huthaut stets gelb

Abb. 5.20 Fliegenpilze (*Amanita muscaria, A. regalis*); (**a**) wichtige makroskopische Bestimmungsmerkmale; (**b**) Naturaufnahme vom Roten Fliegenpilz

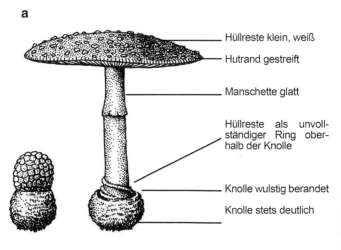

Hutfarben: braune Töne
Geruch: ohne bis schwach rettichartig
Trama: weiß, nicht verfärbend

Abb. 5.21 Pantherpilz (*Amanita pantherina*); (**a**) wichtige Bestimmungsmerkmale; (**b**) Naturaufnahme

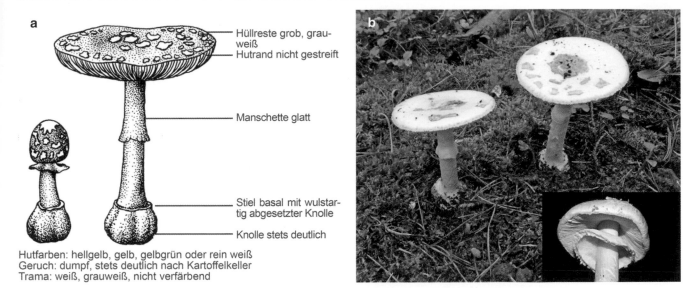

a

Hüllreste grob, grau-
weiß
Hutrand nicht gestreift

Manschette glatt

Stiel basal mit wulstar-
tig abgesetzter Knolle
Knolle stets deutlich

Hutfarben: hellgelb, gelb, gelbgrün oder rein weiß
Geruch: dumpf, stets deutlich nach Kartoffelkeller
Trama: weiß, grauweiß, nicht verfärbend

Abb. 5.22 Gelber Knollenblätterpilz (*Amanita citrina*); (**a**) wichtige Bestimmungsmerkmale; (**b**) Naturaufnahmen

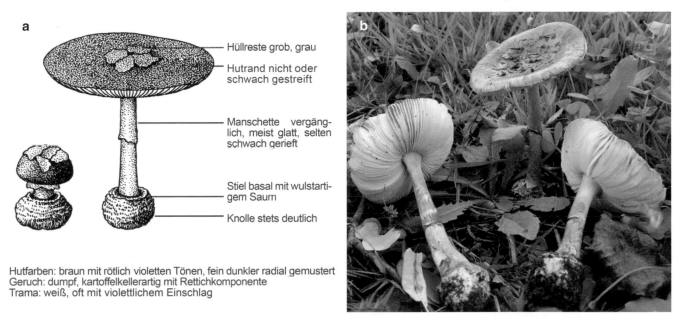

a

Hüllreste grob, grau

Hutrand nicht oder
schwach gestreift

Manschette vergäng-
lich, meist glatt, selten
schwach gerieft

Stiel basal mit wulstarti-
gem Saum
Knolle stets deutlich

Hutfarben: braun mit rötlich violetten Tönen, fein dunkler radial gemustert
Geruch: dumpf, kartoffelkellerartig mit Rettichkomponente
Trama: weiß, oft mit violettlichem Einschlag

Abb. 5.23 Porphyrbrauner Knollenblätterpilz oder Porphyrbrauner Wulstling (*Amanita porphyria*) (**a**) wichtige Bestimmungsmerkmale; (**b**) Naturaufnahme

nin, ein Indolderivat, gefunden, das auch von Kröten gebildet wird (Krötengift) und ähnlich wie Nikotin die Atemtätigkeit beeinflusst sowie Kopfschmerzen und Schwindelgefühl hervorrufen kann. Auch im Porphyrbraunen Wulstling (*Amanita porphyria*; Abb. 5.23) ist Bufotenin gefunden worden. Der Narzissengelbe Wulstling (*Amanita gemmata*) gilt als giftverdächtiger Pilz, obwohl in ihm bisher keine Giftstoffe nachgewiesen werden konnten. Er wird mancherorts gegessen, wovon auch wegen Verwechselungsgefahr mit anderen Knollenblätterpilzen dringend abzuraten ist.

Besondere Vorsicht ist auch beim Genuss des essbaren Grauen Wulstlings (*Amanita excelsa*; s. Abb. 5.39) geboten, denn diese Art kann dem Pantherpilz sehr ähneln. Sie wird in manchen Gebieten gerne zu Speisezwecken gesammelt, z. B. im Gebirge, wo Pantherpilze selten vorkommen oder fehlen. Wenn die Pilzsammler dann im Urlaub in Gegenden weilen, wo der Graue Wulstling fehlt und der Pantherpilz häufig ist, z. B. in den Kiefernwäldern des Tieflandes, kommt es durch Verwechslung der beiden Arten häufig zu Vergiftungen.

Außer den giftigen *Amanita*-Arten müssen einige weitere Blätterpilze Europas als wichtige Giftpilze genannt werden. So sind z. B. in manchen Schleierlingen (*Cortinarius*-Arten) den Amatoxinen ähnliche zyklische Polypeptide nachgewiesen worden. Der Orangefuchsige Raukopf oder Orangefuchsige Schleierling (*Cortinarius orellanus*) verursacht nach einer sehr langen Latenzzeit von drei bis 20 Tagen Vergiftungen, die zu irreversiblen Nierenschäden führen. Der wirksame Stoff ist eine als Orellanin (Abb. 5.24) beschriebene niedermolekulare Bipyridin-Verbindung.

Sehr oft kommt es im Frühjahr und Frühsommer zu Vergiftungen mit dem Mairisspilz (*Inocybe erubescens*; Abb. 5.25a). Er erscheint zur gleichen Zeit und mitunter auch an den gleichen Standorten wie der als Speisepilz begehrte Maipilz oder Mairitterling (*Calocybe gambosa*; Abb. 5.25b). Für Sammler mit einiger Erfahrung besteht keine Verwechslungsgefahr, denn der giftige Mairisspilz ist durch seine radial faserige Huthaut, die bald braunen Lamellen und durch das allmähliche Röten besonders an Druckstellen auch makroskopisch gut von dem weiß bleibenden, und mehlartig riechenden Mairitterling zu unterscheiden.

Das wirksamste Gift des Mairisspilzes kommt in sehr geringen Mengen auch im Fliegenpilz vor und wird nach dessen wissenschaftlichem Namen, *Amanita muscaria*, als Muscarin (Abb. 5.26) bezeichnet. Es wirkt rasch, meist kommt es schon 30 Minuten bis zwei Stunden nach dem Pilzgenuss zu Übelkeit und Erbrechen. Atemnot, Muskelkrämpfe und Kreislaufkoma können folgen.

Nicht vergessen werden soll, dass auch unter den Röhrlingen, die von vielen Pilzfreunden bevorzugt gesammelt werden, eine Gruppe von Giftpilzen existiert: der Satanspilz (*Boletus satanas*) und einige verwandte Arten. Sie wirken

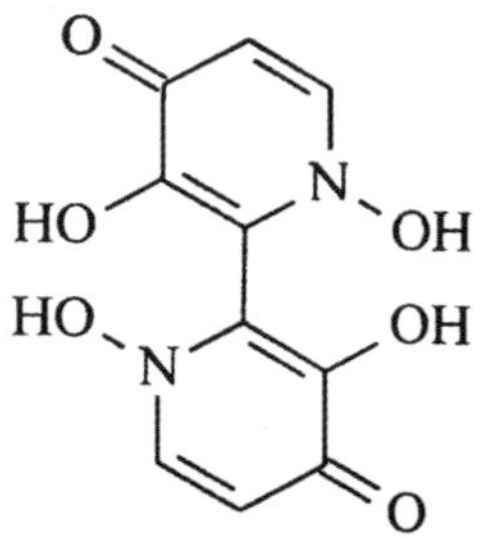

Abb. 5.24 Strukturformel von Orellanin, eines Giftes im Orangefuchsigen Raukopf (*Cortinarius orellanus*)

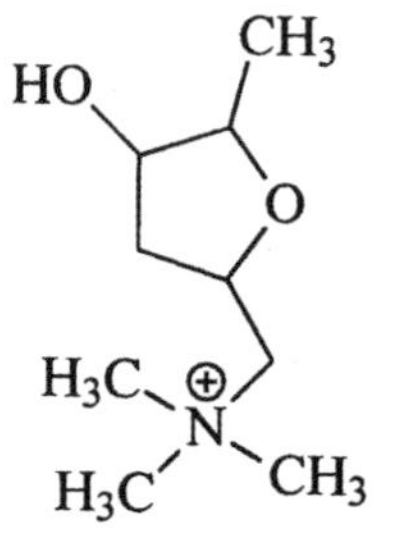

Abb. 5.26 Strukturformel von Muscarin, dem Gift einiger Risspilze (*Inocybe*-Arten), z. B. des Mairisspilzes (*Inocybe erubescens*) und einiger weißer Trichterlinge (*Clitocybe*-Arten), z. B. des Bleiweißen Trichterlings (*Clitocybe phyllophila*)

Abb. 5.25 Mairisspilz (*Inocybe erubescens*) (**a**) und Mairitterling (*Calocybe gambosa*) (**b**); jüngere Fruchtkörpers des Mairisspilzes (Einblendung) haben ähnliche Hutfarben wie (**b**); ältere Exemplare werden deutlich rötlich und haben bräunliche Lamellen, im Gegensatz zu den weißen Lamellen des Mairitterlings

besonders roh genossen giftig; gekocht oder geschmort können sie dennoch Darmstörungen hervorrufen, die aber meist nach kurzer Zeit wieder abklingen.

Manche Tintlinge, besonders der Faltentintling (*Coprinus atramentarius* Abb. 5.28), werden oft als „Antialkoholikerpilze" bezeichnet. In diesen Pilzen ist Coprin (Abb. 5.27) enthalten, ein Giftstoff, der nur in Verbindung mit Alkohol wirksam werden kann. Dieser Stoff blockiert den vollständigen Alkoholabbau, sodass es im Blut zur Anreicherung von Acetaldehyd kommt.

Die Folge sind Vergiftungserscheinungen in Form scharf umgrenzter roter Flecken im Gesicht, am Hals oder auch an anderen Körperteilen. Darüber hinaus kann es zu Hitze- und Schwindelgefühl, Schweißausbrüchen, Pulsbeschleunigung, Kopfschmerzen, Rötung der Augenbindehaut, Sehstörungen, in schweren Fällen auch zu Blutdruckabfall, Gliederzittern, Herzbeschwerden und zum Kollaps kommen. Meist zeigen sich aber nur leichte Rötungen, die ohne Folgen wieder verschwinden. Da Coprin vom Körper nicht abgebaut und nur langsam ausgeschieden wird, können die Symptome der Vergiftung in abgeschwächter Form auch noch auftreten, wenn zwei bis drei Tage nach dem Pilzgenuss Alkohol getrunken wird. Es ist aber auch bekannt, dass bei manchen Personen

trotz des Genusses von Faltentintlingen und Alkohol keine Vergiftungserscheinungen auftreten, während sie sich bei anderen rasch einstellen. Die individuelle körperliche Konstitution spielt hier, wie bei allen anderen Vergiftungen, eine große Rolle.

Besonderes ethnomykologisches Interesse gilt den halluzinogenen Inhaltsstoffen mancher Fruchtkörper von Großpilzen. Von einigen Indianerstämmen Mittelamerikas (vgl. Abschn. 1.2), aber auch von einigen anderen Völkern Asiens und Neuguineas ist bekannt, dass sie halluzinogene Pilze benutzen, um Rauschzustände zu erzeugen, in die sich diese Menschen bei besonderen festlichen Anlässen oder für religiöse Zeremonien versetzen. Vom Fliegenpilz weiß man seit Langem, dass er in Sibirien und im fernen Osten, z. B. auf Kamtschatka, bei verschiedenen Volksstämmen eine begehrte Berauschungsdroge war und sogar gehandelt wurde. Der Wirkstoff ist die erwähnte Ibotensäure. Mehrere Sibirienforscher berichteten davon schon im 18. Jahrhundert, z. B. schrieb JOHANN GOTTLIEB GEORGI (1729–1802) bereits 1783 von den Ostiaken:

„Ein Mensch isset auf einmal einen frischen Schwamm oder trinkt den Absud von dreyen getrockneten. Anfänglich werden sie witzig und nach und nach so ausgelassen lustig, dass sie singen, springen, jauchzen, Liebes-, Jagd- und Heldenlieder dichten, ungewöhnliche Kräfte zeigen und von allen nachher nichts wissen. Nach zwölf bis 16 Stunden schlafen sie endlich ein…"

Von ebenso großer Bedeutung unter den Halluzinogenen sind die aus manchen träuschlingsartigen Pilzen, insbesondere aus tropischen Kahlkopf-Arten (*Psilocybe* spp.), isolierten und als Psilocin (Abb. 5.29) und Psilocybin (Abb. 5.30) beschriebenen zyklischen Verbindungen.

Abb. 5.27 Strukturformel von Coprin, dem bei Alkoholgenuss wirksamen Gift einiger Tintlinge (*Coprinus* s. l.), insbesondere des Faltentintlings (*Coprinopsis atramentarius*)

Abb. 5.28 Faltentintlinge (*Coprinopsis atramentarius*), ein reichlich Coprin enthaltender Tintling; (**a**) junge Fruchtkörper vor Einsetzen der Autolyse; (**b**) ältere Fruchtköper bei einsetzender Autolyse

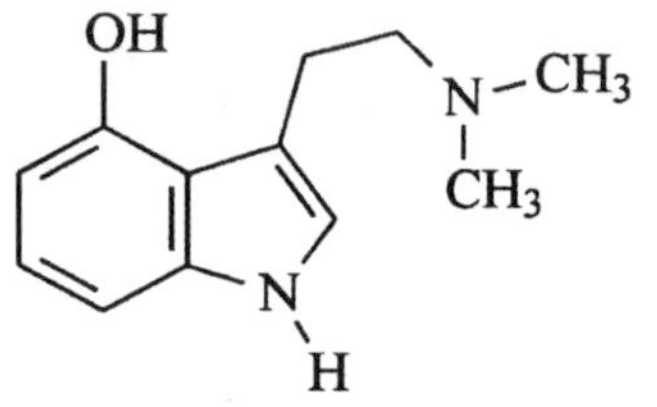

Abb. 5.29 Strukturformel von Psilocin, dem wichtigsten halluzinogenen Gift verschiedener Kahlköpfe (*Psilocybe*-Arten)

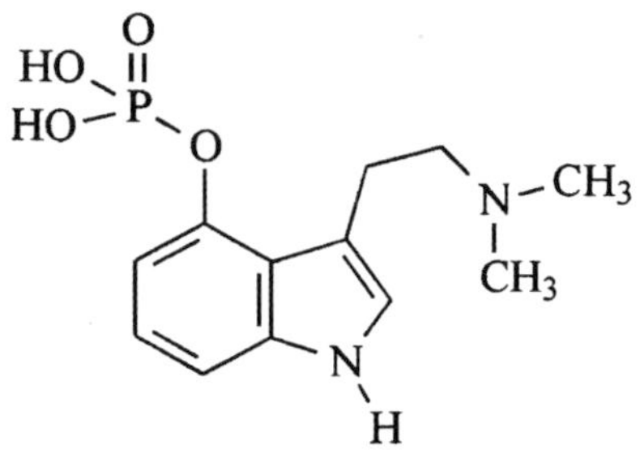

Abb. 5.30 Strukturformel von Psilocybin, einem halluzinogenen Gift von verschiedenen Kahlköpfen (*Psilocybe*-Arten), Samthäubchen (*Conocybe*-Arten), Risspilzen (*Inocybe*-Arten) und Düngerlingen (*Panaeolus*-Arten)

Durch diese Stoffe kommt es vorübergehend zu schizophrenen Zuständen. Bei manchen der religiösen Zeremonien glauben so beeinflusste Personen, mit Göttern in Kontakt treten zu können. Dies spielt in Naturreligionen mittelamerikanischer Indianerstämme eine bedeutende Rolle. Auch in anderen Pilzen, z. B. in Düngerlingen (*Panaeolus*-Arten), sind halluzinogene Stoffe in geringen Mengen nachgewiesen.

Einige dieser Pilze, wie der Fliegenpilz und der Pantherpilz, enthalten neben psychisch wirksamen Stoffen noch weitere Gifte. Manche Arten müssen roh gegessen werden, um Rauschzustände zu erzeugen. Da es sich bei den Halluzinogenen der Pilze um Giftstoffe handelt, deren Wirkungen und Nebenwirkungen nicht absehbar sind, muss dringend vor jeglichem Genuss oder „Selbstversuch" gewarnt werden.

Bei aller Vielfalt der Giftpilze und der Vergiftungserscheinungen besteht kein Zweifel, dass von den Knollenblätterpilz-Giften (Phalloidine, Amanitine, Virotoxine) auch gegenwärtig noch immer die größte Gefahr für tödliche Vergiftungen ausgeht. Zu den *Amanita*-Arten zählen neben den gefährlichsten Giftpilzen auch wertvolle Speisepilze wie der legendäre Kaiserling. Sie sind an ihren Farben und Formen, besonders an den Velumverhältnissen, aber mit einiger Erfahrung auch am Geruch zu erkennen. Da zur Gattung *Amanita* (Knollenblätterpilze, Wulstlinge, Fliegenpilze, Perlpilze, Pantherpilze) neben den gefährlichsten Giftpilzen auch die schmackhaften Perlpilze und Kaiserlinge gehören, sei jedem Pilzfreund empfohlen, sich mit dieser Pilzgattung auseinanderzusetzen. Wir haben die als Gift- und Speisepilze bedeutsamsten *Amanita*-Arten mit ihren makroskopischen

Merkmalen in Übersichtsskizzen (Abb. 3.35 – Vela; Abschn. 5.5.2 Giftpilze und Abschn. 5.5.3 – Speisepilze) vorgestellt. Wenn man nicht nur ein einziges Merkmal allein, sondern stets die gesamte Merkmalskombination im Blick hat und auch die verschiedenen Entwicklungsstadien der Fruchtkörper kennt, kann man sich Gewissheit verschaffen. Für sichere Artenkenntnisse ist es stets wichtig, viele lebende Fruchtkörper in verschiedenen Entwicklungsstadien zu betrachten, um die Variabilität der Merkmale einschätzen zu können.

Die erwähnten Arten sind bei Weitem nicht die einzigen heimischen Giftpilze. Mehr als 100 Großpilze sind in Europa als giftig eingestuft worden. Hinzu kommen etwa 50 Arten, die roh giftig sind. Zahlreiche weitere Arten werden als giftverdächtig angesehen. Diese Bewertungen beruhen teils auf biochemischen Untersuchungen, teils lediglich auf Erfahrungswerten. Sehr viele Arten, die wegen ihrer Kleinheit, ihrer Konsistenz oder ihrer raschen Vergänglichkeit nicht als Speisepilze in Betracht kommen, können in ihrem Wert gar nicht eingeschätzt werden. Die wirkliche Zahl der Giftpilze dürfte daher höher sein. Man hüte sich auf jeden Fall vor der verbreiteten Meinung, es sei nur die Kenntnis der wenigen wirklich gefährlichen Giftpilze notwendig und alles andere könne gefahrlos verwertet werden! Von Mitarbeitern der Pilzaufklärung wird mitunter auch vor ganzen Gattungen gewarnt, da einerseits über den Giftgehalt der Arten im Einzelnen wenig bekannt ist, andererseits aber Giftpilze unter den zum Teil schwer unterscheidbaren Arten vorkommen. Dies trifft z. B. für Fälblinge (*Hebeloma*-Arten), für Risspilze (*Inocybe*-Arten), für Hautköpfe (*Dermocybe*-Arten) und für Häublinge (*Galerina*-Arten) zu. Gefährliche Giftpilze finden sich auch unter den Trichterlingen. Hier sind besonders die kleinen weißen Arten zu meiden, wie der Wiesentrichterling Trichterling (*Clitocybe angustissima*), der Wachsstielige Trichterling (*Clitocybe candicans*), der Feldtrichterling (*Clitocybe dealbata*), der Blättertrichterling (*Clitocybe phyllophila*) und der Dufttrichterling (*Clitocybe suaveolens*; Abb. 5.31). In ihnen wurde Muscarin nachgewiesen.

Von den Rötlingen (*Entoloma*-Arten) seien vor allem der Riesenrötling (*Entoloma sinuatum*; Abb. 5.32), der Frühlingsrötling (*Entoloma vernum*), der Alkalische Rötling (*Entoloma nidorosum*) und der Niedergedrückte Rötling (*Entoloma rhodopolium*) als Giftpilze genannt.

Ein besonders in Gewächshäusern und Gärten vorkommender Riesenschirmling (*Macrolepiota venenata*) – er wird jetzt meist als Giftschirmling bezeichnet – ruft ebenfalls Vergiftungen hervor und ist makroskopisch dem essbaren Safranschirmling (*Macrolepiota rachodes*) sehr ähnlich.

Bei einer Pilzvergiftung ist unbedingt ärztliche Hilfe in Anspruch zu nehmen. Vergiftungen mit Knollenblätterpilzen sind immer lebensgefährlich, da es praktisch keine Möglichkeit gibt, das Gift wieder aus dem Körper herauszubekommen oder zu kompensieren. Die besonders gefährlichen Amato-

Abb. 5.31 Dufttrichterling (*Clitocybe suaveolens*), ein hell gefärbter, schmutzig weißlicher Trichterling mit deutlichem Anisgeruch, enthält das giftige Muscarin

Abb. 5.32 Riesenrötling (*Entoloma sinuatum*), ein Giftpilz, der mit dem essbaren Schildrötling (*Rhodophyllun clypeatum*) verwechselt werden kann

xine binden sich in den Leberzellen sehr fest an die RNA-Polymerase II, wodurch dieses wichtige Enzym gehemmt wird. Die daraus folgende Hemmung der RNA-Synthese führt zum Stillstand des Zellstoffwechsels; die betroffenen Leberzellen sterben ab, und es kommt zu lebensgefährlichen Schäden, die nur durch Organtransplantation therapiert werden könnten. Wenn Vergiftungserscheinungen erst später als acht Stunden nach dem Pilzgenuss auftreten, muss stets mit solch einer lebensgefährlichen Vergiftung gerechnet werden. Wichtig ist in jedem Fall, dass sofort bei ersten Vergiftungssymptomen – bis zum Eintreffen ärztlicher Hilfe – versucht wird, Erbrechen herbeizuführen. Dies kann man mit mechanischen Reizen im Rachen oder durch warmes Salzwasser erreichen (1 Esslöffel Salz auf ¼ l Wasser). Keinesfalls dürfen Alkohol, Milch oder ähnliche Hausmittel angewendet werden. Der Patient soll nach Möglichkeit, soweit das die

Vergiftungserscheinungen erlauben, ruhig liegen und vor Auskühlung geschützt werden. Außerdem ist es notwendig herauszufinden, welche Pilzart zur Vergiftung geführt hat. Das ist für die ärztliche Behandlung wichtig. Putzreste, Reste der Mahlzeit oder sogar Proben des Mageninhalts können – unter Umständen durch mikroskopische Untersuchung – noch Hinweise auf die Giftpilzart geben. Hierfür ist es erforderlich, rasch kompetente Pilzkenner einzuschalten.

5.5.3   Unsere Speisepilze

Es ist nicht abschätzbar, welche Mengen an wild wachsenden Speisepilzen jährlich von Pilzsammlern verzehrt, auf den Markt gebracht oder konserviert werden. Sicher sind es weltweit Millionen von Tonnen. In vielen Ländern, ganz besonders in Asien, verkauft man im Herbst auf den Bauernmärkten Massen von ihnen. In Bulgarien wurden noch am Ende des 20. Jahrhunderts große Mengen an Kaiserlingen (*Amanita caesarea*; Abb. 5.33, 5.34 und 5.35) in frischem Zustand angeboten. Diese Pilze waren in der Antike auch in den Küchen der römischen Kaiserhäuser begehrt.

Auch konservierte (meist getrocknete), selbst gesammelte wild wachsende Pilze gelangen auf die Märkte, in großen Mengen z. B. auf Bauernmärkten in Osteuropa, in der Mongolei, in der Region des Baikalsees oder im fernen Osten, z. B. in Kamtschatka.

Obwohl es in mehreren Ländern Mitteleuropas zunehmend zu behördlich verfügten Einschränkungen des Sammelns von Speisepilzen kommt – in manchen Ländern, z. B. in Holland, ist es vollkommen verboten –, haben wild wachsende Pilze durchaus eine ökonomische Bedeutung. Wenngleich sich in vielen Ländern Mitteleuropas das Marktangebot gegenüber der ersten Hälfte des 20. Jahrhunderts gewandelt hat und gezüchtete Kulturpilze das Angebot dominieren, spielen wild wachsende Speisepilze noch immer eine Rolle, nicht zuletzt durch die industriemäßige Konservierung von wild wachsenden Pilzen.

Wir wollen bei dieser Gelegenheit gleich auf ein wichtiges Problem aufmerksam machen, das am Schluss unseres Buches angeschnitten wird – auf den Pilzschutz! Die Bestandsentwicklung mancher Arten, auch von solchen, die wir als Speisepilze schätzen, ist rückläufig, während andere durch veränderte Formen der Landnutzung häufiger werden. Das hat in vielen Ländern Mitteleuropas zur Erarbeitung von Listen gefährdeter Pilze geführt. Arten, die nicht nur als rückläufig, sondern als „bestandsgefährdet" oder „akut vom Aussterben bedroht" gelten, sollten nicht mehr als Speisepilze propagiert, zumindest aber nicht zu kommerziellen Zwecken genutzt werden. Wenn auch der Rückgang solcher Arten in vielfältiger Weise hauptsächlich im Landschaftsgefüge begründet liegt und das Sammeln – wie uns die vergangenen Jahrhunderte lehren – nicht die wesentlichste Ursache für das

Abb. 5.33 Steinpilze (*Boletus edulis* s. l.) und Rotkappen (*Leccinum* spp.) gehören zu den begehrenswerten Speisepilzen in Mitteleuropa

Abb. 5.34 Kaiserlinge (*Amanita caesarea*) auf einem Bauernmarkt in Bulgarien

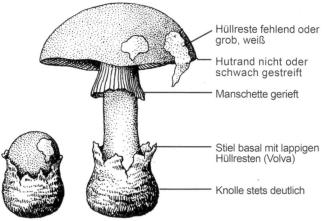

Hüllreste fehlend oder grob, weiß

Hutrand nicht oder schwach gestreift

Manschette gerieft

Stiel basal mit lappigen Hüllresten (Volva)

Knolle stets deutlich

Zurückgehen dieser Arten ist, so können nicht Pilze einerseits als „schützenswert" in Listen geführt und andererseits aus kommerziellen Gründen in den Handel gebracht werden. Dies wird in Zukunft eine größere Rolle bei der Bewertung von essbaren Pilzen als Speise- oder Handelspilze spielen.

Hutfarben: rot, orangerot bis goldgelb; Stiel und Manschette stets auffallend gelb
Geruch: ohne oder unbedeutend pilzartig
Trama: hellgelb bis weiß

Abb. 5.35 Die wichtigsten Erkennungsmerkmale des Kaiserlings

In der Bewertung des Pilzesammelns hat sich in der zweiten Hälfte des 20. Jahrhunderts innerhalb weniger Jahrzehnte ein frappierender Wandel vollzogen. Von der z. T. behördlichen Aufforderung, die Schätze des Waldes nicht ungenutzt verrotten zu lassen und auch minderwertige Pilze zu nutzen, bis hin zum völligen Verbot, Speisepilze zu sammeln!

Betrachten wir dennoch den traditionellen Wert der wild wachsenden Speisepilze! Hoch geschätzt als Speisepilze und damit als Nahrungs- oder Genussmittel sind in Europa vor allem viele Röhrlinge, besonders die Steinpilze (*Boletus edulis* s. l.; Abb. 5.36) und eine Reihe Verwandter, wie der Bronzeröhrling (*Boletus aereus*), der Anhängselröhrling (*Boletus appendiculatus*), der Sommerröhrling (*Boletus fechtneri*), der Kiefernsteinpilz (*Boletus pinicola*), der Sommersteinpilz (*Boletus reticulatus*), der Fahle Röhrling (*Boletus impolitus*; Abb. 5.37) oder der Königsröhrling (*Boletus regius*).

Aber auch aus der Gruppe der rotporigen *Boletus*-Arten sind wertvolle Speisepilze bekannt, besonders der Flocken-

Abb. 5.37 Fahler Röhrling (*Boletus impolitus*) in einem grundwasserfernen Laubwald auf Gipsboden; ein wohlschmeckender, aber schützenswerter Pilz

stielige Hexenröhrling (*Boletus erythropus*) und der in Osteuropa häufige Glattstielige Hexenröhrling (*Boletus queletii*). Der Schwarzblauende Röhrling (*Boletus pulverulentus*) und der seltene Falsche Schwefelröhrling (*Boletus junquilleus*), die wie die rotporigen Arten bei Luftzutritt eine intensive Blaufärbung des „Fleisches" (der Trama) aufweisen, werden ebenfalls gern zu Speisezwecken gesammelt.

Die Raustielröhrlinge (*Leccinum*-Arten), eine Gattung von zum Teil schwer unterscheidbaren Röhrlingen, sind ausnahmslos essbare Pilze. Am häufigsten werden die Espenrotkappe (*Leccinum rufum*), die Birkenrotkappe (*Leccinum versipelle*), die Eichenrotkappe (*Leccinum quercinum*), der Birkenpilz (*Leccinum scabrum*) und der Rötende Birkenpilz (*Leccinum variicolor*) gesammelt. Auch der Hainbuchenröhrling (*Leccinum griseum*) und der Pappelröhrling (*Leccinum duriusculum*) sind gebietsweise häufig. Einige der birkenbegleitenden Arten stellen – besonders in Nord- und Osteuropa, wo Birken gegenwärtig in ausgedehnten Wäldern zum Teil bestandsbildend auftreten – Massenpilze dar und werden in großen Mengen zu Speisezwecken genutzt.

Aus der Gattung der Schmierröhrlinge (*Suillus*-Arten) verwendet man ebenfalls alle Arten als Speisepilze. Einige von ihnen, z. B. der Butterpilz (*Suillus luteus*), erwiesen sich jedoch für manche Menschen als unverträglich. Geschätzt sind auch die lärchenbegleitenden Arten, wie der Goldröhrling (*Suillus grevillei*), der Graue Lärchenröhrling (*Suillus viscidus*) und der Rostrote Lärchenröhrling (*Suillus tridentinus*). Der Zirbenröhrling (*Suillus plorans*) und der Beringte Zirbenröhrling (*Suillus sibiricus*) kommen vor allem in Süd- und Südosteuropa bei fünfnadeligen Kiefern vor und werden dort gern gesammelt und gegessen. Der Elfenbeinröhrling (*Suillus placidus*), ebenfalls eine begehrte, bei fünfnadeligen Kiefern zu findende Art, ist auch in Mitteleuropa bei angepflanzten Weymouthskiefern anzutreffen. Zu den als Speisepilz beliebten Massenpilzen bei zweinadeligen Kiefern

Abb. 5.36 Ein frisches sporulierendes Exemplar des Kaiserlings. Foto A. Bresinsky

gehören von den Röhrlingen der Sandröhrling (*Suillus variegatus*), der Kuhpilz (*Suillus bovinus*), der Körnchenröhrling (*Suillus granulatus*) und in Kalkgebieten der Ringlose Butterpilz (*Suillus collinitus*). Der Liebliche Schmierröhrling (*Suillus amabilis*), der bei Douglasien vorkommt, wird ebenfalls zu Speisezwecken gesammelt, ist jedoch sehr selten.

Zu den begehrtesten Speisepilzen gehören auch einige Filzröhrlinge (*Xerocomus*-Arten), ganz besonders der Maronenröhrling (*Xerocomus badius*), der besonders bei Kiefern und Fichten als Massenpilz wächst. Der Rotfußröhrling (*Xerocomus chrysenteron*) und verwandte Arten, wie das Herbstrotfüßchen (*Xerocomus fragilipes*), der Mährische Filzröhrling (*Xerocomus moravicus*) und der Blutrote Röhrling (*Xerocomus rubellus*), werden ebenfalls zu Speisezwecken genutzt, desgleichen die Ziegenlippe (*Xerocomus subtomentosus*), die Braune Ziegenlippe (*Xerocomus spadiceus*) und der auf Kartoffelbovisten wachsende Schmarotzerröhrling (*Xerocomus parasiticus*).

Zu erwähnen sind auch einige Arten kleiner Gattungen, die als Speisepilze Bedeutung haben, z. B. der bei Lärchen wachsende Hohlfußröhrling (*Boletinus cavipes*), der Erlengrübling (*Gyrodon lividus*), der Kornblumenröhrling (*Gyroporus cyanescens*), der Hasenröhrling (*Gyroporus castaneus*) und das Goldblatt (*Phylloporus pelletieri*), das keine Röhren, sondern Lamellen mit kräftigen Anastomosen aufweist.

Von den übrigen Ständerpilz-Gattungen sind vor allem die Champignons (*Agaricus*-Arten) als Speisepilze sehr begehrt.

Außer den sich rasch und intensiv gelb verfärbenden Karbolchampignons (Giftchampignons), die Magen und Darm reizende Stoffe enthalten, können alle Arten gegessen werden. Besonders wertvoll sind der Schaf- oder Anischampignon (*Agaricus arvensis*), der Wiesenchampignon (*Agaricus campestris*), der Riesenchampignon (*Agaricus augustus*), der Gartenchampignon (*Agaricus hortensis*), der Stadtchampignon (*Agaricus bitorquis*), Schiefknollige (*Agaricus abruptibulbus*) und der Dünnfleischige Anischampignon (*Agaricus silvicola*).

Unter den Blätterpilzen gibt es weitere wertvolle Speisepilze. Von den Wulstlingen (*Amanita*-Arten) wurde bereits der Kaiserling (*Amanita caesarea*) erwähnt. Als weiterer wohlschmeckender Speisepilz kann der Perlpilz (*Amanita rubescens*; Abb. 5.38) genannt werden. Wegen Verwechslungsgefahr mit den giftigen Knollenblätterpilzen ist bei den essbaren *Amanita*-Arten große Vorsicht geboten! Man achte stets auf die wichtigen Unterscheidungsmerkmale. Während das Röten des Perlpilzes ein sicheres Merkmal ist, kommen bei dem ebenfalls essbaren Grauen Wulstling (*Amanita excelsa*; Abb. 5.39) häufig Vergiftungen durch Verwechslung dieser Art mit dem Pantherpilz vor. Die Riefung der Manschette beim Grauen Wulstling ist ein sehr wichtiges Merkmal, aber sie kann in seltenen Fällen auch beim Pantherpilz auftreten! Man achte stets auf alle differenzierenden Merkmale.

Die *Amanita*-Arten ohne Velum partiale (Manschette), sie werden meist als Scheidenstreiflinge oder Streiflinge

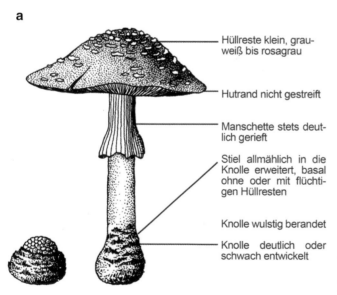

Hüllreste klein, grau-
weiß bis rosagrau

Hutrand nicht gestreift

Manschette stets deutlich gerieft

Stiel allmählich in die
Knolle erweitert, basal
ohne oder mit flüchtigen Hüllresten

Knolle wulstig berandet

Knolle deutlich oder
schwach entwickelt

Hutfarben: hellbraune, graue bis gelbliche Töne, stets mit rötlichen Beitönen
Geruch: ohne oder unbedeutend pilzartig
Trama: weiß, grauweiß, stets rötend

Abb. 5.38 Perlpilz (*Amanita rubescens*); (**a**) wichtige Erkennungsmerkmale; (**b**) Naturaufnahme

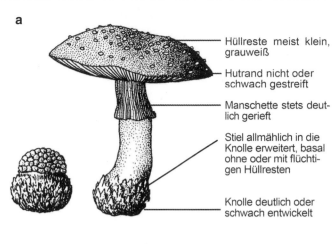

Hüllreste meist klein, grauweiß

Hutrand nicht oder schwach gestreift

Manschette stets deutlich gerieft

Stiel allmählich in die Knolle erweitert, basal ohne oder mit flüchtigen Hüllresten

Knolle deutlich oder schwach entwickelt

Hutfarben: grau (oder dunkelbraun, var. *valida*)
Geruch: dumpf, kartoffelkellerähnlich
Trama: weiß, nicht verfärbend (oder bräunend, var. *valida*)

Abb. 5.39 Grauer Wulstling (*Amanita excelsa*); (**a**) wichtige Erkennungsmerkmale der Variante mit dunkelbraunen Kappen (var. *valida*); (**b**) Naturaufnahme

(Subgenus *Amanitopsis*) bezeichnet, sind durchweg essbar, wenngleich wegen ihrer Gebrechlichkeit keine hochwertigen Sammelobjekte Abb. 5.40).

Von den Ritterlingen und verwandten Gattungen müssen der Maipilz (*Calocybe gambosa*), der Schneeritterling (*Tricholoma portentosum*) und einige Raslinge, vor allem der Büschelrasling (*Lyophyllum decastes*), Erwähnung finden, die man häufig und gern als Speisepilze sammelt.

Nicht vergessen werden sollen manche Schleierlinge, z. B. der Heideschleimfuß oder Brotpilz (*Cortinarius mucosus*), der Blaustielige Schleimfuß (*Cortinarius collinitus*) oder der gut kenntliche Geschmückte Gürtelfuß (*Cortinarius armillatus*) und in Kalkgebieten der dort häufige Semmelgelbe Schleimkopf (*Cortinarius varius*).

Zu den begehrten Blätterpilzen, die stellenweise in manchen Jahren massenhaft gesammelt werden können, gehört auch der wohlschmeckende Reifpilz oder Zigeuner (*Rozites caperata*; Abb. 5.41).

Von den Täublingen (*Russula*-Arten) werden der Speisetäubling (*Russula vesca*), der Frauentäubling (*Russula cyanoxantha*; s. Abb. 5.12), der Grüngefelderte Täubling (*Russula virescens*), aber auch manche Graustieltäublinge (*Russula decolorans*, *Russula claroflava*, *Russula obscura*), Ledertäublinge (*Russula olivacea*, *Russula integra*) und der Heringstäubling (*Russula xerampelina*) gern verwertet. Die mild schmeckenden Täublinge gelten wie die milden Milchlinge – von dem milden, aber schwach giftigen Maggipilz (*Lactarius helvus*; Abb. 5.42) abgesehen – als essbar, während die scharf schmeckenden Arten einer besonderen Behandlung bedürfen.

Abb. 5.40 Doppeltbescheideter Streifling (*Amanita ceciliae*), ein ansehnlicher Speispilz in mesophilen Laubwäldern

Abb. 5.41 Reifpilze (*Rozites caperata*) in einem bodensauren, borealen Nadelwald Nordeuropas

Abb. 5.42 Maggipilz (*Lactarius helvus*), ein milder, aber schwach giftiger Milchling mit hellem Milchsaft; er wird in geringen Mengen als wertvoller Würzpilz verwendet

In Nord- und Osteuropa werden scharfe Milchlinge, wie der Olivbraune Milchling oder Mordschwamm (*Lactarius necator*), der Rotbraune Milchling (*Lactarius rufus*) und andere, eingelegt und nach einem Gärungsprozess zu Speisezwecken weiterverarbeitet oder als Salzpilze konserviert. Zu den milden Milchlingen, die als Speisepilze besonders willkommen sind, gehören rotmilchende Edelreizker oder Blutreizker (*Lactarius deliciosus* agg.) und verwandte rotmilchende Arten (Abb. 5.43).

Der Brätling (*Lactarius volemus*), der gebietsweise zu den schützenswerten Arten gehört und gegenwärtig als gefährdet eingeschätzt wird, gilt nach kurzem Braten als Delikatesse. In Gebirgsgegenden erfreuen sich die Schwarzkopfmilchlinge (*Lactarius lignyotus*) großer Beliebtheit. Von den

zahlreichen Pilzen, die bevorzugt mit Zweinadeligen Kiefern ektotrophe Mykorrhiza bilden, seien der Kuhpilz (*Suillus bovinus*; Abb. 5.44) und der Sandröhrling (*Suillus variegatus*; Abb. 5.45) erwähnt. Beide kommen mitunter massenhaft in Kiefernforsten vor. Besonders auf Kalkböden findet man den Kiefernschneckling (*Hygrophorus limacinus*; Abb. 5.46) als massiven, schmackhaften Speisepilz.

Essbare Blätterpilze, die sich durchweg auch für Pilzkulturen eignen (vgl. Abschn. 5.5.4), sind auch an Holz zu finden. Durch ihr oft massenhaftes Auftreten haben einige von ihnen kommerzielle Bedeutung erlangt. In erster Linie sind hier der Hallimasch (*Armillaria mellea*; s. Abb. 5.13) und verwandte Kleinarten, das Stockschwämmchen (*Kuehneromyces mutabilis*; s. Abb. 5.18), der Graublättrige Schwefelkopf (*Hypholoma capnoides*), der Austernseitling (*Pleurotus ostreatus*; s. Abb. 5.9) und der Winter- oder Samtfußrübling (*Flammulina velutipes*; s. Abb. 5.8) zu nennen.

Von den Basidiomyceten, die keine Lamellen oder Röhren ausbilden („Nichtblätterpilze"), sind die Leistlinge, vor allem der Pfifferling (*Cantharellus cibarius*) und im Gebirge der Trompetenpfifferling (*Cantharellus tubaeformis*), als schmackhafte Speisepilze zu nennen. In Kiefernwaldgebieten gehört die Krause Glucke (*Sparassis crispa*; Abb. 5.47) zu den begehrten Speisepilzen, ergibt doch oft ein einziges Exemplar eine magenfüllende Pilzmahlzeit für mehrere Personen.

Unter den Ascomyceten sind vor allem die Morcheln und Verpeln als essbare Pilze von Bedeutung, die wir bereits als Leckerbissen des Frühjahrs vorgestellt haben, die aber – vor allem bei massenhaftem Verzehr – auch Unverträglichkeitserscheinungen verursachen können.

Als besondere Delikatesse werden seit der Antike einige Trüffeln geschätzt, ganz besonders die Périgordtrüffel (*Tuber nigrum*), die zu den teuersten Nahrungsmitteln der Erde gehört. Aber auch die Wintertrüffel (*Tuber brumale*), die Sommertrüffel (*Tuber aestivum*), die Weiße Piemonttrüffel (*Tuber magnatum*) und die Weißtrüffel (*Choiromyces venosus*) sind begehrt. Da sie unterirdisch fruktifizieren, spürt man sie mithilfe abgerichteter „Trüffelhunde" oder „Trüffelschweine" auf.

Die Liste der Speisepilze ließe sich fortsetzen. In manchen Fällen wandelt sich aber auch die Einstellung der Menschen zum Speisewert. Einige Arten hat man früher gern und viel gegessen, z. B. die Frühjahrslorchel (*Gyromitra esculenta*; s. Abb. 3.9) und den Kahlen Krempling (*Paxillus involutus*), die aber gegenwärtig verworfen werden, weil sie roh giftig sind und es aus z. T. unklaren Umständen auch bei genügend gekochten Gerichten zu Vergiftungen, sogar zu Todesfällen gekommen ist. Andere Arten, die früher als Giftpilze gemieden wurden, wie einige Hexenröhrlinge, haben sich dagegen als wertvolle essbare Pilze erwiesen.

Von Bedeutung für die Bekömmlichkeit ist natürlich auch die Art der Zubereitung der Pilzgerichte. Manche Arten wer-

Abb. 5.43 Fichtenblutreizker (*Lactarius deterrimus*), ein wohlschmeckender Speisepilz, der vorwiegend mit Fichten ektotrophe Mykorrhiza bildet

Abb. 5.44 Kuhpilz (*Suillus bovinus*) ein sehr weicher, feucht schmieriger, aber mitunter massenhaft fruktifizierender Speisepilz und Mykorrhizapartner der Waldkiefer (*Pinus sylvestris*)

den als Suppenpilze, Würzpilze oder Mischpilze empfohlen, sind aber minderwertig und bisweilen ohne Wohlgeschmack, wenn man ein Gericht ausschließlich aus ihnen zubereitet. Besonders aus solchen Arten, die in manchen Gebieten als Massenpilze auftreten, wie etwa der Ockerweiße Täubling (*Russula ochroleuca*) in den Gebirgsnadelwäldern oder im Herbst die Nebelkappen (*Clitocybe nebularis*) und die

Abb. 5.45 Sandröhrling (*Suillus variegatus*); die Fruchtkörper erscheinen als Partner der Waldkiefer oft massenhaft in Kieferforsten auf Sandböden

Violetten Rötelritterlinge (*Lepista nuda*), bereiten erfahren Pilzkenner trotz mancher Eigentümlichkeiten im Geschmack der Pilze essbare Gerichte zu. Während der Hungerjahre der Nachkriegszeiten spielten solche Pilzarten verständlicherweise eine größere Rolle als gegenwärtig. Sie wurden u. a. zu

Abb. 5.46 Kiefernschneckling (*Hygrophorus limacinus*), ein kräftiger, wohlschmeckender Mykorrhizapilz bei Kiefern auf Kalkböden

Abb. 5.47 Krause Glucke (*Sparassis crispa*); die bis zu 30 cm breiten und 20 cm hohen strunkig verästelten und apikal breitlappigen Holothecien wachsen hauptsächlich bei Kiefern

Pilzpulver verarbeitet, wodurch eine maximale Nutzung der Nährstoffe erreicht wurde. Der Riesenbovist (*Langermannia gigantea*) und die Hüte der Riesenschirmpilze (*Macrolepiota procera*) werden für Pilzschnitzel empfohlen, andere, z. B. manche scharfe Milchlinge, eignen sich besonders zum Einlegen als Sauerpilze. Viele oft nur gebietsweise bekannte Rezepte sind durch entsprechende Publikationen Allgemeingut geworden, und das umfangreiche Angebot in der Literatur bietet vielen Pilzfreunden ein reiches Betätigungsfeld. Hier seien nur Pilzklopse, Pilzschaschlik, mit Pilzen gefüllte Weinblattrouladen, allerlei Pilzsalate, Pilze zum Garnieren neben gedünsteten Pilzen, Pilzeintopf und gebratenen Pilzen als Fleischbeilage oder Fleischersatz genannt.

Wenn auch Voreingenommenheit und Tradition manche Menschen veranlassen, nur wenige Pilzarten zu Speise-

zwecken zu sammeln, so gibt es doch weit mehr Pilzfreunde, die bemüht sind, möglichst zahlreiche Pilzarten kennenzulernen, um die Vielfalt der essbaren Arten besser nutzen zu können. Neben den unerlässlichen Merkmalsanalysen, bei denen wir, wie gezeigt wurde, rasch an Grenzen stoßen und ohne Mikroskop nicht weiterkommen, ist der große Bereich der ökologischen Merkmale für Pilzsammler von hoher Bedeutung. Unter den ökologischen Merkmalen versteht man alle Charakteristika der Umwelt, die für eine Art typisch sind. Meist kommt es auf die Kombination bestimmter Standortmerkmale an, die das Vorkommen eines Pilzes kennzeichnen. Der gesamte Problemkreis reicht von einfachen Erfahrungen über die Wuchsorte der Pilze bis hin zu komplexen Analysen der begleitenden Organismen und Bodenanalyen am Fundort.

Jedem Anfänger als Speisepilzsammler sei dringend empfohlen, vorsichtig vorzugehen und sich um fundierte Pilzkenntnis zu bemühen. Das System der Pilzberater ist in den meisten Ländern Mitteleuropas recht gut aufgestellt. Vielerorts werden Lehrwanderungen, Schulkurse, Beratungsgespräche und dergleichen angeboten. Auch die Möglichkeit des Erwerbs gewisser zertifizierter Qualifikationen ist mancherorts gegeben.

5.5.4 Speisepilze unserer Wahl – die Kulturpilze

Es gibt verschiedene Gründe, Speisepilze besser zu züchten, als sie im Wald zu suchen. Der Anbau ist ein landwirtschaftliches Gewerbe, das gegenwärtig in Europa in Pilzzuchtbetrieben meist hauptgewerblich betrieben wird. Es gibt sicherlich noch Länder, wo Speisepilze als Nebenkulturen angebaut werden, aber der Trend geht in Richtung spezialisierter Zuchtbetriebe. Die steigenden Ansprüche an unsere Nahrungsmittel, der regelmäßige Bedarf an Delikatessen, in anderen Regionen der Erde auch der Mangel an Nahrungsmitteln sind die Triebkräfte für die Vervollkommnung der Kulturmethoden. Schließlich ist es auch der Urtrieb in uns Menschen, etwas beherrschen zu lernen, was in der Natur vom Menschen unkontrolliert abläuft.

Angefangen hat es im Kleinen, in den Gärten, wo Pilze ohnehin auf dem Kompost wachsen, oder in landwirtschaftlichen Kulturen, wo Pilze auf den Substraten der Kulturpflanzen auftauchten. Solchen Pilzen bessere Bedingungen zu schaffen ist ein Bedürfnis, das in gewisser Weise einem uralten menschlichen Bestreben entspricht, das sich z. B. beim Übergang von den Jägern und Sammlern zu den Pflanzenbauern und Tierzüchtern widerspiegelt. Der Pilze sammelnde Naturfreund versucht sich im Garten am Champignon- oder Träuschlingsbeet.

Ganz zutreffend ist unsere Überschrift jedoch nicht; denn wir können eigentlich nicht nach unserer Wahl züchten, sondern müssen uns nach den gegebenen Möglichkeiten richten und stoßen an mancherlei Grenzen. Viele Mykorrhizapilze, die zu den begehrtesten Speisepilzen gehören, können wir nicht wie eine Kulturpflanze anbauen. Sie sind nur gemeinsam mit ihren Partnern zur Fruchtkörperbildung fähig. Was man tun kann, um ihnen günstige Bedingungen zu schaffen, ist eine gezielte „Synthese" der Symbiose zwischen den gewünschten Pilzen und jungen Partnerpflanzen, die noch keinen Mykorrhizapartner gefunden haben, also z. B. die Synthese der Mykorrhiza von Trüffelmyzel und Eichenkeimlingen. Noch ungewissere Erfolge bringt das „Beimpfen" des Bodens in jungen Anpflanzungen von Bäumen, zu deren Mykobionten auch die gewünschten Speisepilze gehören. Diese Methoden sind noch sehr eng an die natürlichen Bedingungen bei der Weiterentwicklung der Symbiosepartner gebunden. Es handelt sich in vielen Fällen weniger um eine Pilzkultur, als vielmehr um ein gewisses Beeinflussen der Natur zugunsten des gewünschten Speisepilzes. Früher hatte man sich darauf beschränkt, geeignete Wälder an geeigneten Standorten anzupflanzen und diese mit Fruchtkörpern der gewünschten Arten – z. B. Trüffeln – zu beimpfen, der Rest musste dann der Natur überlassen bleiben. Gegenwärtig erreicht man bei wirtschaftlich bedeutungsvollen Speisepilzen, insbesondere bei Trüffeln in angepflanzten Wäldern, deren Setzlinge labormäßig mit Myzelien der Trüffeln in Verbindung gebracht wurden, bereits beträchtliche Erträge. Wir können diese Form der Kultivierung von Pilzen als Kokulturen bezeichnen, also Kulturen, die nur in Gemeinschaft mit dem Symbiosepartner erfolgreich sind (vgl. hierzu Abschn. 4.2.2; Abb. 4.11)

Weitaus effektivere Methoden wurden bei der Kultur von saprophytischen Pilzen entwickelt, und zwar sowohl von terrestrischen Arten, wie den Champignons, als auch von holzbewohnenden Speisepilzen, wie den Austernseitlingen. Auch diese Pilzkulturen haben ihren Ursprung in Beobachtungen über die Wachstumsbedingungen in der freien Natur. Vom Myzel durchwachsene Hölzer können z. B. gezielt transportiert und an geeigneten Orten mit unbefallenen Stämmen in Kontakt gebracht werden. Auch bei terrestrischen Pilzen gibt es solche Formen der Pilzkultur. Wenn man z. B. beobachtet hat, dass Morcheln in sommerwarmen Laubgehölzen mit einer Streuauflage aus verrottendem Fallaub erscheinen, kann man an geeigneten Standorten im Garten ähnliche Bedingungen schaffen. Nachdem sich im 18. Jahrhundert die Erkenntnis durchsetzte, dass sich Pilze durch Sporen vermehren, die an den Fruchtkörpern gebildet werden, versuchte man schließlich geeignete Standorte mit Sporen zu „beimpfen", die man von reifen Fruchtkörpern abgeschwemmt hat. Nicht selten kommt es zu Erfolgen, z. B. bei Champignons, Morcheln, Schopftintlingen, Violetten Rötelritterlingen und einigen anderen Arten. Wir wollen diese Form der Pilzkulturen als Semikulturen (Halbkulturen) bezeichnen. In Frankreich hat man in Gewächshauskulturen von Melonen als „Nebenprodukt" Champignons geerntet und bereits im 18. Jahrhundert auch gezielt Beete angelegt und mit Fruchtkörperteilen „gespickt". Hierin zeichnet sich

eine Qualität der Semikulturen ab, die zu den Reinkulturen unserer Zeit überleitet.

Kokulturen und Semikulturen hängen noch in hohem Maße von den natürlichen Bedingungen an den Standorten ab. Trotz mancherlei – auch kommerzieller – Erfolge, erreichen wir mit diesen Methoden noch nicht das Niveau des Anbaus von Kulturpflanzen, deren Entwicklung wir nach der Aussaat beobachten und beeinflussen können und die wir mit einiger Sicherheit auch ernten. Wenn aber mikrobiologische Reinkulturen von Pilzmyzelien der Ausgangspunkt für die Produktion von Speisepilzen sind, haben wir bei den saprophytischen Pilzen ein Niveau erreicht, das mit der Kultur von Nutzpflanzen vergleichbar ist. Gegenwärtig werden Speisepilze häufig in Intensivkulturen produziert, die auf derartigen mikrobiologischen Reinkulturen von Pilzmyzelien basieren. In vielen Fällen sind die Pilzstämme sogar züchterisch verändert, um eine optimale Qualität der Pilzernte zu erreichen. Der Pilzanbau auf dieser Basis ist zu einem beachtlichen Wirtschaftsfaktor geworden und verdrängt in vielen Ländern der Erde den Handel mit wild wachsenden Speisepilzen in ganz ähnlicher Weise, wie z. B. kultiviertes Beerenobst den Handel mit gesammelten, wild wachsenden Beeren verdrängt hat.

Werfen wir nun einen kurzen Blick auf die Möglichkeiten derartiger Kulturen von Speisepilzen. Zu den holzbewohnenden Kulturpilzen, deren Anbau zu respektablen Umsätzen und wirtschaftlichen Erfolgen führt, gehört in Europa in erster Linie der Austernseitling (*Pleurotus ostreatus*; Abb. 5.48). Er wird auf Festholz, Sägemehl, Holzspänen, sogar auf Stroh angebaut. Das Impfmaterial, die sogenannte

Abb. 5.48 Austernseitling (*Pleurotus ostreatus*); Kultur auf Holzspänen in einem Plastiksack für den Heimbedarf; die myzeldurchwachsenen Säcke werden angeschnitten, wonach die Fruchtkörperbildung an den Schnittstellen einsetzt

Abb. 5.50 Pilzhandel; Shiitake (*Lentinula edodes*), Delikatess-Konserve aus Pilzkulturen von Russland

Abb. 5.49 Pilzhandel mit Kulturpilzen; angeboten werden aus Pilzkulturen Seitlinge (*Pleurotus pulmonarius*, oben links, und *P. eryngii*, unten rechts), Braune Zuchtchampignons *Agaricus bisporus* var. *hortensis*, oben rechts) und wild gewachsene Pfifferlinge (*Cantharellus cibarius*, unten links)

„Pilzbrut", wird über mikrobiologische Reinkulturen z. T. in Spezialbetrieben hergestellt.

Es werden auch andere Seitlinge (*Pleurotus*-Arten; Abb. 5.49) kultiviert, z. B. der Rillstielige Seitling (*Pleurotus cornucopiae*), der Löffelförmige Seitling oder Lungenseitling (*Pleurotus pulmonarius*) oder der Kräuterseitling (*Pleurotus eryngii*). Letzterer kommt wild wachsend auf basal verholzten Teilen von Doldenblütengewächsen (*Apiaceae*) vor.

Mit ähnlichen Methoden kultiviert man auch andere holzbewohnende Speisepilze, z. B. den Winter- oder Samtfußrübling (*Flammulina velutipes*; Abb. 5.51), das Stockschwämmchen (*Kuehneromyces mutabilis*), den Graublättrigen Schwefelkopf (*Hypholoma capnoides*), oder – besonders in Ostasien – den Schleimring-Schüppling (*Pholiota nameko*) und eine stattliche Anzahl weiterer Arten. Ein ganz besonders wichtiger Kulturpilz unter den Holzbewohnern ist der Pasaniapilz oder Shiitake (*Lentinula edodes*; Abb. 5.50). Semikulturen dieses Pilzes waren in Ostasien wahrscheinlich bereits vor über 2000 Jahren auf dem tropischen Pasaniaholz (*Pasania cuspidata*) üblich (japanisch *shii* = Pasaniabaum, *take* = Pilz). Dieser Art kommt auch in der Volksmedizin eine Bedeutung zu. In Europa wird der Shiitake besonders auf Holz von Buchengewächsen (*Fagaceae*) kultiviert und weltweit gehandelt.

In den Tropen gibt es einige weitere holzbewohnende Kulturpilze, die besonders in Südostasien sehr beliebt sind. Ein tropischer Gallertpilz (Silberohr, *Tremella fuciformis*;

Abb. 5.52) bildet große weiße gallertige Fruchtkörper, die getrocknet als hornartig feste, polsterförmige und gelappte Gebilde in den Handel kommen. Auch einige Ohrlappenpilze, die mit dem in Europa heimischen Judasohr (*Auricularia auricula-judae*) verwandt sind, werden in tropischen Ländern kultiviert, insbesondere eine Art mit relativ großen ohrenförmigen Fruchtkörpern (*Auricularia polytricha*).

Von den bodenbewohnenden Kulturpilzen ist der Kulturchampignon (*Agaricus bisporus*; Abb. 5.53) in vorderster Front zu nennen. Semikulturen gehen in Frankreich bereits auf das 17. Jahrhundert zurück. Verschiedene Sorten und Zuchtformen werden derzeit auf allen Kontinenten der Erde in Reinkulturen angebaut und gehandelt. Als Substrat spielt Pferdemist noch heute eine wichtige Rolle. Allerdings arbeitet man mit automatisierten, computergesteuerten Anlagen, sterilen Substraten, automatisierter, gleichmäßiger Beimpfung mit Körnerbrut. Nur wenn die Ausbeute etwa das Trockengewicht des Substrats erreicht, wird der Anbau unter den gegenwärtigen Wirtschaftsbedingungen erfolgreich. Es entstanden komplexe, logistische Vertriebssysteme für frisch geerntete Pilze. (Abb. 5.54). Der Stadtchampignon (*Agaricus bitorquis*) wird in ähnlicher Weise wie der Kulturchampignon angebaut. Er ist gegen Virus- und Pilzerkrankungen des Kulturchampignons resistent und wird daher in manchen Ländern als Ersatz für den Kulturchampignon angebaut.

Erfolgreiche Kulturen sind bei vielen anderen terrestrischen Speisepilzen bekannt; zu ihnen gehören mehrere Champignons (z. B. *Agaricus porphyrizon*, *Agaricus macrocarpus* und *Agaricus aestivalis*), auch Riesenschirmpilze (*Macrolepiota procera*, *Macrolepiota rachodes*), ferner Scheidlinge (*Volvariella speciosa*), Ackerlinge (*Agrocybe praecox*, *Agrocybe aegerita*), Rötelritterlinge und Nebelkappen (*Lepista nuda*, *Lepista nebularis*) der Schopftintling oder Spargelpilz (*Coprinus comatus*) und einige andere Blätterpilze.

Abb. 5.51 Als „Golden Enoki" im Einzelhandel angebotene, kultivierte Fruchtkörperbüschel vom Winter- oder Samtfußrübling (*Flammulina velutipes*), importiert aus Südostasien; (**a**) seitlich; (**b**) in Aufsicht

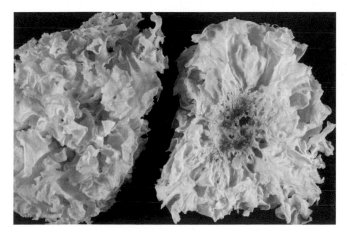

Abb. 5.52 *Tremella fuciformis*, ein auf Holzsubstraten kultivierter Gallertpilz; getrocknete Fruchtkörper aus Vietnam

Der Riesenträuschling (*Stropharia rugosoannulata*) wurde in verschiedenen Zuchtformen besonders für den Kleingarten-Anbau nutzbar gemacht. Die Trächtigkeit der Fruchtkörper brachte gute Ernteerfolge. Wegen einiger Unverträglichkeiten ist er jedoch außer Mode gekommen.

In tropischen Gebieten spielt der Reisstroh-Scheidling (*Volvariella volvacea*) eine herausragende Rolle als Kulturpilz. Er wird kommerziell besonders im tropischen Asien auf Reisstroh angebaut. Im Gegensatz zum Kulturchampignon ist keine Deckerde nötig, die Kultur ist bei tropischen Temperaturen weniger aufwendig als die Champignonkultur.

Insgesamt umfasst die Liste der Pilze, deren Fruchtkörper für Speisezwecke oder für volksmedizinische Zwecke kultiviert werden, mehr als 100 Arten, wenngleich nur etwa zehn Arten wirtschaftlich von größerer Bedeutung sind.

Abb. 5.53 Intensivkultur vom Zuchtchampignon (*Agaricus bisporus*) unter computerregulierten Kulturbedingungen

Institutionelle Forschungsarbeiten über Kulturpilze, züchterische Eingriffe zur Optimierung der Erträge, aber auch Kleinanbau durch Hobbymykologen sind ein weites Betätigungsfeld. Während man als Substrat für die Holzbewohner normalerweise Kompaktholz, Holzmehl und Holzspäne verwendet, wurden auch Stoff- und Papierreste mit Erfolg erprobt. Für die terrestrischen Arten gibt es komplexe Rezepturen zur Substratzubereitung. Dabei versucht man, in der Landwirtschaft anfallende Substrate zu ver-

Abb. 5.54 Transportfahrzeug für den Vertrieb von Kulturchampignons in den USA

werten, wie etwa Stroh bzw. Strohschrot. Pferdemist ist das herkömmliche und noch immer häufig genutzte Substrat für Champignonkulturen. In vielen Fällen gibt es kommerzielle Verbindungen zwischen Gestüten und Champignonzuchtbetrieben. Aber auch Rinder-, Schweine- und Hühnermist, Luzerne-, Erbsen-, Bohnen-, und Rapsreste, auch Heu und andere Pflanzenteile wurden schon mit Erfolg als Pilzsubstrate erprobt. Mit mineralischen Zusätzen wie Kalk-, Stickstoff-, Phosphor- und Kalidünger wird versucht, die Kulturerfolge zu optimieren. In tropischen Gebieten wurde die Biomasse der Wasserhyazinthe (*Eichhornia crassipes*), die z. B. auf Seen oder Flüssen lästig werden und den Schiffsverkehr behindern kann, versuchsweise bereits erfolgreich als Pilzsubstrat verwendet.

Für die Kultivierung werden das Freiland, aber auch Kellerräume, Lagerhallen usw. genutzt, während der Sommermonate auch Stallanlagen, wenn die Tiere auf der Weide sind. Auch auf saisonweise leer stehende Obstlagerhallen wird zurückgegriffen. Sie sind besonders gut geeignet, weil Temperatur und Luftfeuchte meist zu regulieren sind. Das Substrat für terrestrische Kulturpilze wird zu Beeten aufgeschüttet oder in Kisten gefüllt. In Obstlagerhallen legt man z. B. die Obststiegen mit Folie aus und kann sie dann, mit Substrat gefüllt, in die Stellagen einstellen.

Jeder Betrieb verfügt über ganz spezifische Erfahrungen und Rezepturen. Die zur Beimpfung der Kulturen notwendigen Myzelien erhält man gegenwärtig meist als handelsübliche „Pilzbrut", das sind mit Myzel durchsetzte Substratteile. Für den Hobbymykologen ist es aber auch möglich, unter sterilen Bedingungen selbst Reinkulturen und Impfmaterial herzustellen. Dazu bedarf es jedoch einiger Erfahrung. Zum Sterilisieren von Substraten und Geräten in kleinem Rahmen genügt schon ein Schnellkochtopf. Auch Mikrowellengeräte können eingesetzt werden. Allerdings sind für ein solches Hobby einige Gerätschaften zu beschaffen und die Grundregeln der mikrobiologischen Arbeit zu erlernen. Voraussetzungen für einfache Arbeiten bietet

jede Küche. Die kommerzielle Kultur von Speisepilzen nimmt gegenwärtig noch zu. Die Jahresweltproduktion an Zuchtpilzen dürfte derzeit bei weit über 1.000.000 t liegen.

5.5.5   Vom Nährwert der Speisepilze

Wenn wir ein Pilzgericht zubereiten, Zwiebeln dünsten und dann edle Speisepilze hinzugeben, strömt uns bald ein verführerischer Duft entgegen, der die bevorstehenden Gaumenfreuden erahnen lässt. Dieser Geruch ist bei vielen Wildpilzen noch intensiver als bei manchen Kulturpilzen. Wir fragen uns unwillkürlich, welche Inhaltsstoffe in einer solchen Köstlichkeit enthalten sein mögen. Natürlich gibt es zwischen den einzelnen Arten beträchtliche Unterschiede, aber wir können uns dennoch bei den Speisepilzen im Zustand vor oder mit Beginn der Sporulationsphase anhand durchschnittlicher Werten eine grobe Übersicht verschaffen.

Die Pilze enthalten wertvolle Eiweißstoffe (Aminosäuren), ohne jedoch in der Eiweißmenge mit Fleisch konkurrieren zu können, da Pilze zu 90 % aus Wasser bestehen. Steinpilze haben einen Eiweißgehalt von ca. 2,8 %, während Rindfleisch 19 % aufweist.

Pilze sind jedoch sehr energiearm: 100 g Pilze liefern ca. 100–150 kJ, während 100 g Schweinefleisch ca. 1500 kJ an Energie liefern. Der Energiegehalt der Pilze ist demnach mit dem von Gemüse vergleichbar, auch wenn man vom „Fleisch des Waldes" spricht. Außerdem sind sie sehr fettarm, enthalten jedoch das für den Stoffwechsel wertvolle Lecithin. Einige Prozent Kohlenhydrate kommen vor, allerdings nicht als Stärke. Hervorzuheben ist der Mineralstoffgehalt der Pilze: So sind z. B. in 100 g Pilzsubstanz einige Hundert Milligramm Kalium, ca. 100 mg Phosphor, 6 mg Natrium und Spuren von Mangan, Calcium und Eisen enthalten.

Der Gehalt an Vitaminen des B-Komplexes entspricht dem vieler Gemüsearten, Provitamin D, welches in den meisten Gemüsearten fehlt, ist ebenfalls vorhanden, Vitamin A kommt nur in einigen Arten vor, während Vitamin C völlig fehlt. Die Zellwände der Pilze enthalten Chitin, das ebenso wie die Cellulose pflanzlicher Zellwände für den Menschen unverdaulich ist, aber als Ballaststoff ernährungsphysiologische Bedeutung hat.

Es soll jedoch nicht verschwiegen werden, dass Pilze vermehrt Schwermetalle anreichern können. Aber an schadstoffbelasteten Straßenrändern und Mülldeponien sollten wir ohnehin keine Nahrungsmittel sammeln. Hinreichend bekannt ist auch die Anreicherung radioaktiver Ionen in manchen Pigmenten der Pilze, davor wird gegebenenfalls in belasteten Regionen gewarnt.

Dem Genuss eines Pilzgerichts aus wild wachsenden Speisepilzen steht aus ernährungswissenschaftlicher Sicht ebenso wenig entgegen, wie einem Gericht mit Kulturpilzen – vorausgesetzt, wir verwenden keine zu alten Fruchtkörper, die bereits Zersetzungserscheinungen aufweisen.

5.5.6 Pilze in der Volksmedizin

Die Nutzung von Pilzen als Heilmittel hat eine lange Tradition. Schon in manchen Kräuterbüchern der Renaissance werden die hochgiftigen Mutterkörner – auch „Kornzapfen" genannt –, die im Mittelalter verheerende Vergiftungen verursachten, in geringer Dosierung als Heilmittel erkannt (vgl. Abschn. 4.5.4, Abb. 4.79 und 4.80). Bereits einleitend (vgl. Abschn. 1.2) und im Abschn. 5.5.2 (Giftpilze) wurde auf die Bedeutung und Nutzung der halluzinogenen Pilze als Rauschpilze hingewiesen. Auch die Verwendung von Pilzen als Therapeutika lässt sich bis in die Antike zurückverfolgen.

Der griechische Arzt Dioskurides (1. Jh., vgl. Tab. 1.1) beschreibt z. B. den holzbewohnenden Apothekerschwamm (*Laricifomes officinalis*; Abb. 5.55) als Heilmittel gegen viele innere und äußere Krankheiten. Er nennt u. a. Magenverstimmung, Lebersucht, Seelensucht, rote Ruhr, Nierenleiden, Bleichsucht, Harnbeschwerden, Schwindsucht, Milzleiden, Fallsucht, Hüftschmerzen, Menstruations- und Gebärmutterbeschwerden, Stuhlgangbeschwerden, Schlangenbisse, Fieber – zusammenfassend wird der Einsatz gegen alle inneren Leiden empfohlen. Außer Agaricinsäure, einem toxischen Bestandteil von Pilzaromen, sind im Apothekerschwamm, der in Europa bis ins 20. Jahrhundert als Medikament gehandelt wurde, jedoch keine Stoffe gefunden worden, die Ursache der „Wunderwirkungen" sein könnten.

Präparate des Apothekerschwammes sind auch in Mitteleuropa in den Apotheken und Drogerien bis ins 20. Jahrhundert als Heilmittel gehandelt worden. Vielen gegenwärtig vertriebenen „Heilpilzen" oder „Vitalpilzen" werden in ähnlicher Weise wundersame Heilwirkungen zugeschrieben. In vorderer Front marschieren der chinesische Raupenpilz (*Cordyceps sinensis*; vgl. Abb. 4.89 und 4.90), der Birkenporling und die Präparate von einjährigen Lackporlingen (Reishi) sowie die *Inonotus-obliquus*-Anamorphe (Chaga). Vitalpilze werden beworben als Therapeutika gegen Asthma, Allergien, Bluthochdruck, Diabetes mellitus, Gicht, Magengeschwüre, Herzerkrankungen, HIV, Krebs- und Rheuma- bis hin zu Wechseljahrbeschwerden sowie als Kräftigungsmittel, getrennt für Männer oder Frauen.

Einige unserer Kulturpilze (vgl. Abschn. 5.5.4) werden ausschließlich als Heilpilze gezüchtet, z. B. die Lackporlinge des *Ganoderma-lucidum*-Verwandtschaftskreises (Abb. 5.56) und Schmetterlingsporlinge (*Trametes versicolor*), besonders in Südostasien (China, Japan, Korea und Vietnam). In Europa werden solche Kulturen von Heilpilzen erst seit dem 20. Jahrhundert in größerem Rahmen betrieben.

Es sei in diesem Zusammenhang dringend vor den Werbungen für solche Heilpilze gewarnt. Einige von ihnen sind durchaus gebräuchliche Nahrungsmittel – sie sind also z. T. wertvolle Speisepilze oder sogar wohlschmeckende Delikatessen –, andere dienen in Notzeiten mitunter als Grundnahrungsmittel, z. B. die Hallimasch-Arten, wieder andere, z. B. die Chaga-Knollen (Abb. 5.57), werden als Kaffee-Ersatz oder Tee verwendet –, aber bei keinen der gepriesenen Wunderpilze handelt es sich um medizinisch erprobte, wirksame Medikamente. Einige wenige von ihnen haben allenfalls den Status von „Nahrungsergänzungsmitteln".

Es gibt verschiedene Ursachen für den Aberglauben an die Wunderwirkung mancher „Vital-" oder „Heilpilze". Da ist einmal die legendäre alte naturphilosophische medizi-

Abb. 5.55 Apothekerschwamm (*Laricifomes officinalis*), ein Lärchen begleitender Braunfäulepilz

Abb. 5.56 *Ganoderma capense*; eine südafrikanische, häufig als „Heilpilz" kultivierte Art aus dem Verwandtschaftskreis von *Ganoderma lucidum* (Glänzender Lackporling) in einer Baumsavanne Namibias

Abb. 5.57 Chaga-Anamorphe des Schiefen Schillerporlings (*Inonotus obliquus*); sowohl Kulturstämme als auch der „Wilde Chaga" werden vielfach den Heil- und Vitalpilzpräparaten beigemischt

nische Signaturenlehre, die von der Antike bis in die Neuzeit Spuren hinterlassen hat. Sie besagt, dass an manchen Organismen gewisse Zeichen (Signaturen) in der Natur vorhanden seien, die auf die Heilwirkung hinwiesen. Die Stinkmorchel z. B. zeige aufgrund der Stielstreckung ihre Wirkung als Potenzmittel für Männer, die hygroskopische Bewegung der Spalthälften vom Spaltblättling seien Hinweise auf die Bedeutung des Pilzes gegen Frauenleiden. Trüffeln oder Orchideenknollen signierten durch ihre äußerliche Ähnlichkeit mit Hoden ihre Wirkung als Mittel zur sexuellen Stimulation, worauf auch der Name „Hirschbrunst" für diesen Pilz hinweist. Hirschtrüffeln werden in manchen Regionen noch gegenwärtig als Stimulanz- und Brunftmittel für Rothirsche und auch als Sexualstimulanz für Menschen betrachtet und wurden bis ins 20. Jahrhundert in Apothekertaxen angeboten. Der Chaga-Anamorphe wird eine Wirkung gegen Krebsleiden zugeschrieben, worauf ihre schwarzen, polymorphen, tumorähnlichen Knollen hinwiesen.

Andere Ursachen können mit dem Slogan „Zurück zur Natur" charakterisiert werden, also mit der Hinwendung zu überliefertem Wissen als Protest gegen manche Erscheinungen der Moderne. Sie haben wenigstens teilweise ökonomische Gründe und sind in einer gewissen Opposition zur aggressiven Werbung der Pharmaindustrie und deren Preisbildungspolitik zu suchen. Das Hinwenden zum Überlieferten bedeutet aber in der Realität, die historischen Literaturberichte in ihrer Zeit zu verstehen und empirisches Wissen von mitgeschleppter Paradoxografie unterscheiden zu können. Imaginäre Wirkungen von Vitalpilzen sind oft

schon durch das Versprechen von multiplen Heileffekten zu erkennen.

Um kein Missverständnis aufkommen zu lassen: Die Naturstoffchemie der Pilze ist ein wichtiges und noch immer zukunftsträchtiges Forschungsgebiet. Alljährlich werden neue Verbindungen gefunden und neue Strukturen werden aufgeklärt. Im Screening entdeckt man neue wirksame Substanzen und testet ihre biologischen Wirkungen. Empirische Beobachtungen sind hierbei nicht selten Anlass für solche Analysen.

Aber die vermeintlichen Heil- oder Vitaleffekte sind nicht nachvollziehbar, teilweise können Placeboeffekte eine Rolle spielen. Der Handel mit diesen Präparaten ist ganz offensichtlich primär gewinnorientiert ausgerichtet. Das Vertrauen auf die Wirkungen von Heilpilzen kann sogar lebensbedrohliche Folgen haben, wenn es z. B. zum Abbruch von lebensnotwendigen Chemotherapien führt oder wenn in den Präparaten Verunreinigungen durch mykotoxinbildende Schimmelpilze vorkommen.

5.5.7 Pilze als Gebrauchsobjekte

Bei unseren Betrachtungen vom Nutzen und Schaden der Pilze wollen wir nicht unerwähnt lassen, dass die Fruchtkörper mancher Pilze auch als Rohstoff dienen und zu Gebrauchsgegenständen verarbeitet werden können. Weit verbreitet ist die Verwendung holzbewohnender „derbfleischiger" Porlinge in der Blumenbinderei als Zierde in Blumensträußen (Abb. 5.58) und -gebinden. Vor allem eignen sich farbenprächtige Arten (Abb. 5.59), deren Trama Skeletthyphen enthält.

Abb. 5.58 Geburtstagsstrauß für einen Mykologen mit dem farbenprächtigen Glänzenden Lackporling (*Ganoderma lucidum*) und dem Rotrandigen Baumschwamm (*Fomitopsis pinicola*) (Foto R. Bütow)

Abb. 5.60 Klopfen von Tramascheiben des Zunderschwammes (*Fomes fomentarius*) nach dem Kochen

Abb. 5.59 Blutrote Tramete (*Pycnoporus sanguineu*s), ein häufiger pantropischer Porling, dessen Farbstoffextrakte zur Färbung von Textilien verwendet werden; Aufsammlung aus Kuba

Die Farben mancher Fruchtkörper sind auch die Grundlage für eine ganze Palette von Extraktions- und Färbemethoden. Das riesige Fachgebiet der Inhaltsstoffe, Farb- und Geruchsstoffe wollen wir jedoch nicht behandeln und wollen es bei den wenigen Hinweisen auf Pilzgifte, die Mykotoxine etc., in den Abschnitten 5.5.2, 5.5.3, 5.5.4, 5.5.5 und 5.5.6 belassen.

Ein weithin bekannter Zusammenhang von Pilzen – wiederum besonders von großen Porlingen – besteht in der Geschichte vom Gebrauch des Feuers. Darauf weisen schon Bezeichnungen wie „Zunderschwamm" oder „Feuerschwamm" hin.

Naturfreunde, die das Naturerlebnis des Wintercampings lieben, machen mitunter eine erstaunliche Beobachtung: Hat man abends einen Zunderschwamm oder eine Chaga-Knolle mit ins Feuer gelegt, glüht die Pilzsubstanz unter Umständen noch am Morgen, obwohl vom Holzfeuer nur kalte Asche übrig geblieben ist. Besonders die Chaga-Knollen können im glimmenden Zustand stundenlang zum Erhalt und auch zum Transport der Glut genutzt werden. Im präparierten Zustand wird flach geklopfte, aufbereitete und getrocknete Pilzsubstanz – insbesondere die Trama – vom Zunderschwamm auch zum Auffangen von Funken benutzt.

Die Zunderherstellung war über Jahrhunderte ein weit verbreitetes Gewerbe, das erst mit der Erfindung der Streichhölzer im 19. Jahrhundert allmählich an Bedeutung verlor (Abb. 5.60, 5.61 und 5.62).

Die aufbereitete Trama des Zunderschwammes wurde auch für weitere Zwecke genutzt, z. B. als Rohstoff für die Herstellung von Kleidungsstücken wie Jacken und Mützen, aber auch für allerlei Zierrat wie Bilderrahmen und dergleichen.

Abb. 5.61 Herstellung von Zunder aus der Trama des Zunderschwammes (*Fomes fomentarius*); Trocknen der Zunder-Lappen nach dem Klopfprozess. (Foto H. HEKLAU)

Abb. 5.62 Aus Zunderschwamm-Trama in einem noch existierenden Betrieb der Waldkarpaten (Rumänien) gefertigte Mütze (Foto L. ROTH)

Das Pilzsystem

6.1 Methoden der Pilzsystematik

6.1.1 Ordnung und Disziplin – ein Prinzip unseres Denkens

Blicken wir in die Natur, so breitet sich vor uns eine überwältigende, scheinbar unüberschaubare Vielfalt von Pflanzen, Tieren und Pilzen aus. Von den immensen Mengen an Bakterien im Boden, im Körper oder an der Haut von Tieren und Menschen wissen wir aus der Schule und von populärwissenschaftlichen Darbietungen. Wir müssen klassifizieren, trennen, systematisieren, sozusagen alles in kleinere Kästchen packen, die wir mit einem Namen versehen, um einen Überblick zu bekommen. Wir definieren und gruppieren Arten, Gattungen, Familien. Aber das ist nur die eine Seite unseres Bemühens, die Vielfalt begreifbar zu machen Dieses Bemühen ist bestimmt von ordnenden Begriffen, Kategorien, Definitionen, scharfen Grenzen.

Aus einem anderen Blickwinkel drängen sich auch völlig andere Probleme auf: Wir brauchen für unser Verständnis entwicklungsgeschichtlicher Vorgänge einen Blick für das Verbindende. Was wir zu trennen versuchen, um einen Überblick zu bekommen, das strebt und drängt zur Verschmelzung im Gedanken der Entwicklung, Grenzen schwinden, das Kontinuierliche tritt in den Vordergrund.

Das eine ist so nötig wie das andere. Wir brauchen den Überblick, die Systematik, sonst verlieren wir im scheinbaren Chaos der Vielfalt die Orientierung, aber wir benötigen ebenso den zusammenfassenden Blick, der das Grenzenlose verdeutlicht und alle Gegensätze in einem größeren Ganzen, sich ständig Veränderndem aufgehen lässt.

So, wie einst der Denker GOETHE den Systematiker LINNÉ nicht verstehen konnte, so ringen wir noch heute mit diesem scheinbaren Widerspruch. Akzeptieren wir die notwendige Übersicht, die Systematik als Prinzip, als Zugeständnis an unser Denkvermögen, das – an Begriffe, an Sprache und Kategorien gebunden – nicht imstande ist, das Kontinuum stetig zu erfassen, dann erkennen wir auch die Berechtigung der Kategorien, die uns erst den Überblick ermöglichen.

Vergessen wir dabei aber nicht, dass wir oft gezwungen sind, aus praktischen Gründen gewaltsam zu trennen, was miteinander verbunden ist, und ebenso gewaltsam zu vereinen, was nicht zusammengehört.

Die Pilze sind in ihrer Gesamtheit kein in sich geschlossener Verwandtschaftskreis, keine Abstammungsgemeinschaft, die einer einzigen Wurzel entspringt. Sie gehören alle zur Domäne der *Eukaryota*, die den beiden Bakterien-Domänen, den *Archaea* (Urbakterien) und den *Bacteria* (Echte Bakterien) gegenübersteht. Bis ins 20. Jahrhundert hinein wurden die Bakterien als *Schizomycetes* (Spaltpilze) den Pilzen zugeordnet; es gibt jedoch keinerlei Verbindung zwischen den drei Domänen der Lebewesen auf unserer Erde (vgl. Abschn. 1.1). Die meisten Gruppen, die wir im Folgenden vorstellen, gehören zu den „Echten Pilzen". Einige aber sind mit Algen verwandte „pilzähnliche Organismen" oder stehen den Protozoen nahe.

Ziel der Systematik aller Organismen ist es, ein „natürliches" System – eine Anordnung von Arten in möglichst naturgegebene Kategorien zu schaffen. Als grundlegende Kategorien eines Organismensystems verstehen wir die mit einem Binom versehenen Arten der Organismen. Zu einer Art gehören Individuen, die in ihren wesentlichen („systemträchtigen") Merkmalen übereinstimmen, einschließlich ihrer Vorfahren und Nachkommen. Diese Formulierung zeigt schon, dass es keine allgemeingültigen Regeln für Artdefinitionen geben kann. Die naturgegebenen verwandtschaftlichen, systemträchtigen Merkmale sind von Gruppe zu Gruppe verschieden und müssen von Gruppe zu Gruppe gesondert definiert werden. Alle systematischen Kategorien – einschließlich der Arten – existieren nicht in der Natur, sondern werden per Definition von Wissenschaftlern festgelegt. Existent sind nur Organismen mit ihren Genomen, das Gruppieren ist das Werk der Systematiker.

Mehrere miteinander verwandte Arten werden zu Gattungen zusammengefasst. Der Name einer Art (*species*) muss ab dem Erscheinungsjahr des Werkes „Species Plantarum" von LINNÉ zweigliedrig sein, er besteht aus dem Namen der Gattung (*genus*) und einem Epitheton (Beiwort). Der Steinpilz z. B. heißt *Boleutus edulis*, er gehört zusammen mit anderen *Boletus*-Arten, z. B. *Boletus aereus* (Bronzeröhrling) oder *Boletus impolitus* (Fahler Röhrling), in die Gattung *Boletus* (Dickröhrlinge), *edulis* (edel, essbar) ist das Epitheton, das in Verbindung mit dem Gattungsnamen den Artnamen bildet – beide Wörter zusammen bilden somit den Artnamen. Die Nomenklatur ist nach einem international gültigen Code, dem ICBN (International Code of Botanical Nomenclature) geregelt. Festlegungen, die diesen Code betreffen, z. B. notwendige Modifikationen, werden auf regelmäßig stattfindenden internationalen Botanikerkongressen von Nomenklaturkommissionen vollzogen. Prinzipiell gilt das Prioritätsprinzip. Die erste, den Regeln gemäße Beschreibung ist gültig und hat gegenüber späteren Beschreibungen Priorität. Den Regeln gemäß müssen in systematischem Zusammenhang die Namen der Autoren den Pilznamen beigefügt werden: Also es gilt z. B. für den Steinpilz *Boletus edulis* BULL. [zuerst beschrieben von J. B. F. P. BULLIARD], für den Kaiserling: *Agaricus caesarea* SCOP. [zuerst beschrieben von J. A. SCOPOLI]. Die Abkürzungen der Autorennamen sind in international verbindlichen Dateien festgeschrieben. Wenn bei neuen Erkenntnissen – z. B. über die Umgrenzung von Gattungen – neue Kombinationen von Gattungsnamen und Beinamen notwendig werden, wird der Autor der Erstbeschreibung in runde Klammern gesetzt, z. B. wird der Kaiserling gegenwärtig als *Amanita*-Art geführt und trägt den Namen *Amanita caesarea* (SCOP.) PERS. [von C. H. PERSOON in die Gattung *Amanita* gestellt] und der Kombinationsautor erscheint hinter der Klammer. Die lateinischen bzw. latinisierten Namen für die höheren Rangstufen der Organismensysteme (Abteilungen, Klassen, Ordnungen, Familien) werden in der Fachsprache mit lateinischen Suffixen versehen. Bei Pilzen sind das die Endungen -mycota (für Abteilungen) und -mycetes (für Klassen). Klassen können zusätzlich in Ordnungen und diese in Unterordnungen gegliedert werden usw. Die Namen für die Rangstufen unterhalb der Klassen bzw. Unterklassen enden, wie bei den Pflanzen, auf -ales (für Ordnungen) und -aceae (für Familien). Auch die subspezifischen Gliederungen von Arten sind möglich. Die wichtigsten Taxa (taxonomische Einheiten) sind Unterarten und Varietäten (var.) (Tab. 6.1).

In Bezug auf die Nomenklatur wollen wir noch auf die im ICBN verfügte Typenmethode bzw. die Typifizierung (oder Typisierung) von Pilznamen aufmerksam machen. Es ist festgeschrieben, dass jeder Name eines Taxons durch einen Typus manifestiert sein muss. Dieser Typus muss z. B. der Neubeschreibung einer Art als Holotypus in einem Herbarium hinterlegt sein. In der Regel ist das ein getrocknetes

Tab. 6.1 Die wichtigsten taxonomischen Kategorien (Rangstufen) im System der Pilze

Bezeichnung	latinisierte Endung
Regnum (Reich) Fungi	
Abteilung (*divisio*)	- mycota
Unterabteilung (*subdivisio*)	- mycotina
Klasse (*classis, cl.*)	- mycetes
(Unterklasse; *subcl.*)	- mycetidae
Ordnung (*ordo*)	- ales
Familie (*familia, fam.*)	- aceae
Art (*species, spec., sp.*)	
Unterart (*subspecies, ssp.*)	
Varietät (VARIETAS, VAR.)	
Form (FORMA, F.)	

Exemplar. Wenn z. B. eine Aufspaltung einer Art in Kleinarten vollzogen wird, muss der Name für diejenige Kleinart beibehalten werden, die den Typus einschließt. Das Regulativ der Typisierung bzw. Typifizierung ist höchst komplex und im ICBN detailliert erläutert. Wenn z. B. von regelgemäßen Pilzbeschreibungen aus dem 18. und 19. Jahrhundert Herbarmaterial fehlt, können Bilder als Typus ausgewählt werden (Iconotypus), oder wenn das vorhandene Material heterogen ist, kann eine Auswahl als Lectotypus ausgewählt werden und dergleichen mehr.

Dass nahe verwandte Arten oft durch Anpassung an sich verändernde Umweltfaktoren durch Auslese geeigneter Mutanten („natürliche Zuchtwahl") entstanden sind, ist ein allgemein verständliches und nachvollziehbares Prinzip, aber wir sollten nicht vergessen, dass auch die Synthese heterogenetischer Organismen die Quelle neuer Lebensformen sein kann. In der Mykologie gibt es vor allem durch die Mykorrhiza- und Flechten-Symbiosen leuchtende Beispiele für solche Prozesse.

6.1.2 Im Spannungsfeld alter Zöpfe und neuer Einblicke

Ziel der Systematik der Organismen ist ein „natürliches" System – eine Anordnung von Arten, Gattungen, Familien etc. in ihren naturgegebenen Verwandtschaftsbeziehungen und ihren Gegensätzen. Von der Antike bis in die Neuzeit finden wir Spuren der Bemühungen, Pilze grundlegend in essbare und schädliche Arten einzuteilen – eine Systematik, die auf empirischen Kenntnissen beruht (vgl. Abschn. 1.2). Aber schon in der Renaissance finden wir, z. B. bei dem Mediziner CAESALPIUS (1524–1603), Bemühungen um eine Einteilung nach morphologischen Gesichtspunkten. Im 18. Jahrhundert kam es zu bedeutenden Fortschritten in der

Systematik der Pilze, die bis in die Gegenwart reichende Spuren hinterlassen haben, u. a. die grundlegenden Regulative der Nomenklatur. Im 19. Jahrhundert war es schließlich das Bemühen um die vollständige Registrierung aller Arten durch FRIES (1794–1878), SACCARDO (1845–1920) usw., die sich bis in die computergestützten Indices der Gegenwart fortsetzen. Die Basis dafür sind Merkmalsvergleiche von der Morphologie und Anatomie bis hin zu Ultrastrukturen, biochemischen, physiologischen und genetischen Merkmalen.

Es kann aber keine Zweifel geben: Wenn wir mit den Methoden der Molekularbiologie den Trägern der genetischen Informationen näherkommen, sind wir am Beginn der Überholspur der traditionellen Systematik, die uns als wohlgeformtes Merkmalsmosaik zu Hilfe kommt. Natürlich gibt es in der Startphase, in der wir uns noch immer bewegen, riesige Probleme – es sei nur erwähnt, dass die Ergebnisse der DNA-Sequenzanalysen nur auf einem ausgewähltem Teil des Genoms basieren und aufwendige, kostenintensive Labor- und Computerkapazitäten erfordern.

6.2 Charakterbilder der großen Gruppen

6.2.1 Schleimpilze

Die Abteilung *Myxomycota* s. l. im weitesten Sinne umfasst Organismen, die als „Schleimpilze" bezeichnet werden. Dieser Name deutet auf Entwicklungsstadien der betreffenden Organismen hin, die uns als nackte, zellwandlose Protoplasmagebilde entgegentreten und schleimig sind. Wir haben sogenannte Plasmodien vor uns, mehrkernige, schleimige Protoplasmagebilde, die nicht in Zellen gegliedert sind. Wenn dagegen membranumschlossene Zellen ohne feste Zellwände vorhanden sind, spricht man von Pseudoplasmodien (Scheinplasmodien oder Aggregationsplasmodien).

Manche andere Entwicklungsstadien der Schleimpilze lassen sich von einzelligen Amöben nicht unterscheiden. Sie werden Myxamöben (Schleimpilzamöben) genannt. Auch begeißelte Stadien kommen vor. Diese haben stets zwei unbeflimmerte Geißeln und werden als Myxoflagellaten (Schleimpilzschwärmer) bezeichnet. Die plasmodialen und amöboiden (amöbenähnlichen) Entwicklungsstadien der Schleimpilze ernähren sich wie die Amöben durch Umschließen von Nahrungspartikeln (phagotroph). Am häufigsten sind die Nahrungspartikel Bakterien. Myxamöben, Myxoflagellaten, Plasmodien und Pseudoplasmodien sind frei beweglich, d. h., sie können sich schwimmend oder durch Plasmastömung kriechend fortbewegen.

Die Schleimpilze gehören zu den Urtierchen (Protozoen) und sind nur wegen einiger äußerlicher Ähnlichkeiten bei der Sporenbildung und -ausbreitung pilzähnlich und werden als Pilze bezeichnet. Die drei Abteilungen der Schleimpilze (Tab. 6.2) sind unterschiedlicher Abstammung. Sie haben sich auf verschiedenen Linien aus amöbenähnlichen Vorfahren entwickelt: die *Myxomycota* im engeren Sinne (Echte Schleimpilze) mit ca. 800 Arten, die *Acrasiomycota* (Zelluläre Schleimpilze) mit ca. 60 Arten und die *Plasmodiophoromycota* (Parasitische Schleimpilze) mit ca. 50 Arten.

Zu den Echten Schleimpilzen gehören zwei Klassen: die *Protosteliomycetes* und die *Myxomycetes*. Die *Protosteliomycetes* (Urschleimpilze) sind in der überwiegenden Zahl (Ordnung *Protosteliales*, ca. 30 Arten) während der vegetativen Phase meist einzeln lebende Amöben oder primitive Plasmodien. Von ihnen kennt man nur etwa zehn Arten. Manche können Geißeln bilden und fakultativ als Schwärmer leben. In der Fortpflanzungsphase werden Einzelsporen oder Sporengruppen auf Stielchen gebildet und zum Teil aktiv abgeschleudert. Eine Gruppe von nur drei Arten (Ordnung *Ceratiomyxales*) bildet jedoch größere Plasmodien, die sich in der Sporulationsphase zu kleinen Kölbchen oder teils großflächigen Netzen aufwölben. An deren Oberflächen entstehen die Sporen auf kleinen Stielchen. In Europa gehört die häufige Art *Ceratiomyxa fruticulosa* in diese Gruppe. Die 1–10 mm hohen, schleimigen, teilweise verzweigten Keulchen, Stielchen oder netzartigen Strukturen können Flächen

Tab. 6.2 Übersicht über die Abteilungen und Klassen der Schleimpilze

	Abteilung	Klasse	Arten (ca.)
Urtierchen mit pilzähnlichen Entwicklungsstadien (<u>Schleimpilze</u> im weiteren Sinne, drei isolierte Verwandschaftskreise)	**Myxomycota** s.str. (<u>Echte Schleimpilze</u>)	Protosteliomycetes (<u>Echte Schleimpilze</u> mit exogener Sporenbildung)	35
		Myxomycetes (<u>Echte Schleimpilze</u> mit endogener Sporenbildung)	800
	Acrasiomycota (Zelluläre Schleimpilze)	Acrasiomycetes (einfache <u>zelluläre Schleimpilze</u>)	10
		Dictyosteliomycetes (komplexe <u>zelluläre Schleimpilze</u>)	50
	Plasmodiophoromycota (Parasitische Schleimpilze)	Plamodiophoromycetes (<u>Parasitische Schleimpilze</u>)	50

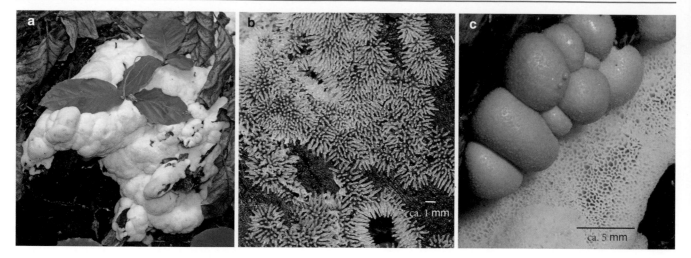

Abb. 6.1 *Ceratiomyxa fruticulosa*; (**a**) Plasmodium, aus dem Substrat emporkriechend und Pflanzenteile der Umgebung teilweise überdeckend; (**b**) schleimige, kölbchenförmige Sporocarpien mit exogener Sporenbildung; (**c**) schleimige, netzartige Sporocarpien, gemeinsam mit Aethalien des Blutmilch-Schleimpilzes (*Lycogala epidendrum*) fruktifizierend

von mehr als 100 cm² bedecken (Abb. 6.1). Die Myxamöben sind haploid, die Plasmodien diploid, der Kernphasenwechsel geschieht durch Isogamie (vgl. Abb. 2.12 und 6.2).

Die *Myxomycetes* mit etwa 750 Arten sind die wichtigste und artenreichste Klasse der Schleimpilze. Die zugehörigen Organismen bilden zweigeißelige Schwärmer oder Myxamöben und nach Hologamie (vgl. Tab. 6.4) diploide Plasmodien. Diese wachsen aus einer Zygote heran oder entstehen durch Verschmelzung (Fusion) mehrerer Zygoten, weshalb sie auch als Fusionsplasmodien bezeichnet werden. Die Plasmodien bleiben klein (Aphanoplasmodien) oder entwickeln sich bis zu quadratmetergroßen Gebilden aus vernetzten Plasmasträngen mit deutlichen Plasmaströmungen. Sie ernähren sich insbesondere von Bakterien. Man findet sie oft in Wäldern, vor allem an morschem Holz; wegen ihrer schleimigen Konsistenz und den z. T. leuchtenden Farben werden sie in manchen Gegenden mit Volksnamen wie „Hexenbutter" oder „Drachendreck" belegt. Die Gelbe Lohblüte (*Fuligo septica*; Abb. 6.4), die zu den auffälligsten Schleimpilzen Europas zählt, kam früher besonders häufig in Gerbereien auf den Resten ausgelaugter Gerberinden vor.

Bei Reife gehen die Plasmodien zur Sporenbildung über. Sie kriechen meist aus ihren nahrungsspendenden Substraten in höhere Regionen und bilden unter Meiose viele kleine Sporocarpien bzw. große Aethalien (Abb. 6.5 und 6.6). Letztere sind stammesgeschichtlich aus der Verschmelzung von Sporocarpien entstandene Strukturen. Mitunter werden Plasmodienfrüchte (Plasmodiocarpien) gebildet; bei diesen bleibt die Form des Plasmodiums bis zur Sporenreife erhalten. Sporocarpien, Aethalien und Plasmodiocarpien sind vor dem Ansatz

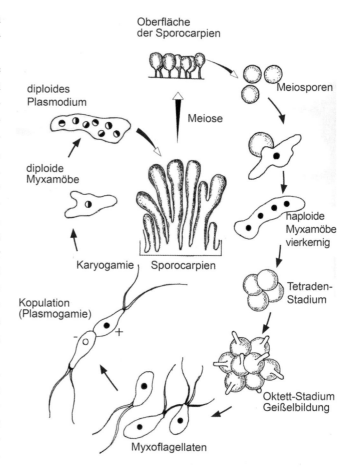

Abb. 6.2 *Ceratiomyxa fruticulosa*; haplo-diplontischer Entwicklungszyklus mit intermediärem Kernphasenwechsel; die Diplophase ist rot unterlegt

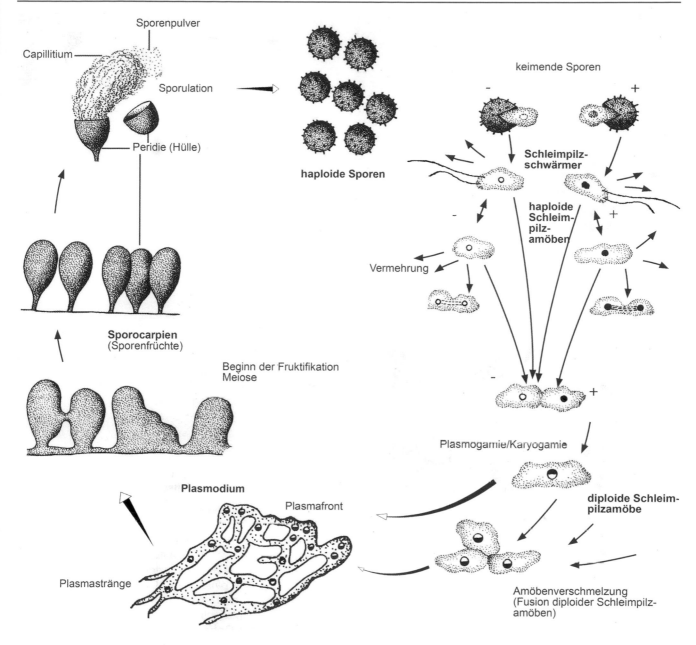

Abb. 6.3 Entwicklungszyklus der *Myxomycetes*

der Sporen nackt und nicht zellulär gegliedert. Mit der Ausbildung von Sporen entstehen dünne Hüllen (Peridien) und die einkernigen Sporen reifen im Inneren, der Fruktifikation, weswegen man die *Myxomycetes* s. str. auch als „*Myxogasteromycetes*" (Schleimbauchpilze) bezeichnet hat (Abb. 6.3). Einige große, aethalienbildende Arten wurden daher fälschlicherweise den staubig fruktifizierenden, gasterothecienbildenden Gattungen *Lycoperdon* oder *Bovista* zugeordnet.

Zur Unterstützung der Sporenverbreitung kommen im Inneren mancher Sporocarpien mitunter – ähnlich wie in vielen Gasterothecien der *Basidiomycetes* – Haarbildungen in Form eines Capillitiums vor, die der Sporenausbreitung dienen. Bei der Gattung *Arcyria* (Abb. 6.7) ist das netzige Capillitium elastisch und quillt würstchenförmig aus den geöffneten Sporocarpien hervor. Die Sporen reifen im Inneren, geschützt von den Hüllen (Peridien).

Abb. 6.4 *Fuligo septica* (Gerberlohe, Gelbe Lohblüte); nach oben kriechendes Plasmodium

Die Arten der Abteilung *Acrasiomycota* (Zelluläre Schleimpilze) leben in der vegetativen Phase als einzellige Amöben. Vor der Sporenbildung kriechen die aus Zellteilung entstandenen Myxamöben durch chemische Signale (zyklisches Adenosinmonophosphat, cAMP) zusammen und bilden zellulär gegliederte Aggregationsplasmodien (Pseudoplasmodien). Aus diesen gehen unmittelbar oder nach einer freien Ortsbewegung des Plasmodiums in Richtung des Lichtes zellulär gegliederte Sporocarpien hervor. Begeißelte Schwärmstadien sind unbekannt. Hologamie zwischen einzelnen Myxamöben kommt fakultativ vor und ist mit nachfolgender Meiose verbunden (Abb. 6.8).

Die Abteilung *Plasmodiophoromycota* (Parasitische Schleimpilze) umfasst ca. 50 Arten von Pflanzenparasiten, deren Plasmodien intrazellulär (im Inneren der Zellen) in den Wurzeln ihrer Wirtspflanzen leben. Hierzu gehört der

Abb. 6.5 *Trichia decipiens*; (**a**) gestielte Sporocarpien während der Sporenreifung am Standort zwischen diversen Flechten (**b**) vergrößerte Darstellung

Abb. 6.6 *Hemitrichia clavata*; Verfärbung der Sporocarpien im Verlauf von sechs Tagen während der Sporenreifung bis zum Beginn der Öffnung der Peridie; die haploiden Kerne umgeben sich mit Protoplasma und bilden pigmentierte Sporen

Abb. 6.7 *Arcyria obvelata;* herausgequollenes, elastisches Capillitium aus den zuvor abgerundeten Sporocarpien

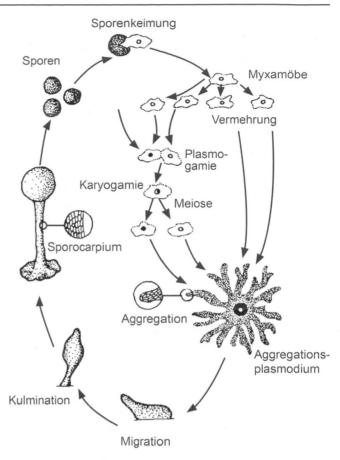

Abb. 6.8 Entwicklungszyklus der *Acrasiomycota* am Beispiel von *Dictyostelium discoideum*

wirtschaftlich bedeutende Erreger der Kohlhernie, einer gefährlichen Wurzelerkrankung von Kreuzblütengewächsen, z. B. von Kohl, Senf, Raps (Abb. 6.9). Der Befall ist mit der Bildung hypotrophierter Zellen und mit Tumorbildungen verbunden und kann zu bedeutenden Ernteausfällen führen. Die diploiden Sporen besitzen eine ausgeprägte Dominanz und können jahrelang im Boden verbleiben, um bei gegebenen Umständen erneut geeignete Wirtspflanzen zu befallen.

Die Zugehörigkeit der Schleimpilze zu den *Protozoa* (Urtierchen) ist seit Ende des 19. Jahrhunderts unumstritten, die drei rezenten Gruppen sind getrennt aus den Vorfahren der *Amoebina* (Amöben) hervorgegangen (vgl. Tab. 6.2). Durch ihre phagotrophe Ernährung werden sie von unserer Pilzdefinition nicht erfasst. Dass sie dennoch in der botanischen Literatur behandelt werden, hat historische Ursachen. Einige von ihnen – vor allem das erwähnte und sehr intensiv untersuchte *Dictyostelium discoideum* – werden mehrfach auch in der protozoologischen Literatur behandelt. Bereits im 19. Jahrhundert bezeichnete A. DE BARY die Schleimpilze als *Mycetozoa* (Pilztierchen).

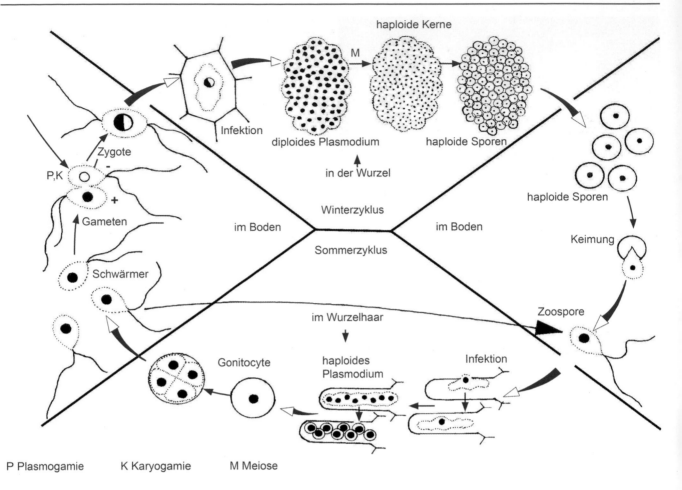

P Plasmogamie   K Karyogamie   M Meiose

Abb. 6.9 Lebenszyklus von *Plasmodiophora brassicae*, dem Erreger der Kohlhernie

6.2.2 Algenpilze und Flagellatenpilze

Einige Klassen von Pilzen gehören in einen Verwandtschaftskreis, dem auch verschiedene Algenklassen, z. B. die Braunalgen (*Phaeophyceae*) und die Goldalgen (*Chrysophyceae*), angehören. Dieser große, monophyletische Verwandtschaftskreis wird meist als Abteilung *Heterokontophyta* (Pflanzen mit verschiedenartigen Geißeln) geführt (Tab. 6.3).

Die Schwärmstadien (Zoosporen, Gameten) besitzen primär eine Peitschen- und eine Flimmergeißel. Während die meisten Klassen dieser Abteilung als autotrophe Algen leben, also Plastiden besitzen, sind drei Klassen plastidenfrei und leben heterotroph als Pilze.

Es sind dies die Klassen *Oomycetes* (Eipilze oder Algenpilze) mit ca. 600 Arten, die *Hyphochytridiomycetes* (Flimmergeißel-Flagellatenpilze) mit ca. 30 Arten und die Netzschleimpilze (*Labyrinthulomycetes*) mit ca. 60 Arten.

Alle drei Klassen sind durch begeißelte Schwärmerbildung (Zoosporen, Gameten) in bestimmten Entwicklungsphasen und durch Cellulosewände und den Begeißelungstyp gekennzeichnet. In manchen Systemen werden sie als Abteilung *Oomycota* zusammengefasst. Wegen ihrer ver-

wandtschaftlichen Beziehungen zu den erwähnten Algengruppen werden sie auch Algenpilze genannt.

Die Klasse der *Labyrinthulomycetes* (Netzschleimpilze) stimmt durch die Begeißelung ihrer Schwärmer (eine Flimmer-, eine Peitschengeißel) mit der Klasse der Oomyceten überein. Ihre Lebensweise ist in der Organismenwelt einmalig. Es werden vernetzte Plasmastränge und ganze Plasmanetze gebildet, in denen sich kernhaltige Zellen bewegen. Die Netze werden als Netzplasmodien oder Filoplasmodien bezeichnet. Die Pilze leben im Meer und ernähren sich parasitisch von Wasserpflanzen. Sie vermehren sich durch Schwärmer (Planosporen) oder unbewegliche Sporen (Aplanosporen).

Die Klasse der *Hyphochytridiomycetes* (Flimmergeißel-Flagellatenpilze) wurde früher mit den *Chytridiomycetes* in der Abteilung *Chytridiomycota* zusammengefasst, doch unterscheiden sich jene Organismen von diesen durch die Begeißelung der Schwärmstadien – bei ihnen kommt eine nach vorn gerichtete Flimmergeißel vor (Abb. 6.10). In der vegetativen Phase werden kernlose, ungegliederte Abschnitte des Vegetationskörpers, sogenannte Rhizoidmyzelien, selten auch Myzelien oder plasmodiale, endoparasitische Struktu-

Tab. 6.3 Die Abteilungen und Klassen der Echten Pilze und der pilzähnlichen Organismen

	Abteilung	Klasse	Arten (ca.)
Pilzklassen mit frei beweglichen Entwicklungsstadien (zwei isolierte Verwandtschaftskreise)	**Heterokontophyta**[1] (auch Chromista)	Labyrinthulomycetes (<u>Netzschleimpilze</u>)	60
		Hyphochytridiomycetes (<u>Flimmergeißel</u>-Flagellatenpilze)	30
		Oomycetes (<u>Eipilze</u>, <u>Algenpilze</u> im engeren Sinne)	550
	Chytridiomycota (Peitschengeißel <u>Flagellatenpilze</u>)	Chytridiomycetes (Peitschengeißel-<u>Flagellatenpilze</u>)	750
Echte Pilze[2] ein geschlossener Verwandtschaftskreis	**Glomeromycota** (Urpilze)	Glomeromycetes (Urpilze)	150
	Zygomycota (Jochpilze im weiteren Sinne)	Trichomycetes (Fadenpilze)	150
		Zygomycetes (Jochpilze im engeren Sinne)	700
	Ascomycota (Schlauchpilze im weiteren Sinne)	Saccharomycetes* (Zuckerpilzartige)	300
		Taphrinomycetes** (ursprüngliche Schlauchpilze)	100
		Ascomycetes*** (<u>Schlauchpilze</u> im engeren Sinne)	35 000
	Basidiomycota (Ständerpilze im weiteren Sinne)	Ustilaginomycetes (<u>Brandpilze</u> und Brandpilzartige)	1 200
		Uredinomycetes (<u>Rostpilze</u> und Rostpilzartige)	8 000
		Basidiomycetes (<u>Ständerpilze</u> im engeren Sinne)	20 000

* Saccharomycetes – einschließlich der Klasse Schizosaccharomycetes (5 Arten);
** Taphrinomycetes – einschließlich der Klasse Neolectomycetes (3 Arten);
***Ascomycetes – einschließlich der Klasse Pneumocystidiomycetes (1 Art)
<u>unterstrichen</u>: allgemein gebräuchliche, deutsche Bezeichnungen
[1] Algen und Pilze mit heterokonten (verschiedengeißeligem) Bewegungsapparat; es sind nur die plastidenfreien
  Klassen aufgelistet, die mitunter auch als Abteilung Oomycota (<u>Algenpilze</u> im weiteren Sinne) zusammengefaßt werden
[2] auch als Abteilung Eumycota oder Mycota auf Abteilungsrang zusammengefasst und in Unterabteilungen (Ascomycotina, Basidiomycotina usw.) gegliedert

ren gebildet. Die Pilze leben parasitisch oder saprophytisch meist im Wasser; unter ihnen sind auch Pilzparasiten bekannt.

Die Klasse der *Oomycetes* (Eipilze) ist durch die stets zweigeißeligen Schwärmstadien (eine Peitschengeißel, eine Flimmergeißel), durch das Vorkommen von Cellulose in den Zellwänden und durch querwandlose Hyphen gekennzeichnet. Meist kommen zwei verschiedene Zoosporentypen vor: apikal (an der Spitze) und lateral (an der Seite) begeißelte Schwärmer. Bei der sexuellen Fortpflanzung werden stets Eizellen gebildet, worauf der Namen *Oomycetes* bzw. Eipilze Bezug nimmt. Dies kommt bei keiner anderen Pilzgruppe vor. Unter den Oomyceten sind Wasserpilze, Bodenpilze, Pflanzen- und Tierparasiten bekannt. Zu ihnen gehören die Falschen Mehltaupilze, die Weißen Roste (vgl. Abb. 4.78) und ähnliche wirtschaftlich bedeutungsvolle Gruppen.

Eine weitere Gruppe von Pilzen, die begeißelte Stadien aufweisen, ist die Abteilung *Chytridiomycota* (Flagellatenpilze). Wie bei den vorangestellten Gruppen ist der Begeißelungstyp eines der wichtigsten Kennzeichen der Verwandtschaft. Die Schwärmer der Flagellatenpilze sind stets eingeißelig; sie besitzen eine unbeflimmerte Schubgeißel. Man bezeichnet diesen Begeißelungstyp als opisthokont. Bei allen Vertretern ist elektronenmikroskopisch der Rest eines zweiten Basalkörpers einer Geißel nachgewiesen, sodass man annehmen kann, dass diese Pilze von zweigeißeligen Vorfahren abstammen. In ihren Zellwänden kommt Chitin vor, während Cellulose stets fehlt. Die etwa 750 Arten der einzigen Klasse dieser Abteilung, der Klasse *Chytridiomycetes*, leben als Wasser- oder Bodenpilze bzw. als Phytoparasiten. Sie bilden Myzelien, Rhizoidmyzelien (s. o.) oder plasmodiale Stadien im Inneren der Wirtszellen. Auch zu

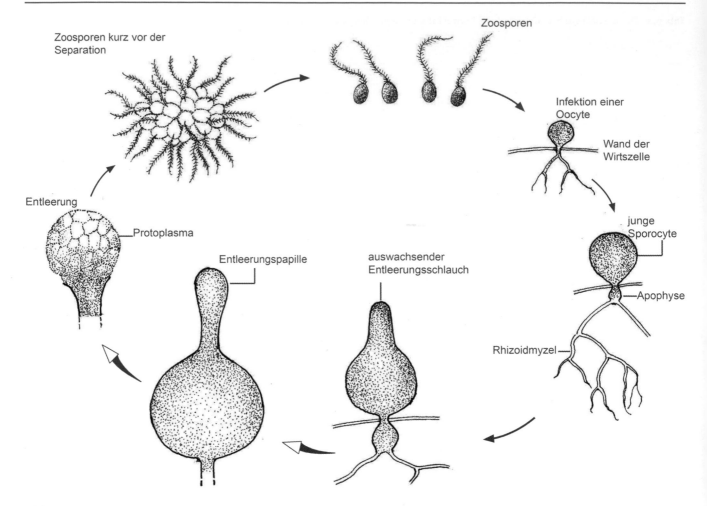

Abb. 6.10 Lebenszyklus der *Hyphochytridiomycota*

den Chytridiomyceten gehören wirtschaftlich bedeutungsvolle Arten, z. B. der Erreger des Kartoffelkrebses (*Synchytrium endobioticum*). Die Chytridiomyceten werden vor allem wegen der Chitinwände oft als ursprüngliche „Echte Pilze" angesehen und somit als Basis der folgenden Abteilungen, die durch das Fehlen jeglicher begeißelter Stadien charakterisiert sind.

Aus praktischen Gründen werden die Pilze mit begeißelten Stadien besonders in der Phytopathologie als „*Mastigomycotina*" zusammengefasst, z. B. in der Bestimmungsliteratur.

Für die systematischen Gruppierungen ist neben morphologischen, anatomischen und genetischen Merkmalen auch der Typ der Sexualität von grundlegender Bedeutung. Wenn begeißelte Stadien im Entwicklungszyklus vorkommen, kann der Modus des Sexualvorgangs sehr vielfältig sein. In Tab. 6.4 sind die bei Pilzen vorkommenden Typen als Übersicht zusammengestellt.

Hieraus lässt sich als allgemeine Tendenz ableiten, dass begeißelte, schwimmfähige Keimzellen (Sporen, Gameten) – und damit die Abhängigkeit von Wasser – mit zunehmender Höherentwicklung abnehmen. Ähnlich wie in der Reihe Grünalgen – Moose – Farne – Samenpflanzen ist dies auch bei pilzlichen Organismus als Anpassung an das Leben in terrestrischen Biotopen zu verstehen.

Tab. 6.4 Sexualvorgänge bei Schleimpilzen, Echten Pilzen und pilzähnlichen Organismen

Typ der Sexualität -Subtyp	charakteristisches Geschehen	Beispiele
Hologamie	es verschmelzen sexuell stimulierte einzellige Organismen	Echte Schleimpilze (*Myxomycetes*)
Gametogamie	es verschmelzen konträrgeschlechtliche Gameten, das sind simultan oder einzeln im Inneren von Zellen (Gametocyten) entstandene Keimzellen, die nur nach einem Sexualakt entwicklungsfähig sind	
- Isogamie	die verschmelzenden Gameten sind gleichgestaltet, entweder begeißelt oder amöboid beweglich	manche Flagellatenpilze (*Chitridiomycetes*)
- Anisogamie	die Gameten sind in große weibliche und kleinere männliche differenziert, beide sind begeißelt	manche Flagellatenpilze (*Chitridiomycetes*)
- Oogamie	die Gameten sind große unbegeißelte Eizellen und kleinere begeißelte Spermatozoide	manche Flagellatenpilze (*Chitridiomycetes*)
Cytogamie	es verschmelzen Gamocyten, das sind sexuell stimulierte und morphologisch differenzierte Zellen der Organismen. Gameten werden nicht gebildet, jedoch sind Gamocyten zum Teil durch Unterdrückung der Gametenbildung aus Gametocysten hervorgegangen	
- Isocytogamie	die verschmelzenden Gamocyten wachsen aufeinander zu und sind gleichgestaltet	die meisten Jochpilze (*Zygomycetes*)
- Anisocytogamie	die verschmelzenden Gamocyten sind in weibliche, kernaufnehmende und männliche, kernabgebende differenziert	viele Schlauchpilze (*Ascomycetes*) einige Jochpilze (*Zygomycetes*)
- Spermatiogamie (Spermatisierung)	die männlichen Gamocyten lösen sich in Form von Spermatien, das sind frei werdende vom Wind, Wasser oder von Insekten transportierte männliche Keimzellen	viele Schlauchpilze (*Ascomycetes*) viele Rostpilze (*Uredinomycetes/ Basidiomycota*)
- Deuterogamie	es gibt nur weibliche, kernaufnehmende Gamocyten, als Kerndonator fungieren normale Hyphen	einige Schlauchpilze (*Ascomycetes*)
Cytogametogamie	in einem Geschlecht sind Gameten, im zweiten Gamocyten ausgebildet, z.B. Eizellen und männliche Gamocyten	Algenpilze (*Oomycetes*)
Somatogamie	es verschmelzen undifferenzierte Zellen eines Organismus (somatische Zellen, »Körperzellen«; jede Zelle ist zum Sexualakt befähigt)	
- Sporidiogamie	die verschmelzenden Zellen sind durch Sprossung entstanden	viele Brandpilze (*Ustilaginomycetes/ Basidiomycota*)
- Hyphogamie	es verschmelzen Zellen haploider Myzelien	viele Ständerpilze (*Basidiomycetes*)

6.2.3 Echte Pilze

6.2.3.1 Urpilze, Fadenpilze, Jochpilze

Die Echten Pilze (*Eumycota*, auch zusammenfassend als *Fungi* bezeichnet (excl. *Chytridiomycota*) besitzen keinerlei begeißelte Stadien. Möglicherweise stammen sie von hefeartigen Sprosspilzen ab. Früher vermutete man verwandtschaftliche Beziehungen zwischen den Echten Pilze und den Rotalgen, die ebenfalls stets unbegeißelt sind, aber durch Aufnahme von cyanobakterienähnlichen Fotobionten autotroph wurden (vgl. Abb. 1.1). Diese Beziehung hat sich durch molekularbiologische Studien nicht bestätigt.

Als Wandsubstanz überwiegt bei den Echten Pilzen Chitin; Cellulose wurde nur in Ausnahmefällen und zusätzlich zum Chitin gefunden. Wichtiges gemeinsames Merkmal ist auch eine Form der Mitose, bei der die Kernspindel von der Kernmembran umschlossen bleibt und bei der keine Chromo-somen sichtbar werden. Man kann die Echten Pilze im umrissenen Umfang in vier Verwandtschaftskreise gliedern, die gegenwärtig meist als Abteilungen geführt werden (vgl. Tab. 6.3).

Zu den *Zygomycota* gehören etwa 800 Arten. Die meisten werden der Klasse *Zygomycetes* (Jochpilze) zugeordnet. Sie bilden Myzelien, deren Hyphen meist keine echten Querwände aufweisen. Die Mitosporen entstehen in Sporocyten, oder es werden Cytoconidien gebildet, das sind zu Sporen reduzierte Sporocyten. Dikaryonten treten nicht auf. Die Jochpilze sind Haplonten mit zygotischem Kernphasenwechsel. Ihre Sexualität ist meist eine Isocytogamie, es verschmelzen sexuell stimulierte Zellen, Gameten werden nicht gebildet (vgl. Tab. 6.4). Die diploiden Zygoten fungieren als Dauerstadien (Hypnozygoten) und besitzen meist derb ornamentierte Wände. Sie keimen stets nach meiotischer Teilung der diploiden Kerne.

Zu den Zygomyceten gehören Bodenpilze, Bewohner von Exkrementen, Tier- und Pflanzenparasiten; besonders bekannte sind z. B. Köpfchenschimmel (*Mucor* spp.), die Hutschleuderer (*Pilobolus* app.) und der Fliegenschimmel (*Entomophthora muscae*; Abb. 4.91 und 4.92).

Die zweite Klasse der *Zygomycota* sind die *Trichomycetes* (Fadenpilze) Sie umfasst rund 120 Arten von Kommensalen und Tierparasiten, die durch ihre Wandsubstanzen (Polygalactosamin, Galactan) von anderen Echten Pilzen abweichen. Nach Cytogamie oder Somatogamie werden von einigen Arten Hypnozygoten (Dauerzygoten) gebildet; das verbindet diese Pilze mit den Zygomyceten. Sie haben einen einfach gebauten Vegetationskörper, der meist mit einer Basalzelle im Darm oder in der Cuticula von Arthropoden (Gliederfüßern) verankert ist. Zu den Trichomyceten wurden bis vor wenigen Jahren einige tierparasitische Organismen mit einer ähnlichen Lebensweise gerechnet, die in Wahrheit zu den Urtieren (Protozoen) gehören.

Eine Gruppe von Pilzen hat man erst in den letzten Jahren aus den Zygomyceten herausgelöst. Alle Arten, die VA-Mykorrhiza bilden und die man früher einer Ordnung der *Zygomycetes* zuordnete, erwiesen sich durch molekularbiologische Studien als isolierte monophyletische Gruppe. Sie werden derzeit meist als Abteilung geführt und nach der typischen Gattung *Glomus* als *Glomeromycota* bezeichnet. Diese Gruppe umfasst ca. 150 Arten von Bodenpilzen. Sie besitzen primär unseptierte Hyphen. Sexualität kommt nicht vor. Gemeinsames morphologisches Charakteristikum ist die Bildung der VA-Mykorrhiza.

Die Entstehung dieser Symbiose im Paläozooikum war ohne Zweifel ein basales Ereignis für die Besiedlung unserer Erde mit Landpflanzen, davon zeugen u. a. die fossilen Reste dieser Pilze in den Wurzeln devonischer Urlandpflanzen (vgl. hierzu Abschn. 4.2.6).

6.2.3.2 Schlauchpilze

Die Schlauchpilze (*Ascomycota*, oder *Ascomycetes* im weiten Sinne) sind durch die endogene Reifung der Meiosporen im inneren einer Zelle, dem Ascus (vgl. Abb. 2.4), charakterisiert. Sie werden in drei Klassen gegliedert: die Hefen der Zuckerpilz-Verwandtschaft (*Saccharomycetes*) mit ca. 300 Arten, die *Taphrinomycetes* (biotrophe Ascomyceten ohne Fruchtkörper mit Hefestadien) mit ca. 100 Arten und die *Ascomycetes* (Schlauchpilze im engeren Sinne) mit mehr als 25.000 Arten.

Die *Saccharomycetes* leben dauernd als Sprosspilze, es sind Hefen in all ihren Entwicklungsphasen Die Meiosporen entstehen im Inneren von Zellen, die den Asci der übrigen Schlauchpilze homolog sind und meist auch als solche bezeichnet werden. Typus ist unsere gewöhnliche Bäcker-, Bier- oder Weinhefe (*Saccharomyces cerevisiae*; Abb. 5.3 und 5.4). Bei einer kleinen Gruppe, den Spalthefen (*Schizosaccharomyces*-Arten), zeichnet sich der Übergang der Sprossung von Hefen in eine Septierung von Hyphen ab. Bei den *Saccharomycetes* kommt Sexualität in Form einer Hologamie (s. Tab. 6.4) vor, es gibt keine Dikaryophase, sondern auch mitotische Teilungen diploider Zellen. Manche Zuchtformen von Hefen sind tetraploid, d. h., sie haben nicht nur zwei, sondern vier Chromosomensätze. Der Entwicklungszyklus kann sich auf eine haploide Hefe mit diploiden Zygoten oder auf eine diploide Hefe mit haploiden Gameten reduzieren. Manche Anamorphen (imperfekte Hefen) können gefährliche Tier- oder Pflanzenkrankheiten hervorrufen (Soor, Endomykosen usw.).

Bei den *Taphrinomycetes* gibt es in der Regel haploide Hefen und dikaryotische parasitische Myzelien. Zu ihnen gehören Arten, die krankhafte Veränderungen an den Wirtspflanzen (z. B. Hexenbesen, Blattkräuselkrankheiten usw.) verursachen. Unter Vorbehalt wird auch eine ca. zehn Arten umfassende Gruppe von Krankheitserregern der Bienen – sie verursachen die Kalkbrut der Bienenlarven – zu den *Taphrinomycetes* gestellt.

Die größte Klasse der Echten Pilze sind die *Ascomycetes* (Schlauchpilze im engeren Sinne). Sie bilden Ascomata (vgl. Abschn. 3.3). Ein Teil von ihnen, ca. 8000 Arten, lebt mit autotrophen Partnern als Flechten (vgl. Abschn. 4.3). Viele begegnen uns fast ausschließlich in ihren Anamorphen als imperfekte Pilze.

Die Dikaryophase ist auf die ascogenen Hyphen der Fruchtkörper beschränkt. Ascustyp (s. Abb. 2.8), Fruchtkörperform, Entwicklungstyp, Ascosporentyp und Inhaltsstoffe werden als wesentliche Merkmale für die Gliederung dieser größten Klasse der Echten Pilze herangezogen. Die Unterklassen mit ihren wichtigsten Merkmalen sind in Tab. 6.5 zusammengestellt.

Die *Lecanoromycetidae* sind lichenisierte oder delichenisierte Ascomyceten (Flechten oder sekundär wieder ohne Fotobionten lebende Pilze, vgl. Abschn. 4.3). Ihre Asci stellen eine besondere Form ursprünglicher zweischichtiger Schläuche dar (Archaeasci). Die Fruchtkörper sind meist Apothecien. Zu den *Laboulbeniomycetidae* gehören meist hoch spezialisierte Insektenparasiten mit primitiven Perithecien. Die übrigen Unterklassen sind nach Fruchtkörperentwicklung, Fruchtkörpermorphologie und Ascustypen gegliedert (vgl. Tab. 6.5 und 6.6, Teil 1 und Teil 2)

Die meisten imperfekten Pilze (Pilze ohne Meiosporen) sind Anamorphen von Ascomyceten. Sie werden meist in einem gesonderten System erfasst, da es problematisch ist, diese Pilze ohne die wichtigen Merkmale der Asci den Ascomyceten-Gruppen zuzuordnen. Man spricht von der Form-Klasse oder Anamorph-Klasse der *Deuteromycetes* und gliedert formell in *Hyphomycetes* und *Coelomycetes*. Zu den Hyphomyceten gehören im Wesentlichen die imperfekten Pilze bzw. Anamorphen, deren Conidiophore auf dem Myzel gebildet werden. Zu den Coelomyceten stellt man die pycnidien- oder acervulibildenden Pilze.

Innerhalb der Gruppen sind die Entstehungsweise der Conidien, aber auch deren Pigmentierung und Form wichtig. Es gibt unter ihnen sehr markante mehrzellige Conidienformen, die sich in Anpassung an bestimmte Verbreitungstypen entwickelt haben. Sie sind z. B. mit Schwebefortsätzen bei Wasserverbreitung ausgerüstet.

Die meisten Ascomyceten mit großen und auffallenden Fruchtkörpern gehören zu den *Pezizomycetidae*, z. B. die Morcheln, Lorcheln und viele Becherlinge, das sind apothecienbildende Ascomyceten mit operculaten, unitunicaten Asci.

Tab. 6.5 Die Gliederung der Abteilung *Ascomycota* in Klassen

Klasse	Ordnungen	Merkmale	Arten
Saccharomycetes	Saccharomycetales Schizosaccharomycetales	einzellige Sproßpilze (Hefen) und verwandte Gruppen mit haplontischem oder haplodiplontischem Entwicklungszyklus, ohne Dikaryont	ca. 300
Taphrinomycetes	Taphrinales	mit saprotrophem, haploidem Sproßstadium und biotrophem, dikaryotischem, obligat phytoparasitischem, filamentösem Stadium	ca. 100
Ascomycetes s.str.	siehe Tab. 6.6		

Tab. 6.6 Die Gliederung der Klasse Ascomycetes in Unterklassen

Unterklasse	wichtige Ordnungen	ausgewählte wichtige Merkmale	Arten
Laboulbeniomycetidae Asci prototunicat; Perithecien	Laboulbeniales	obligate Insektenparasiten	> 2000
	Spathulosporales	(Zugehörigkeit fraglich) obligate Rotalgenparasiten	5
Lecanoromycetidae (=Archaeascomycetidae) Asci unvollständig bitunicat (=Archaeasci); Pilze lichenisiert (Flechten) selten delichenisiert; unterschiedliche Typen von Apothecien	Lecanorales	mit Protothecien	> 6000
	Peltigerales	hemiangiocarpe Apothecien, große Blattflechten	ca. 600
	Gylacteales	gymnocarpe Apothecien, Asci ohne Apicalstruktur	ca. 100
	Pertusariales	perithecienähnliche Apothecien in „Fruchtwarzen"	ca. 300
	Teloschistales	gymnocarpe Apothecien mit Lagerrand, Ascosporen zweizellig, farblos mit dickem Septum	ca. 600
	Lichenales	hemiangiocarpe Apothecien entstehen aus Pycnidien	ca. 350
Eurotiomycetidae Asci prototunicat; unterschiedliche Fruchtkörpertypen	Gymnoascales	mit Protothecien	ca. 150
	Eurotiales	mit dünnwandigen Cleistothecien und mannigfaltigen Anamorphen (z.B. *Aspergillus*, *Penicillium*)	ca. 150
	Elaphomycetales	mit hypogäischen großen Cleistothecien (Hirschtrüffeln)	ca. 20
	Microascales	mit Perithecien; diese oft mit langem Rostrum	ca. 150

Tab. 6.6 (Fortsetzung)

Unterklasse	wichtige Ordnungen	ausgewählte wichtige Merkmale	Arten
Erysiphomycetidae Asci unitunicat, inoperculat; Cleistothecien	Erysiphales [Echte Mehltaupilze]	derbwandige, mehrschichtige Cleistothecien (=Chasmothecien) fungieren als Diasporen; Anamorphen bilden Meristemarthrosporen	ca. 700
Sordariomycetidae Asci unitunicat, inoperculat; Perithecien	Hypocreales incl. Clavicipitales	helle weichwandige Perithecien, fädige Ascosporen	ca. 1000
	Sordariales	dunkle derbe Perithecien; Asci mit Scheitelwulst, Porus und Apicalplatte	ca. 700
	Diaporthales	wie Sordariales aber Perithecien in Stromata und Asci mit inamyloiden Apicalring und Scheitelwulst	ca. 500
	Xylariales (Sphaeriales s. str.)	Perithecien in Stromata, Asci mit amyloidem Apicalring	ca. 2000
	Verrucariales	lichenisiert, Perithecien ohne Paraphysen (Zuordnung fraglich)	
Pezizomycetidae Asci unitunicat, operculat; Apothecien	Pezizales (incl. Tuberales)	„operculate Discomyceten", hypogäische Fruchtkörper auch als Tuberothecien bezeichnet	ca. 1000
Leotiomycetidae Asci unitunicat, inoperculat; Apothecien	Leotiales (=Helotiales)	„inoperculate Discomyceten" mit (meist) gymnocarpen Apothecien	ca. 3000
	Cyttariales	kleine, anfangs perithecienähnliche sich weit öffnende Apothecien auf weichfleischigen Stromata, obligate Nothofagus-Parasiten	ca. 10
	Phacidiales (incl. Rhytismataes)	Phytoparasiten mit gestreckten Apothecien (Lirellen = Hysterothecien)	ca. 500
Dothideomycetidae Asci bitunicat; Pseudothecien	Artoniales (incl. Opegraphales)	lichenisiert mit gestreckten Pseudoapothecien (Lirellen)	ca. 1200
	Microthyriales	mit schildförmigen Pseudothecien, (Thyriothecien)	ca. 300
	Capnodiales [Rußtaupilze]	mit dunklem, gut entwickeltem, oberflächlichem Mycel und cleistothecienähnlichen, dünnwandigen Pseudothecien	ca. 100
	Dothideales s.l. (incl. Mycosphaerellales, Hysteriales)	mit cleisto- oder perithecienähnlichen Pseudothecien und lysogenen Loculi	> 7000
	Pyrenulales	lichenisiert mit Pseudothecien	ca. 700
	Meliolales	(Zugehörigkeit fraglich da Asci prototunicat) mit dunklem, oberflächlichem Myzel, Hyphopodien und cleistothecienähnlichen Pseudothecien	ca. 1600

Es gibt viele Versuche, eine systematische Übersicht zu schaffen, wobei aktuelle Entdeckungen immer wieder dazu führen, dass der Umfang der Taxa aufbricht und immer mehr Gruppen in höheren Rangstufen untergebracht werden müssen.

Es darf dabei nicht verwundern, wenn aufgrund neuer Erkenntnisse oder Vorschläge manche Gruppen in verschiedenen Werken auf einer anderen Rangstufe eingegliedert werden. Die hier gegebenen systematischen Übersichten sind als grobe Orientierung zu verstehen, um z. B. mit der Bestimmungsliteratur arbeiten zu können, für tieferes Eindringen muss auf spezielle Literatur zurückgegriffen werden.

6.2.3.3 Ständerpilze

Die Abteilung *Basidiomycota* umfasst etwa 25.000 Arten von Pilzen, deren Meiosporen an Sporenständern (Basidien) gebildet werden. Diese Sporenständer sind den Asci der *Ascomycota* homolog, man hat sie wegen der exogenen Sporenreifung zur Zeit ihrer Entdeckung auch als „Stützschläuche" bezeichnet. *Asco-* und *Basidiomycota* werden auch als Dikarya zusammengefasst, womit zum Ausdruck gebracht wird, dass in beiden Abteilungen Dikaryonten (Entwicklungsabschnitte mit dikaryotischer Kernphase vorkommen (vgl. Abschn. 2.2). Fruchtkörper fehlen nur bei einigen ursprünglichen und einigen parasitisch lebenden Gruppen, die am meisten abgeleiteten Sippen bilden zunehmend kompliziertere Fruchtkörper. Eine andere Entwicklungstendenz macht sich im immer stärkeren Hervortreten des Dikaryonten in den Entwicklungszyklen bemerkbar. Die Sexualität ist oft auf Somatogamie (Hyphogamie, Sporidiogamie) beschränkt, in einigen wenigen Gruppen kommt Spermatiogamie vor (vgl. Tab. 6.4).

Man gliedert die *Basidiomycota* besonders nach der Struktur der Basidien, der Sporenkeimung, der Morphologie der Fruchtkörper, nach den Merkmalen der Individualentwicklung und auch nach den Inhaltsstoffen und Ultrastrukturen, z. B. denen des Befestigungsapparats (Hilarapparat) an den Sterigmen, der die aktive Sporenabschleuderung der Basidiosporen bewirkt.

Zwei Klassen, die *Ustilaginomycetes* (Brandpilze und brandpilzverwandte Gruppen) mit ca. 1000 Arten und die *Uredinomycetes* (Rostpilze und rostpilzverwandte Gruppen) mit ca. 8000 Arten bilden keine Fruchtkörper. Sie werden in manchen Systemen gemeinsam als *Teliomycetes* zusammengefasst. Von besonderem Interesse sind von diesen beiden Klassen die Ordnungen *Ustilaginales* (Brandpilze) und *Pucciniales* (= *Uredinales*; Rostpilze im engeren Sinne), da zu ihnen viele wirtschaftlich bedeutungsvolle Krankheitserreger von Kulturpflanzen gehören.

Die dritte Klasse sind die *Basidiomycetes* (Ständerpilze im engeren Sinne); diese sind – bis auf wenige Gruppen – durch Fruchtkörperbildung charakterisiert. Als Unterklasse *Tremellomycetidae* (Gallertpilzverwandte) bezeichnet man Basidiomyceten mit axial septierten Basidien (Phragmobasidien, vgl. Abb. 2.7), weiterhin Arten mit Holobasidien (ungegliederte Basidien), deren Basidiosporen ausschließlich oder wahlweise mit Sekundärsporen oder Sprosszellen keimen und mit einer großen Variabilität bei den Merkmalen der

Septenpori ausgerüstet sind. Bis vor wenigen Jahrzehnten wurden der großen Vielfalt wegen diese Pilzsippen als „Heterobasidiomyceten" zusammengefasst. Es kommen in den Merkmalen mitunter Beziehungen zu rost- oder brandpilzverwandten Sippen zum Ausdruck; z. B. stimmt die repetitive Sporenkeimung von *Tremella* mit der bei der Rostpilz-Gattung *Gymnosporangium* überein und die quergeteilten Basidien der Ohrlappenpilze mit denen der meisten Rostpilze (Abb. 6.11, 6.12 und 6.13).

Die Verschiedenheit der Septenpori ist enorm. Es finden sich bei ihnen beispielsweise einfache Pori wie bei den Ascomyceten, aber auch solche mit Dolium ohne Parenthosom und solche mit röhrigem oder kontinuierlichem, nicht perforiertem Parentosom (vgl. Abb. 2.24, 2.25 und 2.26). Die meisten Vertreter bilden Fruchtkörper. Zur Unterklasse gehören aber auch einige wenige Arten, die keine Fruchtkörper bilden. Sie vermitteln ebenfalls von den Gallertpilzarten zu den Rost- oder Brandpilzverwandten (vgl. Tab. 6.7).

Die Unterklasse der *Agaricomycetidae* ist in den wesentlichen systemträchtigen Merkmalen einheitlicher. Sie wird mitunter auch als Klasse *Agaricomycetes* geführt. Sie wurden auch *Homobasidiomycetidae* genannt, weil ihre Basidien und ihr Entwicklungszyklus in wesentlichen Merkmalen übereinstimmen (homo- = gleichartig). Die Septenpori haben stets Dolium und Parenthosom, das seinerseits fast immer Pori aufweist. Die Basidien leiten sich durchweg von viersporigen Holobasidien mit Ballistosporen ab, die Basidiosporen keimen immer mit Hyphen, niemals mit Sekundärsporen oder Sprosszellen aus. Fruchtkörper kommen stets vor (vgl. Tab. 6.7).

Wichtig für das Verständnis früherer Einteilungen ist es, dass eine Grundgliederung der Basidiomyceten, die ausschließlich auf morphologischen Merkmalen beruht, nicht den natürlichen Gegebenheiten entspricht. Die Bauchpilze

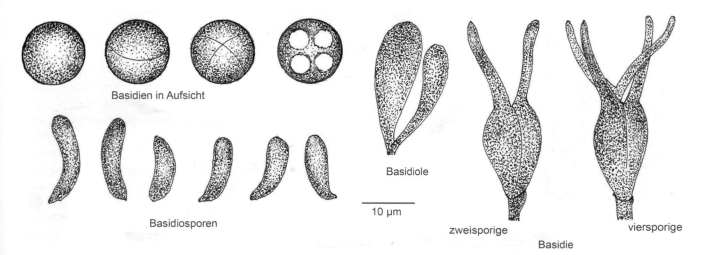

Basidien in Aufsicht

Basidiosporen

Basidiole

10 µm

zweisporige

Basidie

viersporige

Abb. 6.11 *Exidiopsis effusa*, mikroskopische Details von dem hauchdünnen, effusen Crustothecium; oben links – Aufsicht auf junge ungeteilte und reife Basidien; unten links – Basidiosporen; rechts – Basidien vor und nach der Ausbildung der Wände und der Sterigmata

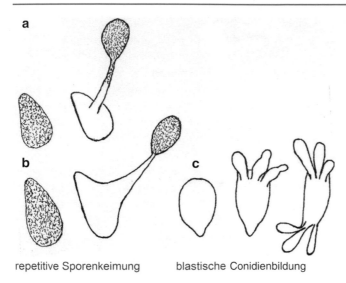

repetitive Sporenkeimung   blastische Conidienbildung

Abb. 6.12 Repetitive Keimung von Basidiosporen: (**a**) bei *Exidia*, (**b**) bei *Gymnosporangium*; (**c**) Bildung von Blastoconidien bei *Tremella*

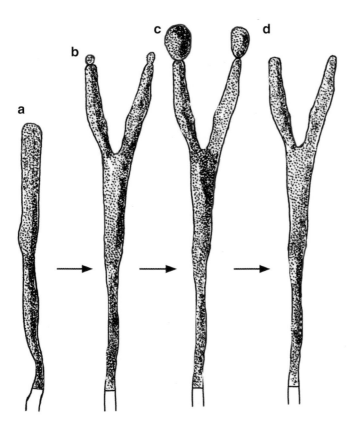

Abb. 6.13 Gabelförmige Holobasidien der *Dacryomycetales*; (**a**) heranwachsende Basidie; (**b**) Sporenansatz, (**c**) Sporenreife; (**d**) nach Sporenanbwurf

(Gasteromyceten), das sind Basidiomyceten mit angiocarpen Fruchtkörpern, sind kein Verwandtschaftskreis, sondern eine morphologisch definierbare Gruppe, deren Gattungen oder

Familien zu ganz verschiedenen Ordnungen der *Agaricomycetidae* gehören (Tab. 6.7).

Alle klassischen Gliederungen stützen sich im Wesentlichen auf die Fruchtkörpermorphologie. Aber inzwischen haben sich biochemische Merkmale, vergleichende Entwicklungsgeschichte, Basidienstrukturen, molekularbiologische und genetische Untersuchungen, Wachstumsmodi der Fruchtkörper, Sporentypen und dergleichen als wichtige, die Verwandtschaft widerspiegelnde Merkmale erwiesen. Dies hatte zur Folge, dass die alten Gliederungen z. B. in Hymenomyceten und Gasteromyceten, aufgegeben werden mussten und sich die Anzahl der Ordnungen beträchtlich erweitert hat.

In der ersten Auflage unserer Übersicht von 1985 wurden noch einige Ordnungsgruppen genannt, die bereits damals als künstliche Gruppen charakterisiert wurden, die aber auch gegenwärtig noch immer für Übersichtsdarstellungen oder in Bestimmungsliteratur gebräuchlich sind. Als Ordnungsgruppe *Aphyllophoraceae* (auch *Aphyllophorales* („Nichtblätterpilze") wurden die Ordnungen mit Porlingen, Krusten-, Keulen- und Korallenpilzen zusammengefasst, wie auch die davon abgeleiteten Hutpilze, z. B. die Stachelinge und Pfifferlinge (Leistlinge). Die Ordnungsgruppe *Agaricanae* (Blätterpilzartige) umfasste die Ordnungen der meisten aus Primordien hervorgehenden Hutpilze, die Blätterpilze (*Agaricales*), die Sprödblättler (*Russulales*), die Röhrlinge (*Boletales*) einschließlich der zu diesen Ordnungen gehörenden secotioiden und sonstigen gasteralen Formen. Als Ordnungsgruppe *Gasteromycetanae* (Bauchpilze) wurden schließlich jene Ordnungen zusammengefasst, zu denen ausschließlich Bauchpilze (Basidiomyceten mit angiocarpen Basidiomata) gehören, die keine Beziehungen zu hemiangiocarpen oder gymnocarpen Fruchtkörpern erkennen ließen.

Unsere Übersicht muss eine grobe bleiben. Um anzudeuten, welche Komplexität jüngere detailliertere Übersichten beinhalten, fügen wir als Tab. 6.8 eine Einteilung der *Ustilaginomycetes* mit Hinweisen auf die diagnostischen Merkmale bei, die im Wesentlichen auf ultrastrukturellem Niveau liegen. Zusammenfassend kann man davon ausgehen, dass als Abteilungen, Klassen und Unterklassen weitgehend natürliche Gruppen (Verwandtschaftskreise) zusammengefasst werden. Die Ordnungen innerhalb der Unterklassen sind als gleichwertige, natürliche Gruppen anzusehen.

Lediglich die *Tremellomycetidae* offenbaren noch eine sehr große Vielfalt, die recht heterogen erscheint, während die *Agaricomycetidae*, die weitgehend mit den *Homobasidiomycetidae* übereinstimmen, mit konstanten Merkmalen des Basidientyps, der Sporenkeimung und ontogenetischer Entwicklung eine geschlossene Gruppe bilden. Da die Wege der stammesgeschichtlichen Entwicklung noch immer nicht klar nachzuvollziehen sind, ist die geschlossene Behandlung der *Tremellomycetidae* in einer groben Gesamtübersicht gegenwärtig noch gerechtfertigt.

Tab. 6.7 Die Klassen, Unterklassen und Ordnungen der Abteilung *Basidiomycota*

Klasse	Unterklasse	wichtige Ordnungen	Arten
Ustilaginomycetes (= Ustomycetes)	**Ustilaginomycetidae** (Ustomycetidae) (Feingliederung siehe Tab. 22)	Sporidiales [basidiogene Hefen]	ca. 20
		Entorrhizales	ca. 10
		Exobasidiales (incl. Doassansiales, Georgefischeriales, Microstromatales)	ca. 160
		Tilletiales incl. Entylomatales [Brandpilze]	ca. 360
		Ustilaginales (incl.Urocystales, Microbotryales) [Brandpilze]	ca. 630
Pucciniomycetes (= Uredinomycetes)	**Pucciniomycetidae** (= Uredinomycetidae)	Agaricostilbales	2
		Atractiellales	13
		Pucciniales (= Uredinales) [Rostpilze]	>7000
		Septobasidiales	ca. 200
Basidiomycetes s.str.	**Tremellomycetidae** (= Heterobasidiomycetidae p.p.)	Christianseniales	8
		Cystofilobasidiales	10
		Filobasidiales	5
		Tremellales [Gallertpilze]	ca. 300
		Tulasnellales	ca. 50
		Ceratobasidiales	ca. 30
		Auriculariales [Ohrlapp- Pilze]	ca. 20
		Platygloeales	ca. 80
		Dacryomycetales [Gallerttränen, Hörnlinge]	ca. 70
	Agaricomycetidae (= Homobasidiomycetidae)	Polyporales s.l. (incl. Poriales, Ganodermatales, Fiustulinales, Schizophyllales) [Porlinge, Leberpilze, Blättlinge]	ca. 2 500
		Hymenochaetales [Porlinge, Borstenscheiben]	ca. 400
		Thelephorales [Warzenpilze, Stachelpilze]	ca. 200
		Ceratobasidiales	ca. 30
		Cantharellales [Leistlinge, Keulen- und Korallenpilze, Stachelpilze]	ca. 250
		Boletales (incl. Sclerodermatales, Rhizopogonales) [Röhrlinge, Blätterpilze, Wettersterne, Wurzeltrüffeln, Kartoffelboviste]	ca. 1000
		Agaricales (incl. Tulostomatales, Lycoperdales, Nidulariales) [Blätterpilze, Boviste, Stielboviste, Stäublinge]	> 10 000
		Russulales [Täublinge, Milchlinge, Milchtrüffeln, Porlinge]	ca. 2 000
		Phallales (incl. Geastrales, Gautieriales, Gomphales) [Pilzblumen, Stinkmorcheln, Gitterlinge, Erdsterne, Morcheltrüffeln, Schweinsohren]	ca. 350

Tab. 6.8 Die Unterklassen und Ordnungen der *Ustilaginomycetes*

Unterklasse	Ordnung	Merkmale**	Arten
Entorrhizomycetidae	Entorrhizales	Doliporen ohne Membrankappe, Phragmobasidien in den Teliosporen eingeschlossen	ca. 10
Exobasidiomycetidae	Exobasidiales	Poren einfach, ohne Kappe, Interaktions-Apparat (Int.app.) mit Ring, ohne Teliosporen, Holobasidien mit Sterigmata	ca. 100
	Microstromatales	Poren einfach, mit Kappe, ohne Int.app, ohne Teliosporen, Holobasidien mit apikalen kurzen Sterigmata	3
	Doassansiales	Poren einfach, mit Kappe, Int.app. mit nichthomog. Inhalt, mit Teliosporen, Holobasidien* mit apikalen Sporidien	ca. 50
	Entylomatales	Poren einfach mit Kappe, Int.app. mit homog. Inhalt, Telio-sporen hell, interzellulär, Holobasidien* mit apikalen Sporidien	ca. 200
	Georgefischeriales	ohne Poren, Teliosporen mit gelatinöser Exine, kurze Holobasidien mit 2-4 Sporidien	8
	Tilletiales	Doliporen ohne Kappe, ohne Int.app., mit Teliosporen, Holobasidien* mit apikalen Sporidien	ca. 200
Ustilaginomycetidae	Ustilaginales s.str.	porenlos, mit Teliosporen, Phragmobasidien mit lateralen Sporidien	ca. 500
	Urocystales	Poren einfach, ohne Kappe, ohne Int.app., Teliosporen von sterilen Zellen umschlossen, Holobasidien mit apikalen Sporidien	ca. 30
	Microbotryales	morpholog.-anatom- Merkmale ähnlich den Ustilaginales; werden aufgrund molekularbiologischer Studien neuerdings den Uredinomycetes zugeordnet	ca. 100

*   Holobasidien mit unregelmäßigen sekundären Querwänden
**   Teliosporen = Ustilosporen, Ustosporen, Brandsporen, Probasidien
        Basidien = Ustidien, Promycelien, Metabasidien
        Sporidien = aus den Basidien ohne Sterigmata aussprossende Sporen

7.1 Geschütztes Leben, auch für Pilze

Einen kurzen Rückblick auf die Geschichte der Mykologie hatten wir an den Anfang unserer Betrachtung der „Pilzwelt" gestellt; er konnte sich auf Bekanntes stützen. Absurde Irrwege, geniale Ideen und fleißiges Sammeln von Fakten und winzigen Details haben zu dem geführt, was an Wissen vorhanden ist. Der Ausblick in die Zukunft der Pilzkunde fällt dagegen viel schwerer. Wir können annehmen, dass die Pilze künftig mehr Beachtung finden werden als bisher – ganz sicher nicht nur als Nahrungsmittel, aber als Organismen, die es zu kontrollieren gilt und deren Leistungen man auf vielen Gebieten nutzen kann.

In der Landwirtschaft drängt sich eine intensivere Forschung zur VA-Mykorrhiza auf. Für die Waldlandschaften der Zukunft wird die Mykorrhizaforschung ebenfalls eine Rolle spielen, während sich die andauernden Umbruchphasen mit weitflächigen Veränderungen, Waldsterben, Rodungen von Tropenwäldern, Ausweitung der Wüstengebiete, ansteigenden Bevölkerungszahlen etc. in ihrer Dynamik anheizen. Es wird sicher keine erstrebenswerte Ausgeglichenheit geben.

Die Leistungen der Hefen, die biotechnologischen Forschungen zur Nutzung pilzlicher Biomasse oder neuer Inhaltsstoffe werden auch künftig bedeutungsvoll bleiben. Auch die Bekämpfung der Pilzkrankheiten von Pflanzen, Tieren und Menschen kann bei Weitem noch nicht als erschöpfend angesehen werden. Neue Möglichkeiten hinsichtlich der biologischen Schädlingsbekämpfung mithilfe von Pilzen deuten sich an, und manche neue Stoffgruppe, die gegenwärtig von Biochemikern aus Pilzen isoliert wird, lässt sich in ihrer Bedeutung noch gar nicht einschätzen.

Wie alle Organismen unserer Erde sind auch die rezenten Pilze das Ergebnis einer über Millionen und sogar Milliarden von Jahren währenden Evolution. Wie bei den Pflanzen und Tieren sind auch bei Pilzen in unserer Zeit durch Einwirkung des Menschen viele Sippen in enge Nischen gedrängt, bedroht oder bereits ausgestorben. Bedenkt man, dass alljährlich viele neue Pilzarten beschrieben werden, so liegt der Verdacht nahe, dass auch Arten gefährdet sind oder bereits ausgerottet wurden, von deren Existenz wir noch gar nichts wissen und niemals wissen werden. Wir müssen also wachsam sein, denn in unserer Umwelt gibt es auch noch heute viele lebensnotwendige biologische Regulative, die wir technisch nicht beherrschen. Schutz und Erhalt der biologischen Vielfalt sind auch für uns Menschen eine Existenzfrage.

Ist aber Pilzschutz überhaupt möglich? Um dessen Notwendigkeit nachzuweisen, bedarf es des Beweises, dass Pilze tatsächlich aufgrund von Aktivitäten des Menschen zurückgehen oder aussterben, dass sich unsere Pilzflora wirklich durch menschlichen Einfluss verändert.

Es fällt nicht leicht, diesen Beweis anzutreten, aber es gibt auch sehr eindrucksvolle Beispiele. Aufgrund von Studien in Herbarien und Auswertung von früher Literatur, aber auch anhand von Erfahrungswerten lässt sich nachweisen, dass manche Pilze zurückgehen, vom Aussterben bedroht sind oder bereits ausgestorben sind bzw. ausgerottet wurden. Aber es gibt auch Beispiele von positiver Entwicklung der Bestände mancher Arten, die häufiger werden und sich ausbreiten.

Die Einwanderungsgeschichte mancher Arten lässt sich z. B. durch die Mitteilung der Funde mitunter korrekt nachvollziehen. So auffallende Pilze wie der Tintenfischpilz (*Clathrus archeri*, vgl. Abschn. 3.4.3.6) sind kaum zu übersehen. Diese Art – sie stammt wahrscheinlich aus Australien – wurde 1914 erstmals in Europa nachgewiesen, und zwar in Frankreich in den Vogesen. Sie erreichte in den 1940er-Jahren Oberbayern, den Schwarzwald, die Schweiz und Österreich, in den 1950er-Jahren Norditalien, in den 1960er-Jahren die Tschechoslowakei, 1977 drang sie bis zur Ostseeküste vor, bereits 1976 wurde sie erstmals in Polen gefunden. Die Fundorte – es werden alljährlich neue gemeldet – zeugen nicht nur von der Ausbreitung des Pilzes, sondern auch von der Verdichtung der Vorkommen im neu eroberten Areal. Gesicherte Fakten haben wir auch über die Ausbreitungsgeschichte mancher phytoparasitischen Pilze, die mit ihren Wirtspflanzen eingeschleppt wurden, wie der Malvenrost oder einige Kartoffelkrankheiten aus Amerika.

Aber es gibt auch gut dokumentierte Beispiele negativer Bestandsentwicklung. Die Porenscheibe (*Poronia punctata*), ein

© Springer-Verlag GmbH Deutschland, ein Teil von Springer Nature 2022
H. Dörfelt et al., *Die Welt der Pilze*, https://doi.org/10.1007/978-3-662-65437-8_7

stromabildender Schlauchpilz – meist auf Pferdemist wachsend (vgl. Abschn. 3.3.2) – war noch um die Wende vom 19. zum 20. Jahrhundert in Mitteleuropa häufig. In Deutschland wurde sie im 20. Jahrhundert zum letzten Mal in den 1960er-Jahren auf der Insel Hiddensee gefunden, seither galt die Art als verschollen, tauchte aber unerwartet zu Beginn des 21. Jahrhunderts auf „ökologisch" betriebenen Pferdeweiden (vorübergehend?) wieder auf. Das Beispiel zeigt auch, wie problematisch absolute Aussagen zur Bestandsentwicklung sein können.

In manchen Gegenden bot man noch in den 1920er-Jahren Habichtspilze (*Sarcodon imbricatus*; Abb. 7.1) als Marktpilze an, während die Art im gleichen Gebiet gegenwärtig eine Seltenheit ist, die mancher ortsansässige Pilzsammler noch nie zu Gesicht bekam. In anderen Gebieten Mitteldeutschlands wurden noch vor einigen Jahrzehnten von Schulkindern korbweise Pfifferlinge (*Cantharellus cibarius*) gesammelt und an Passanten verkauft, wo sie gegenwärtig eine Seltenheit sind. Solche Beispiele ließen sich fortsetzen.

Der Artenrückgang in vielen Teilen Europas lässt sich an den zahlreichen Listen gefährdeter und verschollener Großpilze ablesen. Aber auch das Vordringen mancher Arten ist durch viele solide Arbeiten belegt. Es zeigt sich, dass die gegenwärtigen Veränderungen rascher vonstattengehen und einschneidender sind als alle, die sich jemals zuvor in Europa vollzogen haben. Wenn wir von Arten absehen, die als Schädlinge von Kulturpflanzen oder Krankheitserreger von Tieren oder Menschen bekämpft werden, lassen sich trotz aller Komplexität der Probleme einige Tendenzen verallgemeinern.

Im Vordringen sind z. B. einige terrestrische Arten stickstoffreicher Standorte, manche dungbewohnenden Arten gehen auf nährstoffreiches Kulturland über. Im Rückgang

Abb. 7.1 Habichtspilz (*Sarcodon imbricatus*); ein in Mitteleuropa rückläufiger Stachelpilz

begriffen sind Saprophyten nährstoffarmer Wiesenstandorte, z. B. viele Saftlinge (*Hygrocybe*-Arten), viele Mykorrhizapilze, viele terrestrische Stachelpilze, einige Brandpilze und ganz besonders viele epiphytische lichenisierte Pilze (Flechten). Als Ursachen dafür werden in erster Linie die allgemeine Nährstoffanreicherung (Eutrophierung), das Aufgeben alter Bewirtschaftungsformen sowie grundlegend neue, intensivere Methoden der Land- und Forstwirtschaft angesehen. Beim gut dokumentierten Rückgang zahlreicher epiphytischer, lichenisierten Pilze (Flechten, vgl. Abschn. 4.3) spielt die Belastung der Luft mit Schadstoffen – vor allem mit Schwefeldioxid (SO_2) – die ausschlaggebende Rolle, was auch zahlreiche Experimente, z. B. Begasungsversuche, bewiesen haben.

In der Literatur über Naturschutzprobleme bei Pilzen dominierten Ende des 19., Anfang des 20. Jahrhunderts neben ästhetischen Gesichtspunkten, wie etwa dem Schutz von Erdsternen, Vorschläge zur Einschränkung des Sammelns von Speisepilzen, z. B. Sammelbegrenzung, Sammelverbote. Es wurden u. a. Fahrverbote für Autos an Sonn- und Feiertagen in waldreichen Gebieten, das Abschaffen von Pilzberatungsstellen, Kontrollen und Bestrafung gefordert. Solche Maßnahmen, die mancherorts, z. B. in der Schweiz, in Tirol, in Holland, extreme Bürokratie zur Folge haben, richten sich zwar gegen das Symptom des Artenrückgangs, treffen aber nicht dessen Kern. Wir haben bereits auf die intensive Sammeltätigkeit von Speisepilzen in früheren Notzeiten aufmerksam gemacht, in deren Folge es jedoch zu keinem Artenschwund gekommen ist. Auch die Tatsache, dass nicht nur Speisepilze, sondern auch viele ungenießbare und giftige Arten gefährdet sind, die noch nie gezielt gesammelt wurden, sprechen gegen die Effektivität restriktiver Maßnahmen. Erst in der zweiten Hälfte des 20. Jahrhunderts wurden verstärkt ökologisch begründete Schutzmaßnahmen gefordert, die insbesondere den Biotopschutz, die Erhaltung von Pilzstandorten in den Vordergrund der Bemühungen stellten.

Es besteht sicherlich Einigkeit darüber, dass die Pilzfruchtkörper im Haushalt der Natur, in den Nahrungsketten der Ökosysteme eine Rolle spielen und unnötige Entnahme, kommerzieller Sammeltourismus, wie er in manchen Regionen noch immer betrieben wird, oder die Zerstörung von Giftpilzen den Pilzstandorten nicht zuträglich sind. Das Wesentliche des Pilzschutzes muss aber der Biotopschutz in seiner Gesamtheit sein, wissen wir doch um die enge Abhängigkeit der Pilze von ihren Substraten, ihre ausgeprägte Tendenz der Spezialisierung auf bisweilen äußerst begrenzte Lebensräume.

Es ist in diesem Zusammenhang zu bedenken, dass gefährdete Pflanzen, wie viele Orchideen und Wintergrüngewächse, mykotrophe Pflanzen sind, die in der Natur mit Pilzen in Gemeinschaft leben. (vgl. Abschn. 4.2). Auch die vom Waldsterben betroffenen Bäume sind Symbiosepartner von Pilzen. Wir wissen, dass z. B. bei Kiefern und Fichten die Mykorrhizafrequenz in gefährdeten Beständen auffallend beeinträchtigt wird. Sicherlich sind im Hinblick auf den Rückgang mykotropher Pflanzen viele Faktoren zwischen den Symbionten wirksam, und die gestörten Mykorrhizaverhältnisse spielen bei der Veränderung der Pilzflora gewiss keine unbedeutende Rolle.

Was kann man also für den Schutz der Pilze tun? Zunächst muss man sich darüber klar sein, dass es nicht eine einzige Methode gibt, mit der sich alle Probleme lösen lassen. Es gilt, Schutzziele nach den Erfordernissen festzuschreiben. Autochthone Arten, also Arten, die von Natur aus in einer Region, z. B. in Mitteleuropa, vorkommen und nicht erst durch das Wirken des Menschen hier heimisch geworden sind, bedürfen des besonderen Schutzes in den naturnahen Lebensräumen, bestenfalls in Totalreservaten wie den Kernzonen der Biosphärenreservate. Sie kommen in den von Natur aus vorhandenen Ökosystemen – z. B. in naturnahen Wäldern oder Mooren – vor, die ihrerseits gefährdet sind, und es gilt, diese Biotope zu ihrem Schutz naturnah zu erhalten bzw. zu rekonstruieren und vor Eutrophierung zu bewahren. Pilzschutz dieser Form ist mit Biotopschutz identisch. Es ist notwendig zu bedenken, dass Mitteleuropa von Natur aus größtenteils bewaldet war und viele Vegetationstypen, wie Wiesen, Heiden, Forste und Äcker, erst durch die menschliche Bewirtschaftung entstanden sind.

Von den autochthonen Pilzen sind vor allem einige Mykorrhizapilze (Abb. 7.3) nährstoffarmer Standorte durch die andauernde allgemeine Eutrophierung gefährdet, z. B. jene, die an die in Mitteleuropa gefährdete Weißtanne (*Abies alba*) gebunden sind und mit dieser Baumart verschwinden, so der Blutrote Borstenscheibling (*Hymenochaete cruenta*), der Schwarzhaarige Wurzelrübling (*Xerula melanotricha*; vgl. Abb. 7.6), die Orangefarbene Mehlscheibe (*Aleurodiscus amorphus*) und andere.

Auch Arten der autochthonen Moorvegetation, wie der Moorröhrling (*Suillus flavidus*; Abb. 7.2), sind gefährdet, ebenso manche Mykorrhizapilze, vor allem viele terrestrische Stachelpilze, die in relativ armen Wäldern vorkamen, unter Umständen in armen Forsten Nischen gefunden haben, sich aber jetzt durch Eutrophierungserscheinungen nicht mehr halten können.

Eines anderen Schutzes bedürfen die Arten, die sich erst durch menschlichen Einfluss, besonders infolge extensiver Landwirtschaft nach dem Entstehen von Hutewäldern, Niederwäldern oder Mähwiesen usw., einen Platz in unseren Landschaften erobern konnten. Um diese Arten zu erhalten, müsste man die alten Bewirtschaftungsweisen beleben oder dafür etwas Gleichwertiges schaffen. Die auf extensive Bewirtschaftung zurückzuführenden Landschaftsformationen prägen das Gesicht Mitteleuropas noch immer und ihnen verdanken wir die Vielfalt unserer Vegetation und damit auch der Pilzflora.

Erhaltenswert sind aus pilzkundlicher Sicht z. B. die nährstoffarmen Mähwiesen mit ihren reichen Beständen an Saftlingen (Abb. 7.4), Erdzungen, Keulen- und Korallenpilzen

Abb. 7.2 Moorröhrling (*Suillus flavidus*), ein gefährdeter, in Mitteleuropa autochthoner Mykorrhizapilz zweinadeliger Kiefern an gefährdeten Moorstandorten

Abb. 7.3 Pappelraufuß (*Leccinum duriusculum*), ein seltener, rückläufiger Mykorrhizapilz von Pappeln (*Populus* spp.)

sowie anderen gefährdeten Arten, die Xerothermrasen mit den Steppenpilzen, die von Natur aus nicht in unserem Gebiet heimisch gewesen sein dürften, und auch die extensiven Äcker mit einer ganz spezifischen Ackerpilzflora.

Auch Bewirtschaftungsformen, die für den Naturschutz aus zoologischem oder botanischem Blickwinkel keine Rolle spielen, wie etwa die Streunutzung oder die Beforstung trockener Kalkstandorte mit Kiefern, sind aus mykologischer Sicht von Interesse. In Kalkkieferforsten und Kalkfichtenforsten kommen Pilze vor, die wahrscheinlich in Mitteleuropa nördlich der Alpen nicht bodenständig sind, wie der Grubige Milchling (*Lactarius scrobiculatus*), der Orangerote Ritterling (*Tricholoma aurantium*) oder der Grauweiße Schneckling (*Hygrophorus fuscoalbus*) und andere.

Abb. 7.4 Saftlinge (*Hygrocybe* spp.); nahezu alle Arten der Gattung sind rückläufige Bewohner oligotropher Rasenstandorte; (**a**) Mennigroter Saftling (*H. miniata*); (**b**) Schwärzender Saftling (*H. nigrescens*)

Die Begleiter der in Mitteleuropa eingeführten Forstgehölze, z. B. die Lärchen begleitenden Röhrlinge und die ausschließlich bei fünfnadeligen Kiefern oder Douglasien wachsenden Pilze gehören nicht zur ursprünglichen Pilzflora Mitteleuropas. Sie wurden durch die Forstwirtschaft eingeschleppt. Lärchen sind im Alpen- und Karpatengebiet heimisch, Weymouthskiefern und Douglasien stammen aus Nordamerika. Wenn wir die auf uns überkommene Vielfalt der Natur bewahren wollen, müssen wir bestrebt sein, das Standortgefüge in seiner ganzen Vielgestaltigkeit sowohl in naturnahen Landschaften als auch in der Kulturlandschaft zu erhalten. Dazu gehört nicht zuletzt das Wissen um die gegenwärtig vonstattengehenden Veränderungen. Deshalb sollten wir stets beachten, in welcher Weise sich der Artenbestand entwickelt.

Schließlich wollen wir neben Arten- und Biotopschutz noch auf eine dritte Seite des Naturschutzes bei Pilzen hinweisen. Die neuen aktuellen Bewirtschaftungsformen bringen in den Kulturlandschaften auch neue Standorte für Pilze mit sich. Auch hier sollten wir stets im Auge behalten, wie sich die Pilze einnischen, wo schützenswerte Arten eine Lücke finden könnten. Es gibt viele Flächen, die z. B. aus ökonomischen Gründen für eine Bewirtschaftung unbrauchbar geworden sind. Solchen Standorten sollten wir ebenso wie neu angelegten Feldgehölzen und Erholungsanlagen unsere Aufmerksamkeit schenken, um sie gegebenenfalls für den Pilzschutz nutzen zu können. Tagebauhalden bestehen aus nährstoffarmen Rohböden; sie bieten aber wie auch Robinienbestände manchen Steppenpilzen Existenznischen und sind – vom Naturschutz oft unbeachtet – in unsere Bemühungen um den Pilzschutz einzubeziehen.

An welche konkreten Maßnahmen zum Pilzschutz ist zu denken? Zunächst müssen die pilzkundlichen Belange stärker als bisher in die gegenwärtigen behördlichen und privaten Naturschutzbemühungen hineingetragen werden. Zahlreiche Naturschutzgebiete sind mykologisch noch wenig oder gar nicht durchforscht. Hier ist in Absprache mit den Behörden viel Arbeit zu leisten! Die Pflegenormative der Schutzgebiete sollten auch aus mykologischer Sicht überdacht werden. Die bislang wenigen Beispiele von Pilzschutzgebieten sollten keine Einzelfälle bleiben.

Erfreulicherweise sind in den letzten Jahrzehnten nicht nur „Rote Listen" gefährdeter Pilze entstanden, sondern es wird in pilzfloristischen Erhebungen zunehmend die Bestandsentwicklung aller Arten eingeschätzt (vgl. Tab. 7.1).

Die Listen enthalten zwar noch viele Fragezeichen, viele seltene Arten, von deren Bestandsentwicklung wir nichts wissen, aber es gibt auch bereits fundierte Angaben über die Veränderung der Pilzflora – ein weites Feld der Betätigung für alle Pilzfreunde! Aus lokalfloristischer Sicht lassen sich oft detaillierte Angaben erarbeiten, vor allem, wenn frühere Pilzlisten vorliegen. Auch Herbarien und sogar Handschriften in Archiven haben schon sehr bemerkenswerte Zusammenhänge – z. B. hinsichtlich des Marktpilzaufkommens – zutage gefördert.

Um einschätzen zu können, ob gefährdete Pilze eine Nische in der sich neu herausbildenden Landschaft finden, bedarf es umfassender Kenntnisse über die ökologischsoziologischen Ansprüche der Arten. So gesehen, sind pilzsoziologische Studien auch Naturschutzarbeit!

Es existieren auf verschiedenen territorialen Ebenen Europas „Rote Listen" von ausgestorbenen und gefährdeten Großpilzen und auch bereits einige von phytopathogenen „Kleinpilzen". Bereits Mitte der zweiten Hälfte des 20. Jahrhunderts entstanden Rote Listen von Großpilzen in einigen Bundesländern Deutschlands. Eine erste Liste für das gesamte wiedervereinigte Deutschland entstand 1992. Inzwischen gibt es von vielen dieser Listen bereits mehrere Auflagen. In solchen Listen werden Kategorien der Gefährdung definiert, z. B. in vielfach modifizierter Fassung die Kategorien:

Tab. 7.1 Kategorien der Bestandsentwicklung

I	Bestände zunehmend	II	Bestände konstant oder unklare Bestandsentwicklung	III	Bestände rückläufig
I.1	zunehmend oder Neubürger; selten	II.1	konstant oder unklar; selten (= rote Liste 4: potenziell gefärdet)	III.0	verschollen oder ausgestorben; seit 1970 nicht mehr nachgewiesen (= rote Liste 0: verschollen oder ausgestorben)
I.2	zunehmend; zerstreut	II.2	konstant oder unklar; zerstreut	III.1	rückläufig; selten (= rote Liste 1: vom Aussterben bedroh)
I.3	zunehmend; häufig	II.3	konstant oder unklar; häufig	III.2	rückläufig; zerstreut (= rote Liste 2: stark gefährdet)
				III.3	rückläufig: noch häufig (= rote Liste 3: rückläufig, noch ungefährdet)

0 = ausgestorben (erloschen) oder verschollen

1 = vom Aussterben bedroht

2 = stark gefährdet

3 = noch nicht gefährdet, aber rückläufig

Je nach dem bearbeiteten Gebiet werden diese Kategorien angepasst, z. B. bei erloschenen Arten durch Angabe der letzten Nachweise. Oft wird für sehr seltene Arten, deren Bestandsentwicklung nur schwer zu ermitteln ist, die zusätzliche Kategorie **4** oder **R** (Rarität) benutzt. In den vergangenen Jahrzehnten sind in vielen größeren Gebieten, z. B. in den meisten Bundesländern Deutschlands, lokale Pilzfloren entstanden, in denen auch die Häufigkeit der erfassten Arten eingestuft wird und die Bezeichnungen „selten", „zerstreut", und „häufig" definiert werden. Hierbei bietet es sich an, die Situation der Bestandsentwicklung mit den Gefährdungskategorien zu koppeln, sodass aus einer pilzfloristischen Liste eine rote Liste von dem bearbeiteten Gebiet ableitbar wäre, gegebenenfalls per Suchfuntionen computergestützt erstellbar.

Für die Einschätzung der Gefährdungskategorie ist es zudem notwendig, das Gesamtareal der bearbeiteten Art zu kennen, weil sich dadurch die „Verantwortung" einer Region für den Erhalt einer Sippe einschätzen lässt. Eine Art kann z. B. am Rand ihres Gesamtareals vom Aussterben bedroht sein, während sie im Arealzentrum als häufig und ungefährdet eingestuft wird.

Für die untereinander vergleichbaren Arealdiagnosen gibt es in der pflanzengeografischen Literatur neben verbalen Arealbeschreibungen und kartografischen Darstellungen brauchbare computergerechte Methoden, die auf die Mykologie übertragbar sind. In Kombination mit den ökologischen Zeigerwerten für die Begleitpflanzen von Pilzstandorten eröffnet sich eine Fülle von Möglichkeiten der Auswertung für Prognosen der Bestandsentwicklung, besonders für Großpilze und Phytoparasiten.

Die Zahl der Arten, die in den verschiedenen Gebieten Europas auf den Listen gefährdeter und ausgestorbener Pilze erscheinen, liegt zwischen 5 und 50 % der insgesamt erfassten Pilzarten des jeweiligen Gebiets. Dass es sich hierbei teilweise um empirisch gewonnene Einschätzungen und um subjektive Bewertungen handelt, darf nicht über die offensichtlichen Tendenzen des Artenrückgangs hinwegtäuschen.

Wir sollten unsere Pilzflora ebenso wachsam beobachten wie die Flora und Fauna. In zunehmender Weise wird daher versucht, unsere neuen, digitalen Möglichkeiten zu nutzen, um die Ergebnisse der feldmykologischen Arbeit (pilzfloristische Geländelisten, Verbreitungskarten etc.) durch vereinheitlichte Methodik der Datenerfassung und -auswertung nutzbar zu machen, um belastbare Aussagen über die Bestandsentwicklung aller in einem bestimmten Bearbeitungsgebiet vorkommenden Arten zu erhalten.

Mit einem letzten Gedanken wollen wir das Thema des Pilzschutzes abschließen. Wie wir wissen, wird mit dem Verschwinden einer Art ein langer Weg der Evolution abgeschlossen. Unwiederbringlich geht mit der Art ihr Genom verloren, das sich in Jahrmillionen herausgebildet hat. Diese Unwiederbringlichkeit einmal untergegangenen Genmaterials lässt es ratsam erscheinen, steuernd einzugreifen. So wie in Gewächshäusern Schutzsammlungen gefährdeter Pflanzen – z. B. für Relikt-Endemiten – bestehen, sollten auch die Pilzkulturensammlungen für den Pilzschutz nutzbar gemacht werden. In Kultur, gegebenenfalls auch in flüssigem Stickstoff tiefgekühlt, können Sporen oder Myzelien überdauern. Daran sollten wir denken, wenn wir Pilze finden, von denen wir wissen, dass sie gegenwärtig nur geringe Überlebenschancen haben. Schutzsammlungen sollten aber eine Notbremse bleiben, denn auch innerhalb einer Art gibt neben übereinstimmenden genetischen Segmenten genetische Variabilität, die sowohl für das Fortbestehen als auch für die Anpassungsfähigkeit notwendig ist.

Naturschutzarbeit bei Pilzen darf sich nicht darin erschöpfen, Standorte gefährdeter Arten zu schützen, etwa einen alten Baum zu bewahren, an dem gefährdete Porlinge wachsen. Auch bei den Pilzen gibt es Populationsdynamik und es kann nicht die alleinige Aufgabe des Pilzschutzes sein, Wuchsorte zu „konservieren". Es gilt, die gefährdeten Arten in all ihrer Lebensdynamik zu erhalten, ihnen die Möglichkeit schaffen, sich in der Landschaft einzufügen, Bedingungen zu schaffen, die Fortpflanzung und Ausbreitung ermöglichen, z. B. Altholz (Abb. 7.5) in der Landschaft zu belassen, spontane Besiedlung zu ermöglichen. Bei den Pilzen heißt das: mehr Wildnis zu wagen.

Abb. 7.5 An Altholz gebundene Pilze, die aufgrund mangelnder Dichte geeigneter Substrate in ihrem Bestand gefährdet sind; (**a**) Kupferroter Lackporling (*Ganoderna pfeifferi*) am Stammfuß einer ca.

250-jährigen Buche; (**b**) Ästiger Stachelbart (*Hericium coralloides*) an einem toten liegenden Buchenstamm l

Abb. 7.6 Schwarzhaariger Wurzelrübling (*Xerula melanotricha*) eine in Mitteleuropa vom Aussterben bedrohte, aber problemlos in Reinkultur zu kultivierende Art

7.2 Ein weiter Blick – Pilze in den Lebensräumen der Erde

7.2.1 Zonale terrestrische Lebensräume

Zonobiome – das sind die großen Lebensräume der Erde, die sich entsprechend der klimatischen Zonierung zwischen Äquator und den Polen auf den beiden Hemisphären der Erde infolge der klimatischen Bedingungen herausgebildet haben.

Sie sind nicht unveränderlich. Wir wissen, dass sich unsere Kontinente langsam, aber stetig verschieben und dass es großklimatische Veränderungen gibt, dass z. B. in Mitteleuropa noch vor 20 Millionen Jahren tropisches Klima

herrschte und noch vor wenigen Hunderttausend Jahren Eiszeiten die Lebewelt beeinflussten. Das derzeitige Klima ist also nur relativ stabil. Kontinentaldrift und Wandel des Großklimas vollziehen sich jedoch sehr langsam, so dass die aktuelle Naturausstattung relativ stabil ist und eine Grundlage für eine Gliederung der Erde in charakteristische, klimaabhängige Lebensräume bietet.

Viel frappierender sind gegenwärtig die Veränderungen, die mit der Bewirtschaftung durch den Menschen einhergehen. In sehr vielen Gebieten der Erde dominieren nicht mehr die natürlichen oder naturnahen Lebensräume, sondern die von Besiedlung, Land- und Forstwirtschaft geprägten Kulturlandschaften. Den steten Wandel, dem die Natur durch langsame naturbedingte und durch rasche anthropogene (vom Menschen geschaffene) Veränderungen ausgesetzt ist, gilt es zu beachten, wenn wir Gesetzmäßigkeiten in der Ausstattung der Lebensräume der Erde postulieren, die sich von Natur aus eingestellt haben und relativ stabil sind.

Wir beschränken unsere Betrachtung auf einen sehr groben Blick auf die terrestrischen Zonobiome der Erde, weisen besonders auf augenfällige Eigenheiten der Vegetationsdecke hin und wollen versuchen, die zugehörige Pilzwelt – besonders im Hinblick auf die Großpilze – zu charakterisieren.

In den Tropen, das sind im Wesentlichen die frostfreien Gebiete zwischen den Wendekreisen, können wir drei solcher Zonobiome unterscheiden: das Zonobiom der äquatorialen tropischen Regenwälder (I), das Zonobiom der tropischen Regionen mit ausgeprägten Regen- und Trockenzeiten (II) und das Zonobiom der subtropischen, frostfreien Halbwüsten und Wüsten (III).

Außerhalb der Wendekreise schließt sich – durch das Passatregime beeinflusst – westseitig an den großen Kontinenten etwa zwischen dem 30. und 40. Breitengrad sowohl in der Süd- als auch in der Nordhemisphäre der Erde das mediterrane Zonobiom (IV) an. Es ist nach dem Mittelmeergebiet benannt und durch trockene Sommer und reiche Winterniederschläge (Etesienklima) charakterisiert. Leichte Fröste sind im Winter möglich. Die charakteristische Vegetationsdecke wird von immergrünen Hartlaubgehölzen gebildet. Im Sommer kann es natürlicherweise zu Bränden kommen. Großflächig kommt das mediterrane Zonobiom im Mittelmeergebiet vor, kleinflächig auch westseitig an den entsprechenden Breitengraden in Nordamerika (Florida), in Südamerika (Chile), im Südwesten von Südafrika mit Schwerpunkt auf der Kap-Halbinsel und in den angrenzenden Regionen bis Namibia und bis an die südlichsten Regionen Afrikas und auch in Südwestaustralien in der Region um Perth.

Ostseitig an den Kontinenten finden wir in den entsprechenden Breiten das Zonobiom der warmtemperierten, immergrünen Wälder (V), die in ihrer Physiognomie an äquatoriale Regenwälder erinnern. Sie sind von den Passatwindregimen beeinflusst. Wie im mediterranen Zonobiom können im warmtemperierten Zonobiom in den Wintermonaten leichte Fröste vorkommen, spielen aber eine untergeordnete Rolle.

In den temperaten (gemäßigten) Klimazonen ist vor allem in der Nordhemisphäre der Erde sowohl ost- als auch westseitig im ozeanischen Klimabereich das Zonobiom der sommergrünen Wälder ausgebildet. Es wird als nemorales Zonobiom (VI) bezeichnet und ist durch humides Klima und Wintertemperaturen mit moderaten Frösten (bis ca. –20° C) geprägt. Innerhalb der Kontinente fehlt in den Breiten der nemoralen Wälder die ausgleichende Rolle des Wassers. Es kommt zu heißem Sommer- und kaltem Winterklima mit starken Tag-Nacht-Schwankungen und mit strengen Frösten im Winter. Diese Regionen der Erde bilden das kontinentale Zonobiom (VII). Es ist von Steppen, Halbwüsten und Wüsten geprägt. Im Gegensatz zu den tropischen Wüsten sind diese kontinentalen, niederschlagsarmen Gebiete sehr kalten Wintertemperaturen ausgesetzt, wobei –40° C keine Seltenheit sind. Das kontinentale Zonobiom ist auf der Nordhemisphäre großflächig, auf der Südhemisphäre nur relativ kleinflächig, z. B. durch die patagonische Halbwüste, vertreten.

Nordhemisphärisch schließt sich an die nemoralen und kontinentalen Biome das Zonobiom der nördlichen Nadelwälder, das boreale Zonobiom (VIII) an. Es ist in relativ kleinflächige ozeanische Gebiete und ausgedehnte kontinental geprägte Regionen zirkumpolar in Nordamerika, Nordeuropa und Sibirien gegliedert. Dieses Zonobiom fehlt auf der Südhemisphäre der Erde und ist bis auf kleinflächige, ozeanisch geprägte Regionen in Meeresnähe durch Nadelwälder (Fichten-, Kiefern-, Lärchen-Arten) geprägt. Dieser Vegetationstyp des borealen Zonobioms wird als Taiga bezeichnet. Weiter nördlich in Richtung des Nordpols und auch im Süden in Richtung der Antarktis sind die terrestrischen Lebensräume der Erde waldfrei und von Zwergsträuchern, Rasen, Mooren oder Gesteinsfluren auf Dauerfrostböden geprägt. Diesen Vegetationstyp nennt man Tundra, der Lebensraum ist das arktische Zonobiom (IX) beider Hemisphären. Dieses kommt großflächig ausschließlich auf der Nordhemisphäre vor.

Wir folgen mit dieser Einteilung der terrestrische Lebensräume der Erde in die Zonobiome I–IX dem Prinzip von HEINRICH WALTER (1898–1989), der auf den Spuren der besten geobiologischen Arbeiten, z. B. denen von ALEXANDER V. HUMBOLDT (1769–1859), CHARLES DARWIN (1809–1882), EUGEN WARMING (1841–1924) etc., eine fundierte und nachvollziehbare Gliederung erarbeitete. Natürlich können wir nur einen sehr groben Überblick vermitteln. Es gibt nicht nur Übergänge und Untergliederungen der Zonobiome, sondern auch durch Höhenstufen innerhalb der Regionen und durch anormale Bodenverhältnisse abweichende Ausbildungen der Biome, die als azonale oder extrazonale Lebensräume, als Orobiome (Lebensräume der Gebirge) oder Pedobiome (Lebensräume auf untypischen Böden), gesondert beschrieben werden müssen. Beschäftigt man sich mit geobiologischen Fragen und versucht die ungeheure Mannigfaltigkeit in ein System zu bringen, so wird man in jedem Fall auf die abstrahierenden ökologischen Klimadiagramme von H. WALTER stoßen, die zu den wichtigsten Grundlagen jeder geobiologischen Arbeit gehören. Sie ermöglichen es, Grenzen und Kontinuität gleichermaßen nachvollziehbar darzustellen.

Wir wollen einige Charakteristika der Pilzflora in den großen Zonobiomen der Erde vorstellen, Lebensformen, insbesondere von fruchtkörperbildenden Pilzen, die in Anpassung an Klima und Vegetation in diesen Lebensräumen dominieren. Dies kann wiederum nur ein sehr knapper Überblick sein, viele Details müssen unberücksichtigt bleiben.

7.2.2 Immergrüne Wälder

Unter Regenwäldern verstehen wir immergrüne Wälder, die keine jahreszeitliche Rhythmik der Belaubung und der damit verbundenen Lebensvorgänge aufweisen. Im Jahresmittel liegen die Niederschläge höher als die Verdunstung, es gibt keinen nennenswerten Trockenheitsstress. Die immergrünen äquatorialen Regenwälder (Zonobiom I, Abb. 7.7 und 7.8), die vor allem in Südamerika, Afrika, Südasien und Nordostaustralien vorkommen, sind auf Gebiete zwischen den Wendekreisen beschränkt. Trockenzeiten fehlen oder treten nur kurzzeitig auf und spielen eine untergeordnete Rolle.

Regelmäßiger, mitunter täglicher reichlicher Niederschlag, hohe Luftfeuchte unter dem Blätterdach der Bäume

Abb. 7.7 Blick in einen äquatorialen Regenwald im Nordosten Australiens

Abb. 7.8 Lebensstrategien von Pflanzen äquatorialer Regenwälder zur Anlockung von bestäubenden Aasfliegen; (**a**) *Rafflesia arnoldii* (Sumatra), blattlose Pflanze, oberirdisch auf Blüten reduziert; parasitisch auf Wurzeln von Weingewächsen (*Vinaceae*); (**b**) *Amorphophallus prainii* (Sumatra), ein autotrophes Aronstabgewächs mit einem als Fliegenfalle fungierenden Blütenstand

und relativ ausgeglichene mittlere Temperaturen im Jahresmittel sind die Regel. Fröste kommen, mit Ausnahme der Gebirge, zu keiner Jahreszeit vor. Klimaschwankungen durch Sonneneinstrahlung und Regenfälle sind vor allem im Verlauf jeden Tages ausgeprägt, während die mittleren Temperaturen und Niederschläge weitgehend ausgeglichen sind. Für diese Situation wurde der Begriff „Tageszeitenklima" geprägt. Infolge der vegetationsfreundlichen Bedingungen sind die üppigen aquatorialen Regenwälder durch einen enormen Konkurrenzkampf um das Licht unter den Primärproduzenten, den grünen Pflanzen, geprägt. Während in der Kronenregion der Bäume die Sonneneinstrahlung zu Hitzestress führen kann, hat in den unteren Schichten dieser Wälder die Anpassung an Lichtmangel zu extremen Lebensformen geführt. Der Kampf um Nährstoffe hat viele Eigenheiten der pflanzlichen Organismen zur Folge. Zahlreiche chlorophyllfreie Parasiten unter den Blütenpflanzen, die keine grünen Blätter ausbilden, zartblättrige Farne und großblättrige Pflanzen, die an hohe Luftfeuchte und Lichtmangel angepasst sind, prägen die krautige Bodenflora. Was an toter Biomasse, z. B. an abfallenden Blättern, Früchten, Totholz oder toten Tieren, anfällt, wird durch die hohe Luftfeuchtigkeit und die hohen Temperaturen sehr rasch von Bakterien und Pilzen abgebaut, mineralisiert und zügig wieder in die lebende Biomasse eingebaut, sodass die Böden in der Regel nährstoffarm bleiben. Die Tierwelt, z. B. in der Baumschicht lebende Insekten, ist äußerst artenreich. Von Wirbellosen, bis hin zu Primaten sind alle systematischen Gruppen vertreten. Besonders auffallend für Mitteleuropäer ist in vielen tropischen Regenwäldern der Artenreichtum an Großschmetterlingen, großblütigen Blütenpflanzen und dergleichen.

Bei den Pilzen fällt auf, dass in den äquatorialen Regenwäldern – im Gegensatz zu den nemoralen, sommergrünen Wäldern der temperaten Zone oder den borealen Nadelwäldern – ektotrophe Mykorrhizapilze mit großen Fruchtkörpern, wie die Röhrlinge (z. B. *Boletus*- oder *Leccinum*-Arten), aber auch Täublinge oder Milchlinge (*Russula*- oder *Lactarius*-Arten), selten sind oder gebietsweise vollkommen fehlen. Auch stattliche Fruchtkörper saprotropher Arten, wie Champignons, große Schirmpilze und dergleichen, trifft man nur selten an. Stellt man Artenlisten der fruchtkörperbildenden Pilze zusammen, so überwiegen die Holzbewohner und saprotrophen Pilze mit kleinen bis mittelgroßen Fruchtkörpern. Auffallend sind zahlreiche holzbewohnende Ascomyceten der Holzkeulenverwandtschaft (*Xylariaceae*) und sehr viele Porlinge und Schichtpilze, oft mit auffallend flachen Basidiomata, z. B. *Microporus*- und *Microporellus*-Arten. Von den großen Porlingen fallen die Vertreter der Gattungen *Phellinus*, *Ganoderma* und *Amauroderma* auf. Die Blätterpilzgattungen *Lepiota*, *Leucocoprinus* und *Marasmius* sind mit zahlreichen Arten als Streubewohner vertreten. Manche Gattungen haben ihren Schwerpunkt in den tropischen Regenwäldern und man kann guten Gewissens annehmen, dass diese Lebensräume die Orte ihrer phylogenetischen Entfaltung darstellen, so z. B. die Faltenschirmlinge (*Leucocoprinus*-Arten; Abb. 7.9), die in Mitteleuropa zum Teil als Gewächshauspilze beschrieben worden sind, bevor man sie in den Tropen aufgefunden hat. Der Formenreichtum kleiner Basidiomata von gestielten bis hin zu resupinaten Blätterpilzen, d. h. von stiellosen Fruchtkörpern, bei denen der Hutscheitel mit dem Substrat verwachsen ist, dokumentiert die Anpassung der Fruktifikation an durchfeuchtete, in die Luft ragende Substrate. Die Fruchtkörper der Gattung *Chaetocalathus* sind z. B. am Hutscheitel mit kleinen Zweigen verwachsen, besitzen reguläre Lamellen und haben einen rudimentären, funktionslosen Stielrest (vgl. Abb. 3.46). Von den Ascomyceten sind auch die insektenparasitischen Kernkeulen (*Cordyceps* s. l.)

Abb. 7.9 Blätterpilze tropischer Regenwälder; (**a**) *Amanita* cf. *luteoflava*, ein Mykorrhizapilz (Sumatra); (**b**) *Leucocoprinus* cf. *birnbaumii*, ein saprophytischer Rohhumusbewohner

reichlich vertreten. Dieser Verwandtschaftskreis umfasst ca. 100 Arten, die meisten sind tropisch verbreitet. Die wohl auffälligste Pilzgruppe äquatorialer Regenwälder sind die Stinkmorchelverwandten der Ordnung *Phallales*, deren Sporenverbreitung an Insekten gebunden ist. Die Fruchtkörper bilden Geruchsstoffe, meist mit einem Aasgeruch, und weisen z. T. auffallende Lockfarben auf. Die Sporen sind in einer feuchten Masse eingebettet, die aus der Autolyse von Hyphen und Basidien hervorgegangen ist. Die angelockten Insekten fressen diese Substanzen samt der Sporen, die nach einer Darmpassage mit dem Insektenkot wieder freigesetzt werden. Das Optimum der Diversität dieser Pilze, die man auch als Aasfliegenpilze oder wegen ihrer Lockfarben als Pilzblumen bezeichnet, liegt in tropischen Regenwäldern (vgl. Abschn. 3.4.3.6).

Die Lebensformen von fruchtkörperbildenden Pilzen in den warmtemperierten, immergrünen Wäldern (Zonobiom V) ähneln denen der tropischen Regenwälder. Die geringen Fröste, die hier auftreten, haben keinen wesentlichen Einfluss auf die Diversität der Pilze. Zu den warmtemperierten Wäldern rechnet man auch die in bestimmten Höhenlagen der mediterranen Gebiete ausgebildeten immergrünen Nebelwälder, die z. B. auf den Kanarischen Inseln im Bereich der durch den Passat verursachten Nebelbildungen vorkommen. Sie sind ökologisch sehr gut untersucht. Ihre Baumschicht wird von den Lorbeergewächsen (*Lauraceae*) dominiert. An die Gattung *Laurus* ist der phytoparasitische Pilz *Exobasidium lauri* gebunden, der sehr auffallende Deformationen an den Ästen, Zweigen aber auch im Blüten- und Fruchtbereich hervorruft. Es kommen zahlreiche Holzbewohner vor, häufig ist z. B. der Samtige Schichtpilz (*Stereum subtomentosum*).

Auf der Südhemisphäre kommen immergrüne Regenwälder auch in kühleren Regionen südlich des 40. Breitengrades vor, besonders westseitig in Südamerika, auf Tas-

manien und auf der Südinsel Neuseelands. Sie werden gebietsweise von Südbuchen (*Nothofagus*-Arten; Abb. 7.10) beherrscht, das ist eine mit unseren Buchen verwandte Gehölzgattung, die größtenteils immergrün ist. Einige laubwerfende Arten deuten in diesen Regionen das nemorale Zonobiom an, das südhemisphärisch nur sehr kleinflächig ausgebildet ist.

Ein Verwandtschaftskreis von Pilzen ist für die Südbuchenwälder besonders charakteristisch. Etwa zehn Arten holzbewohnender Ascomyceten werden zu der systematisch isolierten Ordnung der *Cyttariales* (Abb. 7.10) zusammengefasst. Diese Pilze bilden erbsen- bis faustgroße auffallende, weiche, gelbe oder ockerfarbene Stromata, an denen zunächst kleine perithecienähnliche Ascomata entstehen, die sich bei einigen Arten später apothecienähnlich öffnen. Die fleischigen Stromata sind essbar und wurden z. B. in Südamerika bereits von der Urbevölkerung zu Speisezwecken genutzt.

Die Südbuchenwälder ähneln pilzfloristisch im Übrigen mehr den nemoralen als den warmtemperierten und tropischen immergrünen Wäldern. Sie sind an ektotrophe Mykorrhiza gebunden. Man finden zahlreiche Schleierlinge (*Cortinarius* spp.), Kremplinge (*Paxillus* spp.), Röhrlinge (*Boletus* spp., *Tylopilus* spp., *Porphyrellus* spp.), Täublinge (*Russula* spp.) und Milchlinge (*Lactarius* spp.). Auf Neuseeland gibt es unter diesen Pilzen aufgrund der frühen geografischen Isolation auch endemische Arten, was bei den Pilzen weltweit viel seltener vorkommt als z. B. bei den Blütenpflanzen oder Wirbeltieren. *Austroboletus novae-zelandiae* (Neuseeländischer Südröhrling), *Boletus novae-zelandiae* (Neuseeländischer Röhrling) und *Lactarius novae-zelandiae* (Neuseeländischer Milchling) sind nur einige wenige Beispiele. Von besonderem Interesse in den Südbuchenwäldern sind zudem sehr viele secotioide Pilze (vgl. Abschn. 3.4.3.1 und

Abb. 7.10 Zonale Südbuchenwälder; (**a**) Ansicht eines immergrünen Südbuchenwaldes auf Tasmanien mit *Nothofagus cunninghamii*; (**b**) junge Stromata von *Cyttaria darwinii* an deformierten Stammwunden von *Nothofagus betuloides* auf Feuerland

3.4.3.5), die zwischen hemiangiocarpen Blätterpilzen und Gasteromyceten vermitteln, z. B. *Macowanites-* und *Octavinia*-Arten, beide Gattungen gehören zu den Täublingsartigen (*Russulales*), oder *Taxterogaster*-Arten, die zur Familie der Schleierlinge (*Cortinariaceae*) verwandtschaftliche Beziehungen aufweisen.

7.2.3 Trockene und wechselfeuchte Regionen der Erde

Die trockenen Wüstenbiotope der Zonobiome II und VII sind sehr arm an fruchtkörperbildenden Großpilzen, über Hunderte von Kilometern kann die Suche erfolglos sein (Abb. 7.11).

Umso interessanter sind die wenigen Funde, die in ökologischen Nischen der vegetationsfeindlichen Regionen gelingen. Einander ähnlich sind die charakteristischen Lebensformen fruchtkörperbildender Pilze in den Trockengebieten der Tropen – den Trockenwäldern, Savannen und Wüsten (Zonobiom II, III) – und in kontinentalen Steppen, Halbwüsten und Kaltwüsten (Zonobiom VII). Manche kommen hauptsächlich in den Tropen vor. Hier häufen sich Basidiomyceten mit angiocarpen oder cleistocarpen Fruchtkörpern (Bauchpilze, vgl. Abschn. 3.4). Viele Arten kommen sowohl in tropischen als auch in winterkalten Steppen, Halbwüsten und Wüsten vor. Diese ariden Regionen der Erde sind die Entfaltungszentren mancher Pilzgruppen, z. B. der Stiel- und Schüsselboviste (*Tulostoma* spp., *Disciseda* spp.) und der Stelzenstäublinge (*Battarraea phalloides*, *Schizostoma lacerata*; Abb. 7.12.

Von den Erdsternen (*Geastrum* spp.) kommen vor allem die hygroskopischen Arten vor, deren Exoperidie sich auch

Abb. 7.11 Großpilzfreie Wüstenbiotope der Großen Victoria-Wüste in Australien

nach der Öffnung bei Trockenheit wieder um die Endoperidie krümmt. In diesem Zustand können besonders die meist recht kleinen Fruchtkörper vom Wind verweht werden und als „Steppenroller" in ihrer Gesamtheit zu Verbreitungseinheiten werden.

In Regionen mit regelmäßigem Wechsel von aridem und humidem Klima durch längere Regenperioden dominieren Bauchpilze, bei deren Sporenverbreitung der Regen noch eine wichtige Rolle spielt. Viele von ihnen, z. B. Stielboviste (*Tulostoma* spp.), hygroskopische Erdsterne (*Geastrum* spp.) und Schüsselboviste (*Disciseda* spp.), besitzen noch ein elastisches Capillitium, das bei Befeuchtung die Endoperidie in eine Position bringt, die für einen Sporenausstoß durch aufprallende Regentropfen günstig ist. Bei Bauchpilzen aus trockensten, ganzjährig ariden Regionen (Zonobiom III)

Abb. 7.12 Verschiedene Ausbildungen von Savannen (Zonobiom II); (**a**) trockene Buschsavanne mit einem seltenen Affenbrotbaum oder Baobab (*Adansonia fony*) im südlichen Madagaskar; (**b**) relativ feuchte Savanne mit Bauminseln, Offenland und Termitenhügeln in Nordaustralien; (**c**) Trockene Baumsavanne mit *Allocasuarina*-Beständen in Zentralaustralien

kommt es hingegen zum Verschwinden dieser strukturellen Grundlage der Sporenverbreitung und lediglich zur Ausbildung von funktionslosem Paracapillitium bei einfachem Peridienzerfall, aber oft auffallender Stielstreckung, so bei einigen Wüstenpilzen extrem trockener Klimate, z. B. bei *Chlamydopus meyenianus* (Abb. 7.13), *Schizostoma lacerata* oder *Phellorinia herculeana*.

In den ariden Regionen Australiens (Zonobiom II, III) haben sich Gehölze entwickelt, die enorme Trockenheit ertragen, u. a. einige *Casuarina*- und *Eucalyptus*-Arten. Sie bilden hier neben Trockenwäldern auch Baumsavannen, das sind mit Grasland durchsetzte Lebensräume, in denen die Bäume keinen durchgehenden Kronenschluss erreichen. Als ektotropher Mykorrhizapilz bei *Casuarina*-Arten kommen in Australien mehrere Erbsenstreulinge (*Pisolithus*-Arten, Abb. 7.14) vor, die noch auf extrem trockenen Böden fruktifizieren.

Von besonderem Interesse in allen ariden Regionen der Erde (Zonobiome II, III, VI), aber auch in den sommertrockenen Gebieten mit mediterranem Klima (Zonobiom IV), sind viele secotioide Basidiomyceten (vgl. Abschn. 3.4.3.5). Ihre Fruchtkörper lassen noch deutliche Merkmale hemiangiocarper Basidiomata erkennen, deren Fruchtschichten (Hymenien) in Fruchtlagern (Hymenophoren) angeordnet sind, z. B. bei den Blätterpilzen und Röhrlingen. Die Sporen verbleiben jedoch bis zur vollständigen Reife im Inneren der Fruchtkörper. Diese Basidiomata verkörpern eine Entwicklung, die wir als „Gasteromycetation" (Entwicklung von Bauchpilzen aus hemiangiocarpen Sippen) bezeichnen (vgl. Abschn. 3.4.3.5). Entweder bleiben die Fruchtkörper geschlossen, weil sich der Stiel nicht mehr streckt, wie bei *Endoptychum agaricoides*, oder der Stiel streckt sich rasch und exponiert trockene, sporenführende Fruchtkörperteile, die noch ein Hymenophor, z. B. eine Lamellenstruktur, erkennen lassen, wie bei den Steppentintlingen (*Montagnea* spp. Abb. 7.16) und den Wüstenchampignons (*Gyrophragmium* spp.). Der Mechanismus der aktiven Sporenabschleuderung ist bei allen secotioiden Basidiomyceten (Abb. 7.15) verloren gegangen.

Abb. 7.13 Atacama-Wüste am südlichen Wendekreis in Chile; (**a**) Übersicht; (**b**) *Chlamydopus meyenianus*, ein typischer Wüstenpilz der Atacama

Abb. 7.14 Südhemisphärische Erbsenstreulinge (*Pisolithus albus*) auf nacktem Rohboden einer Baumsavanne mit *Eucalyptus*, *Casuarina* und *Allocasuarina* spp. (Zonobiom II)

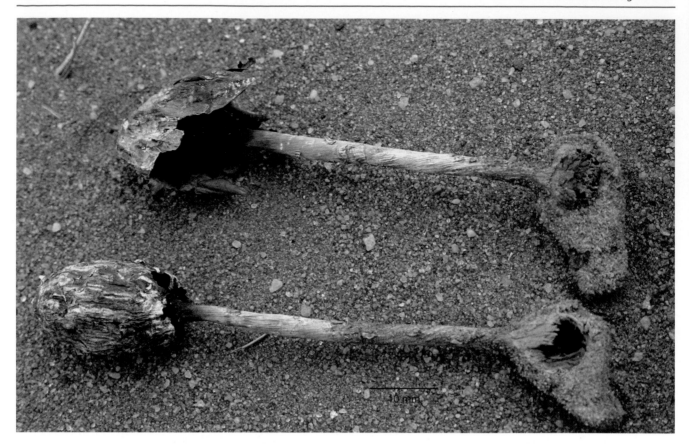

Abb. 7.15 Wüstentintlinge (*Podaxis pistillaris*) in einer Halbwüste in Zentralaustralien – ein pantropisch verbreiteter secotioider Pilz aus der Champignonverwandtschaft (*Agaricaceae*); die zunächst weißen Fruchtkörper trocknen kurz nach der Stielstreckung, die Peridie fällt ab und das Sporenpulver wird vom Wind verweht

Abb. 7.16 Steppentintlinge (*Montagnea arenaria*); (**a**) frisch entfaltetes Exemplar in der Wüste Gobi (Mongolei); (**b**) bereits abgetrocknetes Exemplar auf einer Wüstendüne in Kasachstan; die Art ist pantropisch in diversen Biomen der Zonobiome II, III und VII eine relativ häufige, secotioide Art aus der Champignonverwandtschaft; selten kommt sie auf extrazonalen Sonderstandorten, z. B. in Xerothermrasen in Mitteleuropa, vor

Abb. 7.17 Sternstäubling (*Mycenastrum corium*) auf sandigem Boden des ehemaligen, jetzt ausgetrockneten Aralsees; (**a**) Schiffskörper am Fundort; (**b**) zwei sporulierende Fruchtkörper

Stäublinge der Gattung *Calvatia* haben ebenfalls in ariden Regionen der Erde ihren Verbreitungsschwerpunkt. Ihre Peridie reißt unregelmäßig auf und das Sporenpulver wird vom Wind verbreitet, während die basalen Fruchtkörperreste mit ihrer schwammigen Subgleba noch lange erhalten bleiben. Ein auffallender, meist recht großer Bauchpilz in den kontinentalen Gebieten Eurasiens ist der Sternstäubling (*Mycenastrum corium*; Abb. 7.17). Seine leder- bis hornartig harte Peridie reißt irregulär sternförmig auf. Die Fruchtkörper erscheinen an stickstoffreichen Lagerstätten von Tieren. In überweideten Steppen und Halbwüsten sind sie stellenweise an nährstoffreichen Standorten in der Nähe von Jurtensiedlungen in Zentralasien sehr häufig. Das Capillitium besteht aus auffallenden spitzstacheligen Einzelfäden (Elateren).

Kot von pflanzenfressenden Tieren (Herbivoren) bildet für viele Pilze in ariden Gebieten eine Lebensgrundlage. Es kommen z. B. viele Arten von Zygomyceten, Ascomyceten und auch von Blätterpilzen auf diesen Substraten vor. Träuschlinge (*Stropharia* spp.) und Düngerlinge (*Panaeolus* spp.) sollen stellvertretend für viele andere genannt werden. Die Porenscheibe (*Poronia punctata*) ist ein stromabildender Ascomycet mit einer apical abgeflachten weißen Oberfläche, die durch die Mündungen (die Ostioli) der eingesenkten Perithecien schwarz punktiert erscheint. Diese Art kommt in kontinentalen Steppen Asiens häufig auf Pferdekot vor. In Mitteleuropa galt sie als ausgestorben (vgl. Abschn. 3.3.2), wurde aber vor einigen Jahren auf Pferdeweiden wiedergefunden. Nicht nur die Porenscheibe, auch einige andere der erwähnten Arten sind vom Grasland der Kulturlandschaften Mitteleuropas, besonders in den relativ trockenen Xerothermrasen, bekannt. Wir wissen nicht, ob sie autochthon sind oder erst während der Entwaldungsperioden im Mittelalter und der damit verbundenen Entstehung trockener Weiderasen aus ariden Regionen der Erde eingewandert sind. Es ist an solchen Beispielen jedoch ersichtlich, dass die

Verbreitungsgebiete vieler Pilze weniger scharfe Grenzen aufweisen als die Verbreitungsgebiete der meisten Samenpflanzen. Zudem können wir bereits gegenwärtig anhand vieler Beispiele nachweisen, dass der andauernde Klimawandel zur Verschiebung von Arealgrenzen beiträgt.

7.2.4   Hartlaubregionen

Gebiete mit Etesienklima (Zonobiom IV), d. h. mit trockenem Sommer und mit reichlichem Niederschlag im Winter, kommen an den Westseiten der Kontinente zwischen dem 30. und 40. Breitengrad vor: im Mittelmeergebiet (Abb. 7.18b), in Kalifornien, im mittleren Chile (Abb. 7.18a), im westlichen Südafrika in der Kap-Region, und in Südwestaustralien. In diesen Gebieten dominieren primär immergrüne Hartlaubwälder, die sich in Richtung der Wendekreise auflösen und von Steppen und Wüstenbiotopen der Zonobiome II und III abgelöst werden.

Die Gebiete sind im Sommer brandgefährdet und es kommt auch von Natur aus zu gesetzmäßigen Abfolgen von abgebrannten Flächen zu aufwachsenden Wäldern. Manche Pflanzen haben sich ganz spezifisch an Brände angepasst. Im australischen Hartlaubgebiet sind einige *Eucalyptus*-Arten typische Pyrophyten. Sie bilden Vegetationsknospen (Lignituberes) im Schutze nicht brennbarer Gewebestrukturen aus. In den Gattungen *Xanthorrhoea*, *Protea* und *Banksia* gibt es ebenfalls Pyrophyten, z. B. öffnen sich Samenkapseln einiger *Protea*- und *Banksia*-Arten erst nach Bränden. An den abgestorbenen, verholzten Achsen der Fruchtstände dieser Gehölze kommen mitunter holzbewohnende Pilze vor (Abb. 7.19a). Im mediterranen Hartlaubgebiet gehört die Korkeiche (*Quercus suber*) zu den Pyrophyten (Abb. 7.19b).

Die Pilzflora dieser Gebiete ist zum einen durch wärmeliebende ektotrophe Mykorrhizapartner der Hartlaubgehölze

Abb. 7.18 Hartlaubvegetation des Zonobioms IV; (**a**) Chile mit der endemischen Honigpalme (*Jubaea chilensis*); (**b**) Mittelmeergebiet (Balearen) mit Steineichen (*Quercus ilex*)

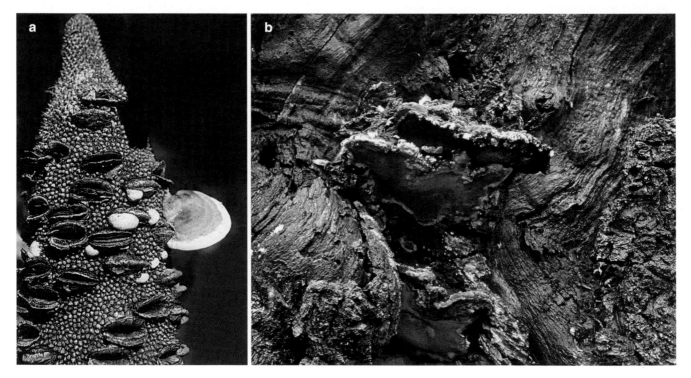

Abb. 7.19 (**a**) Rotrandiger Baumschwamm (*Fomitopsis pinicola*) an einem abgestorbenen Fruchtstand einer *Banksia* sp. in Südwestaustralien; (**b**) Rotporiger Feuerschwamm (*Phellinus torulosus*) am Stammfuß einer alten lebenden Eiche im Mittelmeergebiet

geprägt, zum anderen durch Arten, die auch in den ariden Gebieten der Erde vorkommen. Ein typischer Mykorrhizapilz in Eichenwäldern des Mittelmeergebiets ist der Kaiserling (*Amanita caesarea*; vgl. Abb. 5.34, 5.35 und 5.36), dessen Vorkommen wir bis in die Literatur der Antike zurückverfolgen können. Aber auch viele andere Mykorrhizapilze finden sich in mediterranen Hartlaubwäldern und submediterranen laubwerfenden Wäldern. Auffallend sind weitere thermophile Wulstlinge, wie *Amanita ovoidea*

(Abb. 7.20), oder Röhrlinge, wie *Boletus permagnificus*, *B. poikilochromus* und andere. Von den Holzbewohnern ist beispielsweise der Rotporige Feuerschwamm (*Phellinus torulosus*) einer der sehr häufigen mediterranen Porlinge, der im Zuge der Klimaerwärmung zunehmend in sommerwarme Wälder des nemoralen Zonobioms in Europa einwandert.

In den Zonobiomen mit regulärem Wechsel von Regen- und Trockenzeiten, vorrangig in den tropischen Zonobiomen II und III sowie im kontinentalen Zonobiom (VII) der temperaten Klimazone, kann es zur Versalzung der Böden und zur Ausbildung von Salzseen kommen, z. B. in der australischen Senke oder in der Etoscha-Pfanne in Namibia (Abb. 7.21). Hier bilden sich riesige Salzlagerflächen und Halophytenfluren mit Salzbüschen. Die Vegetation wird von zahlreichen Gänsefußgewächsen dominiert.

Abb. 7.20 Eierwulstling (*Amanita ovoidea*) am Südabfall der Pyrenäen in einem Kiefernwald; diese thermophile Art bildet im Mediterrangebiet mit Nadel- und Laubgehölzen ektotrophe Mykorrhiza und wird als Speisepilz genutzt

7.2.5 Sommergrüne Breitlaubwäldern

Das nemorale Zonobiom (VI) ist primär von sommergrünen Laubwäldern bedeckt, es kommt hauptsächlich ost- und westseitig in der temperaten Klimazone Eurasiens und westseitig in Nordamerika vor. Die Existenz der laubwerfenden Bäume ist in hohem Maße an funktionstüchtige Mykorrhizasysteme gebunden. In jüngster Zeit hat sich herausgestellt, dass die zunächst als „anektotroph" beschriebenen Bäume, z. B. die Eschen, zwar keine ektotrophe, aber dennoch VA-Mykorrhiza bilden. Ebenso wie in tropischen immergrünen Wäldern zeigte sich, dass bei nahezu allen Samenpflanzen VA-Mykorrhiza vorkommt, auch wenn die ektotrophen Mykorrhizae dominant sind.

West- und Mitteleuropa sowie Teile Westasiens beherbergen die größte Region des Zonobioms der laubwerfenden Laubgehölze auf unserer Erde. Viele Gattungen, zu denen hauptsächlich ektotrophe Mykorrhizapilze gehören, sind mit einer hohen Artdiversität vertreten, z. B. die Wulstlinge, Röhrlinge, Schleierlinge, Schnecklinge, Milchlinge, Täublinge, Ritterlinge (*Amanita-, Boletus-, Cortinarius-, Hygrophorus-, Lactarius-, Russula-, Tricholoma*-Arten). Die meisten von ihnen fruktifizieren besonders im Herbst, wenn von den Phytobionten Reservestoffe im Wurzelbereich eingelagert werden. Es kann zu charakteristischen Aspekten von fruktifizierenden Pilzen in nemoralen Wäldern kommen. Im ozeanischen Bereich des Areals sommergrüner Wälder, aber auch in Folge des andauernden Klimawandels verschieben sich jedoch diese Aspekte. Unter den ektotrophen Mykorrhizapilzen gibt es viele Arten mit einem sehr weiten Partnerspektrum, die mit Laub- oder Nadelgehölzen gleichermaßen in Symbiose leben können, z. B. Perlpilze (*Amanita rubescens*; Abb. 7.22), Fliegenpilze (*Amanita muscaria*) und viele andere.

Abb. 7.21 Salzböden mit Halophytenfluren im kontinentalen Zonobiom (VII) in Nordamerika bei Salt Lake City in Utah (**a**) und der salztolerante Stielbovist *Tulostoma volvulatum* (**b**)

Abb. 7.22 Perlpilz (*Amanita rubescens*), ein Mykorrhizapilz in vielen Waldtypen und mit zahlreichen Symbionten des nemoralen Zonobioms

Auch terrestrische Saprophyten sind – je nach Waldtyp – reichlich vorhanden, sowohl Ascomyceten als auch Basidiomyceten wie Champignons (*Agaricus* spp.), Trichterlinge (*Clitocybe* spp.), Rüblinge (*Collybia* spp.) oder Helmlinge (*Mycena* spp.). Von den reichlich vorhanden holzbewohnenden Pilzen hatte der Zunderschwamm (*Fomes fomentarius*) über Jahrhunderte sogar eine wirtschaftliche Bedeutung (vgl. Abschn. 5.5.7).

In Mitteleuropa dominiert in vielen Waldformationen die Rotbuche (*Fagus sylvatica*) deren postglaziale Einwanderung durch Pollenanalysen gut dokumentiert ist. Auch pflanzensoziologisch und bezüglich der Großpilzflora sind die nemoralen Wälder Mitteleuropas bis auf die Ebene der mykologischen Charakteristika einzelner phytosoziologischer Einheiten gut durchforscht. Beispielsweise erwies sich der Satanspilz (*Boletus satanas*) in Mitteleuropa als eine an Kalkböden gebundene charakteristische Art der Orchideen-Buchenwälder (Cephalanthero-Fagenion), während sie in Südeuropa auch auf sauren Böden zu finden ist (Abb. 7.23).

Pilzsoziologische Untersuchungen wurden vor allem in der zweiten Hälfte des 20. Jahrhunderts im Gefolge der Pflanzensoziologie betrieben. In diesem Zusammenhang sei auf Waldtypen aufmerksam gemacht, die sich als

Abb. 7.23 Satanspilz (*Boletus satanas*) ein schwach giftiger Mykorrhizapilz von Kalkbuchenwäldern Mitteleuropas

Abb. 7.24 Von *Quercus castaneifolia* dominierter Hyrkanischer Tieflandswald; Einblendung eines fruchtenden Zweiges von *Q. castaneifolia*

„Tertiärrelikte" des nemoralen Zonobioms in Europa erwiesen haben, z. B. die südlich des Schwarzen und des Kaspischen Meeres vorkommenden Euxinisch-Hyrkanischen Wälder (Abb. 7.24 und 7.25). Hier kommt z. B. der in Mitteleuropa äußerst seltene, kosmopolitisch verbreitete Porling *Rigidoporus ulmarius*; Abb. 7.26) vor. Diese Art bildet die weltweit größten Porlinge mit einer Breite bis zu 1,5 m.

Abb. 7.25 Durch Nebel bedingte Waldgrenze des nemoralen Hyrkanischen Waldes gegen die Wüstenregion in Iran

Abb. 7.26 Helltrama-Hartporling (*Rigidoporus ulmarius*) am Stammfuß von *Acer velutinum* in einem Hyrkanischen Laubmischwald nahe dem Kaspischen Meer südlich von Lahijan (Iran)

7.2.6 Taigagebiete

Das von Nadelwäldern geprägte boreale Zonobiom (VIII) ist zirkumpolar auf der Nordhemisphäre etwa in Höhe des Polarkreises ausgebildet.

In kleinen Regionen mit maritimem Klima in Alaska, Island, Nordnorwegen und dem fernen Osten (Kamtschatka) herrschen Birken- und Pappelwälder vor, während in den kontinentalen Regionen flächendeckend Nadelgehölze auftreten. Man bezeichnet das Mosaik dieser Vegetation als Taiga. Die „dunkle" Taiga (Abb. 7.27) wird von Fichten, Tannen und fünfnadeligen Kiefern gebildet, während die klimatisch extrem kalten kontinentalen Wälder der „hellen Taiga" von Lärchen beherrscht werden. Der große Teil der Fruchtkörper-Biomasse in den Taigawäldern wird von ektotrophen Mykorrhizapilzen gebildet.

Die Röhrlinge der Gattungen *Boletinus* (Hohlfußröhrlinge) sind in der asiatischen Taiga bei Lärchen besonders markant, aber auch andere Röhrlinge, z. B. aus den Gattungen *Boletus* (Dickfußröhrlinge), *Leccinum* (Raustielröhrlinge; Abb. 7.28), *Suillus* (Schmierröhrlinge) und *Xerocomus* (Filzröhrlinge), bilden neben zahlreichen Blätterpilzen eine immense Vielfalt an Fruchtkörpern.

Sie erscheinen besonders im August, bevor die ersten Fröste der Saison der Fruktifikation ein abruptes Ende setzen. Die erwähnten Röhrlingsgattungen neigen zur Bildung von speziellen Ökotypen, die an einzelne Gehölzgattungen, mitunter sogar an einzelne Gehölzarten gebunden sein können. Der auffallend rot gefärbte Asiatische Hohlfußröhrling (*Boletinus asiaticus*; Abb. 7.30) wächst z. B. nur bei Lärchen (*Larix sibirica*, *L. dahurica*) in der hellen Taiga zwischen Ural und Kamtschatka. In dieser Region fehlt der in anderen Taigawäldern, aber auch in wärmeren Nadelwäldern weit verbreitete Maronenröhrling (*Imleria badia*). Schnecklinge (*Hygrophorus* spp.), Schleierlinge (*Cortinarius* spp.), Täublinge (*Russula* spp.) und Milchlinge (*Lactarius* spp.) sind in den Taigawäldern ebenso artenreich wie im nemoralen Zonobiom.

Von den Holzbewohnern ist der Lärchenporling oder Apothekerschwamm (*Laricifomes officinalis*; vgl. Abschn. 5.5.6), der in den Lärchenbeständen der Alpen vom Aussterben bedroht ist, eine häufige Erscheinung. Weitere markante holzbewohnende Lärchenbegleiter (Abb. 7.31 und 7.32) in der lichten Taiga Sibiriens sind der Schwefelporling (*Laetiporus sulphureus*), der Lärchen-Violettporling (*Trichaptum laricinum*), der Rotrandige Baumschwamm (*Fomitopsis pinicola*)

Abb. 7.27 Dunkle Taiga in Lappland; in der Baumschicht dominiert *Picea obovata*

Abb. 7.28 Relikte der Birkenwälder (*Betula tortuosa*) von Island; (**a**) ein naturnaher lichter Bestand; (**b**) Fruchtkörper des aspektbildenden Birkenpilzes (*Leccinum scabrum*) in diesem Biotop

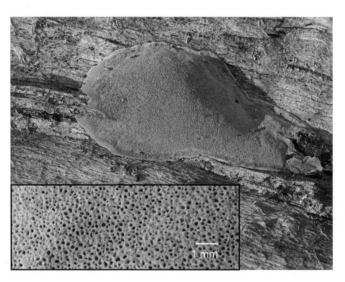

Abb. 7.29 *Phellinus punctatus*, ein mehrjähriger, effuser Fruchtkörper auf Birkenholz in den Grenzwäldern zur Tundra auf Island

und *Fomitopsis cajanderi* sowie der Goldrandige Feuerschwamm (*Phellinus chrysoloma* var. *laricis*, Abb. 7.31).

Die rothütigen Raufußröhrlinge (*Leccinum*-Arten) sind in sehr vielen Ökotypen bei Kiefern, Fichten und Tannen (*Pinus sylvestris*, *Picea obovata*, *Abies sibirica*) vertreten.

Im Mosaik mit borealen Nadelwäldern sind in der borealen Klimazone waldfreie Moore meistens über Dauerfrostböden ausgebildet. Diese Moore weisen aus geobotanischer und aus mykologischer Sicht Beziehungen zu den Hochmooren der mitteleuropäischen Gebirge auf, aber auch zu den wenigen, hochgradig gefährdeten Hochmooren der Südhemisphäre, die auf Südamerika südlich des 50. Breitengrades, insbesondere auf Feuerland, beschränkt sind. Es dominieren u. a. torfbewohnende Schwefelköpfe (*Hypholoma* spp.) und torfmoosbewohnende Häublinge (*Galerina* spp.). Bei Zwergbirken kommt in diesen Mooren häufig der Moorbirkenpilz (*Leccinum holopus*; Abb. 7.33) vor.

Auf *Betula-tortuosa*-Holz der ozeanischen Taiga-Wälder sind die mehrjährigen polsterförmigen Fruchtkörper von *Phellinus punctatus* eine markante Erscheinung (Abb. 7.29).

Abb. 7.30 Lichte Taiga mit Sibirischen Lärchen (*Larix sibirica*) auf der Insel Olchon (Baikalsee) auf bewegtem Dauerfrostboden (**a**) und der Asiatische Hohlfußröhrling (*Boletinus asiaticus*), ein Mykorrhizapilz von *Larix sibirica* und *L. dahurica*, in der lichten Taiga von Sibirien (**b**)

Abb. 7.32 Knochenharter Porling (*Osteina obducta*) auf einer toten Lärchenwurzel (*Larix sibirica*) in einem naturnahen, montanen Lärchenwald des Mongolischen Altai

Abb. 7.31 Goldrandiger Feuerschwamm (*Phellinus chrysoloma* var. *laricis*) an einem lebenden Lärchenstamm in einem montanen Taiga-Mischwald in Zentralsibirien

Abb. 7.33 Moorbirkenpilz (*Leccinum holopus*) als Mykorrhizapartner der Zwergbirke*Betula rotundifolia* in einem Deckenmoor in Sibirien

7.2.7 Tundrengebiete

In der waldfreien Vegetation (Abb. 7.34) über Dauerfrostböden des arktischen Zonobioms (IX) spielen Mykorrhizapilze ebenfalls noch eine gewichtige Rolle.

In den Zwergstrauchfluren der Tundren kommen regional getrennt mehrere Arten von Zwergbirken, z. B. *Betula nana*, *Betula exilis*, *Betula rotundifolia*, und Kriechweiden (*Salix* spp.) vor, die sich mykotroph ernähren. Mykorrhizapartner der Birken sind u. a. Raufußröhrlinge (*Leccinum* spp.; Abb. 7.35), selten auch Fliegenpilze (*Amanita muscaria*, Abb. 7.36) und Täublinge (*Russula* spp.). Meist entwickeln die Pilze relativ kleine Fruchtkörper, mitunter überragen aber im Spätsommer die orangerötlichen riesigen Hüte von Rotkappen die gesamte Pflanzendecke um mehr als einen Dezimeter – ein imposanter Anblick für jeden Mykologen!

In der kurzen Vegetationsperiode in den Tundrengebieten findet man auch viele Fruchtkörper von saprophytischen Blätterpilzen. Es fallen z. B. Nabelinge (*Omphalina* spp.), Samthäubchen (*Conocybe* spp.), kleine, rasch vergängliche Fruchtkörper von Häublingen (*Galerina* spp.), Tintlingen (*Coprinus* spp.) und Saftlingen (*Hygrocybe s*pp.; Abb. 7.37) ins Auge. Die roten Apothecien von Schildborstlinge (*Scutellinia* spp.) können mitunter so massenhaft erscheinen, dass auf anmoorigen Böden im arktischen Grasland schon von der Ferne ein roter Schimmer wahrzunehmen ist.

Da die Fruktifikationsperiode gebietsabhängig auf wenige Wochen beschränkt sein kann, kommt es unter Umständen zu einer plötzlich auftauchenden immensen Fülle von Großpilz-Fruchtkörpern, die allerdings rasch im Eis erstarren und versinken.

Abb. 7.34 Ansicht des arktischen Zonobioms (IX) mit Tundrarasen, Zwergstrauchfluren und humusreichen Tundraböden über Permafrost

Abb. 7.35 Birkenrotkappe (*Leccinum versipelle*) in einem bodensauren Zwergholzbestand der Tundra nahe dem Nordkap in Norwegen

Abb. 7.36 Fliegenpilz (*Amanita muscaria*) als Mykorrhizapartner von Gehölzen der Tundra nahe dem Nordkap in Norwegen

Abb. 7.37 Mennigroter Saftling (*Hygrocybe miniata*) in einem bodensauren Tundrarasen auf den Färöer-Inseln

Abb. 7.38 Apothekerschwamm (*Laricifomes officinalis*) an Sibirischer Lärche (*Larix sibirica*); charakteristische Art des borealen Zonobioms in Asien und des Orobioms montaner Lärchenwälder der Alpen

7.3 Pilze in azonalen Lebensräumen

Die biologischen Charakteristika der zonalen Lebensräume unserer Erde sind unter „normalen" weitreichenden Bedingungen zu verstehen: flächendeckende Bodenbildungen in planaren bis collinen Höhenstufen. Mit zunehmenden Höhenlagen ändern sich die Voraussetzungen, es entstehen vom „Normalen" abweichende Orobiome (Lebensräume der Höhenstufen in Gebirgen). Auf extremen Bodenbildungen, z. B. in wechselfeuchten Auen, in Sandaufwehungen oder an auffelsigen Hanglagen und dergleichen, entstehen Pedobiome (Lebensräume extremer Böden), die von den zonalen Lebensräumen beträchtlich abweichen können.

In vielen Orobiomen der Erde wiederholen sich manche Charakteristika der Zonobiome. Betrachten wir das am Beispiel der Höhenstufen europäischer Gebirge. In den Alpen und in der Hohen Tatra finden wir montane und hochmontane Nadelwälder, die deutliche Beziehungen zu den Taigawäldern des borealen Zonobioms aufweisen. In den Zentralalpen sind z. B. Lärchenwälder vorhanden, wo an alten Lärchenstämmen (*Larix decidua*) der gleiche Lärchenschwamm (Abb. 7.38) vorkommt wie in den sibirischen Lärchenwäldern.

Auch die Mykorrhizapilze der europäischen Lärchen sind mit denen der sibirischen Lärchen verwandt oder sogar identisch. Ähnlich ist das bei den Begleitern der alpischen fünfnadeligen Zirbelkiefern (*Pinus cembra*; Abb. 7.39). Diese in Europa gefährdeten Bäume sind mit den Sibirischen Zirbelkiefern (*Pinus sibirica*) verwandt und haben sehr ähnliche, teils identische Mykorrhizapartner. In den montanen Fichtenwäldern kommt wiederum eine Mykorrhizapilzflora vor, die deutliche Beziehungen zur Pilzflora borealer Fichtenwälder aufweist. Es kommt zu Verbreitungsmustern von Pflanzen und Pilzen, die wir als boreal-montan (boreales Zonobiom + montane Höhenstufe) oder bezüglich waldfreier Regionen als arktisch-alpin (arktisches Zonobiom + alpine Höhenstufe) bezeichnen, weil sich in den Nadelwäldern oder in der wald

freien alpinen Region, die auch als Bergtundra bezeichnet wird, ähnliche Vegetationsprofile herausgebildet haben.

Eine besondere Rolle spielen in montanen bis submontanen Höhenstufe Europas die Bergmischwälder mit Weißtannen (*Abies alba*). Diese Baumart kommt in borealen Wäldern Europas nicht vor, sie hat während der nacheiszeitlichen Wiederbewaldung Mitteleuropas nur die Regionen der südlichen Mittelgebirge erreicht und besitzt damit ein relativ kleines Areal, die nächsten Verwandten wachsen in borealen Wäldern von Nordosteuropa bis Sibirien (*Abies sibirica*) bzw. bis zum Kaukasus (*Abies nordmanniana*). An die Weißtanne sind einige Spezialisten unter den Mykorrhizapilzen und Holzbewohnern mit einem im Wesentlichen europäischen Verbreitungsgebiet gebunden, das wir als alpisch-montanes Areal bezeichnen. Diese Pilze fehlen im sibirischen oder kaukasischen Tannenareal. Zu ihnen gehört z. B. der Schwarzhaarige Wurzelrübling (*Xerula melanotricha*; s. Abb. 7.6), der meist unterirdische Tannenwurzeln auf kalkhaltigen Böden besiedelt, und der Märzschneckling (*Hygrophorus marzuolus*; s. Abb. 5.7), ein Mykorrhizapilz von Weißtannen, Fichten und Buchen. Diese Pilze sind – obwohl nicht ausschließlich mit *Abies alba* assoziiert – an das Tannenareal gebunden und aufgrund der Rückläufigkeit der Tannenbestände gefährdete Arten der europäischen Pilzflora, die in keinem anderen Gebiet der Erde vorkommen.

Viele Küstenregionen und Sandgebiete sind durch nährstoffarme Sandböden charakterisiert. Wenn sich auf diesen Böden Wälder ansiedeln oder angepflanzt werden, sind die waldbildenden Gehölze nur durch Mykorrhizasymbiosen lebensfähig. Sogar in den vegetationsfreundlichen Tropen, wo derartige Dünenwälder häufig von *Casuarina equisetifolia* gebildet werden, gibt es eine reiche Mykorrhizapilzflora, z. B. mit Röhrlingen der Gattung *Tylopilus* oder mit Risspilzen (*Inocybe* spp.), die in den angrenzenden zonalen Regenwäldern fehlen.

In den gemäßigten Zonen weist die Pilzflora der Küstendünen mitunter Beziehungen zur Pilzflora zonaler kontinentaler Steppen auf. Manche Gasteromyceten sind

Abb. 7.39 Subalpine Höhenstufe in den Karpaten; (**a**) mit Bergkiefern (*Pinus mugo*) und einzelnen Exemplaren der Zirbelkiefer (*Pinus cembra*) oberhalb der Waldgrenze; (**b**) der Zirbenröhrling (*Suillus plorans*) im Bestand der Abb. (**a**); ein spezialisierter ektotropher Mykorrhizapilz des subalpinen Orobioms mit Zirbelkiefer

Abb. 7.40 Brandregulierter natürlicher Flechten-Kiefernwald auf Sander, ein Pedobiom im Zonobiom der dunklen Taiga (**a**); (**b**) Hainmilchling (*Lactarius musteus*) als häufiger Mykorrhizapilz der Waldkiefer (*Pinus sylvestris*); im Gebiet ein begehrter Speisepilz

in kontinentalen Steppen Eurasiens und dann wieder in Küstendünen verbreitet, so z. B. manche Stielboviste (*Tulostoma* spp.) und manche Erdsterne (*Geastrum* spp.) in Eurasien. Man charakterisiert diesen Verbreitungstyp als „kontinental + litoral".

Sandergebiete sind durch nährstoffarme Sandböden gekennzeichnet, die in der Regel auf eiszeitliche Sandaufwehungen zurückzuführen sind. Sie können mit der Bildung mächtiger Binnendünen verbunden sein, auf denen humusarme Böden dominieren. Von ihrer Umgebung unterscheiden sie sich häufig durch eine Pioniervegetation, die nicht das Niveau der zonalen Vegetation erreicht. In Sibirien finden wir z. B. zwischen dem Jenissei und dem Ural eine weiträumige Landschaft, die über Sander hauptsächlich arme

Bestände mit Waldkiefern (*Pinus sylvestris*) beherbergt, in denen terrestrische Flechten, insbesondere *Cladonia stellaris*, in der Bodenflora vorherrschen.

Solche Flechten-Kiefernwälder findet man auch in der kontinental beeinflussten Dünenvegetation, z. B. im Baltikum. Als Mykorrhizapilze der Waldkiefer treten hier u. a. sehr viele terrestrische Stachelpilze verschiedener Verwandtschaftskreise auf, etwa. *Sarcodon-*, *Hydnellum-* und *Hydnum*-Arten, aber auch zahlreiche Schleierlinge (*Cortinarius*-Arten) und Röhrlinge (*Suillus-*, *Leccinum-*, *Boletus*-Arten), Milchlinge und Täublinge (*Lactarius*-Arten; Abb. 7.40; *Russula*-Arten). Die Fruchtkörper-Biomasse solcher Wälder kann bis zu über 90 % von Mykorrhizapilzen gebildet werden.

Abb. 7.41 Azonale Auwälder; (**a**) Naturnahe, bewaldete Aue im kontinentalen Steppengebiet (Zonobiom VII) Zentralasiens; (**b**) Schwamm-porling (*Spongipellis spumeus*) an einem Pappelstamm des Auwaldes von Abb. a; eine häufig in azonalen Auenwäldern vorkommende Art

Abb. 7.42 Rötender Wirrling (*Abortiporus biennis*), ein rasch-wüchsiger Holzbewohner; häufig in azonalen Auwäldern vorkommende Art

Die azonalen Auen (Abb. 7.41 und 7.42) sind wechsel-feuchte Regionen, die bei Hochwasser weite Über-schwemmungsflächen aufweisen können und bei Niedrig-wasser trocken fallen. In den waldfreien Regionen des kontinentalen Zonobioms sind die Auen die einzigen be-waldeten Biotope und weichen auch durch ihre Pilzflora vom kontinentalen Zonobiom mit Steppen und Halbwüsten beträchtlich ab. Nicht nur Holzbewohner, die mitunter in Auen ihren Verbreitungsschwerpunkt haben, sondern auch terrestrische Saprophyten kommen reichlich vor. Im nemo-ralen und borealen Zonobiom sind die azonalen Auwälder meist durch ein Zurücktreten der Mykorrhizapilze charak-terisiert. Das hängt mit dem Nährstoffhaushalt zusammen: Auen sind überall auf der Erde nährstoffreicher als die um-gebenden zonalen Lebensräume, auch wenn die Böden ur-sprünglich noch nicht aus Aulehm bestanden, sondern durch Schotter und Sand geprägt waren.

Während Auen einen wechselnd hohen Grundwasserstand aufweisen, weichen azonale Moore durch einen dauernd hohen Grundwasserstand von der zonalen Vegetation ab. Es kommt zur Torfbildung im Bereich des Mineralwasserstandes, z. B. in den Verlandungsregionen von Seen. In vielen Regionen der Erde spielen Erlen (*Alnus* spp.) eine wichtige Rolle in den be-waldeten Mooren, die wir auch als Bruchwälder bezeichnen. Zahlreiche speziell an Erlen gebundene Mykorrhizapilze mit oft kleinen Fruchtkörpern, wie die *Alnicola*-Arten, aber auch Röhrlinge, in Europa z. B. der Erlengrübling (*Gyrodon lividus*), gehören neben zahlreichen saprotrophen Arten zur Pilzflora dieser Wälder. In naturnahen Beständen sind auch Holzbewohner reichlich anzutreffen, z. B. in Europa der Er-lenschillerporling (*Inonotus radiatus*).

Mit diesem kurzen Blick in die terrestrischen Regio-nen der Erde können wir lediglich einige Aspekte des Er-scheinungsbildes der fruchtkörperbildenden Pilze andeuten. Es ist erkennbar, dass sie überall – von den Wüsten bis in die Dauerfrostgebiete – eine auffallende Erscheinung sind. Sie dokumentieren, was nicht ohne Weiteres ins Auge fällt: die Bedeutung der Pilze als Destruenten in allen Ökosystemen. Es ist selbstverständlich, dass auch Pflanzen- und Tierparasiten unter den Pilzen, auch Spezialisten von Sonderstandorten und speziellen Substraten oder humusbewohnende Arten ohne auffallende Fruchtkörper überall vorkommen und cha-rakteristische Artenkombinationen und Lebensformen in den verschiedenen Regionen der Erde bilden.

7.4 Pilze in Siedlungsgebieten

Seit nunmehr rund 100.000 Jahren verändern sich die Lebensräume der Erde nicht nur durch großklimatischen Wandel, durch Kontinentaldrift und energetische Veränderungen sowie durch die andauernde biologische Evolution, sondern auch durch die Tätigkeit der nunmehr nahezu acht Milliarden Menschen, die terrestrische Lebensräume der Erde besiedeln (Abb. 7.43). Seit 50.000 Jahren werden in zunehmendem Maße natürliche und naturnahe Lebensräume durch menschliche Besiedlung und Bewirtschaftung nicht nur beeinflusst, sondern auch gänzlich ersetzt. In den vergangenen 1000 Jahren hat sich der Anstieg der Erdbevölkerung auf rund acht Milliarden mehrfach verdoppelt. Dies führte – besonders in den siedlungsfreundlichen Regionen der tropischen und gemäßigten Klimazonen – weitflächig zu einem grundlegenden Wandel der natürlichen Gegebenheiten. Wälder wurden in monotone Forste und waldfreies Offenland, in Acker-, Weide- und Grünland umgewandelt. Großsäuger, insbesondere die Raubtiere, wurden aus weiten Regionen verdrängt oder ausgerottet. Die „Regulation" frei lebender Tiere durch Jagd wurde zum weltweiten Kult und Prestige elitärer Gesellschaftskreise. Steppen und Halbwüsten dienen der Haustierproduktion. Siedlungsgebiete und Verkehrswege bedecken riesige Flächen. Vielerorts sind die ursprünglichen ökologischen Zusammenhänge der Lebensräume überhaupt nicht mehr zu rekonstruieren. Im überwiegenden Teil der terrestrischen Erdoberfläche ist die ursprüngliche Naturlandschaft vollständig durch Kulturlandschaften ersetzt. Natürliche oder naturnahe Lebensräume versucht man in den Kernzonen von Nationalparks oder Biosphärenreservaten zu erhalten, wodurch sich jedoch die irreversiblen Brüche an der genetischen Basis der Organismenevolution nicht aufhalten lassen.

Den veränderten Bedingungen, die aus der Besiedlung der Erde resultieren, mussten sich die Pilze – wie alle frei lebenden Organismen – anpassen. Während wir von den Auswirkungen der Übervölkerung auf viele Tiere oder Lebensräume genaue Kenntnisse haben, wissen wir über derartige Vorgänge bei den Pilzen nur wenig. Wir können das Ausmaß lediglich erahnen, wenn wir z. B. die gut untersuchten Verhältnisse bei phytoparasitischen Pilzen von Kulturpflanzen betrachten, von denen wir durch Resistenzforschungen und Ausbreitungsgeschichte einige Kenntnis ihrer Wandlungsfähigkeit haben. Beispielsweise ist der Erreger der Kraut- und Knollenfäule der Kartoffeln (*Phytophthora infestans*; s. Abb. 4.77), der ursprünglich an das natürliche Areal der Kartoffel in Amerika gebunden war, derzeit weltweit verbreitet, bereitet riesige Probleme und verursacht Hungersnöte.

Auch einige Veränderungen bei den Großpilzen sind durch biogeografische Fakten nachvollziehbar, z. B., dass Mykorrhizapilze von Lärchen (*Larix*-Arten) wie der Goldröhrling (*Suillus grevillei*), der Graue Lärchenröhrling (*Suillus aeruginascens*) oder der Hohlfußröhrling (*Boletinus cavipes*), die derzeit in Mitteleuropa häufig vorkommen, aus dem natürlichen Lärchenareal eingeschleppt wurden. Der Elfenbeinröhrling (*Suillus placidus*) hat sich mit der Weymouthskiefer (*Pinus strobus*) als Forstgehölz ein neues Areal erobert. Viele Mykorrhizapilze der Fichte (*Picea abies*) stammen aus dem natürlichen Fichtenareal der Bergwälder und haben sich in der planaren Stufe Mitteleuropas in den Fichtenforsten eingenischt.

Abb. 7.43 Ländliches Siedlungsgebiet in Baschkirien (**a**) mit vielen Nischen für Pilzstandorte und großstädtisches pilzarmes, aber nicht pilzfreies Siedlungsgebiet (**b**) in Sydney (Südostaustralien)

Abb. 7.44 Pilze an fundamentnahem Mauerwerk von Wohnhäusern; (**a**) Echter Hausschwamm (*Serpula lacrymans*), (**b**) Veränderlicher Becherling (*Peziza varia*)

Neben diesen Beispielen der Bereicherung der Pilzflora einer Region durch menschliche Bewirtschaftung gibt es jedoch mit Sicherheit weitaus mehr anthropogene (vom Menschen geschaffene) Veränderungen, von denen wir keine Kenntnis haben. Mit den Aussterbeereignissen von Pflanzen und Tieren durch die Veränderungen auf der Erdoberfläche verschwinden ihre spezialisierten Begleiter, ihre Parasiten und Symbionten. Das Verschwinden von Abstammungsgemeinschaften, die wir als Arten definieren, ist aber in jedem Fall nur der Gipfel des Eisbergs. Über die Zusammenhänge auf der genetischen oder populationsökologischen Ebene können wir allenfalls spekulieren, diese Vorgänge laufen weitgehend ohne unsere Kenntnis ab.

Obgleich die Kulturlandschaften in den terrestrischen Regionen der Erde dominieren, schaffen die Gegebenheiten der Klimazonen wichtige ökologische und biogeografische Voraussetzungen, die zu gesetzmäßigen Verhältnissen führen. In manchen vom Menschen verlassenen Gebieten kann man z. B. Sukzessionen studieren, die zu potenziell natürlichen Verhältnissen führen. Das beginnt schon bei der

Wiederbewaldung aufgelassener Grünlandflächen oder der Bebuschung ehemals beweideter Trockenrasen in Hanglagen des mitteleuropäischen Berglandes. Es ist – besonders für die Feldmykologie – ein faszinierender Beobachtungs- und Forschungsansatz, Fakten der andauernden Veränderungen durch menschliche Bewirtschaftungsmuster oder den aktuellen Klimawandel zu ermitteln. Aus dieser Sicht sind manche Beobachtungen in der Kulturlandschaft von Bedeutung: z. B. der Wollige Scheidling (*Volvariella bombycina*) auf feucht gelagerten Ballen von Altpapier, der Fahle Röhrling (*Boletus impolitus*) auf einer grünen Insel inmitten einer Großstadt, der Wüstenstäubling (*Phellorinia herculeana*) auf einem Schuttplatz, der mediterran verbreitete Südliche Fransenwulstling (*Amanita vittadinii*) im Intensivgrünland eines Auenwald-Standortes oder der Veränderliche Becherling (*Peziza varia*) am Gemäuer von Gebäuden (Abb. 7.44).

Jeder Pilzfreund kann mit seinen Beobachtungen dazu beitragen, ein bisschen mehr Licht in die verschlungenen Vorgänge des steten Wandels zu bringen, der sich auch in der Pilzflora abzeichnet.

Fotos, Danksagung und Bildquellen

Die Fotos dieses Buches stammen größtenteils von den Autoren E. RUSKE und H. DÖRFELT zu etwa gleichen Teilen. Weitere Fotoautoren sind in den Bildtexten namentlich genannt.

Es handelt sich um Fotos von Prof. Dr. A. BRESINSKY, Fr. R. BÜTOW (Rostock, Dr. M. GUBE (Jena/Göttingen), Fr. M. HARPKE (Jena), Fr. Dr. H. HEKLAU (Halle), K. KRAUSE (Jena), L. ROTH (Adorf), Prof. Dr. A. R. SCHMIDT (Jena/Göttigen), W. WIEHLE (ehemals Greifswald), L. WIRSCHING (Jena).

Die Zeichnungen wurden z. T. von den Auflagen 1 und 2 übernommen, teils geändert. Neue Zeichnungen stammen von Prof. em. Dr. A. KÄSTNER nach Entwürfen von Dr. H. DÖRFELT. Die Computer-Bearbeitung von Zeichnungen und Fotos erfolgte durch Dr. E. RUSKE.

Dem Institut für Mikrobiologie (Mikrobielle Kommunikation) danken wir für die Unterstützung unserer Arbeit, insbesondere für den Ansatz der *Picea-abies/Tricholoma-vaccinum*-Kokultur (Fr. D. GRUNEWALD, Abb. 4.11), für die Durchsicht und Korrektur des Abschn. 2.6.2. (Fr. Dr. K. KRAUSE) und die Vermittlung der Kontakte zur Fachhochschule Erfurt (Fr. M. HARPKE).

Für die *Rhizophagus-irregularis/Daucus-carota*-Kokultur (Abb. 4.22 und 4.23; *Rhizophagus*-Stamm QS81 der Firma INOQ GmbH) danken wir der Forschungsstelle für gartenbauliche Kulturpflanzen der Fachhochschule Erfurt, Prof. Dr. P. FRANKEN/Fr. K. BUROW); Kulturansatz Fr. GRIMMER, Fotos: M. HARPKE (Universität (Jena).

Dr. J. HENTSCHEL (Herbarium Haussknecht, Jena) danken wir für die Ausleihe von Herbarmaterial und Literatur; Fr. N. SCHINDLER (Institut für Geobotanik der Universität Halle) für ihren Textentwurf, Dr. D. WEISS (Institut für Organische Chemie und Makromolekulare Chemie der Universität Jena) für seine kritische Durchsicht der Formeln der Abschn. 5.5.2 und 5.5.3.

Für die Durchsicht des Manuskripts bzw. von einzelnen Abschnitten danken wir zudem Fr. B. GERISCHER (Oelsnitz) und Fr. E. WAGNER (Netzschkau).

Weiterführende Literatur

Die folgende Übersicht beinhaltet eine Auswahl von Fachbüchern, die zur weiteren Information empfohlen werden können.

Allgemeine Übersichten und Grundlagen der Mykologie

AINSWORTH, G. C., SUSSMAN, A S. (eds.): The fungi, an advanced treatise [4 Bd.]. – New York, London 1965–1973

ALEXOPOULOS, C. J.: Einführung in die Mykologie. – Stuttgart 1966

ALEXOPOULOS, C. J., MIMS, C. W.: Indroductory mycology [ed. 3]. – New York

ARX, J. A. von: Pilzkunde [ed. 3]. – Vaduz 1976

BENEDIX, E. H., CASPER, J., DANERT, S., HÜBSCH, P., LINDNER, K. E., SCHMIEDEKNECHT, M., SCHUBERT, R., SENGE, W.: Die große farbige Enzyklopädie Urania Pflanzenreich in 4 Bänden, Bd. 1, Viren, Bakterien, Algen, Pilze. – Leipzig, Jena, Berlin 1991

BULLER, A. H. R.: Researches on fungi [7 Bde.]. – London 1909–1950

BURNETT, J. H.: Fundamentals of mycology. – London 1973

CASPER, S. J.: Grundzüge eines natürlichen Systems der Mikroorganismen. – Jena 1974

ESSER, K.: Kryptogamen, Cyanobakterien, Algen, Pilze, Flechten/Praktikum und Lehrbuch [ed. 2]. – Berlin, Heidelberg, New York […] 1986

ESSER, K., LEMKE, P. A.: The Mycota [6 Bde.]. – Berlin 1994–1997

FEDEROV, A.: Zhizn' rastenij [Bd. 2] Griby. – Moskva 1976

GÄUMANN, E.: Die Pilze, Grundzüge ihrer Entwicklungsgeschichte und Morphologie. – Basel, Stuttgart 1964

HAWKER, L. E.: Fungi, an indroduction. – London 1966

MOORE-LANDECKER, E.: Fundamentals of the fungi. – Englewood Cliffs 1972

MÜLLER, E., LOEFFLER, W.: Mykologie, Grundriß für Naturwissenschaftler und Mediziner. – Stuttgart, New York 1982

ROSS, I. K.: Biology of the fungi, their development, regulation and associations. – New York, St. Louis, San Francisco […] 1979

SCHWANTES, H. O.: Biologie der Pilze. – Stuttgart 1996

STRASBURGER, E., NOLL, F., SCHENCK, H., SCHIMPER, A. F. W. (Begr.); SITTE, P., ZIEGLER, H., EHRENDORFER, F., BRESINSKY, A. (eds.): Lehrbuch der Botanik für Hochschulen [ed. 34]. – Stuttgart, Jena, Lübeck […] 1998

TAYLOR, T. N., KRINGS, M. TAYLOR, E. I.: Fossil Fungi. – Amsterdam, Boston, Heidelberg […] 2015

WEBER, H. (ed.): Allgemeine Mykologie. – Jena, Stuttgart 1993

WEBSTER, J.: Indroduction to fungi [ed. 2]. – Cambridge, London, New York […] 1986

WEBSTER, J.: Pilze, eine Einführung. – Berlin, Heidelberg, New York 1983

Wörterbücher

BERGER, K. (ed.): Mykologisches Wörterbuch, 3200 Begriffe in 8 Sprachen. – Jena 1980

BORRISS, H., LIBBERT, E. (eds.): Pflanzenphysiologie [Wörterbücher der Biologie]. – Jena 1984

DÖRFELT, H. (ed.): Lexikon der Mykologie. – Stuttgart, New York 1989

DÖRFELT, H., JETSCHKE, G. (eds.): Wörterbuch der Mycologie. – Heidelberg, Berlin 2001

GENAUST, H.: Etymologisches Wörterbuch der botanischen Pflanzennamen [ed.3]. – Hamburg (2005) ((bitte das Gesamtwerk aufnehmen))

HAWKSWORTH, D. L., KIRK, P. M., SUTTON, B. C., PEGLER, D. N.: Ainsworth and Bisby's Dictionary of the Fungi [ed. 8]. – Cambridge 1995

KIRK, P. M., CANNON, P. F., DAVID, J. C., STALPERS, J. A.: Ainsworth and Bisby's Dictionary of the Fungi. [ed. 9]. – Cambridge 2001

LAZZARI, G.: Glossario micologico in cinque lingue. – Trento 1980

MÜLLER, G. (ed.): Mikrobiologie [Wörterbücher der Biologie]. – Jena 1980

SNELL, W. H., DICK, E. A.: A glossary of mycology [ed. 2]. – Cambridge 1971

WEBER, H. (ed.): Wörterbuch der Mikrobiologie. – Jena 1997

Geschichte der Mykologie

AINSWORTH, G. C.: Indroduction to the history of mycology. – Cambridge 1976

BALLAUFF, T.: Die Wissenschaft vom Leben. – München 1954

DÖRFELT, H., HEKLAU, H.: Die Geschichte der Mykologie. – Schwäbisch Gmünd 1998

DÖRFLER, J.: Botaniker Porträts. – Wien 1906

FRAHM, J.-P., EGGERS, J.: Lexikon der deutschsprachigen Bryologen. – Norderstadt 2001

GRUMMANN, V.: Biographisch-bibliographisches Handbuch der Lichenologie. – Hildesheim 1974

JAHN, I., LÖTHER, R., SENGLAUB, K.: Geschichte der Biologie; Theorien, Methoden, Institutionen, Kurzbiographien. – Jena 1983

JESSEN, K. F. W.: Botanik der Gegenwart und Vorzeit. – Leipzig 1864

LAZZARI, G.: Storia della micologia Italiana. – Trento 1973

LÜTJEHARMS, W. J.: Zur Geschichte der Mykologie, das XVIII. Jahrhundert. – Gouda 1936

MÄGDEFRAU, K.: Geschichte der Botanik, Leben und Leistung großer Forscher [ed. 2]. – Stuttgart 1992

SACHS, J.: Geschichte der Botanik vom 16. Jhd. bis 1868. – München 1875

© Springer-Verlag GmbH Deutschland, ein Teil von Springer Nature 2022
H. Dörfelt et al., *Die Welt der Pilze*, https://doi.org/10.1007/978-3-662-65437-8

STAFLEU, F. A., COWAN, R. S.: Taxonomic literature [7 Bd.]. – Utrecht 1976–1988 [und spätere Suppl.]

Cytologie, Anatomie, Morphologie, Phylogenie und Systematik nicht lichenisierter Pilze

BESSEY, E. A.: Morphology and taxonomy of fungi. – New York 1950

CLEMENCON, H.: Anatomie der Hymenomyceten. – Teufen 1997

DONK, M. A.: Check List of European Polypores [Verh. Koninkl. Nederlandse Akademie van Wetenschappen, Afd. Natuurkunde 62]. – Amsterdam, London 1974

DÖRFELT, H., RUSKE, E.: Morphologie der Großpilze, – Berlin, Heidelberg 2014

ERB, B., MATHEIS, W.: Pilzmikroskopie. Präparation und Untersuchung von Pilzen. –Stuttgart 1982

HOOG, G. S. DE (ed.): Ecology and evolution of black yeasts and their relatives [Studies in mycology 43]. – Baarn, Delft 1999

HORAK, E.: Synopsis generum Agaricalium [Beitr. Krypt.-Fl. Schweiz 13]. – Bern 1968

JÜLICH, W.: Higher taxa of Basidiomycetes. – Vaduz 1981

KREISEL, H.: Grundzüge eines natürlichen Systems der Pilze. – Jena 1969

LICHTWARDT, R. W.: The Trichomycetes. – New York, Berlin, Heidelberg […] 1986

LOHWAG, H.: Anatomie der Asco- und Basidiomyceten [Handbuch der Pflanzenanatomie, Bd. 4, Abt. 2, Teilband 3 c]. – Berlin 1941

MOORE, D., CASSELTON, L.A., WOOD, D.A., FRANKLAND, J. C. (eds): Developmental biology of higher fungi. – Cambridge, London, New York […] 1985

PEGLER, D. N., YOUNG, T. W. K.: Basidiospore morphology in the Agaricales [Beihefte Nova Hedwigia, 35]. – Lehre 1971

PETERSEN, R. H. (ed.): Evolution in the higher Basidiomycetes. – Knoxville 1971

REIJNDERS, A. F. M.: Les problemes du developpement des carpophores des Agaricales et quelques groups voisins. – Den Haag 1963

REYNOLDS, D. R.: Ascomycete systematics, the Luttrellian concept. – New York, Heidelberg, Berlin 1981

SCHUSSNIG, B.: Vergleichende Morphologie der niederen Pflanzen, eine Einführung in deren Formbildung und Formwechsel auf entwicklungsgeschichtlicher Grundlage. –Berlin 1938

SCHUSSNIG, B.: Grundriss der Protophytologie. – Jena 1954

SEIFERT, K. A., GAMS, W., CROUS, P. W., SAMUELS, G. J.: Molecules, morphology and classification: Towards monophyletic genera in the Ascomycetes [Studies in mycology 45]. – Baarn, Delft 2000

SINGER, R.: The Agaricales in modern taxonomy [ed. 4]. – Koenigstein 1986

Lichenologie (Flechtenkunde)

AHMADJIAN, V.: The lichen symbiosis. – New York, Chichester, Brisbane […] 1993

AHMADJIAN, V., HALE, M. E.: The lichens. – New York, London 1973

CULBERSON, C. F.: Chemical and botanical guide to lichen products. – Chapel Hill 1969

GALUN, M. (ed.): CRC Handbook of lichenology [3 Bde.]. – Boca Raton (Florida) 1989

GILBERT, O.: Lichens [The new naturalist]. – London 2000

GRUMMANN, V.: Biographisch-bibliographisches Handbuch der Lichenologie. – Hildesheim 1974

HAWKSWORTH, D. L., HILL, D. J.: The lichen-forming fungi. – Glasgow, London 1984

HUNECK, S., YOSHIMURA, I.: Identification of lichen substances. – Berlin, Heidelberg, New York […] 1996

MASUCH, G.: Biologie der Flechten (UTB 1546). – Heidelberg Wiesbaden 1993

NASH, T. H. (ed.): Lichen biology. – Cambridge 1996

POELT, J.: Bestimmungsschlüssel europäischer Flechten. – Lehre 1969

SCHÖLLER, H. (ed.): Flechten: Geschichte, Biologie, Systematik, Ökologie, Naturschutz und kulturelle Bedeutung [Kleine Senckenbergreihe]. – Frankfurt 1997

WIRTH, V.: Die Flechten Baden-Württembergs [ed. 2, 2 Bde.]. – Stuttgart 1987

Physiologie, Biochemie, Biotechnologie, Genetik, Phylogenie, Molekularbiologie der Pilze

ANKE, T.: Fungal biotechnology. – London 1997

BROWN T.A.: Gentechnologie für Einsteiger. – Berlin, Heidelberg 2011

BURNETT, J. H.: Mycogenetics. – London, New York, Sydney […] 1975

DAY, P. R.: Genetics of host-parasite interaction. – San Francisco 1974

COCHRANE, V. W.: Physiology of fungi. – New York 1963

COOK, A. H.: The chemistry and biology of yeasts. – New York 1958

COOKE, R. C., WHIPPS, J. M.: Ecophysiology of fungi. – Oxford, London, Edinburgh […] 1993

ESSER, K., KUENEN, R.: Genetik der Pilze. – Berlin, Heidelberg 1967

FINCHAM, J. R. S., DAY, P. R.: Fungal genetics [ed. 4]. – Oxford, Edinburgh 1979

HAUPT, W.: Bewegungsphysiologie der Pflanzen. – Stuttgart 1977

KNOOP, V., Müller, K.: Gene und Stammbäume, Heidelberg 2009

JENNINGS, D. H.: Stress tolerace of fungi. –New York, Basel, Hong Kong 1993

LAMOURE, D.: Recherches cytologiques et experimentales sur l' amphithallie et la parthenogenèse chez les Agaricales. – Lyon 1960

LILLY, V. G., ARNETT, H. L.: Physiology of the fungi. – New York 1951

MEIXNER, A.: Chemische Farbreaktionen von Pilzen. – Lehre 1975

RAPER, J. R.: Genetics and sexuality in higher fungi. – New York 1966

MÜLLER-ESTERL W.: Biochemie. – Berlin, Heidelberg 2011

STEGLICH, W., FUGMANN, B., LANG-FUGMANN, S.: Roempp encyclopedia natural products. – Stuttgart 2000

TURNER, W. B.: Fungal metabolites. – London, New York 1971

Ökologie und Geografie der Pilze, biogeografische Grundlagen

AGERER, R.: Colour Atlas of Ectomycorrhizae. – Schwäbisch-Gmünd 1985–2001

ALLEN, M. F.: The ecology of mycorrhizae. – Cambridge, New York, Port Chester […] 1991

AMANO, K.: Host range and geographical distribution of the powdery mildews. – Tokyo 1985

ARNOLDS, E., KUYPER, TH. W., NORDELOOS, M. E. (red.): Overzicht van de paddestoelen in Nederland. – Den Haag 1995

BARREN, G. L.: The genera of Hyphomycetes from soil. – Baltimore 1968

CARROLL, G. C., WICKLOW, D. T. (eds.): The fungal community, its organisation and role in the ecosystem [ed. 2.]. – New York 1992

DARIMONT, F.: Recherches mycosociologiques dans les ferêts de Haute Belgique [Mem. Inst. Royal Sci. Nat. Belgique 170]. – Bruxelles 1973

DIX, N. J., WEBSTER, A. J.: Fungal ecology. – London 1995

DOMSCH, K. H., GAMS, W., ANDERSON, T.-H.: Compendium of soil fungi. – London 1980

HARLEY, J. L., SMITH, S. E.: Mycorrhizal symbiosis. – London, New York, Paris [...]. 1983

JAHN, H.: Pilze, die an Holz wachsen. – Herford 1979

KREISEL, H. (ed.): Pilzflora der Deutschen Demokratischen Republik. – Jena 1987

KRIEGLSTEINER, G. J.: Verbreitungsatlas der Großpilze Deutschlands (West) – [Band 1: Ständerpilze Teil A: Nichtblätterpilze; Band 1: Ständerpilze Teil B: Blätterpilze; Band 2: Schlauchpilze]. – Stuttgart 1991–1993

MEUSEL, H., JÄGER, E., WEINERT, E.: Vergleichende Chorologie der zentraleuropäischen Flora [3 Bde., Bd. 3 mit S. RAUSCHERT]. – Jena 1965–1992

PEGLER, D. N., BODDY, L., ING, B., KIRK, P. M. (eds.): Fungi of Europe, investigation, recording an conservation [mapping]. – Kew 1993

PFLEGER, F. L., LINDERMANN, R. G.: Mycorrhizae and plant health. – St. Paul 1994

PILÁT, A.: Houby Ceskoslovenska ve svém zhivotnim prostredi. – Praha 1969

PRELL, H.: Interaktionen von Pflanzen und phytopathogenen Pilzen. – Stuttgart 1996

RAWALD, W., LYR, H. (eds.): Mykorrhiza, internationales Mykorrhiza-symposium. – Jena 1963

RASTIN, N., BAUHUS, J.: Going undergound, ecological studies in forest soils. – Trivandrum 1999

READD, D. J., LEWIS, D. H., FITTER, A. H., ALEXANDER, I. J. (eds.): Mycorrhizas in Ecosystems. – Cambridge 1992

RYPACEK, V.: Biologie holzzerstörender Pilze. –Jena 1966

SMITH, S. E., READ, D. J.: Mycorrhizal symbiosis [ed. 2]. – London 1997

VARNIA, A., HOCK, B.: Mycorrhiza. – Berlin 1995

Schleimpilze, Hefen, imperfekte und andere niedere Pilze

ARX, J. A. VON: The genera of fungi sporulating in pure culture. Vaduz 1981

BARNETT, I., PAYNE, R. W., YARROW, D.: Yeasts, characteristics and identification. – Cambridge, London, New York [...]. 1983

BRAUN, U.: A monograph of Cercosporella, Ramularia and allied genera (Phytopathogenic Hyphomycetes) [2 Bde.]. Eching 1995–1998

COLE, G. T., KENDRICK, B.: Biology of conidial fungi. – London 1981

COLE, G. T., SAMSON, R. A.: Patterns of development in conidial fungi. – New York 1979

ELLIS, M. B.: Dematiaceous Hyphomycetes. –Kew 1971

ELLIS, M. B.: More dematiaceous Hyphomycetes. – Kew 1976

GAMS, W.: Cephalosporium-artige Schimmelpilze (Hyphomycetes). – Stuttgart 1971

Kendrick, W. B.: Taxonomy of fungi imperfecti. – Toronto 1971

KREGER VAN RIJ, N. J. W.: The yeasts, a taxonomic study [ed. 2]. – Amsterdam 1984

LICHTWARDT, R. W.: The Trichomycetes, fungal associates of Arthropods. – New York, Berlin, Heidelberg [...] 1986

LISTER, G.: A monograph of the Mycetozoa. – London 1925

MARTIN, G.W., ALEXOPOULOS, C. J.: The Myxomycetes. – Iowa City 1969

NEUBERT, H., NOWOTNY, W., BAUMANN, K.: Die Myxomyceten Deutschlands und des angrenzenden Alpenraumes unter besonderer Berücksichtigung Österreichs [3 Bde.]. – Gomaringen 1993–1999

RAPER, K. B., FENELL, D. I.: The genus Aspergillus. – Baltimore 1965

RAPER, K. B., THOM, C.: A manual of the Penicillia. – London 1949

SUBRAMANIAN, C. V.: Hyphomycetes, taxonomy and biology. – New York, London 1982

SUTTON, B. C.: The Coelomycetes. – Kew, Surrey 1981

Phytopathologie, phytoparasitische Pilze

ARX, J. A. VON: Plant pathogenic fungi. – Berlin, Stuttgart 1987

BLUMER, S.: Echte Mehltaupilze (Erysiphaceae), ein Bestimmungsbuch für die in Mitteleuropa vorkommenden Arten. – Jena 1967

BLUMER, S.: Rost- und Brandpilze auf Kulturpflanzen. – Jena 1963

BRANDENBURGER, W.: Parasitische Pilze an Gefäßpflanzen in Europa. – Stuttgart, New York 1985

BRAUN, U.: A monograph of the Erysiphales (powdery mildews) [Nova Hedwigia, Beih. 89]. Berlin, Stuttgart 1987

BRAUN, U.: The powdery mildews (Erysiphales) of Europe. – Jena, Stuttgart, New York 1995

BUHR, H.: Bestimmungstabellen der Gallen (Zoo- und Phytocecidien) an Pflanzen Mittel- und Nordeuropas. – Jena 1964

BUTIN, H.: Krankheiten der Wald- und Parkbäume [ed. 3]. – Stuttgart 1996

CUMMINS, G. B., HIRATSUKA, Y.: Illustrated genera of Rust Fungi. – St. Paul 1983

ELLIS, M. B., ELLIS, J. P.: Microfungi on landplants, an identification handbook. – London, Sydney 1985

GÄUMANN, E.: Die Rostpilze Mitteleuropas mit besonderer Berücksichtigung der Schweiz [Beitr. Krypt.-Fl. Schweiz 12]. – Bern 1959

GÄUMANN, E.: Pflanzliche Infektionslehre. – Basel 1951

KARLING, J. S.: Synchytrium. – New York, London 1964

KARLING, J. S.: The Plasmodiophorales. – New York, London 1968

KLINKOWSKI, M., MÜHLE, E., REINMUTH, E., BOCHOW, H.: Phytopathologie und Pflanzenschutz [3 Bde.]. – Berlin 1974–1976

SORAUER, P. C. M. (Begr.): Handbuch der Pflanzenkrankheiten [ed. 6]. – Berlin 1933–1962; [ed. 7, unvollendet, Berlin ab 1965]

SPENCER, D. M. (ed.): The powdery mildews. – London, New York, San Francisco 1978

UL'JANISCEV, V.: Opredelitel' rzhavcinnych gribov SSSR. – Leningrad 1978

VÁNKY, K.: Illustrated Genera of Smut Fungi. – Stuttgart, New York 1987

VÁNKY, K.: European Smut Fungi. – Stuttgart, Jena, New York 1994

WALKER, J. C.: Plant pathology [ed. 3]. – New York 1969

ZOGG, H.: Die Brandpilze Mitteleuropas. – Teufen 1985

Kulturpilze, Giftpilze, technische und medizinische Mykologie

AINSWORTH, G. C., AUSTWICK, P. K. C.: Fungal diseases of animals [Rev. Ser. No.6.]. – Bucks 1959

BRESINSKY, A., BESL, H.: Giftpilze. – Stuttgart 1985

DICKSCHEIT, R., JANKE, A.: Handbuch der mikrobiologischen Laboratoriumstechnik. – Dresden 1967

GEDEK, B.: Kompendium der medizinischen Mykologie. – Berlin, Hamburg 1980

GEMEINHARDT, H.: Endomycosen. – Jena 1989

HANELT, P. (ed.): Mansfeld's Encyclopedia of agricultural and horticultural crops vol 1. – Berlin, Heidelberg, New York [...], 2001

BEER, J.: Infektionslehre der Haustiere [ed. 3]. – Jena 1987

LUTHARDT, W.: Holzbewohnende Pilze, Anzucht und Holzmykologie [Die Neue Brehm-Bücherei, Bd. 403]. – Wittenberg Lutherstadt 1969

OTTEN, H., PLEMPEL, M., SIEGENTHALER, W.: Antibiotika-Fibel. – Stuttgart 1975

REISS, J.: Schimmelpilze, Lebensweise, Nutzen, Schaden, Bekämpfung. – Berlin, Heidelberg, New York […] 1986

RIETH, H.: Hefe-Mykosen, Erreger – Diagnostik – Therapie. – München, Wien, Baltimore 1979

ROTH, L., FRANK, H., KORMANN, K.: Giftpilze, Pilzgifte: Schimmelpilze, Mykotoxine; Vorkommen, Inhaltsstoffe, Pilzallergien, Nahrungsmittelvergiftungen. – Landsberg am Lech 1990

SCHLEGEL, H. G.: Allgemeine Mikrobiologie. –Stuttgart, New York 1981

SEEBACHER, C., BLASCHKE-HELLMESSEN, R.: Mykosen: Epidemologie – Diagnostik – Therapie. – Jena 1990

SEELIGER, H. P. R., HEYMER, T.: Diagnostik pathogener Pilze des Menschen und seiner Umwelt. – Stuttgart 1981

WILDFÜHR, G., WILDFÜHR, W.: Medizinische Mikrobiologie, Immunologie und Epidemiologie [Bd. 3]. – Leipzig 1978

Bestimmungsbücher, Monografien und Abbildungswerke für Großpilze

ALESSIO, C. L.: Boletus DILL. ex L. [Fungi Europaei Bd. 2]. – Saronno 1985

BRESADOLA, J.: Iconographia Mycologica [26 Bde.]. – Mediolani 1927–1933; [Suppl. Bd. 27–29]. – Mediolani, Tridenti 1941–1981

BREITENBACH, J., KRÄNZLIN, F.: Pilze der Schweiz. [Bd. 1 (Ascomyceten), Bd. 2 (Aphyllophorales), Bd. 3 (Röhrlinge und Blätterpilze 1. Teil), Bd. 4 (Blätterpilze 2. Teil), Bd. 5 (Blätterpilze 3. Teil)]. – Luzern 1981–2000

CANDUSSO, M.: Hygrophorus s.l. [Fungi Europaei Bd. 6]. – Saronno 1997

CANDUSSO, M., LANZONI, G.: Lepiota s. l. [Fungi Europaei Bd. 4]. – Saronno 1990

CAPELLI, A., Agaricus L.: Fr. ss. Karsten (Psalliota Fr.) [Fungi Europaei Bd. 1]. – Saronno 1984

CETTO, B.: I funghi dal vero [6 Bde.]. – Trento 1970–1989

CETTO, B.: Der große Pilzführer [4 Bde.]. – München, Bern, Wien 1987–1988

DENNIS, R. W. G.: British Ascomycetes. – Vaduz 1978

DÄHNCKE, R. M., DÄHNCKE, S. M.: 1200 Pilze in Farbfotos. – Aarau, Stuttgart 1993

DÖRFELT, H.: Erdsterne [Die Neue Brehm-Bücherei Bd. 573, ed. 2]. – Wittenberg Lutherstadt 1989

DÖRFELT, H., RUSKE, E.: Die pileaten Porlinge Mitteleuropas. – Berlin, Heidelberg 2018

GRÖGER, F.: Bestimmungsschlüssel für Blätterpilze und Röhrlinge in Europa. – In: Regensburger Mykologische Schriften, Bd. 13 – Regensburg 2006; Bd.17 – Ibid. 2014

HEILMANN-CLAUSEN, J., VERBEKEN, A., Vesterhold, J.: The genus Lactarius [Fungi of northern Europe, Bd. 2]. – Odense 1998

HILBER, O.: Die Gattung Pleurotus (Fr.) Kummer. – Bibliotheca Mycologica. Bd. 87]. – Vaduz 1982

HOLLÒS, L.: Die Gasteromyceten Ungarns. – Leipzig 1904

JÜLICH, W.: Die Nichtblätterpilze, Gallertpilze und Bauchpilze; Aphyllophorales, Heterobasidiomycetes, Gasteromycetes [Kleine Kryptogamenflora. Bd.llb/1]. – Jena 1984

KLENKE, F., SCHOLLER, M.: Pflanzenparasitische Kleinpilze. – Berlin, Heidelberg 2015

KONRAD, P., MAUBLANC, A.: Icones selectae fungorum [6 Bde.]. – Paris 1924–1937

KREISEL, H.: Taxonomisch-pflanzengeographische Monographie der Gattung Bovista [Nova Hedwigia, Beih. 25]. – Lehre 1967

KREISEL, H.: Die Lycoperdaceae der Deutschen Demokratischen Republik [Bibliotheca Mycologica Bd. 36]. Lehre

KREISEL, H. (ed.): Handbuch für Pilzfreunde [6 Bde. (MICHAEL, E., HENNIG, B., KREISEL, H.) – Jena 1975–1986

LANGE, J. E.: Flora Agaricina Danica [5 Bde.]. – Copenhagen 1936–1940

MAAS GEESTERANUS, R. A.: Die terrestrischen Stachelpilze Europas [Verh. Koninkl. Nederlandse Akademie van Wetenschappen, Afd. Natuurkunde 65]. – Amsterdam, London 1975

MARCHAND, A.: Champignons du nord et du midi [9 Bde.]. – Perpignan 1971–1986

MOSER, M.: Ascomyceten (Schlauchpilze) [Kleine Kryptogamenflora, Bd. IIa]. – Stuttgart 1963

MOSER, M.: Die Röhrlinge und Blätterpilze (Polyporales, Boletales, Agaricales, Russulales) [Kleine Kryptogamenflora Bd. IIb/2]. – Stuttgart 1963

MOSER, M., JÜLICH, W.: Farbatlas der Basidiomyceten. – Stuttgart 1985–2001

NEUHOFF, W.: Die Milchlinge (Lactarii) [Die Pilze Mitteleuropas, Bd. IIb]. – Bad Heilbrunn Obb. 1956

NOORDELOOS, M. E.: Entoloma s. l. [Fungi Europaei Bd. 5]. – Saronno 1992

PILÁT, A. (ed.): Gasteromycetes [Flora ČSR, vol. B-1]. – Praha 1958

RABENHORST, G. L.: Deutschlands Kryptogamen-Flora [2 Bd.]. – Leipzig 1842–1848; ed. 2

RABENHORST, G. L. (Begründer): Dr. L. RABENHORSTS Kryptogamenflora von Deutschland, Österreich und der Schweiz [div. Autoren, 14 Bde.]. Leipzig u. a. Verlagsorte 1880–1960

RICKEN, A.: Die Blätterpilze (Agaricaceae) Deutschlands und der angrenzenden Länder, besonders Österreichs und der Schweiz. – Leipzig 1915

RICKEN, A.: Vademecum für Pilzfreunde. – Leipzig 1920

RIVA, A.: Tricholoma (FR.) STAUDE [Fungi Europaei, Bd. 3]. – Saronno 1988

ROBICH, G.: Mycena d'Europe. – Vicenza 2003

ROMAGNESI, H.: Les Russules d'Europe et d'Afrique du Nord. – Bordas 1967

SCHUBERT, R., HANDKE, H. H., PANKOW, H.: Exkursionsflora für die Gebiete der DDR und BRD [Bd. 1 Niedere Pflanzen, Grundband]. – Berlin 1983 [spätere unveränderte Auflagen als „Exkursionsflora von Deutschland…"]

SZEMERE, L.: Die unterirdischen Pilze des Karpatenbeckens. – Budapest 1965

WRIGHT, J. E.: The genus Tulostoma (Gasteromycetes), a world monograph [Bibliotheca Mycologica Bd. 113]. – Berlin, Stuttgart 1987

Stichwortverzeichnis

A

Aasfliegenpilze 89
Aasgeruch 238
Abgestutzter Keulenpilz 67
Abies alba 107, 122, 231, 254
Abies nordmanniana 254
Abies sibirica 250
Abortiporus biennis 256
Acer platanoides 61
Acer pseudoplatanus 133, 156
Acer velutinum 248
Acervulus 34
Achlya 166
Ackerkratzdistelrost 139
Ackerling 204
Acrasiomycota 213, 216
Actinomyceten 176
Adansonia fony 240
Adlerfarn 156
Aecidiospore 141
Aecidium 141
Aeciospore 142
Aecium 142
Aflatoxin 176
Agaricaceae 46
Agaricales 82, 226
Agaricanae 226
Agaricinsäure 207
Agaricomycetes 41, 88, 225
Agaricomycetidae 41, 225, 226
Agaricus 50, 81, 246
Agaricus abruptibulbus 198
Agaricus aestivalis 204
Agaricus arvensis 185, 198
Agaricus augustus 198
Agaricus bisporus 125, 164, 181, 204, 205
Agaricus bisporus var. *hortensis* 204
Agaricus bitorquis 125, 164, 198, 204
Agaricus campestris 125, 185, 198
Agaricus hortensis 198
Agaricus macrocarpus 204
Agaricus porphyrizon 204
Agaricus silvicola 198
Aggregationsplasmodium 216
Agrocybe aegerita 204
Agrocybe praecox 204
Alabasterkern 163
Albuginaceae 159
Albugo 159
Albugo amaranthi 159
Albugo candida 159
Älchen 169
Aleurodiscus amorphus 231

Algen 97, 117
Algenpilze 3, 218
Alkalischer Rötling 194
alkoholische Gärung 179
allergische Reaktion 178
Allocasuarina 240
Alnicola 256
Alnus 256
Alpenjohannisbeere 35
Altholz 234
Amanita 73, 105, 194, 245
Amanita-Arten 74
Amanita caesarea 6, 195, 196, 198, 244
Amanita ceciliae 199
Amanita cf. *luteoflava* 238
Amanita citrina 189–191
Amanita excelsa 181, 185, 191, 198, 199
Amanita gemmata 191
Amanita muscaria 189, 190, 192, 245, 252, 253
Amanita ovoidea 244, 245
Amanita pantherina 181, 190
Amanita phalloides 75, 188
Amanita porphyria 189, 191
Amanita regalis 108, 189, 190
Amanita rubescens 106, 163, 185, 186, 198, 245, 246
Amanita verna 188
Amanita vittadinii 258
α-Amanitin 189
Amanitopsis 199
Amatoxin 188, 194
Amauroderma 237
Amoebina 217
Amorphophallus prainii 237
Ampelomyces quisqualis 165
AM-Pilze 113, 114
Anamorphe 35, 36, 110, 153–155, 162, 165, 167, 176, 222, 223
Anamorph-Gattung 37, 153, 175
Anamorph-Klasse 223
Anastomose 16
anektotroph 104
Anektotrophwald 109
Anemone nemorosa 128, 143
Anemonenbecherling 128
Anemonenpilz 92
angiocarper Fruchtkörper 51, 84
Angiocarpi 49, 59
Anhängselröhrling 108, 197
Anischampignon 198
Anisegerling 185
Anistramete 52
Antherenbrand 149, 151
Anthracobia macrocystis 129
Anthracobia maurilabra 129

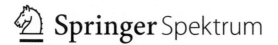

Printed by Wilco bv, the Netherlands